普通高等教育"十四五"系列教材

港工钢筋混凝土结构学习指导

主 编 汪基伟 冷 飞

主 审 陈 达

中国水利水电出版社
www.waterpub.com.cn
·北京·

内 容 提 要

本书是《港工钢筋混凝土结构学》的配套用书。全书共分 12 章，前 10 章的编排与教材一致，内容与教材对应，主要内容分为知识点讲解、综合练习与设计计算 3 个部分，其中综合练习附有参考答案；第 11 章介绍了 2015 年版《混凝土结构设计规范》（GB 50010—2010）、《水工混凝土结构设计规范》（DL/T 5057—2009）与《水运工程混凝土结构设计规范》（JTS 151—2011）的主要区别；第 12 章为课程设计资料、港口与航道工程制图标准及设计任务书。

本书可作为学生学习港工钢筋混凝土结构课程的辅助用书，也可供任课教师参考。

本书提供每章"设计计算"的答案，使用本书的教师可与出版社或编者联系。

图书在版编目（CIP）数据

港工钢筋混凝土结构学习指导 / 汪基伟，冷飞主编
. -- 北京 ：中国水利水电出版社，2021.12
普通高等教育"十四五"系列教材
ISBN 978-7-5226-0367-4

Ⅰ．①港… Ⅱ．①汪… ②冷… Ⅲ．①港口工程－水工结构－钢筋混凝土结构－高等学校－教材 Ⅳ．①TV332

中国版本图书馆CIP数据核字（2022）第007094号

书　　名	普通高等教育"十四五"系列教材 **港工钢筋混凝土结构学习指导** GANGGONG GANGJIN HUNNINGTU JIEGOU XUEXI ZHIDAO
作　　者	主编　汪基伟　冷　飞　主审　陈　达
出版发行	中国水利水电出版社 （北京市海淀区玉渊潭南路 1 号 D 座　100038） 网址：www.waterpub.com.cn E-mail：sales@mwr.gov.cn 电话：（010）68545888（营销中心）
经　　售	北京科水图书销售有限公司 电话：（010）68545874、63202643 全国各地新华书店和相关出版物销售网点
排　　版	中国水利水电出版社微机排版中心
印　　刷	清淞永业（天津）印刷有限公司
规　　格	184mm×260mm　16 开本　18.5 印张　450 千字
版　　次	2021 年 12 月第 1 版　2021 年 12 月第 1 次印刷
印　　数	0001—2000 册
定　　价	**52.00 元**

凡购买我社图书，如有缺页、倒页、脱页的，本社营销中心负责调换
版权所有·侵权必究

前　言

　　港工钢筋混凝土结构课程是港口航道与海岸工程等专业的主干专业基础课，一般在大三开设，往往是同学接触的第一门专业基础课。港工钢筋混凝土结构计算理论是在大量试验基础上经理论分析建立的，构造要求更是试验和工程经验的总结，同时这门课程又是一门结构设计课程，有很强的实践性，同学学习时往往觉得内容太多太散，不容易抓住重点和建立系统的概念。因此，需要有一本和教材配套的学习指导书来帮助同学理解和掌握钢筋混凝土结构的计算理论和设计方法，为此我们编写了这本学习指导。

　　本书共有 12 章，前 10 章的编排与河海大学汪基伟和冷飞主编的教材《港工钢筋混凝土结构学》完全一致，每章首先列出本章主要内容及学习要求，随后列有主要知识点讲解、综合练习、设计计算 3 个单元。

　　知识点讲解是本书的特色，全书各章知识点前后呼应，其目的是帮助同学抓住课程重点和系统建立钢筋混凝土结构的概念。对教材已经详细介绍的知识点，侧重于归纳总结、厘清思路；对于教材限于篇幅或当时同学认知未能讲透的知识点，则从整章的角度来详细讲解。

　　在"综合练习"单元中，附有大量的选择题、问答题。其中，选择题需作一些思考，经判别后才能给出正确答案；问答题则为了考查同学们分析问题及解决问题的能力。对于有一定难度的选择题及问答题，以"△"号表示。所有选择题和问答题在书中均附有参考答案，同学可以根据答题的情况判断自己掌握本门课程的程度。

　　"设计计算"单元用于课后习题。我们有针对性地设计了不同题目，其中大部分选自工程实例，有些带"△"号的题目则有一定难度，教师可根据教学要求，从中选取部分题目作为课后的作业。

　　钢筋混凝土结构是依据规范来设计的。各行业有其自身的特点，其规范规定有所不同，但钢筋混凝土结构又是一门以实验为基础，利用力学知识研究钢筋混凝土及预应力混凝土结构的科学，因此各行业之间的设计规范有共同的基础，它们之间的共性是主要的，差异是次要的。为了让同学了解这层关系，也为同学毕业后能尽快掌握其他行业的规范，本书专门列出第 11 章"JTS 151 规范与我国其他规范设计表达式的比较"。该章着重从实用设计表达式、受弯构件正截面及斜截面承载力计算、正常使用极限状态的验算等几个方面，分析适用于民用建筑的 2015 年版《混凝土结构设计规范》（GB 50010—2010）和适用于水利水电工程的《水工混凝土结构设计规范》（DL/T 5057—2009）与《水运工程混凝土结构设计规范》（JTS 151—2011）的不同之处。

钢筋混凝土课程还有一大特点是它的实践性。对于港口航道与海岸工程专业而言，学完港工钢筋混凝土结构课程后往往要进行 1.5～2 周的课程设计。考虑到该课程设计是同学第一次绘制钢筋混凝土结构施工图，因此在 12 章还依据《港口与航道工程制图标准》（JTS/T 142—1—2019），给出了与课程设计相关的制图要求。

参加本书编写的有河海大学汪基伟、冷飞、蒋勇、欧阳峰；全书由汪基伟、冷飞主编，河海大学陈达教授主审。

在本书编写过程中，参考了多本相关的教学参考用书，吸收了他们的编写经验，在此谨表谢意。本书编写还得到了中国水利水电出版社的大力支持，在此表示感谢。

对于书中存在的错误和缺点，恳请读者批评指正。热忱希望有关院校在使用本书过程中将意见及时告知我们。

编者

2021 年 6 月

目　录

第1章 混凝土结构材料的物理力学性能

钢筋混凝土结构是由混凝土和钢筋两种材料共同受力的结构，本章介绍钢筋和混凝土这两种材料的物理和力学性能以及两者之间的黏结作用。学习本章时，应着重理解这两种材料的特点和在钢筋混凝土结构中的作用，以及钢筋混凝土结构对这两种材料性能的相应要求。学完本章后，应掌握混凝土和钢筋两种材料的力学性能、两种材料之间的黏结性能和保证黏结性能的措施，清楚常用的钢筋品种与常用的混凝土强度等级。本章主要学习内容有：

(1) 钢筋的品种。

(2) 钢筋的力学性能。

(3) 混凝土的单轴强度。

(4) 混凝土在复合应力状态下的强度。

(5) 混凝土的变形。

(6) 钢筋与混凝土的黏结。

(7) 钢筋的接头和锚固。

读者在学习本章时可参阅"工程材料"课程的有关内容。

1.1 主 要 知 识 点

1.1.1 钢筋的分类

钢筋按使用用途可分为普通钢筋和预应力筋两类。钢筋混凝土结构中的钢筋和预应力混凝土结构中的非预应力筋为普通钢筋，预应力混凝土结构中预先施加预应力的钢筋为预应力筋。

普通钢筋采用热轧钢筋，按表面形状可分为光圆和带肋两类。光圆钢筋的表面是光面的 [图 1-1 (a)]，与混凝土之间的黏结力较差；带肋钢筋亦称变形钢筋，与混凝土之间的黏结力较好，有螺旋纹、人字纹和月牙肋 3 种，目前常用的是月牙肋 [图 1-1 (b)]。

按力学性能可分为软钢和硬钢两类。用作普通钢筋的热轧钢筋为软钢，而用作预应力筋的钢丝、钢绞线、钢棒、冷拉 HRB400 为硬钢。

1.1.2 常用的热轧钢筋品种与钢筋的表示

本章学习要熟练掌握用作普通钢筋的热轧钢筋的品种，弄清各品种钢筋的外形和符号表示；用作预应力筋的钢丝、钢绞线、螺纹钢筋和钢棒可以在第 10 章预应力混凝土结构学习时加强。

表 1-1 给出了常用热轧钢筋的种类、代表符号和直径范围等。

（a）光圆钢筋

(b)月牙肋钢筋

图 1-1　光圆钢筋和带肋钢筋

表 1-1　　　　　　　　　　常 用 热 轧 钢 筋

强度等级代号	钢种	符号	表面形状	力学性能	直径范围/mm
HPB300	低碳钢	Φ	光圆	软钢	6～22
HRB335	低合金钢	Φ	带肋	软钢	6～50
HRB400	低合金钢	Φ	带肋	软钢	6～50
HRB500	低合金钢	Φ	带肋	软钢	6～50

HPB300 为光圆钢筋，强度较低，与混凝土的黏结锚固性能较差，控制裂缝开展的能力弱，一般只用于受力不大的薄板或用作为箍筋、架立筋和分布筋。用作受力钢筋时，若为绑扎骨架，为加强与混凝土的锚固末端需要加弯钩，但在焊接骨架或轴心受压构件中则可以不做弯钩；用作架立筋、分布筋时也可以不做弯钩。HPB300 钢筋质量稳定，塑性及焊接性能良好，因而吊环采用 HPB300 钢筋制作。

HRB335、HRB400 和 HRB500 钢筋的强度、塑性及可焊性都较好。由于强度比较高，为增加钢筋与混凝土之间的黏结力，保证两者能共同工作，钢筋表面轧制成月牙肋，为带肋钢筋。

在过去，HRB335 钢筋在水运工程中应用最为广泛，由于其强度较低，已经淘汰，目前 HRB400 已成为主导的钢筋品种。

因而，在钢筋混凝土结构中常用的钢筋有 HPB300 和 HRB400 两种，分别用符号Φ和Φ表示。

在设计图纸中，钢筋的表示方法有两种。当钢筋根数不多时，如梁中纵向钢筋，用"根数＋钢筋等级＋钢筋直径"表示，如 3 Φ 22 表示 3 根直径为 22mm，强度等级为 HRB400 的钢筋；当钢筋根数较多时，如宽度较大的板中钢筋、梁中箍筋等，如仍用"根数＋钢筋等级＋钢筋直径"表示的话，钢筋根数太多，工人不方便将各根钢筋的间距排列均匀，故用"钢筋等级＋钢筋直径＋@＋钢筋间距"表示，如Φ8@200 表示强度等级为 HPB300、直径为 8mm 的钢筋以 200mm 间距间隔布置。直接标出间距，工人就可直接根据间距布置钢筋，方便工人操作。

1.1.3　钢筋的力学性能与受拉强度限值

钢筋按其力学性能可分为软钢和硬钢。

1. 软钢

软钢的应力-应变曲线如图 1-2（a）所示，从开始加载到拉断可分 4 个阶段：线弹性阶段（$0a$ 段）、屈服阶段（bc 段）、强化阶段（cd 段）、破坏阶段（de 段）。软钢的特点是有明显的屈服阶段（bc 段）。

图 1-2（a）中的点 b、点 d 应力为软钢的屈服强度和抗拉强度，是软钢的两个强度指标。由于软钢具有屈服平台（bc 段），当应力达到屈服强度（点 b）后，荷载不增加，应变会继续增大，使得混凝土裂缝开展过宽，构件变形过大，结构构件不能正常使用，所以软钢的受拉强度限值以屈服强度为准，其强化阶段只作为一种安全储备考虑。也就是说，钢筋混凝土结构设计时钢筋受拉强度采用的是屈服强度，而不是抗拉强度。

图 1-2（a）中的点 e 所对应的横坐标称为伸长率 δ，它标志钢筋的塑性。伸长率 δ 越大，表示塑性越好。钢筋的塑性能力除用伸长率 δ 检验外，还可以用总伸长率 δ_{gt} 来评定，两者的区别在于：δ 是钢筋拉断时点 e 对应的横坐标，δ_{gt} 是钢筋达到最大应力（极限抗拉强度）点 d 对应的横坐标，见图 1-2（a）。

伸长率 δ 反映了钢筋拉断时残余变形的大小，其中还包含了断口颈缩区域的局部变形，这使得量测标距大时测得的延伸率小，反之则大。此外，量测钢筋拉断后的长度时，需将拉断的两段钢筋对合后再量测，这一方面不能反映钢筋的弹性变形，另一方面也容易产生误差。而 δ_{gt} 既能反映钢筋在最大应力下的弹性变形，又能反映在最大应力下的塑性变形，且测量误差比 δ 小，因此近年来钢筋的塑性常采用 δ_{gt} 来检验。在我国，钢筋验收检验时可从伸长率 δ 和总延伸率 δ_{gt} 两者选一，但仲裁检验时采用总延伸率 δ_{gt}。

钢筋塑性除需满足 δ 或 δ_{gt} 的要求外，还需用冷弯试验来检验。冷弯就是把钢筋围绕直径为 D 的钢辊弯转 α 角而要求不发生裂纹。钢筋塑性越好，冷弯角 α 就可越大，钢辊直径 D 也可越小。在我国，进行冷弯试验检验时 α 角取为定值 $180°$，钢辊直径 D 取值则和钢筋种类有关。

钢材中含碳量越高，屈服强度和抗拉强度就越高，但伸长率就越小，流幅也相应缩短。也就是说，钢筋强度越高，塑性越差。

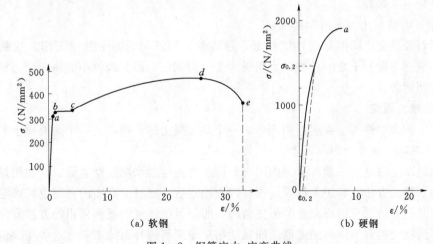

（a）软钢　　　　　　　　　　　　（b）硬钢

图 1-2　钢筋应力-应变曲线

2. 硬钢

硬钢强度高，但塑性差，脆性大，应力-应变曲线如图 1-2（b）所示，基本上不存在屈服阶段（流幅）。

图 1-2（b）的点 a 应力与 $\sigma_{0.2}$ 分别称为硬钢的极限抗拉强度和协定流限，所谓协定流限是指能使硬钢产生 0.002 永久残余变形的应力，也称"条件屈服强度"。和设计时软钢采用屈服强度而不是抗拉强度相似，设计时硬钢受拉强度采用的是条件屈服强度，而不是极限抗拉强度。条件屈服强度一般相当于极限抗拉强度的 0.8～0.9 倍。对钢丝、钢绞线、钢棒和螺纹钢筋，JTS 151—2011 规范取极限抗拉强度的 85% 作为条件屈服强度。

1.1.4　混凝土结构对钢筋性能的要求

混凝土结构对钢筋性能的要求，包括强度、塑性、可焊性，以及与混凝土之间的黏结性能 4 个方面。

1. 钢筋的强度

钢筋强度越高，所需钢筋面积越少，越节约钢材，但混凝土结构中钢筋的强度并非越高越好。在普通混凝土结构中，若要高强受拉钢筋充分发挥其强度，势必要求混凝土结构有过大的变形和裂缝宽度，以使钢筋达到发挥其强度所需的应变。因此，在普通混凝土结构中不宜采用高强钢筋，钢筋的设计强度限值宜在 $400N/mm^2$ 左右，以 HRB400 钢筋为宜。

预应力混凝土结构能应用高强钢筋，但受控于锚固、混凝土与钢筋受力协调的问题，也不能采用过高强度的钢筋，目前预应力钢筋的最高强度限值约为 $2000N/mm^2$。

2. 钢筋的塑性

为了使钢筋在断裂前有足够的变形，给出构件裂缝开展很宽将要破坏的预兆信号，要求钢筋有一定的塑性。

3. 钢筋的可焊性

出厂的直条钢筋长度为 9m 或 12m，在很多情况下钢筋需通过焊接来接长，所以要求可焊性好。我国的 HPB300、HRB335 及 HRB400 的可焊性均较好。应注意，高强钢丝、钢绞线等是不可焊的。

4. 钢筋与混凝土之间的黏结性能

钢筋与混凝土之间的黏结性能越好，越能保证钢筋与混凝土共同工作，控制裂缝宽度。带肋钢筋与混凝土之间的黏结力明显大于光圆钢筋，因此构件中的纵向受力钢筋应优先选用带肋钢筋。

1.1.5　混凝土强度

混凝土的力学性能主要包括两部分，一个是混凝土的强度，另一个是混凝土的变形。

1.1.5.1　混凝土强度的影响因素

影响混凝土强度的因素可分为内因与外因。内因包括水泥强度等级、水泥用量、水胶比、龄期、施工方法、养护条件等，这些内因确定后，混凝土真实的强度也就确定了。但当采用试验的方法去获得混凝土的强度值时，所获得的强度值就和采用的方法有关，采用的方法不同就会得到不同的强度值，即试验结果受到所谓外因的影响。这些外因包括试验方法、试件尺寸、加载速度等。

（1）试验方法。受压强度试验时，当混凝土试块上下表面与承压板之间的摩擦力越小，试件的横向膨胀越容易，试块越容易破坏，所测得的强度值就越低。因而，当试块上下表面涂有油脂或填以塑料薄片以减少摩擦力时，所测得的抗压强度就较不涂油脂者为小，减小的程度与摩擦力减少的程度有关，而摩擦力减少的程度又与采用减摩措施有关，实际操作时不容易掌握。为了统一标准，且为简单方便，规定在试验中采用不涂油脂、不填塑料薄片的试块。

（2）试块尺寸。当采用不涂油脂、不填塑料薄片的试块进行受压试验时，试块尺寸越大，试块中部受试块上下表面承压板摩擦力的约束就越小，测得强度就越低。

（3）加载速度。试验时加载速度越快，试块的变形来不及发生，测得的强度就越高，即加载速度越快，强度越高。

1.1.5.2　混凝土立方体抗压强度和强度等级

我国混凝土结构设计规范规定以边长为 150mm 的立方体，在温度为 20℃±2℃、相对湿度不小于 95% 的条件下养护 28d，表面不涂油测得的强度为立方体抗压强度，用 f_{cu} 表示。当采用边长不是 150mm 的非标准试块进行试验时，其结果应进行换算。

立方体抗压强度 f_{cu} 是随机变量，将具有 95% 保证率的立方体抗压强度值称为立方体抗压强度标准值，用 f_{cuk} 表示。强度标准值具有 95% 保证率，也就是说实际强度小于标准值的可能性只有 5%，见图 1-3。

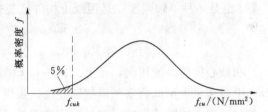

图 1-3　混凝土立方体抗压强度概率分布曲线及强度等级 f_{cuk} 的确定

规范将立方体抗压强度标准值 f_{cuk} 作为混凝土强度等级，以符号 C 表示，单位为 N/mm²。例如 C25 混凝土，就表示混凝土立方体抗压强度标准值为 25N/mm²。

在后面章节的学习中可以看到，混凝土结构设计并不采用立方体抗压强度，而是采用轴心抗压强度和轴心抗拉强度，但立方体抗压强度仍是混凝土最基本的强度指标。它的作用有：

（1）确定混凝土强度等级。

（2）评定和比较混凝土强度和制作质量。

（3）计算混凝土其他的力学性能指标，如：轴心抗压强度、轴心抗拉强度和弹性模量等。

1.1.5.3　混凝土轴心抗压强度

轴心抗压强度采用棱柱体试件测得，又称为棱柱体抗压强度，为单轴受力条件下得到的受压强度，用 f_c 表示。

在实际结构中，混凝土很少处于单向受压或单向受拉状态。工程上经常遇到的都是一些双向或三向受力的复合应力状态，但由于复合应力状态下强度问题的复杂性，现行规范仍以单轴强度进行设计计算。因而，轴心抗压强度 f_c 是承载力计算的一个重要参数。

f_c 随试件高度与宽度之比 h/b 的增大而减小，当 $h/b>3$ 时 f_c 趋于稳定。我国混凝土结构设计规范规定棱柱体标准试件的尺寸为 150mm×150mm×300mm，$h/b=2$。取 $h/b=2$ 既能基本上摆脱两端接触面摩擦力的影响，又能使试件免于失稳。

f_c 与 f_{cu} 大致呈线性关系，可按下列公式进行换算：

$$f_c = \alpha_{c1} \alpha_{c2} f_{cu} \tag{1-1a}$$

$$f_c = 0.88 \alpha_{c1} \alpha_{c2} f_{cu} \tag{1-1b}$$

在上二式中，f_{cu} 均为试验室测得的立方体抗压强度；式（1-1a）中的 f_c 也表示试验室测得的轴心抗压强度，而式（1-1b）中的 f_c 表示实际结构的轴心抗压强度。考虑到实际工程中的结构构件与试验室试件之间，制作及养护条件、尺寸大小及加载速度等因素的差异，试验室测得的 f_c 要乘 0.88 折减系数才能表示实际结构的 f_c。α_{c1} 为试验室得到的 f_c 和 f_{cu} 的比值，α_{c2} 用于考虑高强度混凝土的脆性，两者取值都与混凝土强度等级有关。α_{c1} 取值，C50 及以下为常量，C50 以上随强度等级提高而提高；α_{c2} 取值，C40 及以下为1.0，即不用考虑混凝土脆性，C40 以上随强度等级提高而减小。

1.1.5.4　混凝土轴心抗拉强度

混凝土抗拉强度用 f_t 表示。f_t 远低于轴心抗压强度 f_c，仅相当于 f_c 的 $1/17 \sim 1/8$（普通混凝土）和 $1/24 \sim 1/20$（高强混凝土），所以混凝土十分容易开裂。各国测定混凝土抗拉强度的方法不尽相同，主要有直接受拉法和劈裂法，我国近年来采用的是直接受拉法。

f_t 也是一种单轴强度，是混凝土构件抗裂验算的一个重要指标，它和 f_{cu} 的关系为

$$f_t = 0.395 f_{cu}^{0.55} (\text{N/mm}^2) \tag{1-2a}$$

$$f_t = 0.88 \times 0.395 \alpha_{c2} f_{cu}^{0.55} = 0.348 \alpha_{c2} f_{cu}^{0.55} (\text{N/mm}^2) \tag{1-2b}$$

和轴心抗压强度相同，在上二式中，f_{cu} 都为试验室测得的立方体抗压强度；式（1-2a）中的 f_t 也表示试验室测得的轴心抗拉强度，而式（1-2b）中的 f_t 表示实际结构的轴心抗拉强度。实际结构的 f_t 和试验室测得的 f_t 要差 0.88 的折减系数。

1.1.5.5　混凝土复合应力状态下的强度

复合应力状态的混凝土强度十分复杂，远未完善解决。对于三向受力状态，受制于试验设备等因素，混凝土的破坏规律尚未得到公认。对于二向受力状态，虽然各家提出的强度公式有所差别，但其变化规律是一致的。

1．双向正应力作用下强度的变化规律

双向受压时，抗压强度比单向受压的强度为高，最大抗压强度为 $(1.25 \sim 1.60) f_c$，发生在应力比 $\sigma_1/\sigma_2 = 0.3 \sim 0.6$；双向受拉时，抗拉强度与单向受拉强度基本相同；一向受拉一向受压时，抗压强度随另一向的拉应力的增加而降低，或者说抗拉强度随另一向的压应力的增加而降低，见图 1-4。这是因为：

（1）双向受压时，在方向 1 施加压应力，就抵消了方向 2 压应力在方向 1 产生拉应变，方向 1 变得不容易开裂，使得方向 2 的抗压强度提高。

（2）双向受拉时，一方面，在方向 1 施加拉应力后，就抵消了方向 2 拉应力在其方向产生的

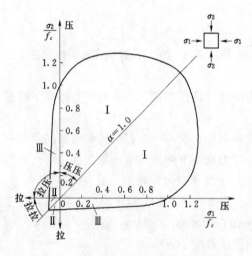

图 1-4　混凝土双向应力下的强度曲线

拉应变，使得方向 2 的抗拉强度有所提高；另一方面，双向受拉时，试件的缺陷比单向受拉时增多，使抗拉强度降低。两方面综合，使得双向受拉的抗拉强度和单向受拉强度基本相同。

（3）一拉一压时，在方向 1 施加压应力后，就增加了方向 2 拉应力在其方向的产生拉应变，方向 2 更容易开裂，使得方向 2 的抗拉强度降低。

2. 单向正应力 σ 及剪应力 τ 共同作用下强度的变化规律

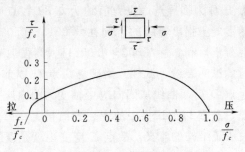

图 1-5　混凝土的复合受力强度曲线

有压应力存在时，混凝土的抗剪强度有所提高，但当压应力过大时，混凝土的抗剪强度反而有所降低；有拉应力存在时，混凝土的抗剪强度随拉应力的增大而降低。

剪应力的存在使抗压强度和抗拉强度降低，见图 1-5。

1.1.6　混凝土结构对混凝土强度等级的要求

水运工程中所采用的混凝土强度等级分为 C15、C20、C25、C30、C35、C40、C45、C50、C55、C60、C65、C70、C75、C80，共 14 个等级。

混凝土结构对混凝土强度等级的要求，与结构的用途、所处环境的耐久性要求等有关。所采用的钢筋强度等级越高，要求混凝土强度等级也越高；所处环境越恶劣，耐久性要求就越高，要求混凝土强度等级也越高。

1.1.7　混凝土变形——应力-应变曲线

混凝土应力-应变曲线包括：一次短期加载时的应力-应变曲线、重复荷载作用下的应力-应变曲线；混凝土变形包括：混凝土在长期荷载作用下的变形（徐变）、极限变形、温度变形和干湿变形。

1.1.7.1　一次短期加载时的混凝土应力-应变曲线

1. 曲线形状与特征点

混凝土一次短期加载时变形性能一般采用棱柱体试件测定，由试验得出的一次短期加载的应力-应变曲线如图 1-6 所示。由于采用棱柱体试件测定，所以峰值应力 σ_0 就为轴心抗压强度 f_c。

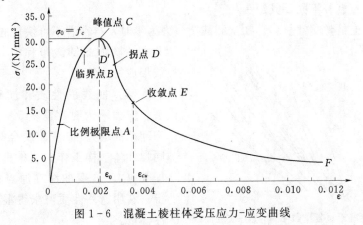

图 1-6　混凝土棱柱体受压应力-应变曲线

在图 1-6 中，点 A 为比例极限点，应力值约为 $(0.3 \sim 0.4) f_c$，$0A$ 段接近于直线，应力-应变关系为线性；AB 段向下弯曲，呈现出塑性性质，接近点 B 应变增长得更快，点 B 称为临界点，应力值约为 $0.8 f_c$；点 C 为峰值点，相应的应变称为峰值应变 ε_0，ε_0 随混凝土强度等级的不同在 $0.0015 \sim 0.0025$ 之间变动，结构计算时取 $\varepsilon_0 = 0.002$（普通混凝土）和 $\varepsilon_0 = 0.002 \sim 0.00215$（高强混凝土）；进入点 C 后试件表面出现与加压方向平行的纵向裂缝，试件开始破坏。点 C 以前曲线称为上升段，点 C 以后曲线称为下降段。过点 D 后，曲线从凹向应变轴变为凸向应变轴，故点 D 称为曲线的拐点；点 E 称为收敛点，点 E 以后试件中的主裂缝已很宽，内聚力已几乎耗尽，对于无侧向约束的混凝土已失去了结构的意义，故点 E 应变也就是极限压应变 ε_{cu}。

应力-应变曲线中应力峰值 σ_0 与其相应的应变值 ε_0，以及破坏时的极限压应变 ε_{cu} 是曲线的 3 大特征值，控制着曲线的形状。ε_{cu} 越大，表示混凝土的塑性变形能力越大，也就是延性（指构件最终破坏之前经受非弹性变形的能力）越好。

2. 影响曲线形状的因素

随着混凝土强度的提高，曲线上升段和峰值应变 ε_0 的变化不是很显著，而下降段形状有较大的差异。强度越高，下降段越陡，材料的延性越差。

3. 曲线的用途与表达式

混凝土的应力-应变曲线是钢筋混凝土结构学科中的一个基本问题，在许多理论问题中都要用到它。如：

（1）混凝土结构非线性数值计算。

（2）正截面承载力计算。在今后章节的学习中可以看到，正截面承载力计算都需要已知构件截面在破坏时的应力图形，而试验无法直接测到应力，只能测到构件截面的应变分布，这时就需通过应力-应变曲线由截面应变分布求得截面的应力图形。

应力-应变曲线需要用公式来表达，也就是所谓的应力-应变曲线表达式。由于影响因素复杂，所提出的表达式各种各样。一般来说，曲线的上升段比较相近，而曲线的下降段则相差很大，有的假定为一直线段，有的假定为曲线或折线。

1.1.7.2　重复荷载作用下的混凝土应力-应变曲线

比较图 1-6 和图 1-7 可知，混凝土在多次重复荷载作用下，其应力-应变的性质与短期一次加载有显著不同，其原因如下：

（1）混凝土是弹塑性材料。初次卸载至应力为零时，存在着不可恢复的塑性应变，因此在一次加载卸载过程中，应力-应变曲线形成一个环状。

（2）曲线的性质和加载应力水平有关。应力不大时，重复 $5 \sim 10$ 次后，加载和卸载的应力-应变曲线合并接近一直线，同弹性体一样工作，这条直线与一次短期加载应力-应变曲线在原点的切线基本平行。利用这一性质可求得混凝土的初始弹性模量。

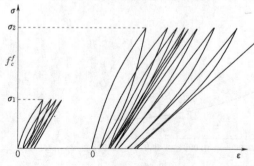

图 1-7　混凝土重复荷载下的应力-应变曲线

应力超过某一限值，经多次循环，应力应变关系成为直线后，重新变弯，试件很快破坏。该限值为混凝土的疲劳强度。

1.1.7.3 长期荷载作用下的混凝土变形（徐变）

徐变在钢筋混凝土结构设计中是一个很重要的概念，在后面的裂缝宽度、挠度、预应力损失等的计算中都要考虑徐变的影响。

1. 徐变的定义

徐变与松弛是一种事物的两种表现形式。混凝土在荷载的长期作用下，应力不变，变形会随着时间而增长，这种现象称为徐变；如果混凝土受外界约束而无法变形，混凝土的应力会随时间的增长而降低，这种现象称为应力松弛。

2. 徐变产生的原因

产生徐变的原因主要有两个：一是水泥石中的凝胶体产生的黏性流动；二是混凝土内部的微裂缝在荷载长期作用下不断发展。在应力较小时，徐变以第一种原因为主；应力较大时，以第二种原因为主。

3. 徐变的特点

徐变在较小的应力时就能发生，且可部分恢复，如图1-8所示，这与塑性变形不同。塑性变形主要是混凝土中结合面裂缝的扩展延伸引起的，只有当应力超过了材料的弹性极限后才发生，而且是不可恢复的。

4. 徐变的影响因素

影响徐变的因素主要有：应力水平、龄期与环境湿度等。

（1）对于普通混凝土，应力低于

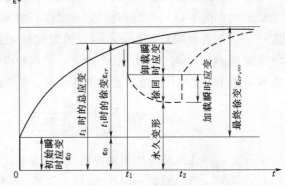

图1-8　混凝土的徐变（应变与时间增长关系）

$0.5f_c$时，徐变与应力为线性关系；应力在 $(0.5\sim0.8)f_c$ 范围内时，徐变与应力不成线性关系，徐变比应力增长要快，这种徐变称为非线性徐变，但徐变仍能收敛。当应力大于 $0.8f_c$ 时，徐变不能收敛，最终将导致混凝土破坏。因此，在正常使用时混凝土应避免经常处于高应力状态，一般取 $0.8f_c$ 作为混凝土的长期抗压强度。

高强混凝土徐变比普通混凝土小，在应力大于 $0.65f_c$ 时才开始产生非线性徐变，长期抗压强度约为 $(0.8\sim0.85)f_c$。

（2）加载时混凝土龄期越长，水泥石晶体所占的比重越大，凝胶体的黏性流动就越少，徐变也就越小。

（3）由于在总徐变值中还包括由于混凝土内部水分受到外力后，向外逸出而造成的徐变在内。因而，外界湿度越低，水分越易外逸，徐变就越大。

1.1.7.4 混凝土极限变形

混凝土的极限变形有极限压应变 ε_{cu} 与极限拉应变 ε_{tu}。

1. 极限压应变

极限压应变 ε_{cu} 除与混凝土本身性质有关外，还与试验方法、截面的应变梯度等因素有关。

（1）加载速度较快时，测得的极限压应变将减小。

（2）当截面存在应变梯度时，应变小的纤维会帮助附近应变大的纤维受力，因而应变梯度越大 ε_{cu} 越大。

（3）我国规范规定，均匀受压的 ε_{cu} 一般取为 ε_0，非均匀受压的 ε_{cu} 一般取为 0.0033（普通混凝土）和 0.0030～0.0033（高强混凝土）。

2. 极限拉应变

极限拉应变 ε_{tu} 比极限压应变 ε_{cu} 小得多，实测值也极为分散，约在 $0.5\times10^{-4}\sim2.7\times10^{-4}$ 的大范围内变化，一般随着抗拉强度的增加而增加。计算时一般可取为 1.0×10^{-4}。

1.1.8　混凝土弹性模量

混凝土是弹塑性材料，其弹性模量随应力水平而变化，应由混凝土应力-应变曲线求导得到。但在传统的钢筋混凝土构件设计时为简化问题，常近似将混凝土看作弹性材料进行内力计算，需要恰当地规定混凝土的弹性模量。

规范采用的弹性模量 E_c 是利用多次重复加载卸载后的应力-应变曲线趋于直线的性质来确定的（图 1-7）。试验时，先对试件对中预压，再进行重复加载：从 0.5N/mm^2 加载至 $f_c/3$，然后卸载至 0.5N/mm^2；重复加载卸载至少 2 次后再加载至试件破坏。取最后一次加载的 $f_c/3$ 与 0.5N/mm^2 的应力差与相应应变差的比值作为混凝土的弹性模量。

规范采用下式来计算混凝土的弹性模量，要注意公式中的立方体抗压强度是标准值 f_{cuk}。

$$E_c=\frac{10^5}{2.2+\dfrac{34.7}{f_{cuk}}}\qquad(\text{N/mm}^2)\qquad\qquad(1-3)$$

实际上，弹性模量的变化规律仅仅用 f_{cuk} 来反映是不够确切的，有时计算值和实际值会有不小误差，但总的说来，按式（1-3）计算基本上能满足工程上的要求。

1.1.9　钢筋与混凝土之间的黏结应力

1. 黏结应力的定义

黏结应力指钢筋与混凝土界面间的剪应力，可由两点之间的钢筋拉力的变化除以钢筋与混凝土的接触面积来计算。

通过黏结应力，可以实现钢筋与混凝土之间的应力传递，使两种材料一起共同工作。黏结力遭到破坏，就会使构件变形增加、裂缝剧烈开展甚至提前破坏。

2. 黏结力的影响因素

影响黏结力大小的因素有：钢筋表面形状、钢筋周围的混凝土厚度、受力状态、混凝土抗拉强度，其中钢筋表面形状、保护层厚度是主要的。

（1）光圆钢筋表面凹凸较小，机械咬合作用小，黏结强度低。带肋钢筋的机械咬合作用大，黏结强度高。

（2）对于带肋钢筋，黏结强度主要取决于混凝土的劈裂破坏。钢筋周围的混凝土厚度越大，混凝土抵抗劈裂破坏的能力也越大，黏结强度越高；当钢筋周围的混凝土厚度大于一定程度后黏结力趋于稳定。

（3）黏结力随混凝土强度的提高而提高，大体上与混凝土的抗拉强度成正比。

（4）钢筋受压后直径增大，增加了对混凝土的挤压，从而使摩擦作用增加，黏结力提高。因而，受压钢筋所需的最小锚固长度小于受拉钢筋所需的最小锚固长度。

3. 保证黏结力的措施

(1) 钢筋周围的混凝土厚度不宜过小，也就是混凝土保护层厚度不宜过小，钢筋之间净距不宜过小。

(2) 优先采用带肋钢筋，在绑扎骨架中光圆钢筋用作受力钢筋时应在末端设置弯钩。

(3) 钢筋锚固时有足够的锚固长度。当锚固长度不能满足时，则需采用机械锚固，如弯折、焊短钢筋、焊短角钢等。

(4) 钢筋搭接时有足够的搭接长度。

1.1.10 钢筋锚固长度与最小锚固长度

为了保证钢筋在混凝土中锚固可靠，设计时应该使受力钢筋在混凝土中有足够的锚固长度。

应注意锚固长度和最小锚固长度是两个概念，锚固长度是设计者设计时实际取用的锚固长度；最小锚固长度 l_a 是指截面上受拉钢筋的强度被充分利用时，钢筋在该截面所需的最小的锚固长度。

最小锚固长度 l_a 可根据钢筋应力达到屈服强度 f_y 时，钢筋才被拔动的条件确定。

$$l_a = \frac{f_y A_s}{\bar{\tau}_b u} = \frac{f_y d}{4\bar{\tau}_b} = \alpha \frac{f_y}{f_t} d \tag{1-4}$$

从式 (1-4) 可知，钢筋强度越高、直径越粗、混凝土强度越低，则 l_a 要求越长。因而 l_a 和钢筋种类（外形）、钢筋直径及混凝土强度等级有关。

实际采用的最小锚固长度 l_a 还应根据锚固条件的不同进行修正，如对钢筋直径大于 25mm、钢筋在施工过程易受扰动等情况，式 (1-4) 算得的 l_a 还要乘以 1.1 的修正系数，具体可查阅教材附录 D。

若截面上受拉钢筋的强度未被充分利用，则钢筋从该截面起的锚固长度可小于 l_a。如：在简支梁中，支座处的受力钢筋未被充分利用，锚固长度可小于 l_a，如图 1-9 (a) 所示；但在悬臂梁中，支座处的受力钢筋是被充分利用的，这时锚固长度要大于或等于 l_a，如图 1-9 (b) 所示。

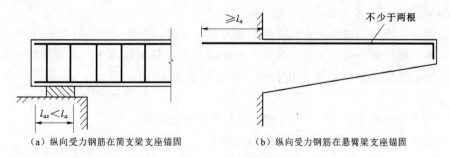

(a) 纵向受力钢筋在简支梁支座锚固   (b) 纵向受力钢筋在悬臂梁支座锚固

图 1-9　钢筋锚固

以上都是指受拉钢筋，对于受压钢筋，由于钢筋受压时会侧向鼓胀，对混凝土产生挤压，增加了黏结力，所以它的锚固长度可以短一些。

1.1.11 钢筋的接头

为了便于运输，出厂的直条钢筋长度为 9m 和 12m。在实际使用过程中会遇到钢筋长度不足，这时就需要把钢筋接长至设计长度。接长钢筋有 3 种办法：绑扎搭接、焊接、机械连接。接头位置宜设置在构件受力较小处，并宜相互错开。

1.1.11.1　绑扎接头

1. 绑扎接头搭接长度的要求

规范规定纵向受拉钢筋搭接长度 l_l 应满足 $l_l \geqslant \zeta_l l_a$ 及 $l_l \geqslant 300\text{mm}$，$\zeta_l$ 为纵向受拉钢筋搭接长度修正系数，按表 1-2 取值。从表 1-2 看到：

（1）$\zeta_l \geqslant 1.2$，也就是受拉钢筋搭接长度 l_l 大于最小锚固长度 l_a。这是因为，采用绑

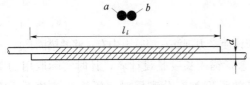

图 1-10　钢筋绑扎搭接接头

扎搭接接头时，虽然在搭接处用铁丝绑扎钢筋，但铁丝绑扎只是为了固定钢筋，形成钢筋骨架，钢筋之间力的传递仍是依靠钢筋与混凝土之间的黏结力。也就是，钢筋 a 通过黏结力将力传递给周围混凝土，周围混凝土再通过黏结力将力传递给钢筋 b，如图 1-10

所示。由于两根钢筋紧靠在一起时，对其中一根钢筋而言，其与混凝土的接触面积小于单根钢筋与混凝土的接触面积，为保证有相同的黏结力，所需的长度就要增加。

（2）同一截面上搭接的钢筋越多，所需的搭接长度就越长。这是因为，同一截面上搭接钢筋越多，钢筋就越拥挤，钢筋周围的混凝土厚度就可能越小，黏结力越得不到保证；同时，同一截面上搭接钢筋越多失事的概率就越高。

表 1-2　　　　　　　纵向受拉钢筋搭接长度修正系数 ζ_l

纵向钢筋搭接接头面积百分率/%	≤25	50
ζ_l	1.2	1.4

以上是对受拉钢筋而言的。对于受压钢筋，由于受力后直径增大，对混凝土的挤压力增加，使摩擦作用增加，黏结力提高，其搭接长度可以减小，因而满足 $l'_l \geqslant 0.7\zeta_l l_a$ 及 $l'_l \geqslant 200\text{mm}$ 即可。

2. 绑扎搭接的适用范围

绑扎搭接的适用范围，一是和构件的受力状态有关，二是和钢筋的直径有关。

（1）轴心受拉或小偏心受拉以及承受振动的构件中的钢筋接头，不得采用绑扎搭接。注意，在轴心受拉或小偏心受拉构件中，所有钢筋都是受拉的。

（2）当受拉钢筋直径 $d > 28\text{mm}$ 时，不宜采用绑扎搭接接头。这是因为，钢筋越粗所需的黏结力就越大。

1.1.11.2　焊接接头

焊接接头是在两根钢筋接头处焊接而成，焊接接头的规定与钢筋直径有关。

（1）钢筋直径 $d \leqslant 28\text{mm}$ 的焊接接头，最好用对焊机直接对头接触电焊或用手工电弧焊焊接，分别如图 1-11（a）和图 1-11（b）所示。

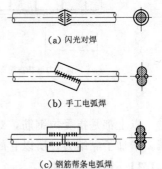

(a) 闪光对焊

(b) 手工电弧焊

(c) 钢筋帮条电弧焊

图 1-11　钢筋焊接接头

（2）$d>28\text{mm}$ 且直径相同的钢筋，可采用帮条焊接，如图 1-11（c）所示。

1.1.11.3 机械连接接头

机械连接接头可分为挤压套筒接头和螺纹套筒接头两大类。机械连接接头具有工艺操作简单、接头性能可靠、连接速度快、施工安全等特点，特别是用于结构中过缝钢筋的连接时，钢筋不会像焊接接头那样出现残余温度应力，但机械连接接头造价略高。水运工程中，在非固定的专业预制场或钢筋加工场制作钢筋骨架，对直径不小于 22mm 的钢筋，宜采用机械连接方式。

1.2 综 合 练 习

1.2.1 单项选择题

1. 钢筋混凝土结构中常用的受力钢筋是（　　）。
  A. HRB400 和 HPB300 钢筋
  B. HRB400 和 HRB335 钢筋
  C. HRB335 和 HPB300 钢筋
  D. HRB400 和 RRB400 钢筋

2. 热轧钢筋的含碳量越高，则（　　）。
  A. 屈服台阶越长，伸长率越大，塑性越好，强度越高
  B. 屈服台阶越短，伸长率越小，塑性越差，强度越低
  C. 屈服台阶越短，伸长率越小，塑性越差，强度越高
  D. 屈服台阶越长，伸长率越大，塑性越好，强度越低

3. 硬钢的协定流限是指（　　）。
  A. 钢筋应变为 0.2% 时的应力
  B. 由此应力卸载到钢筋应力为零时的残余应变为 0.2%
  C. 钢筋弹性应变为 0.2% 时的应力

4. 设计中软钢的抗拉强度取值标准为（　　）。
  A. 协定流限
  B. 屈服强度
  C. 极限强度

5. 混凝土的强度等级是根据混凝土的（　　）确定的。
  A. 立方体抗压强度设计值
  B. 立方体抗压强度标准值
  C. 立方体抗压强度平均值
  D. 具有 90% 保证率的立方体抗压强度

△6. 混凝土强度等级相同的两组试件在图 1-12 所示受力条件下，破坏时抗拉强度 f_{t1} 和 f_{t2} 的关系是（　　）。
  A. $f_{t1}>f_{t2}$
  B. $f_{t1}=f_{t2}$
  C. $f_{t1}<f_{t2}$

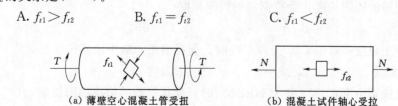

(a) 薄壁空心混凝土管受扭　　　　　(b) 混凝土试件轴心受拉

图 1-12 两组试件受力条件

△7. 如图 1-13 所示受力条件下的 3 个混凝土强度等级相同的单元体，破坏时 σ_1、

σ_2、σ_3 绝对值的大小顺序为（　　）。

　A. $\sigma_1 > \sigma_2 > \sigma_3$　　　　　　　　　　B. $\sigma_1 > \sigma_3 > \sigma_2$

　C. $\sigma_2 > \sigma_1 > \sigma_3$　　　　　　　　　　D. $\sigma_2 > \sigma_3 > \sigma_1$

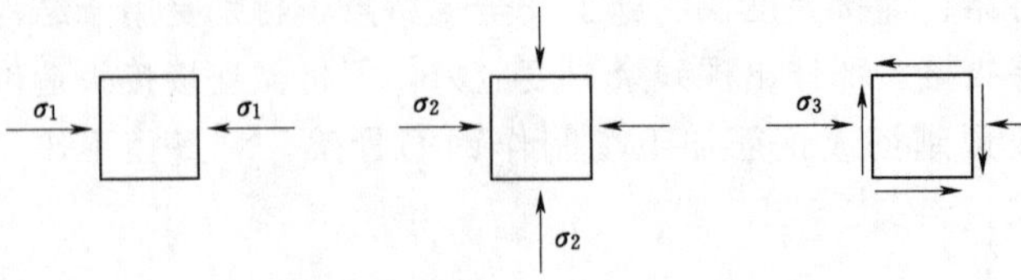

图 1-13　单元体受力条件

8. 混凝土强度等级越高，则其 σ-ε 曲线的下降段（　　）。

　A. 越陡峭　　　　　　B. 越平缓　　　　　　C. 无明显变化

9. 混凝土极限压应变值 ε_{cu} 随混凝土强度等级的提高而（　　）。

　A. 减小　　　　　　　B. 提高　　　　　　　C. 不变

10. 混凝土的水胶比越大，水泥用量越多，则徐变及收缩值（　　）。

　A. 越大　　　　　　　B. 越小　　　　　　　C. 基本不变

△11. 钢筋混凝土轴心受压构件中混凝土的徐变将使（　　）。

　　A. 钢筋的应力减小，混凝土的应力增大

　　B. 钢筋的应力增大，混凝土的应力减小

　　C. 两者应力不变化

△12. 在室外预制一块钢筋混凝土板，养护过程中发现其表面出现微细裂缝，其原因应该是（　　）。

　　A. 混凝土与钢筋热胀冷缩变形不一致　　B. 混凝土徐变变形

　　C. 混凝土干缩变形

13. 受拉钢筋锚固长度 l_a 和受拉钢筋绑扎搭接长度 l_l 的关系是（　　）。

　A. $l_a > l_l$　　　　　　B. $l_a = l_l$　　　　　　C. $l_a < l_l$

14. 为了保证钢筋的黏结强度的可靠性，规范规定（　　）。

　A. 所有钢筋末端必须做成半圆弯钩

　B. 所有光圆钢筋末端必须做成半圆弯钩

　C. 绑扎骨架中的受力光圆钢筋应在末端做成 180°弯钩

15. 受压钢筋的锚固长度比受拉钢筋的锚固长度（　　）。

　A. 大　　　　　　　　B. 小　　　　　　　　C. 相同

16. 当混凝土强度等级由 C20 变为 C30 时，受拉钢筋的最小锚固长度 l_a（　　）。

　A. 增大　　　　　　　B. 减小　　　　　　　C. 不变

17. 当钢筋级别由 HRB335 变为 HRB400 时，受拉钢筋的最小锚固长度 l_a（　　）。

　A. 增大　　　　　　　B. 减小　　　　　　　C. 不变

18. 钢筋强度越高、直径越粗、混凝土强度越低，则锚固长度要求（　　）。

　A. 越长　　　　　　　B. 越短　　　　　　　C. 不变

1.2.2 问答题

1. 水运工程钢筋混凝土结构中常用的钢筋有哪几种？各用什么符号表示？按表面形状它们如何划分？

2. 钢筋混凝土结构常用的钢筋是否都有明显的屈服极限？设计时它们取什么强度作为设计的依据？为什么？

△3. 钢筋混凝土结构对所用的钢筋有哪些要求？为什么？

4. 带肋钢筋与光圆钢筋相比，主要有什么优点？为什么？

△5. 在钢筋混凝土结构中，采用高强度钢筋是否合理？为什么？

6. 什么是钢筋的塑性？钢筋的塑性性能是由哪些指标反映的？

7. 试画出软钢和硬钢的应力-应变曲线，说明其特征点。并说明设计时分别采用什么强度指标作为它们的设计强度。

8. 混凝土强度指标主要有几种？哪一种是基本的？各用什么符号表示？它们之间有何数量关系？

9. 为什么 f_c 小于 f_{cu}？

10. 画出混凝土一次短期加载的受压应力-应变曲线。标明几个特征点，并给出简要说明。

11. 分别画出混凝土在最大应力较小的重复荷载作用时和最大应力较大的重复荷载作用时的 σ-ε 曲线，并说明什么是混凝土的疲劳强度 f_c^f。

△12. 混凝土应力应变曲线中的下降段对钢筋混凝土结构有什么作用？

△13. 混凝土处于三向受压状态时，其强度和变形能力有何变化？举例说明工程中是如何利用这种变化的。

14. 什么是混凝土的徐变？混凝土为什么会发生徐变？

15. 混凝土的徐变主要与哪些因素有关？如何减小混凝土的徐变？

16. 什么是线性徐变？什么是非线性徐变？什么是非收敛徐变？

17. 轴心受压构件中混凝土徐变将使钢筋应力及混凝土应力发生什么变化？

18. 徐变对钢筋混凝土结构有什么有利和不利的影响？

19. 试分别分析混凝土干缩和徐变对钢筋混凝土轴心受压构件和轴心受拉构件应力重分布的影响。

20. 钢筋混凝土梁如图 1-14 所示。试分析当混凝土产生干缩和徐变时梁中钢筋和混凝土的应力变化情况。

△21. 大体积混凝土结构中，能否用钢筋来防止温度裂缝或干缩裂缝的出现？为什么？

22. 带肋钢筋和光圆钢筋黏结力组成有何异同？

△23. 影响钢筋与混凝土之间黏结强度的主要因素是什么？如何保证钢筋与混凝土之间的可靠锚固？

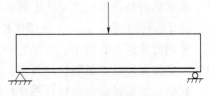

图 1-14 钢筋混凝土梁

1.3　参　考　答　案

1.3.1　单项选择题

1. A　2. C　3. B　4. B　5. B　6. C　7. C　8. A　9. A　10. A　11. B　12. C　13. C
14. C　15. B　16. B　17. A　18. A

1.3.2　问答题

1. 常用的钢筋有热轧 HRB400 带肋钢筋（⊕）和 HPB300 光圆钢筋（Φ）。

2. 常用的钢筋都有明显的屈服极限。设计时取它们的屈服强度 f_y 作为设计的依据。因为钢筋达到 f_y 后进入屈服阶段，应力不加大而应变大大增加，当进入强化阶段时应变已远远超出允许范围。所以钢筋的受拉设计强度以 f_y 为依据。强化阶段超过 f_y 的强度只作为安全储备，设计时不予考虑。

3. 钢筋混凝土结构对所用钢筋要求：

（1）强度要高，但不宜太高。因为强度高，才能节省钢筋，降低造价。但如果强度太高，用作受拉钢筋时，在正常使用时若允许钢筋有较大的应力，就会造成裂缝开展过宽，若限制钢筋应力则不能充分利用钢筋的强度；用作受压钢筋则破坏时混凝土最大压应变只能达到 0.002，超过此值混凝土已压坏了，所以钢筋最大压应变也只能达到 0.002，钢筋应力不会超过 $0.002E_s$，约为 400N/mm^2。当钢筋的屈服强度超过 400N/mm^2，在受压时就不能充分发挥作用。

（2）有良好的塑性。钢筋塑性（伸长率或总伸长率和冷弯性能）好，破坏前就有足够变形，能提高结构的延性，使结构具有良好的抗震性能，并使钢筋有良好的加工性能。

（3）有良好的可焊性。这是钢筋电焊接长所必需的。

（4）与混凝土有良好的黏结性能。这是钢筋能与混凝土共同工作的前提。

4. 主要优点是与混凝土的黏结性能好得多，这是因为表面突出的横肋造成的机械咬合作用可以大大增加两者之间黏结力，采用带肋钢筋可以显著减小裂缝宽度。

5. 不合理，详见第 3 题第（1）部分答案。

6. 钢筋的塑性是指钢筋受力后的变形能力。它的塑性性能由伸长率（或总伸长率）和冷弯性能两个指标来衡量。伸长率为钢筋拉断时的应变，总伸长率为钢筋最大力下的伸长率，它们数值越大塑性越好。冷弯性能是将直径为 d 的钢筋绕直径为 D 的弯芯弯曲到一定角度后无裂纹断裂及起层现象。D 越小，弯转角越大，钢筋塑性越好。

7. 两者应力应变曲线如教材图 1-2 及图 1-4 所示。

软钢的特征点有：点 a，比例极限；点 b，屈服强度（流限）；bc 段，流幅或屈服台阶；cd 段，强化段；点 d，极限抗拉强度；点 e，钢筋拉断，对应横坐标为钢筋伸长率。

硬钢的特征点有两个：一是曲线上对应 $\sigma_{0.2}$ 的点，其卸载后的残余应变为 0.2%，$\sigma_{0.2}$ 称为协定流限；二是极限抗拉强度。协定流限相当于极限抗拉强度的 80%～90%。

软钢以屈服强度作为设计强度指标，硬钢以协定流限作为设计强度指标。

8. 混凝土强度指标主要有立方体抗压强度、轴心抗压强度和轴心抗拉强度，其中立方体抗压强度是基本的，分别用 f_{cu}、f_c、f_t 表示。数量关系：$f_c = 0.88\alpha_{c1}\alpha_{c2}f_{cu}$，$f_t =$

$0.88 \times 0.395 \alpha_{c2} f_{cu}^{0.55} = 0.348 \alpha_{c2} f_{cu}^{0.55}$，这里的 f_c 和 f_t 是指实际结构的轴心抗压强度和轴心抗拉强度，f_{cu} 是指试验室测得的立方体抗压强度，α_{c1} 为试验室得到的 f_c 和 f_{cu} 的比值，α_{c2} 用于考虑高强度混凝土的脆性，两者取值都与混凝土强度等级有关。α_{c1} 取值：C50 及以下为常量，C50 以上随强度等级提高而提高；α_{c2} 取值：C40 及以下为 1.0，即不用考虑混凝土脆性，C40 以上随强度等级提高而减小。

9. 主要是试件形状不一样。测定 f_c 时，采用 150mm×150mm×300mm 的棱柱体试件，棱柱体试件上下表面与压力机垫板之间的摩擦力对试件中部的约束影响比较小；测定 f_{cu} 时，采用 150mm×150mm×150mm 的立方体试件，立方体试块上下表面的摩擦力对整个试块都有很大影响，它约束了混凝土试块的横向变形，提高了它的抗压强度。

10. 混凝土一次短期加载的受压应力应变曲线如教材图 1-14 所示。

特征点及简要说明：

点 A，比例极限。点 B，临界点，从点 A 到点 B 混凝土内部微裂缝稳定发展，超过点 B，微裂缝不稳定发展，体积也开展膨胀，长期应力不能超过点 B。点 C，混凝土抗压强度，此时试件表面出现平行于受力方向的纵向裂缝，试件开始破坏；点 C 应变称 ε_0，ε_0 随混凝土强度等级的不同在 0.0015～0.0025 之间变动，结构计算时取 $\varepsilon_0 = 0.002$（普通混凝土）和 $\varepsilon_0 = 0.002 \sim 0.00215$（高强混凝土）。从原点到点 C 为曲线的上升段，点 C 之后为下降段。点 D 为曲线的拐点，从点 D 开始曲线由凹向应变轴变为凸向应变轴。点 E 称为"收敛点"，点 E 以后试件中的主裂缝已很宽，内聚力已几乎耗尽，对于无侧向约束的混凝土已失去了结构的意义，故点 E 应变也就是极限压应变 ε_{cu}。ε_{cu} 越大，表示混凝土的塑性变形能力越大，也就是延性（指构件最终破坏之前经受非弹性变形的能力）越好。

11. σ-ε 曲线见教材图 1-18。当最大应力较小时，经多次重复后，σ-ε 曲线变成直线。当重复荷载的最大应力超过某一限值，则经过多次循环，应力应变关系成直线后，又会很快重新变弯且应变越来越大，试件很快破坏。这个限值就是混凝土的疲劳强度。

12. 从混凝土结构的抗震性能来看，既要求混凝土有一定的强度（如设计烈度为 7 度、8 度时，混凝土强度等级不应低于 C20），但同时也要求混凝土有较好的塑性。中低强度混凝土的下降段比较平缓，极限压应变大，延性好，抗震性能就好。而高强混凝土的下降段比较陡，极限压应变小，延性较差。因此，当设计烈度为 9 度时，混凝土强度等级不宜超过 C60。

13. 其强度和变形能力都得到很大提高。工程上的应用例子如螺旋箍筋柱和钢管混凝土柱。螺旋箍筋内的混凝土和钢管内的混凝土实际上都处于三向受压状态，它们的强度和变形能力都得到很大提高。

14. 混凝土在荷载长期作用下，应力没有变化而应变随着时间增长的现象称为徐变。产生徐变的原因：①水泥凝胶体的黏性流动；②应力较大时混凝土内部微裂缝的发展。

15. 影响混凝土徐变的因素有 3 个方面：

(1) 内在因素：水泥用量、水胶比、配合比、骨料性质等。

(2) 环境因素：养护时的温度湿度和养护时间，使用时的环境条件。

(3) 应力因素：对于普通混凝土，应力低于 $0.5f_c$ 时，徐变与应力为线性关系；当应

力在 $(0.5\sim0.8)f_c$ 范围内时，徐变与应力不呈线性关系，徐变比应力增长要快，徐变收敛性随应力增加而变差，但仍能收敛；当应力大于 $0.8f_c$ 时，徐变的发展是非收敛的，最终将导致混凝土破坏。

高强混凝土徐变比普通混凝土小，在应力大于 $0.65f_c$ 时才开始产生非线性徐变，长期抗压强度约为 $(0.8\sim0.85)f_c$。

减小混凝土徐变主要从下述 3 方面着手：

（1）减少水泥用量，降低水胶比，加强混凝土密实性，采用高强度骨料等。

（2）高温高湿养护。

（3）长期所受应力不应太大，一般取 $0.8f_c$ 作为混凝土的长期抗压强度。

16. 持续应力的大小对徐变量及徐变的发展规律都有重要影响。一般认为，对于普通混凝土，应力低于 $0.5f_c$ 时，徐变与应力为线性关系，这种徐变称为线性徐变。它的前期徐变较大，在 6 个月中已完成了全部徐变的 70%～80%，一年后变形即趋于稳定，两年以后徐变就基本完成。当应力在 $(0.5\sim0.8)f_c$ 范围内时，徐变与应力不成线性关系，徐变比应力增长要快，但仍能收敛，这种徐变称为非线性徐变。当应力大于 $0.8f_c$ 时，徐变的发展是非收敛的，最终将导致混凝土破坏。因此，在正常使用阶段混凝土应避免经常处于高应力状态，一般取 $0.8f_c$ 作为混凝土的长期抗压强度。

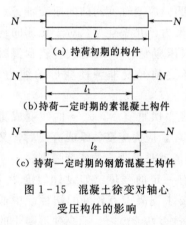

图 1-15　混凝土徐变对轴心受压构件的影响

高强混凝土徐变比普通混凝土小，在应力大于 $0.65f_c$ 时才开始产生非线性徐变，长期抗压强度约为 $(0.8\sim0.85)f_c$。

17. 假定轴心受压构件在承受荷载初期的长度为 l [图 1-15（a）]，如果构件内未配钢筋，即为素混凝土构件，由于混凝土徐变的影响，在持荷一定时间以后，构件的长度将缩短为 l_1 [图 1-15（b）]。当构件内配有纵向受力钢筋时，钢筋对混凝土的徐变变形将起阻遏作用，因此，钢筋的压应力将增大，而混凝土的压应力则将减小，构件的长度为 l_2 [图 1-15（c）]，且 $l_1<l_2<l$。

18. （1）有利影响：徐变能缓和应力集中，减小支座沉陷引起的内力以及温度变化形成的温度应力。

（2）不利影响：加大结构变形；在预应力混凝土结构中，造成预应力损失。

19. （1）钢筋混凝土轴心受压构件。混凝土干缩，钢筋阻碍它收缩，混凝土中产生附加拉应力，钢筋产生附加压应力，总的是混凝土压应力减小，钢筋压应力增加。混凝土徐变，混凝土产生附加压应变，钢筋阻碍它的徐变，效果和混凝土收缩一样。

（2）钢筋混凝土轴心受拉构件。混凝土收缩，混凝土中产生附加拉应力，钢筋产生附加压应力，总的是混凝土拉应力增大，钢筋拉应力减小。混凝土徐变，混凝土产生附加拉应变，钢筋阻碍它徐变，混凝土附加受压，钢筋受拉，所以总的混凝土拉应力减小，钢筋拉应力增大。

20. 混凝土干缩，钢筋阻碍它收缩，混凝土附加受拉，钢筋附加受压，所以混凝土拉应力加大,钢筋拉应力减小。混凝土徐变,受拉区混凝土产生附加拉应变,钢筋阻碍它徐变,混凝土附加受压,钢筋附加受拉,总的混凝土拉应力减小,钢筋拉应力加大。

21. 不能。因为在裂缝出现前,混凝土的拉应变很小,钢筋的拉应变也很小,钢筋起的作用很小,所以并不能防止裂缝的出现。合理布置钢筋只能使裂缝变细、变浅、间距变密,即控制裂缝的开展,而不是防止裂缝的出现。

22. (1) 黏结力构成的相同点为:①水泥凝胶体与钢筋表面之间的胶着力;②混凝土收缩将钢筋裹紧而产生的摩擦力。

(2) 不同点是:光圆钢筋的表面不平整与混凝土之间有一定的机械咬合力,但数值很小,而带肋钢筋表面凸出的横肋对混凝土能产生很大的挤压力。这使得带肋钢筋与混凝土的黏结性能大大优于光圆钢筋。

23. (1) 主要因素有:①钢筋表面形状;②混凝土的抗拉强度;③混凝土保护层厚度;④钢筋的间距;⑤横向钢筋的配置;⑥横向压力;⑦钢筋在混凝土中的位置。

(2) 保证钢筋和混凝土的可靠锚固的措施:①保证有足够的锚固长度和搭接长度;②保证满足钢筋最小间距和混凝土最小保护层厚度;③钢筋搭接接头范围内加密箍筋;④绑扎骨架中的受力光圆钢筋应在末端做成180°弯钩。

第2章 钢筋混凝土结构设计计算原理

本章讨论工程结构设计的基本原则，为以后各种基本构件的设计计算奠定有关结构可靠性方面的基础。学完本章后，应掌握荷载、荷载效应与结构抗力等基本概念和《水运工程混凝土结构设计规范》（JTS 151—2011）的实用表达式，了解实用表达式实现可靠性要求的方法。本章主要学习内容有：

(1) 结构功能性要求、按近似概率法设计的基本概念。

(2) 荷载与荷载效应、结构抗力。

(3) 极限状态及方程、失效概率、可靠指标。

(4) 荷载及材料强度的取值。

(5) 《水运工程混凝土结构设计规范》（JTS 151—2011）的实用设计表达式。

2.1 主 要 知 识 点

2.1.1 作用（荷载）与荷载效应

2.1.1.1 作用（荷载）

凡是施加在结构上的集中或分布荷载，以及引起结构外加变形或约束的原因，总称为作用。前者称为"直接作用"，通常也称为荷载；后者则称为"间接作用"。但从工程习惯和叙述简便起见，教材将两者不作区分，一律称之为荷载。

2.1.1.2 荷载分类

1. 按随时间的变异分

荷载按随时间的变异可分为永久荷载（G、g）、可变荷载（Q、q）、偶然荷载和地震荷载，其中，G、Q 表示集中荷载，g、q 表示分布荷载。永久荷载也称恒载，可变荷载也称活载。

永久荷载是指在设计使用年限内量值不随时间变化，或其变化与平均值相比可以忽略不计的荷载，或其变化是单调的并趋于某个限值的荷载，如混凝土结构自重，它的大小基本上不随时间变化而变化。

可变荷载是指在设计使用年限内量值随时间变化，且其变化与平均值相比不可忽略的荷载，如风荷载，由于风速随时间变化，风荷载的大小也随时间变化。

偶然荷载是指在设计使用年限内不一定出现，但一旦出现其量值很大且持续时间很短的荷载，如爆炸、非正常撞击等。

地震荷载是指地震动对结构产生的作用。它也是一种在设计使用年限内不一定出现，但一旦出现其量值很大且持续时间很短的荷载。

也就是说，永久荷载与可变荷载是根据其量值大小是否随时间变化来区分的，不随时间变化或变化可以忽略的为永久荷载，反之为可变荷载。它们和偶然荷载、地震荷载是根据出现的概率与持续的时间来区分的，永久荷载和可变荷载在设计基准期内一定出现且持续时间较长，偶然荷载和地震荷载则反之。

2. 按随空间位置的变异分

按随空间位置的变异可分固定荷载和移动荷载。前者是指不移动的荷载，如不能移动的构件的自重；后者指可移动的荷载，如吊车荷载。

要注意，固定荷载和移动荷载是根据荷载是否可以移动来区分的。固定荷载的大小可能随时间变化，也可能不随时间变化，也就是说固定荷载有可能是永久荷载，也可能是可变荷载；移动荷载同样可能是永久荷载，也可能是可变荷载。

3. 按结构的反应特点分

按结构的反应特点，可分静态荷载和动态荷载。前者不会使结构产生加速度，或产生的加速度可以忽略不计，如自重、楼面人群荷载；后者能使结构产生不可忽略的加速度，如地震。动态荷载所引起的荷载效应不仅与荷载有关，还与结构自身的动力特征有关，即和结构的质量、刚度、自振频率有关。

4. 按有无界值分

有界荷载是与人类活动有关的非自然作用，其荷载值是由材料自重、设备自重、载重量或限定设计条件下的不均匀性等决定，因此不会超过某一限值，且该限值可以确定或近似确定的。无界荷载是由自然因素产生的，不为人类意志所决定，如风荷载。这类荷载虽然根据多年实测资料进行统计分析，按照某一重现期给出了相应的荷载参数，但由于自然作用的复杂性和人类认识的局限性，这些参数取值需要不断调整。

2.1.1.3 荷载效应

荷载在结构构件内所引起的内力、变形和裂缝等反应，统称为"荷载效应"，常用符号 S 表示。

如计算跨度为 l、承受均布荷载 q 的简支梁，跨中弯矩荷载效应 $M = \frac{1}{8}ql^2$，支座剪力荷载效应 $V = \frac{1}{2}ql$。

2.1.1.4 荷载和荷载效应的随机性

所有的荷载都是随机变量，包括永久荷载，有的荷载甚至是与时间有关的随机过程。所谓随机变量是指其量值无法预先确定，仅以一定的可能性取值的量，也就是事先不能完全确定的量。如结构自重，虽然结构建造完成后其自重的大小随时间的变化可以忽略，为永久荷载，但建成后的实际结构尺寸和设计取定的尺寸有可能存在误差，其容重也可能和设计取定的容重存在区别，因此设计时取定的结构自重和建成后实际结构的自重并不相同，即结构自重在设计时还不能完全正确确定，故为随机变量。

荷载效应除了与荷载数值的大小、荷载分布的位置、结构的尺寸及结构的支承约束条件等有关外，还与荷载效应的计算模式有关。这些因素都具有不确定性，因此荷载效应也是一个随机变量或随机过程。

2.1.2　结构抗力

结构抗力是结构或结构构件承受荷载效应 S 的能力，就本教材所涉及的内容而言，指的是构件截面的承载力、构件的刚度、截面的抗裂能力等，常用符号 R 表示。如：正截面受弯承载力 M_u、斜截面受剪承载力 V_u 都是结构抗力。

如何求解结构抗力是我们今后学习的主要内容，它主要与结构构件的几何尺寸、配筋数量、材料性能以及抗力计算模式与实际吻合程度等有关，由于这些因素都是随机变量，因此结构抗力显然也是一个随机变量。

2.1.3　结构的功能要求

工程结构设计的任务就是保证结构在预定的使用期限内能满足设计所预定的各项功能要求，做到安全可靠和经济合理。工程结构的功能要求主要包括 3 个方面：

1. 安全性

安全性是指结构在正常施工和正常使用时能承受可能出现的施加在结构上的各种"作用"（荷载），以及在发生设定的偶然事件和地震下，结构仍能保持必要的整体稳定。如发生爆炸、非正常撞击、人为错误等偶然事件时，结构能保持必要的整体稳固性，不出现与起因不相称的破坏后果，避免结构出现连续倒塌；发生地震时，结构仅产生局部损坏而不致发生整体倒塌。

要注意，正常工况（正常施工和正常使用时）和偶然工况（有偶然事件出现时）、地震工况（发生地震时）对安全性的要求是不同的。在正常工况，要求结构中所有的构件都不能出现损坏；在偶然工况和地震工况，允许结构出现局部损坏，但要求能保持必要的整体稳定，不至于倒塌。

2. 适用性

适用性是指结构在正常使用时具有良好的工作性能，如不发生影响正常使用的过大变形和振幅，不发生过宽的裂缝等。

3. 耐久性

耐久性是指结构在正常维护条件下具有足够的耐久性能，要求结构在规定的环境条件下，在预定的设计使用年限内，材料性能的劣化（如混凝土的风化、脱落、腐蚀、渗水、钢筋的锈蚀等）不会导致结构正常使用的失效。即在正常维护和不改变工程结构用途的条件下，工程结构在规定的设计使用年限内能保持正常的使用功能。

2.1.4　承载能力极限状态和正常使用极限状态

现行规范采用极限状态设计法。根据功能要求，规范将混凝土结构的极限状态分为承载能力极限状态和正常使用极限状态两类。

1. 承载能力极限状态

这一极限状态对应于结构或结构构件达到最大承载力或达到不适于继续承载的变形。

达到最大承载力是指荷载产生的内力已达到了结构构件能承受的内力，即将发生破坏；达到不适于继续承载的变形是指，虽然荷载产生的内力尚未达到结构构件能承受的内力，但变形已经很大，被认为已不适合继续承载。在受弯构件正截面破坏的 3 种破坏形态中，超筋和适筋破坏为前者，而少筋破坏为后者。

满足承载能力极限状态的要求是结构设计的头等任务，因为这关系到结构的安全，所以对承载能力极限状态应有较高的可靠度（安全度）水平。工程结构设计首先要进行承载能力极限状态的计算。

2. 正常使用极限状态

这一极限状态对应于结构或构件达到影响正常使用或耐久性能的某项规定限值。如产生过大的变形（如吊车梁变形过大使吊车不能正常运行）、过宽的裂缝（如水池开裂漏水不能正常使用，梁裂缝宽度过大使用户感到恐慌）或过大的振动（如因机器振动导致结构的振幅超过限值），影响正常使用。

结构或构件达到正常使用极限状态时，会影响正常使用功能及耐久性，但不会造成生命财产的重大损失，所以它的可靠度水平允许比承载能力极限状态的可靠度水平有所降低。

在水运工程中，是根据钢筋混凝土结构构件不同的使用要求进行不同的验算，来满足正常使用极限状态要求。如，对使用上需要控制变形的结构构件进行变形验算，使用上要求不出现裂缝的预应力混凝土构件进行抗裂验算，使用上允许出现裂缝的钢筋混凝土构件进行裂缝宽度验算。

3. 极限状态方程

结构的极限状态可用极限状态函数（或称功能函数）Z 来描述，如将影响极限状态的众多因素用荷载效应 S 和结构抗力 R 两个变量来代表，则

$$Z = g(R, S) = R - S \tag{2-1}$$

显然，当 $Z > 0$（即 $R > S$）时，结构处于安全可靠状态；当 $Z < 0$（即 $R < S$）时，结构就处于失效状态。当 $Z = 0$（即 $R = S$）时，则表示结构正处于极限状态。所以公式 $Z = 0$ 就称为极限状态方程。

2.1.5 结构可靠度的度量与保证

1. 失效概率

由于荷载效应 S 和结构抗力 R 都是随机变量或随机过程，因此要绝对地保证 $R > S$ 是不可能的，即无论如何设计，都有 $R < S$（失效）的可能性存在。

出现 $R < S$ 的概率，称为结构的失效概率，用 p_f 表示，其值等于如图 2-1 所示 Z 的概率密度分布曲线的阴影部分的面积，它不可能等于零。如果要能保证 p_f 不大于允许的失效概率 $[p_f]$，即 $p_f \leqslant [p_f]$，就认为满足了结构可靠性的要求，结构是安全可靠的。

2. 可靠指标

在图 2-1 看到，随机变量 Z 的平均值 μ_z 可用它的标准差 σ_z 来度量，即 $\mu_z = \beta \sigma_z$，且 β 与 p_f 之间存在着一一对应的关系。β 小时，p_f 就大；β 大时，p_f 就小。所以 β 和 p_f 一

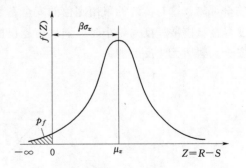

图 2-1 Z 的概率密度分布曲线及可靠指标 β 与失效概率 p_f 的关系

样，也可作为度量结构可靠度的一个指标，β 称为可靠指标。只要 $\beta \geqslant \beta_T$ 就能保证 $p_f \leqslant [p_f]$，β_T 称为目标可靠指标。

p_f 需已知 Z 的概率密度分布曲线再通过积分求得，相当复杂，有时难以做到，而 $\beta = \dfrac{\mu_z}{\sigma_z}$，只需已知平均值 μ_z 和标准差 σ_z 就可求得，因而用 β 代替 p_f 来度量结构的可靠度可使问题简化。

3. 目标可靠指标

为使所设计的结构构件既安全可靠又经济合理，必须确定一个大家能接受的结构允许失效概率 $[p_f]$。当采用可靠指标 β 表示时，则要确定一个目标可靠指标 β_T。

β_T 理应根据结构的重要性、破坏后果的严重程度以及社会经济等条件，以优化方法综合分析得出。但由于大量统计资料尚不完备或根本没有，目前只能采用"校准法"来确定 β_T。所谓"校准法"，就是认为由原有设计规范所设计出来的大量结构构件反映了长期工程实践的经验，其可靠度水平在总体上是可以接受的，所以 β_T 可以由原有设计规范的设计结果反算得到。

β_T 的取值和极限状态、结构安全等级、构件破坏性质有关：

（1）承载能力极限状态要求是否满足关系到结构的安全，因此 β_T 取值较大；正常使用极限状态要求是否满足只关系到使用的适用性，而不涉及结构构件的安全性，故 β_T 取值较承载能力极限状态的 β_T 小。

（2）结构安全等级要求越高，可靠度要求就越高，β_T 取值就应越大。

（3）突发性的脆性破坏与破坏前有明显变形或预兆的延性破坏相比，破坏的后果要严重得多，因此脆性破坏的 β_T 应高于延性破坏的 β_T，以保证设计的结构若发生破坏，也只是延性破坏，而不是脆性破坏。但《港口工程结构可靠性设计统一标准》（GB 50158—2010）并未区分延性与脆性破坏 β_T 要求的不同，它规定的 β_T 值大约为《建筑结构可靠性设计统一标准》（GB 50068—2018）所规定的延性与脆性破坏 β_T 的平均值。

从理论上讲，用概率统计的方法来研究结构的可靠度，用失效概率 p_f 或可靠指标 β 来度量，当然比用一个完全由工程经验判定的安全系数 K 来得合理，它能比较确切地反映问题的本质。从图 2-2 看到，R 和 S 的平均值 μ_R 与 μ_S 相差越大，p_f 越小，结构就越安全可靠，这与传统的采用定值的安全系数在概念上是一致的；当 R 和 S 平均值不变时，变异性（离散程度）越小时，曲线就越捏拢，p_f 越小，结构就越安全可靠，这是传统的安全系数所无法反映的。

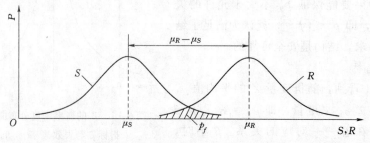

图 2-2　失效概率 p_f 与荷载效应 S 和结构抗力 R 之间的关系

但事实上，由于在水运工程中，有些荷载还无法得出可靠的统计参数，一些主要荷载（如土压力、波浪力等）还只能采用理论公式推算得出，因此还谈不上真正意义上的概率分析，目前只能采用校准法来确定 β_T 也说明这一点。

4. 实用设计表达式

虽然可靠指标 β 只需已知平均值 μ_z 和标准差 σ_z 就可求得，比求失效概率 p_f 简单得多，但计算仍很复杂，所以在实际工作中直接由 $\beta \geqslant \beta_T$ 来进行设计，是极不方便甚至是完全不可能的。

因此，设计规范都采用了实用的设计表达式。设计人员不必直接计算可靠指标 β 值，而只要采用规范规定的各个分项系数按实用设计表达式对结构构件进行设计，则认为设计出的结构构件所隐含的 β 值就能满足 $\beta \geqslant \beta_T$ 的要求。

因而，结构可靠度的保证经历了 $p_f \leqslant [p_f]$ 到 $\beta \geqslant \beta_T$，再到实用设计表达式分项系数按规定取值的过程。对设计人员而言，只要根据实用设计表达式按规定取值，就能保证所设计的结构构件能满足可靠度的要求，这使得设计大为简化。

2.1.6 荷载代表值

荷载是随机变量，材料强度也是随机变量，但在实用设计表达式中这些变量要取确定的量值参与计算，这确定的量值就是代表值。应用实用设计表达式，首先要定出荷载的代表值和材料的强度值。

结构设计时，对不同的荷载效应，应采用不同的荷载代表值。荷载代表值有：永久荷载和可变荷载的标准值，可变荷载的组合值、频遇值和准永久值等。其中，荷载标准值是荷载的基本代表值，荷载的其他代表值都是以它为基础再乘以相应的系数后得出的。

2.1.6.1 荷载标准值

荷载标准值是荷载的主要代表值，理论上它应按设计基准期内荷载最大值概率分布的某一分位值确定。但目前只能对部分荷载给出概率分布估计，在水运工程中有些荷载，如土压力、风荷载、波浪力、冰荷载、挤靠力、撞击力等，缺乏或根本无法取得正确的实测统计资料，所以其标准值主要还是根据历史经验确定或由理论公式推算得出。因此，对荷载而言没有明确的保证率的说法。

对荷载符号加下标 k 就表示该类荷载的标准值，Q_k 就是表示可变荷载（集中力）Q 的标准值。荷载标准值由《港工工程荷载规范》（JTS 144—1—2010）给出或按其规定的公式计算。

顺便要说明的是，设计基准期和设计使用年限是两个不同的概念。设计基准期是一个为了确定可变荷载（可变荷载的最大量值与时间有关）取值而选定的时间参数，即是一个用于确定荷载大小的时间统计参数，我国取用的设计基准期一般为 50 年；设计使用年限是指结构在正常使用和维护条件下应达到的使用年限。

各类结构的设计使用年限并不相同，具体由各专业的"可靠性设计统一标准"规定。在水运工程中，永久性港口建筑物设计使用年限为 50 年，临时性港口建筑物为 5～10 年。当结构的使用年限达到或超过设计使用年限后，并不意味结构会立即失效报废，而只意味着结构的可靠度将逐渐降低，结构可继续使用或经维修后使用。

当结构的设计使用年限大于或小于设计基准期时，设计采用的可变荷载标准值就需要用一个大于或小于 1.0 的荷载调整系数进行调整。

2.1.6.2　荷载组合值、准永久值与频遇值

荷载组合值、准永久值与频遇值都是针对可变荷载而言的，永久荷载的量值随时间的变化可以忽略，即永久荷载的量值是固定的，也就没有"组合值、准永久值和频遇值"的说法。

1. 荷载组合值

当结构构件承受两种或两种以上的可变荷载时，这些可变荷载不可能同时以标准值出现，因此除了一个主要的可变荷载取为标准值外，其余的可变荷载都可以取为"组合值"，使结构构件在两种或两种以上可变荷载参与的情况与仅有一种可变荷载参与的情况具有大致相同的可靠指标。

荷载组合值可以由可变荷载的标准值 Q_k 乘以组合值系数 ψ_c 得出，即荷载组合值就是乘积 $\psi_c Q_k$。《建筑结构荷载规范》（GB 50009—2012）对一般楼面活载，取 $\psi_c = 0.7$；对书库、档案库、储藏室、密集柜书库、通风机房和电梯机房的楼面活载，取 $\psi_c = 0.9$。在 JTS 151—2011 规范中，则较为简单，一般取 $\psi_c = 0.7$，但对经常以界值出现的有界荷载取 $\psi_c = 1.0$。

2. 荷载准永久值与频遇值

准永久值与频遇值分别是指可变荷载中超越时间较长与较短的那部分量值，分别由可变荷载标准值 Q_k 乘以准永久值系数 ψ_q 和频遇值系数 ψ_f 得到，即分别为 $\psi_q Q_k$ 和 $\psi_f Q_k$。不同规范对准永久值系数 ψ_q 和频遇值系数 ψ_f 的规定有所不同，如《建筑结构荷载规范》（GB 50009—2012）规定了每一种可变荷载的 ψ_q 和 ψ_f 值，JTS 151—2011 规范则较为简单，仅取固定的 ψ_q 和 ψ_f 值。在 JTS 151—2011 规范中，$\psi_f = 0.7$，$\psi_q = 0.6$，但对经常以界值出现的有界荷载取 $\psi_q = 1.0$。

荷载准永久值的超越时间大于频遇值的超越时间，所以数值上小于频遇值。

构件的变形和裂缝宽度与徐变有关，也就是和荷载作用的时间长短有关，所以在验算挠度和裂缝宽度时就要用到荷载的准永久值和频遇值，以考虑徐变的影响。

2.1.7　材料强度标准值

1. 混凝土强度标准值

混凝土强度的标准值由其概率分布的某一分位值来确定，具有 95% 的保证率，也就是实际强度小于标准值的可能性只有 5%，如图 2-3 所示。

$$f_k = \mu_f - 1.645\sigma_f = \mu_f(1 - 1.645\delta_f)$$
$$(2-2)$$

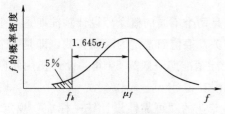

图 2-3　混凝土强度的概论密度曲线与强度标准值

式中：μ_f 为强度平均值；σ_f 为强度均方差；δ_f 为强度变异系数，$\delta_f = \dfrac{\sigma_f}{\mu_f}$；$f_k$ 为强度标准值，以下标 k 代表。

如此，混凝土立方体抗压强度标准值 f_{cuk} 按下式确定：

$$f_{cuk} = \mu_{fcu} - 1.645\sigma_{fcu} = \mu_{fcu}(1 - 1.645\delta_{fcu})$$
$$(2-3)$$

从统计资料发现，混凝土强度等级越高，δ_{fcu} 越小，质量越好。

假定轴心抗压强度和轴心抗拉强度的变异系数与立方体抗压强度的变异系数相同，即假定 $\delta_{fc} = \delta_{fcu}$、$\delta_{ft} = \delta_{fcu}$，则有

$$f_{ck} = 0.88\alpha_{c1}\alpha_{c2}f_{cuk} \qquad (2-4)$$

$$f_{tk} = 0.88 \times 0.395\alpha_{c2}f_{cuk}^{0.55}(1 - 1.645\delta_{fcu})^{0.45} \qquad (2-5)$$

按式（2-4）和式（2-5）计算，分别保留 1 位和 2 位小数，即得到实际结构的轴心抗压强度和轴心抗拉强度标准值，列于教材附录 B 表 B-6。

2. 钢筋强度标准值

对软钢，采用国家标准规定的钢筋屈服强度作为其强度标准值，用符号 f_{yk} 表示。国家标准规定的屈服强度即钢筋出厂检验的废品限值。对于各级热轧钢筋，其废品限值相当于屈服强度平均值减去两倍标准差，具有 97.73% 的保证率，高于 95%，偏于安全。

对硬钢，取极限抗拉强度 f_{ptk} 作为强度标准值。

需要注意的是，软钢的受拉强度限值以屈服强度为准，硬钢的受拉强度限值以协定流限（条件屈服强度）为准，对钢丝、钢绞线、钢棒、螺纹钢筋规范取极限抗拉强度的 85% 作为条件屈服强度，所以软钢的 f_{yk} 和硬钢的 f_{ptk} 不在同一水平上。

2.1.8 《水运工程混凝土结构设计规范》的实用设计表达式

2.1.8.1 设计状况

设计状况是表示一定时间内结构的一组实际设计条件。结构在施工、安装、运行、检修等不同阶段可能出现不同的结构体系、不同的荷载及不同的环境条件，所以在设计时应分别考虑不同的设计状况，以保证结构在可能遇到的各种状况下都不超越相关的极限状态，安全可靠。在水运工程中，工程结构分成下列 4 种设计状况：

（1）持久状况——结构在使用过程中一定出现，持续时段与设计使用年限相当的设计状况，也就是结构使用时的正常状况。

（2）短暂状况——结构在施工和使用过程中一定出现，但与设计使用年限相比，持续时段较短的设计状况，包括施工、维修和短期特殊使用等。

（3）地震状况——结构遭遇地震时的状况。在抗震设防地区的结构必须考虑地震状况。

（4）偶然状况——偶发的，使结构产生异常状态的设计状况，包括非正常撞击、火灾、爆炸等。

对于持久、短暂和地震 3 种设计状况，都应进行承载能力极限状态设计。有特殊要求时，还需对偶然状况进行承载能力极限状态设计或防护设计。

对持久状况，应进行正常使用极限状态的验算；对短暂状况，可根据需要进行正常使用极限状态的验算；对地震状况和偶然状况，一般不进行正常使用极限状态的验算。

JTS 151—2011 规范只规定了持久状况和短暂状况的计算方法，地震状况的计算方法由《水运工程抗震设计规范》（JTS 146）规定，偶然状况尚无成熟的计算方法。因而，本教材讨论的计算方法只适用于持久状况和短暂状况的设计。

2.1.8.2 承载能力极限状态计算时采用的分项系数

JTS 151—2011 规范在承载能力极限状态实用设计表达式中，采用了 3 个分项系数，

它们是结构重要性系数 γ_0、荷载分项系数 γ_G 和 γ_Q、材料分项系数 γ_c 和 γ_s。规范用这 3 个分项系数构成并保证承载能力极限状态结构的可靠度。

1. 结构重要性系数 γ_0

结构重要性系数 γ_0 用于反映安全等级不同的结构构件所要求的可靠度水平的不同，它和结构安全等级有关。对于安全等级为一级、二级、三级的结构构件，γ_0 分别取 1.1、1.0、0.9。

2. 荷载分项系数 γ_G 和 γ_Q

荷载分项系数 γ_G 和 γ_Q 用于反映结构运行使用期间，实际作用的荷载仍有可能超过规定的荷载代表值的可能性。在承载能力极限状态计算时，为保证其可靠度，就要对荷载代表值乘以荷载分项系数。荷载代表值乘以相应的荷载分项系数后，称为荷载的设计值。但工程上，荷载设计值一般指荷载标准值与相应荷载分项系数的乘积，用 $G(g)$ 和 $Q(q)$ 表示，即

$$G = \gamma_G G_k \quad 或 \quad g = \gamma_G g_k \tag{2-6a}$$

$$Q = \gamma_Q Q_k \quad 或 \quad q = \gamma_Q q_k \tag{2-6b}$$

也就是说，在承载能力极限状态计算时荷载采用的是设计值。

显然，对变异性较小的永久荷载，荷载分项系数 γ_G 就可小一些；对变异性较大的可变荷载，荷载分项系数 γ_Q 就应大一些。

教材表 2-5 列出了 JTS 151—2011 规范规定的荷载分项系数，供计算时采用，但要注意以下几个方面：

（1）一般永久荷载 $\gamma_G = 1.20$，但土压力不容易计算准确，取其 $\gamma_G = 1.35$。另外，对结构承载力起有利作用时 γ_G 取值不应大于 1.0，不要认为 γ_G 一定等于 1.20（一般永久荷载）或 1.35（土压力）。

（2）荷载以结构自重、固定设备重、土重等为主（约占总荷载的 50%）时，这些荷载的 γ_G 应增大，应不小于 1.30。

（3）短暂组合时，荷载分项系数可按教材表 2-5 所列数值减 0.1 取用。

3. 材料分项系数 γ_c 和 γ_s

材料分项系数 γ_c 和 γ_s 用于考虑材料强度的离散性及不可避免的施工误差等因素带来的使材料实际强度低于材料强度标准值的可能。在承载能力极限状态计算时，规定对混凝土与钢筋的强度标准值还应分别除以混凝土材料分项系数 γ_c 与钢筋材料分项系数 γ_s。

γ_c 取为 1.40。延性较好，用于钢筋混凝土构件的热轧钢筋（HPB300、HRB335、HRB400 和 RRB400）的 γ_s 取为 1.10；HRB500 由于应用时间不长，适当提高其安全储备，γ_s 取为 1.15。延性较差，用于预应力混凝土结构的高强钢筋（钢丝、钢绞线、钢棒和螺纹钢筋等）的 γ_s 取为 1.20。

混凝土的轴心抗压强度标准值 f_{ck} 和轴心抗拉强度标准值 f_{tk} 除以 γ_c 后，就得到混凝土轴心抗压和轴心抗拉的强度设计值 f_c 与 f_t。

普通热轧钢筋（软钢）的强度标准值 f_{yk} 除以 γ_s 后，就得到热轧钢筋的抗拉强度设计值 f_y。预应力用高强钢筋的抗拉强度设计值 f_{py} 则是由钢筋的条件屈服强度除以 γ_s 后得出的，钢丝、钢绞线、钢棒和螺纹钢筋的条件屈服强度取为 85% 的极限抗拉强度。

钢筋的抗压强度设计值 f'_y 由混凝土的极限压应变 ε_{cu} （偏安全取 $\varepsilon_{cu}=0.002$）与钢筋弹性模量 E_s 的乘积确定的，同时规定 f'_y 不大于钢筋的抗拉强度设计值 f_y。

也就是，承载能力极限状态计算时材料强度采用设计值，它们分别等于：

混凝土强度设计值： $\qquad f_c=\dfrac{f_{ck}}{\gamma_c}, f_t=\dfrac{f_{tk}}{\gamma_c}, \gamma_c=1.40$ $\qquad$ (2-7a)

软钢抗拉强度设计值： $\qquad f_y=\dfrac{f_{yk}}{\gamma_s}, \gamma_s=1.10$ 或 1.15 $\qquad$ (2-7b)

硬钢抗拉强度设计值： $\qquad f_{py}=\dfrac{0.85f_{ptk}}{\gamma_s}, \gamma_s=1.20$ $\qquad$ (2-7c)

钢筋抗压强度： $\qquad f'_y(f'_{py}) \leqslant f_y(f_{py})$ 且 $\leqslant E_s\varepsilon_{cu}=410\mathrm{N/mm}^2$ $\qquad$ (2-7d)

由此得出的材料强度设计值见教材附录 B 表 B-1、表 B-3 及表 B-4，设计时可直接查用。所以，在承载能力极限状态实用设计表达式中就不再出现材料强度标准值及材料分项系数。

3. 承载能力极限状态的设计表达式

在承载能力极限状态计算时，应按荷载效应的持久组合、短暂组合分别进行，其承载能力极限状态设计表达为

$$\gamma_0 S_d \leqslant R \qquad (2-8)$$
$$R=R(f_c, f_y, a_k) \qquad (2-9)$$

持久组合： $\qquad S_d=\sum_{i\geqslant 1}\gamma_{Gi}S_{Gik}+\gamma_p S_p+\gamma_{Q1}S_{Q1k}+\sum_{j>1}\gamma_{Qj}\psi_{cj}S_{Qjk}$ $\qquad$ (2-10a)

短暂组合： $\qquad S_d=\sum_{i\geqslant 1}\gamma_{Gi}S_{Gik}+\gamma_p S_p+\sum_{j\geqslant 1}\gamma_{Qj}S_{Qjk}$ $\qquad$ (2-10b)

式中： S_d 为荷载效应组合设计值，指的是荷载在结构构件上产生的内力，也就是构件截面上承受的弯矩 M、轴力 N、剪力 V 或扭矩 T 等；R 为结构抗力，就是构件截面的极限承载力。具体对于某一截面，就是截面的极限弯矩 M_u、极限轴力 N_u、极限剪力 V_u 或极限扭矩 T_u，以后各章将介绍这些值的计算方法。

需要强调的是，为了表达式的简洁，在具体构件计算时，JTS 151—2011 规范将 γ_0 并入荷载效应组合设计值 S_d，并仍称 $\gamma_0 S_d$ 为荷载效应组合设计值。因此在本教材中，内力设计值 N、M、V、T 都是指荷载效应组合设计值 S_d 与 γ_0 的乘积。

从式 (2-8)～式 (2-10) 看到：

(1) 荷载效应组合设计值 S 由荷载设计值计算得到，抗力 R 由材料强度设计值计算得到。即承载能力极限状态计算时，材料强度和荷载都采用设计值。

(2) $\gamma_p S_p$ 是预应力的效应，对于钢筋混凝土结构，$S_p=0$；对于预应力混凝土结构，当预应力效应对结构有利时取 $\gamma_p=1.0$，不利时取 $\gamma_p=1.20$，预应力效应 S_p 将在教材第 10 章介绍。

(3) 持久组合和短暂组合的差别在于：在短暂组合中，所有的可变荷载都采用标准值，荷载分项系数 γ_G 和 γ_Q 可比持久组合采用的 γ_G 和 γ_Q 减小 0.10；在持久组合中，只有主导可变荷载采用标准值 S_{Qk}（主导可变荷载只有一种），其余可变荷载都采用组合值 $\psi_c S_{Qk}$。对于一般可变荷载，组合系数 $\psi_c=0.7$；对经常以界值出现的有界荷载，取 $\psi_{cj}=$

1.0，也就是组合系数 ψ_c 一般小于 1.0。

4. 正常使用极限状态的设计表达式

对于持久设计状况，应进行正常使用极限状态的验算；对于短暂状况，可根据具体情况决定是否需要进行；对于地震状况和偶然设计状况，则可不进行。

由于混凝土徐变会增大构件的变形与裂缝宽度，使得构件变形和裂缝宽度与荷载作用的时间长短有关，所以在按正常使用极限状态验算时，应按荷载效应的标准组合、频遇组合及准永久组合分别进行验算。

正常使用极限状态的表达式为

$$S_d \leqslant C \tag{2-11}$$

$$S_d = S_d(G_k, Q_k, f_k, a_k) \tag{2-12}$$

标准组合：
$$S_d = \sum_{i \geqslant 1} S_{Gik} + S_p + S_{Q1k} + \sum_{j>1} \psi_{cj} S_{Qjk} \tag{2-13a}$$

频遇组合：
$$S_d = \sum_{i \geqslant 1} S_{Gik} + S_p + \psi_f S_{Q1k} + \sum_{j>1} \psi_{qj} S_{Qjk} \tag{2-13b}$$

准永久组合：
$$S_d = \sum_{i \geqslant 1} S_{Gik} + S_p + \sum_{j \geqslant 1} \psi_{qj} S_{Qjk} \tag{2-13c}$$

式中：S_d 为正常使用极限状态的荷载效应设计值；c 为结构构件达到正常使用要求所规定的变形、裂缝宽度或应力等限值。

从式（2-11）~式（2-13）看到：

（1）公式中未出现分项系数 γ_G 和 γ_Q，说明正常使用极限状态验算时荷载分项系数 γ_G 和 γ_Q 都取为 1.0，荷载和材料强度均取用为代表值。其原因是正常使用极限状态验算时，它的可靠度水平要求可以低一些。

（2）标准组合是指在正常使用极限状态验算时，主导可变荷载取为标准值，其余可变荷载取为组合值的荷载效应组合；频遇组合是指主导可变荷载取为荷载频遇值，其他可变荷载取为荷载准永久值时的荷载效应组合；准永久组合是指可变荷载都取为荷载准永久值时的荷载效应组合。在这些荷载组合中，永久荷载都取为标准值。

标准组合用于预应力混凝土构件的抗裂验算；准永久组合用于预应力混凝土构件的抗裂验算，以及钢筋混凝土构件的裂缝宽度验算；频遇组合有时也用于钢筋混凝土构件的裂缝宽度验算。

最后还应强调下列几点：

（1）钢筋混凝土计算理论经历了"容许应力法""破损阶段法"到"极限状态法"的发展过程。由于极限状态法能全面衡量结构的功能，目前已为大多数国家的混凝土结构设计规范所采用，而且设计表达式也大多采用多个分项系数的形式。但是这个多系数的极限状态计算的基础并不一定就是近似概率法（水准Ⅱ），不少国家的分项系数仍然是根据传统工程经验定出的。

（2）在遇到新型结构缺乏成熟设计经验时，或结构受力较为复杂、施工特别困难时，或荷载标准值较难正确确定时，以及失事后较难修复或会引起巨大次生灾害后果时等情况，设计时适当提高荷载的取值或适当提高分项系数的取值，是必要的和明智的。

（3）我国各行业的设计规范虽都采用了多系数的极限状态设计表达式，但采用的分项系数及系数的取值各有不同，这是要格外注意的，各规范的系数必须自身配套使用，不能彼此混用。

2.2 综 合 练 习

2.2.1 单项选择题

1. 下列表达中，正确的一项是（　　）。

A. 结构使用年限超过设计使用年限后，该结构就应判定为危房或濒危工程

B. 正常使用极限状态的失效概率要求比承载能力极限状态的失效概率小

C. 从概率的基本概念出发，世界上没有绝对安全的建筑

D. 目前我国规定：所有工程结构的永久性建筑物，其设计使用年限一律为 50 年

2. 下列表达中，不正确的是（　　）。

A. 当抗力 R 大于荷载效应 S 时，结构安全可靠，在此 S 与 R 都是随机变量

B. 可靠指标 β 与失效概率 p_f 有一一对应的关系，因此，β 也可作为衡量结构可靠性的一个指标

C. R 与 S 的平均值的差值（$\mu_Z = \mu_R - \mu_S$）越大时，β 值越大；R 与 S 的标准差 σ_R 和 σ_S 越小时，β 值也越小

D. 目前，规范中的目标可靠指标 β_T 是由"校准法"得出的，所以由 $\beta \geqslant \beta_T$ 条件设计出的结构，其安全度在总体上是与原规范相当的

3. 在承载能力极限状态计算中，结构的（　　）越高，β_T 值就越大。β_T 值还与（　　）有关。［请在（　　）中填入下列有关词组的序号］

A. 安全等级 　　　　　　　　　　　B. 基准使用期

C. 构件破坏性质 　　　　　　　　　D. 构件类别

4. 偶然荷载是指在设计基准期内（　　）出现，但若出现其量值（　　）且持续时间（　　）的荷载。［请在（　　）内填入下列有关词组的序号］

A. 一定出现 　　　B. 不一定出现 　　　C. 很小

D. 很大 　　　　　E. 很长 　　　　　　F. 很短

5. 结构或结构构件达到正常使用极限状态时，会影响正常使用功能及（　　）。

A. 安全性 　　　　　　　　　　　　B. 稳定性

C. 耐久性 　　　　　　　　　　　　D. 经济性

6. β 与 p_f 之间存在着一一对应的关系。β 小时，p_f 就（　　）。

A. 大 　　　　　　　B. 小 　　　　　　　C. 不变

7. 脆性破坏的目标可靠指标应（　　）于延性破坏。

A. 大 　　　　　　　B. 小 　　　　　　　C. 不变

8. 正常使用极限状态时的目标可靠指标显然可以比承载能力极限状态的目标可靠指标来得（　　）。

A. 高 　　　　　　　B. 低 　　　　　　　C. 不确定

9. 荷载标准值是荷载的（　　）。

A. 基本代表值　　　　　　　　　　　　　B. 组合值

C. 频遇值　　　　　　　　　　　　　　　D. 准永久值

10. 混凝土各种强度指标的数值大小次序应该是（　　），式中的 f_c 和 f_t 为混凝土轴心抗压和轴心抗拉强度设计值。

A. $f_{cuk} > f_c > f_{ck} > f_t$　　　　　　　B. $f_c > f_{ck} > f_{cuk} > f_t$

C. $f_{ck} > f_c > f_{cuk} > f_t$　　　　　　　D. $f_{cuk} > f_{ck} > f_c > f_t$

2.2.2　判断题

1. 可变荷载准永久值是指可变荷载在结构设计基准期内经常存在着的那一部分荷载值，它对结构的影响类似于永久荷载。（　　）

2. 在理论上，当结构构件承受多个可变荷载时，除一个主要荷载外，其余的可变荷载应取为荷载组合值 $\psi_c Q_k$。（　　）

3. 构件的抗力主要决定于它的几何尺寸与材料强度。对一个已有的具体构件来说，它的几何尺寸与材料强度都是确定的，所以，它的实际的抗力 R 是定值而不是随机变量。（　　）

4. 设计一个具体构件时，它的荷载应作为随机变量考虑，而它的抗力可以作为定值处理。（　　）

5. 在理论上，当采用的设计使用年限不同时（50 年或 100 年），荷载的标准值也应该是不同的。（　　）

6. 理论上，荷载的标准值应该由实际的概率统计资料确定。但实际上在水运工程许多荷载都未能取得完备的统计资料，不少荷载，如土压力、波浪力等等只能由一些理论公式推算出来，还谈不上什么概率统计。（　　）

2.2.3　问答题

1. 允许失效概率 $[p_f]$、目标可靠指标 β_T 和分项系数（γ_0、γ_G 和 γ_Q、γ_s 和 γ_c）有什么关系？

2. 对于安全等级为一级、二级、三级的结构构件，结构重要性系数 γ_0 是多少？

3. 什么叫做荷载设计值？它与荷载代表值有什么关系？

4. 什么叫做材料强度设计值？它与材料强度标准值有什么关系？

5. 有人认为 γ_G 的取值在任何情况下都不应小于 1.20（一般永久荷载）或 1.35（土压力），这一说法对不对？为什么？

6. 试默写出承载能力极限状态的设计表达式。对式中所有符号，你都能弄清它们的含意吗？

7. 试默写出关于正常使用极限状态的设计表达式。对式中所有符号，你都能弄清它们的含意吗？

8. 承载能力极限状态和正常使用极限状态的设计表达式有什么区别？

9. 什么是可变荷载的组合值、频遇值和准永久值？

10. 承载能力极限状态计算时，持久组合和短暂组合中的可变荷载取用有什么区别？

11. 正常使用极限状态验算时，标准组合、频遇组合、准永久组合中的可变荷载取用有什么区别？

2.3 设 计 计 算

1. 某一钢筋混凝土梁,已知承受的内力 S（即弯矩 M）服从正态分布,且其平均值 $\mu_s = \mu_M = 13.0 \text{kN} \cdot \text{m}$,其标准差 $\sigma_s = \sigma_M = 0.91 \text{kN} \cdot \text{m}$;梁的抗力 R 也服从正态分布,其平均值 $\mu_R = 20.80 \text{kN} \cdot \text{m}$,标准差 $\sigma_R = 1.96 \text{kN} \cdot \text{m}$。试求此梁的可靠指标 β。

2. 某高桩码头叠合板,安全等级为二级。施工期阶段（短暂状况）,由自重标准值引起的跨中截面弯矩 $M_{GK} = 30.80 \text{kN} \cdot \text{m}$,由活荷载标准值（施工荷载,$\gamma_Q = 1.40$）引起的跨中截面弯矩 $M_{QK} = 6.69 \text{kN} \cdot \text{m}$,试按 JTS 151—2011 规范求用于该叠合板承载力计算的弯矩设计值。

3. 若题 2 的可变荷载准永久值系数 $\psi_q = 0.6$,试按 JTS 151—2011 规范求该叠板准永久组合下的跨中弯矩值。

4. 某淡水港高桩板梁式码头,安全等级为二级。面板厚 400mm,起重机轨道梁预制部分截面尺寸为 550mm×1400mm,计算跨度 $l_0 = 9.60 \text{m}$,与其他纵梁间距 6.50m,结构形式如图 2-4 所示。施工阶段,面板承受均布荷载 2.0kN/m^2 和 1t 翻斗车轮压 11.0kN;运行阶段,面板承受集装荷载 30.0kN/m^2,轨道梁还承受重机支腿荷载 $2 \times 1000 \text{kN}$,支腿距离为 10.50m,试按 JTS 151—2011 规范计算施工阶段和运行阶段承载能力极限状态计算时轨道梁弯矩设计值。

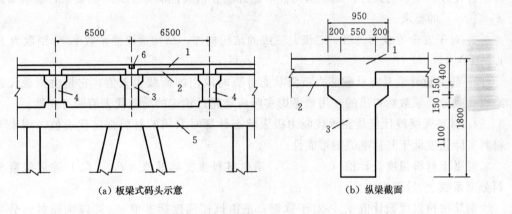

(a) 板梁式码头示意　　　　(b) 纵梁截面

图 2-4　高桩梁板码头示意图

1—面板现浇层;2—预制板;3—轨道梁预制部分;4—纵梁;5—横梁;6—轨道

提示:

(1) 施工阶段为短暂状况,运行阶段为持久状况。

(2) 翻斗车轮压和起重机支腿荷载为移动荷载,计算内力时应考虑移动荷载的最不利位置。

5. 上题的轨道梁在运行阶段,正常使用极限验算时采用的弯矩标准组合、频遇组合和准永久组合设计值各是多少?试按 JTS 151—2011 规范计算。

2.4 参 考 答 案

2.4.1 单项选择题

1. C　2. C　3. A C　4. B D F　5. C　6. A　7. A　8. B　9. A　10. D

2.4.2 判断题

1. √　2. √　3. √　4. ×　5. √　6. √

2.4.3 问答题

1. 结构构件的可靠度最原始的度量是失效概率 p_f，所谓失效概率 p_f 就是出现结构抗力 R 小于荷载效应 S（$R<S$）的概率。如果要能保证 $p_f \leqslant [p_f]$，$[p_f]$ 为允许失效概率，就认为满足了结构可靠性的要求，结构是安全的。

由于 p_f 需已知 Z 的概率密度分布曲线再通过积分求得，相当复杂，而可靠指标 $\beta = \dfrac{\mu_z}{\sigma_z}$，只需已知平均值 μ_z 和标准差 σ_z 便就可求得，因而采用 β 来代替 p_f 来度量结构的可靠度可使问题简化。

但对于工程师而言，β 计算仍很复杂，在实际工作中直接由 $\beta \geqslant \beta_T$ 来进行设计，是极不方便甚至是完全不可能的。因此，设计规范都采用了实用的设计表达式。设计人员不必直接计算可靠指标 β 值，而只要采用规范规定的各个分项系数按实用设计表达式对结构构件进行设计，则认为设计出的结构构件所隐含的 β 值就能满足 $\beta \geqslant \beta_T$ 的要求，也就满足了 $p_f \leqslant [p_f]$ 的要求。

2. 对于安全等级为一级、二级、三级的结构构件，结构重要性系数 γ_0 分别取为 1.1、1.0 及 0.9。

3. 荷载设计值是在承载能力极限状态计算时取用的荷载代表值，它是由荷载代表值乘以荷载分项系数后得出的，用来考虑实际荷载超过预定的荷载代表值的可能性。

4. 材料强度设计值是在承载能力极限状态计算时取用的材料强度代表值，用来考虑材料实际强度低于其标准值的可能性。

混凝土材料强度设计值（f_c、f_t），是由材料强度标准值（f_{ck}、f_{tk}）除以混凝土材料分项系数 γ_c 后得出的。

钢筋抗拉强度设计值 f_y，对于软钢，是由抗拉强度标准值 f_{yk} 除以钢筋材料分项系数 γ_s 后得出的；对于硬钢，是由条件屈服强度 $\sigma_{0.2}$ 除以 γ_s 后得出的，而 $\sigma_{0.2}$ 取为极限抗拉强度标准值 f_{ptk} 的 0.85 倍。

钢筋抗压强度设计值 f_y'，则由混凝土的极限压应变 ε_{cu}（偏安全取 $\varepsilon_{cu} = 0.002$）与钢筋弹性模量 E_s 的乘积确定的，同时规定 f_y' 不大于钢筋的抗拉强度设计值 f_y。

因此，笼统说材料强度设计值是由材料强度标准值除以料分项系数 γ_c 后得出的，并不正确。

5. 不对。当永久荷载对结构承载力起有利作用时，γ_G 取值不应大于 1.0；当荷载以结构自重、固定设备重、土重等为主时，这些荷载的 γ_G 应增大，γ_G 应不小于 1.30。

6. 略。

7. 略。

8. 最主要的区别是，正常使用极限状态验算时，材料强度采用标准值，荷载采用代表值，且不考虑结构重要性系数；承载能力极限状态计算时，材料强度和荷载都采用设计值，同时要考虑结构重要性系数，以反映承载能力极限状态的可靠度要求大于正常使用极限状态。

9. 荷载标准值是荷载的主要代表值，由荷载规范给出或按其规定的公式计算。

荷载组合值、准永久值与频遇值都是针对可变荷载而言的，永久荷载的量值随时间的变化可以忽略，即永久荷载的量值是固定的，也就没有"组合值、准永久值和频遇值"的说法。

荷载组合值由可变荷载的标准值 Q_k 乘以组合值系数 ψ_c 得出，即为 $\psi_c Q_k$。当结构构件承受两种或两种以上的可变荷载时，这些可变荷载不可能同时以标准值出现，因此除了一个主要的可变荷载（主导可变荷载）取为标准值外，其余的可变荷载都可以取为"组合值"，使结构构件在两种或两种以上可变荷载参与的情况与仅有一种可变荷载参与的情况具有大致相同的可靠指标。

准永久值与频遇值分别是指可变荷载中超越时间较长和较短的那部分量值，分别由可变荷载标准值 Q_k 乘以准永久值系数 ψ_q 和频遇值系数 ψ_f 得到，即分别为 $\psi_q Q_k$ 和 $\psi_f Q_k$。荷载准永久值的超越时间大于频遇值的超越时间，所以数值上小于频遇值。

10. 持久组合和短暂组合的差别在于：在短暂组合中，所有的可变荷载都采用标准值，荷载分项系数 γ_G 和 γ_Q 可比持久组合采用的 γ_G 和 γ_Q 减小 0.10；在持久组合中，只有主导可变荷载采用标准值 S_{Qk}，其余可变荷载都采用组合值 $\psi_c S_{Qk}$。对于一般可变荷载，组合系数 $\psi_c = 0.7$；对经常以界值出现的有界荷载，取 $\psi_{cj} = 1.0$，也就是组合系数 ψ_c 一般小于 1.0。

11. 标准组合、频遇组合和准永久组合都用于正常使用极限状态验算。其中，标准组合是指主导可变荷载取为标准值，其余可变荷载取为组合值的荷载效应组合；频遇组合是指主导可变荷载取为荷载频遇值，其他可变荷载取为荷载准永久值时的荷载效应组合；准永久组合是指可变荷载都取为荷载准永久值时的荷载效应组合。在这些荷载效应组合中，永久荷载均取为标准值。

第3章 钢筋混凝土受弯构件正截面受弯承载力计算

在钢筋混凝土结构中，受弯构件是一种最常用的构件形式，本章介绍受弯构件正截面承载力的计算方法。学习完本章后，应在掌握受弯构件正截面承载力计算理论（破坏形态与判别条件、承载力计算基本假定与计算图形简化、承载力计算公式推导与适用范围等）的前提下，能进行矩形单筋与双筋、T形截面的正截面承载力设计与复核。本章主要学习内容有：

(1) 受弯构件正截面破坏形态。

(2) 受弯构件正截面承载力计算的基本假定、计算简图和基本公式。

(3) 截面设计方法和构造知识。

(4) 截面复核方法。

钢筋混凝土构件的计算理论是建立在大量试验基础之上的。对于正截面受弯承载力计算，它首先通过试验了解构件截面的受力状态，然后对受力状态进行简化给出计算简图，再由计算简图根据平衡条件，同时满足承载能力极限状态的可靠度要求列出计算公式。因此，在学习时一定要了解构件破坏时的试验现象，牢记计算简图。

3.1 主要知识点

3.1.1 受弯构件的设计内容

受弯构件的特点是在荷载作用下截面上承受弯矩 M 和剪力 V，它可能发生下列两种破坏：

一种是沿弯矩最大的截面破坏，如图 3-1（a）所示，由于破坏截面与构件的轴线垂直，故称为正截面破坏。正截面破坏主要由弯矩引起。为防止正截面破坏，要进行正截面受弯承载力计算，根据弯矩配置纵向受力钢筋。

另一种破坏是沿剪力最大或弯矩和剪力都较大的截面破坏，如图 3-1（b）所示，由于破坏截面斜交于构件的轴线，故称为斜截面破坏。斜截面破坏主要由剪力引起。为防止斜截面破坏，要进行斜截面受剪承载力计算，根据剪力配置箍筋和弯起钢筋，箍筋和弯起钢筋统称腹筋。

图 3-1 受弯构件的破坏形式

受弯构件设计时,既要保证构件发生沿正截面破坏的概率小于其容许失效概率,又要保证构件发生沿斜截面破坏的概率小于其容许失效概率,也就是通常所说的既要保证构件不得沿正截面发生破坏又要保证构件不得沿斜截面发生破坏,因此要进行正截面受弯承载力与斜截面受剪承载力的计算。当有弯起钢筋或切断钢筋时,还需通过绘制抵抗弯矩图来保证沿构件长度方向所有截面的正截面与斜截面受弯承载力满足要求。

3.1.2 保护层厚度

保护层厚度为纵向钢筋外边缘到构件截面边缘的距离,用符号 c 表示,如图 3-2 所示。注意:不要与纵向受力钢筋合力点至截面边缘的距离 a_s 混淆。

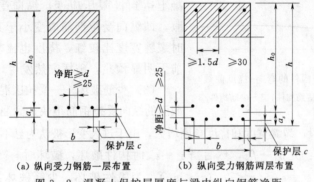

(a) 纵向受力钢筋一层布置　　(b) 纵向受力钢筋两层布置

图 3-2　混凝土保护层厚度与梁内纵向钢筋净距

保护层的作用是:①保证钢筋与混凝土之间有足够的黏结力,使钢筋与混凝土共同工作;②防止钢筋生锈。因此,保护层的取值要求与钢筋混凝土结构构件的种类、所处环境条件等因素有关。

从教材附录 D 表 D-1 可以看到,环境条件越差,最小保护层厚度要求越大。这是因为保护层厚度越厚,混凝土碳化到钢筋表面所需的时间越长,钢筋就越不容易生锈,所以环境条件差保护层厚度就要取得大一些。

3.1.3 平截面假定

所谓平截面假定是指正截面从加载到破坏,一定标距范围内的平均应变值沿截面高度呈线性分布。根据平截面假定,截面上任意点的应变与该点到中和轴的距离成正比,所以平截面假定提供了变形协调的几何关系。

要注意,这里的“应变”指的是“一定标距范围内的平均应变”。裂缝发生后,对裂缝截面来说,截面不再保持为绝对平面,但对“一定标距范围内的平均应变”来说,可认为是沿截面高度呈线性分布。

平截面假定是钢筋混凝土构件设计计算中一个很重要的基本假定,在今后的学习中常会用到它。

3.1.4 受弯构件正截面的破坏特征

钢筋混凝土构件设计的目的,一是要保证构件的承载力,二是要使构件有足够的延性。素混凝土梁配置纵向受拉钢筋后,其正截面受弯承载力能否提高、破坏是否呈现延性,要看纵向受拉钢筋是否配得合适。当纵向受拉钢筋过多时,发生超筋破坏,承载力提高但破坏呈脆性;过少时,发生少筋破坏,承载力未能提高且是脆性破坏;只有当不多不少时，才发生适筋破坏，承载力提高且为延性破坏。发生脆性破坏的超筋构件和少筋构件，设计时都应避免。下面列出这 3 种破坏的特点。

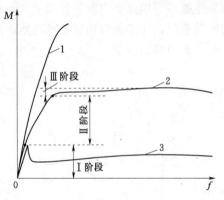

图 3-3　3 种配筋构件的弯矩-挠度曲线
1—超筋构件；2—适筋构件；3—少筋构件

（1）适筋破坏——纵向受拉钢筋先达到屈服，然后当截面受压区边缘混凝土达到极限压应变时构件破坏，纵向受拉钢筋应变大于其屈服应变。在破坏前，构件有显著的裂缝开展和挠度，即有明显的破坏预兆（图 3-3），为延性破坏。

（2）超筋破坏——破坏时截面受压区边缘混凝土达到极限压应变，纵向受拉钢筋未达到屈服，即纵向受拉钢筋应变小于其屈服应变。破坏时裂缝宽度比较细，挠度也比较小，混凝土压坏前无明显预兆，破坏突然发生，属于脆性破坏。

（3）少筋破坏——受拉区混凝土一开裂，裂缝截面的纵向受拉钢筋很快达到屈服，并可能经过流幅段而进入强化阶段，裂缝宽度和挠度急剧增大，由于过大变形被认为已不适合继续承载。

即，适筋破坏：先 $\sigma_s \to f_y$，然后当 $\varepsilon_c = \varepsilon_{cu}$ 时构件破坏，破坏时 $\varepsilon_s > \varepsilon_y$，为延性破坏。超筋破坏：破坏时 $\varepsilon_c = \varepsilon_{cu}$，$\sigma_s < f_y (\varepsilon_s < \varepsilon_y)$，为脆性破坏。少筋破坏：破坏时 $\sigma_s \to f_y$，$\varepsilon_s > \varepsilon_y$，$\varepsilon_c < \varepsilon_{cu}$，为脆性破坏。

3.1.5　受弯构件正截面适筋破坏的 3 个阶段与用途

钢筋混凝土结构设计的任务就是要保证结构构件在整个使用期不发生破坏，即使发生破坏也希望发生延性破坏，而不是脆性破坏。因此，受弯构件正截面受弯承载力和正常使用极限状态验算公式都是针对适筋破坏得出。为此，我们要首先了解适筋梁的破坏过程。

适筋梁从加载到破坏的整个过程可分为 3 个阶段，分别称为未裂阶段、裂缝阶段和破坏阶段。图 3-4 给出各阶段的应力与应变图形，表 3-1 给出了相应的描述，其弯矩-挠度曲线如图 3-5 所示。

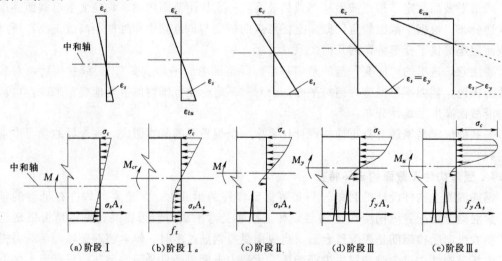

图 3-4　适筋梁从加载到破坏 3 个阶段的应力和应变图形

要特别注意加载过程中的 3 个特征点：

（1）点 a，是第Ⅰ阶段（未裂阶段）的末尾，此时受拉区边缘混凝土应变等于其极限拉应变，即 $\varepsilon_t = \varepsilon_{tu}$，其截面应力图形Ⅰ$_a$［图 3 - 4（b）］用于抗裂构件的抗裂验算。

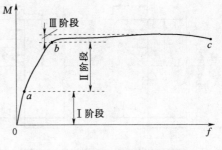

所谓抗裂构件是指正常使用时不允许出现裂缝的构件，在第Ⅰ阶段（0a 段）工作（图3-5）。点 a 即将开裂，是构件开裂前的极限情况，故其截面应力图形Ⅰ$_a$ 用于抗裂验算。

图 3 - 5 适筋梁弯矩-挠度曲线

表 3 - 1   **适筋梁从加载到破坏 3 个阶段的受力特征**

		第Ⅰ阶段	第Ⅱ阶段	第Ⅲ阶段
阶段名称		未裂阶段	裂缝阶段	破坏阶段
外观		没有裂缝，挠度很小	有裂缝，挠度不明显	裂缝宽度大，挠度大
弯矩-挠度		大致成直线	曲线	曲线
混凝土应力图形	受压区	直线	曲线 应力峰值在受压区边缘	有下降段的曲线 应力峰值不在受压区边缘
	受拉区	前期为直线，后期为曲线	大部分退出工作	绝大部分退出工作
纵向受拉钢筋应力		$\sigma_s \leqslant 20\sim30\text{N/mm}^2$	$\sigma_s \leqslant f_y$	$\sigma_s \geqslant f_y$

（2）点 b，是第Ⅱ阶段（裂缝阶段）的末尾，此时纵向受拉钢筋达到其屈服应变，即 $\varepsilon_s = \varepsilon_y$。阶段Ⅱ用于限裂构件的裂缝宽度验算。

所谓限裂构件是指正常使用时允许出现裂缝的构件，在第Ⅱ阶段（ab 段）工作（图 3-5）。

（3）点 c，是第Ⅲ阶段（破坏阶段）的末尾，此时受压区边缘混凝土应变等于其极限压应变，即 $\varepsilon_c = \varepsilon_{cu}$，其截面应力图形Ⅲ$_a$［图 3 - 4（e）］用于正截面受弯承载力计算。

3.1.6 受弯构件正截面受弯承载力的计算简图

3.1.6.1 单筋矩形截面的计算简图

受弯构件正截面受弯承载力计算是以截面破坏时（Ⅲ$_a$）的截面应力状态为计算依据的，对单筋矩形截面而言，此时纵向受拉钢筋应力达到其强度，即 $\sigma_s \geqslant f_y$；受压区边缘混凝土达到其极限压应变，即 $\varepsilon_c = \varepsilon_{cu}$；受压混凝土应力分布呈曲线，应力峰值不在受压区边缘；靠近中和轴区有少部分混凝土受拉，如图 3 - 6（a）所示。截面内应力分布较复杂，不便于计算，规范引入 4 个假定加以简化。这 4 个假定是：

（1）平截面假定。

（2）不考虑受拉区混凝土的工作。

（3）受压区混凝土的应力应变关系采用如图 3 - 7 所示的理想化的应力-应变曲线。图中 f_c 为混凝土轴心抗压强度设计值，峰值应变 $\varepsilon_0 = 0.002 + 0.5(f_{cuk} - 50) \times 10^{-5}$，极限

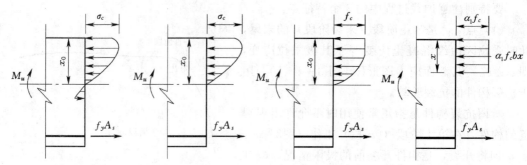

（a）实际应力图形　（b）不计受拉区混凝土工作　（c）受压区混凝土应力分布理想化　（d）等效矩形应力图形

图 3-6　单筋矩形截面计算简图

压应变 $\varepsilon_{cu} = 0.0033 - (f_{cuk} - 50) \times 10^{-5}$，指数 $n = 2 - \dfrac{1}{60}(f_{cuk} - 50)$，$f_{cuk}$ 为混凝土立方体抗压强度标准值。

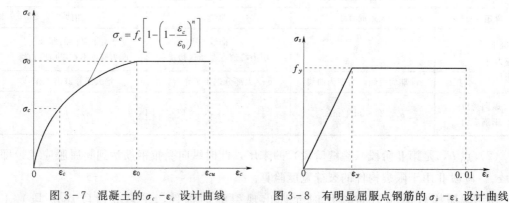

图 3-7　混凝土的 σ_c-ε_c 设计曲线　　　　图 3-8　有明显屈服点钢筋的 σ_s-ε_s 设计曲线

　　当混凝土强度等级不大于 C50 时，为普通混凝土，$\varepsilon_0 = 0.002$，$\varepsilon_{cu} = 0.0033$；当混凝土强度等级大于 C50 时，为高强混凝土，随强度等级提高，ε_0 增大，ε_{cu} 减小。

　　（4）有明显屈服点的钢筋（热轧钢筋），其应力应变关系可简化为如图 3-8 所示的理想弹塑性曲线，图中 f_y 为钢筋抗拉强度设计值。受拉钢筋极限拉应变取为 0.01。

　　下面来看应力图形简化的过程：

　　（1）由第 1 个假定，不计受拉区混凝土的作用，将受拉区混凝土拉应力舍去，应力图形简化为图 3-6（b）。

　　（2）由受压边缘混凝土应变 $\varepsilon_c = \varepsilon_{cu}$、平截面假定和第 3 个假定就可将受压区混凝土应力图形简化为由图 3-7 表达的应力分布。相当将如图 3-7 所示曲线，上下颠倒再逆时针转 90° 后，放在混凝土受压区上。

　　第 4 个假定保证了纵向受拉钢筋应力始终等于 f_y，则其合力为 $f_y A_s$。如此，应力图形简化为图 3-6（c）。

　　由于图 3-6（c）中的混凝土应力图形由已知曲线表达，混凝土合力可通过积分求得，加之纵向受拉钢筋合力为 $f_y A_s$，因而根据如图 3-6（c）可列出平衡方程，进而通过

迭代求解得到 A_s。但采用如图 3-6（c）所示的曲线应力图形进行计算仍比较烦琐，为了简化计算，便于应用，再将曲线应力图形简化为等效矩形应力图形，如图 3-6（d）所示，矩形应力图中的应力取为 $\alpha_1 f_c$，其中 f_c 为混凝土轴心抗压强度，如此可方便求得混凝土合力为 $\alpha_1 f_c bx$。

将曲线应力图形简化为等效矩形应力图形时，要保证两个图形的合力相等和合力作用点位置不变，根据这一原则，求得 $x = \beta_1 x_0$，其中 x_0 为受压区实际高度，x 为受压区计算高度。α_1、β_1 分别称矩形应力图形压应力等效系数和受压区高度等效系数，取值和混凝土强度等级有关。C50 及以下混凝土，α_1 和 β_1 为常数，分别为 1.0 和 0.8；C50 以上，属于高强混凝土，α_1 和 β_1 随混凝土强度等级提高而减小，具体可按教材表 3-1 查用。

将图 3-6（d）加上截面尺寸就是单筋矩形截面的计算简图，如图 3-9 所示。

在图 3-9 中，M_u 为截面极限弯矩；b 为矩形截面宽度；x 为混凝土受压区计算高度；h_0 为截面有效高度，$h_0 = h - a_s$，h 为截面高度，a_s 为纵向受拉钢筋合力点至截面受拉边缘的距离；f_c 为混凝土轴心抗压强度设计值；f_y 为钢筋抗拉强度设计值；A_s 为纵向受拉钢筋截面面积。

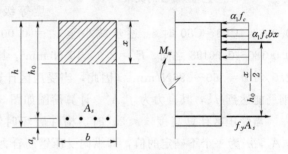

图 3-9　单筋矩形截面受弯构件
正截面受弯承载力计算简图

用等效的矩形应力图形代替曲线应力图形是钢筋混凝土构件计算时通常的做法，这可使计算大大简化，今后还会经常遇到。

3.1.6.2 双筋矩形截面的计算简图

双筋截面的计算简图是在单筋截面计算简图上加上纵向受压钢筋的合力而成，为此首先确定纵向受压钢筋的合力。

1. 钢筋抗压强度设计值 f'_y

在受压区，纵向钢筋和混凝土有相同的变形，即 $\varepsilon_s = \varepsilon_c$。当构件破坏时，受压区边缘混凝土应变达到极限压应变 ε_{cu}，此时纵向受压钢筋应力最多可达到 $\sigma_s = \varepsilon_s E_s = \varepsilon_c E_s \approx \varepsilon_{cu} E_s$。$\varepsilon_{cu}$ 值约在 $0.002 \sim 0.004$ 范围内变化，为安全计，计算纵向受压钢筋应力时，取 $\varepsilon_{cu} = 0.002$，而钢筋弹性模量 E_s 值为 $1.95 \times 10^5 \sim 2.05 \times 10^5 \text{N/mm}^2$，所以 $\sigma_s = 0.002 \times (1.95 \times 10^5 \sim 2.05 \times 10^5) = 390 \sim 410 \text{N/mm}^2$。由此可见，在破坏时，对一般强度的纵向受压钢筋来说，其应力均能达到屈服强度，计算时可直接采用钢筋的屈服强度作为抗压强度设计值 f'_y，但当采用高强度钢筋作为受压钢筋时，由于受到受压区混凝土极限压应变的限制，钢筋的强度不能充分发挥，这时只能取用 $390 \sim 410 \text{N/mm}^2$ 作为钢筋的抗压强度设计值 f'_y，即

（1）对 HPB300、HRB335 和 HRB400 钢筋，抗压和抗拉强度设计值相等，即 $f'_y = f_y$。

（2）对高强度钢筋，$f'_y < f_y$，强度不能充分利用，造成浪费，故纵向受压钢筋不宜采用高强钢筋。当然，在钢筋混凝土构件中纵向受拉钢筋也不宜采用高强钢筋。这是由于

裂缝宽度控制的要求，构件在正常使用时纵向受拉钢筋应力不能过大，使高强钢筋不能发挥其强度，同样造成浪费。

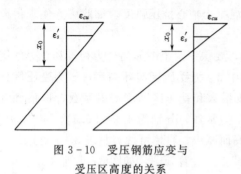

图 3-10　受压钢筋应变与
受压区高度的关系

2. 纵向受压钢筋的合力与计算简图

确定了 f'_y，构件破坏时受压钢筋能否达到 f'_y 还和受压区高度 x_0 有关。从图 3-10 看到，构件破坏时受压区边缘混凝土应变为 ε_{cu}，纵向受压钢筋的应变 ε'_s 和 x_0 有关，x_0 越大 ε'_s 越大，反之则越小，当 x_0 过小时纵向受压钢筋就达不到 f'_y。

当 $x = 2a'_s$ 时，$\varepsilon'_s = 0.6\varepsilon_{cu}$，$\varepsilon_{cu}$ 与混凝土强度等级有关，强度等级不大于 C50 时 $\varepsilon_{cu} = 0.0033$，C50～C80 时 ε_{cu} 逐步减小至 $\varepsilon_{cu} = 0.0030$。因而，纵向受压钢筋的应变介于 0.00180～0.00198 之间。$E_s = 2.0 \times 10^5 \text{N/mm}^2$，则钢筋 $\sigma'_s = \varepsilon'_s E_s = (0.00180 \sim 0.00198) \times 2.0 \times 10^5 = 360 \sim 396 \text{N/mm}^2$。因此，当受压区计算高度 $x \geqslant 2a'_s$ 时，构件破坏时纵向受压钢筋能达到 f'_y，其合力为 $f'_y A'_s$，计算简图如图 3-11（a）所示。

当受压区计算高度 $x < 2a'_s$ 时，构件破坏时纵向受压钢筋不能达到 f'_y，其合力为 $\sigma'_s A'_s$，σ'_s 为一个不确定的值，即纵向受压钢筋合力不能确定。由于纵向受压钢筋合力点与混凝土合力作用点的距离为 $a'_s - 0.5x$，是一个很小的值，计算中可近似地假定纵向受压钢筋和受压混凝土的合力点重合。如此，计算简图如图3-11（b）所示。

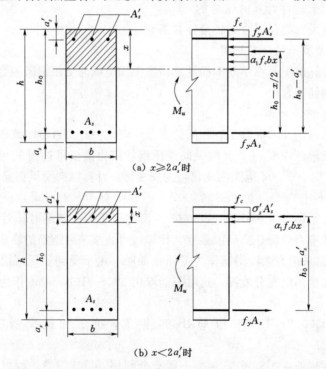

图 3-11　双筋矩形截面受弯构件正截面受弯承载力计算简图

在图 3-11 中，f'_y 为钢筋抗压强度设计值；A'_s 为受压区纵向钢筋截面面积；a'_s 为受压钢筋合力点至受压区边缘的距离；其余符号意义同图 3-9。

3.1.6.3　T 形截面的计算简图

1. 翼缘计算宽度 b'_f

T 形梁由梁肋和位于受压区的翼缘所组成。外表是 T 形截面的梁，是否真正按 T 形截面计算，要看翼缘是否在受压区，若翼缘在受压区则按 T 形截面计算，否则仍按矩形截面计算。

当 T 形梁受力时，沿翼缘宽度上压应力的分布是不均匀的，压应力由梁肋中部向两边逐渐减小，如图 3-12（a）所示。当翼缘宽度很大时，远离梁肋的一部分翼缘几乎不承受压力，因而在计算中不能将离梁肋较远受力很小的翼缘也算为 T 形梁的一部分。为了简化计算，将 T 形截面的翼缘宽度限制在一定范围内，称为翼缘计算宽度 b'_f。在这个范围以内，认为翼缘上所受的压应力是均匀的，最终均可达到混凝土的轴心抗压强度设计值 f_c。在这个范围以外，认为翼缘已不起作用，如图 3-12（b）所示。

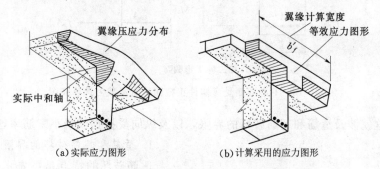

图 3-12　T 形梁受压区实际应力和计算应力图形

b'_f 主要与梁的工作情况（是整体肋形梁还是独立梁）、梁的跨度以及翼缘高度与截面有效高度之比（h'_f/h_0）有关。计算时，取教材表 3-3 所列各项中的最小值，但 b'_f 应不大于受压翼缘的实有宽度。

2. 计算简图

T 形梁截面计算简图分两种情况：

（1）第一种 T 形梁截面受压区计算高度小于等于受压翼缘高度，即 $x \leqslant h'_f$。因受压区以下的受拉混凝土不起作用，所以这样的 T 形截面与宽度为 b'_f 的矩形截面完全一样，只需将如图 3-9 所示的单筋矩形截面计算简图中的 b 改为翼缘计算宽度 b'_f 即可，如图 3-13（a）所示。

（2）第二种 T 形梁截面受压区计算高度大于受压翼缘高度，即 $x > h'_f$，这时将宽度为 b 的单筋矩形截面计算简图中，加上"两个耳朵"所受的合力 $f_c(b'_f-b)h'_f$ 即可，如图 3-13（b）所示。

在图 3-13 中，b'_f 为 T 形截面受压区的翼缘计算宽度；h'_f 为 T 形截面受压区的翼缘高度；其余符号意义同图 3-9。

3.1.7　如何防止超筋与少筋破坏

如图 3-9、图 3-11 和图 3-13 所示的计算简图只适用于适筋破坏，如何防止超筋与

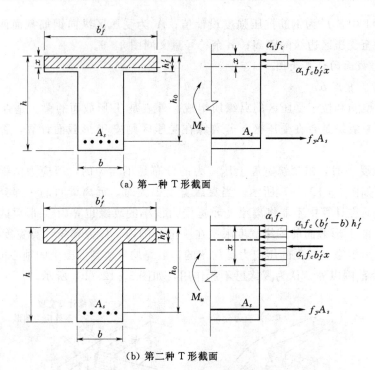

(a) 第一种 T 形截面

(b) 第二种 T 形截面

图 3-13　T 形截面受弯构件正截面受弯承载力计算简图

少筋破坏，这就涉及适筋和超筋破坏的界限，以及纵向受拉钢筋最小配筋率这两个概念。

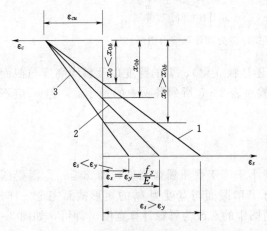

图 3-14　适筋、超筋、界限破坏时的
截面平均应变图

1—适筋破坏；2—界限破坏；3—超筋破坏

1. 适筋和超筋破坏的界限

适筋破坏的特点是：先 $\sigma_s \to f_y$，然后当 $\varepsilon_c = \varepsilon_{cu}$ 时构件破坏，$\varepsilon_s > \varepsilon_y$。超筋破坏的特点是：破坏时 $\varepsilon_c = \varepsilon_{cu}$，$\sigma_s < f_y$（$\varepsilon_s < \varepsilon_y$）。显然，在适筋破坏和超筋破坏之间必定存在着一种界限状态。这种状态的特征是在纵向受拉钢筋的应力达到屈服强度的同时，受压区边缘混凝土应变恰好达到极限压应变 ε_{cu} 而破坏，这种破坏称为界限破坏。此时，$\varepsilon_s = \varepsilon_y = f_y/E_s$；$\varepsilon_c = \varepsilon_{cu}$（图 3-14）。

利用平截面假定，对界限破坏有

$$\xi_{0b} = \frac{x_{0b}}{h_0} = \frac{\varepsilon_{cu}}{\varepsilon_{cu} + \varepsilon_y} = \frac{\varepsilon_{cu}}{\varepsilon_{cu} + \dfrac{f_y}{E_s}} = \frac{1}{1 + \dfrac{f_y}{\varepsilon_{cu} E_s}}$$

在图 3-14 和上式中：x_0 为受压区实际高度；x_{0b} 为界限破坏受压区实际高度；ξ_0 为相对受压区实际高度，$\xi_0 = x_0/h_0$；ξ_{0b} 为界限破坏相对受压区实际高度。

从图 3-14 知，当 $\xi_0 < \xi_{0b}$（即 $x_0 < x_{0b}$）时，$\varepsilon_s > \varepsilon_y = f_y/E_s$，纵向受拉钢筋应力可以达到其屈服强度，为适筋破坏。而当 $\xi_0 > \xi_{0b}$（即 $x_0 > x_{0b}$）时，$\varepsilon_s < \varepsilon_y = f_y/E_s$，纵向

受拉钢筋应力达不到屈服强度，为超筋破坏。

用受压区计算高度 x 代替 x_0，用相对受压区计算高度 ξ 代替 ξ_0。对于界限状态，则也用 x_b 代替 x_{0b}，用 ξ_b 代替 ξ_{0b}。因 $x = \beta_1 x_0$，$\xi_b = \beta_1 \xi_{0b}$，故可得

$$\xi_b = \frac{x_b}{h_0} = \frac{\beta_1 x_{0b}}{h_0} = \frac{\beta_1}{1 + \dfrac{f_y}{\varepsilon_{cu} E_s}} \tag{3-1}$$

式中：x_b 为界限受压区计算高度；ξ_b 为相对界限受压区计算高度；其余符号意义同图 3-9。

从式（3-1）可以看出，相对界限受压区计算高度 ξ_b 和钢筋种类、钢筋抗拉强度设计值有关；此外由于 β_1、ε_{cu} 和混凝土强度等级有关，所以 ξ_b 还和混凝土强度等级有关。

在进行构件设计时，若计算出的受压区计算高度 $x \leqslant \xi_b h_0$，则为适筋破坏；若 $x > \xi_b h_0$，则为超筋破坏。

当 $x = \xi_b h_0$ 时，纵向受拉钢筋屈服的同时截面破坏，所以界限破坏是一种无预警的脆性破坏。从图 3-14 可看出，受压区高度越小，截面破坏时纵向受拉钢筋的应变 ε_s 就越大，截面延性也就越好。国外主流规范和我国用于水利水电行业的《水工混凝土结构设计规范》（SL 191—2008）要求 $x \leqslant \alpha \xi_b h_0$，$\alpha$ 是小于 1.0 的系数，以保证截面具有较好的延性。

2. 纵向受拉钢筋最小配筋率 $\rho_{\min}$

钢筋混凝土构件不应采用少筋截面，以避免一旦出现裂缝后，构件因裂缝宽度或挠度过大而失效。在混凝土结构设计规范中，是通过规定纵向受拉钢筋配筋率 ρ 必须大于其最小配筋率 $\rho_{\min}$ 来避免构件出现少筋破坏的，即

$$\rho \geqslant \rho_{\min} \tag{3-2}$$

式中：ρ 为纵向受拉钢筋配筋率（以百分率表示）；$\rho_{\min}$ 为受弯构件纵向受拉钢筋最小配筋率。一般梁、板可按教材附录 D 表 D-5 取用。

从教材附录 D 表 D-5 看到：

（1）JTS 151—2011 规范将 $\rho_{\min}$ 的取值分为两类，一类是受压构件；另一类是受弯、偏心受拉、轴心受拉等构件。即，$\rho_{\min}$ 的取值和构件种类有关。

（2）受压构件全部的纵向钢筋 $\rho_{\min}$ 为 0.60%，但当采用 400 级以上钢筋时，可减小 0.10%；当采用 C50 及以上混凝土时，应增加 0.10%。受压构件一侧的纵向钢筋 $\rho_{\min}$ 为 0.20%。

受弯构件、偏心受拉与轴心受拉构件一侧的纵向受拉钢筋 $\rho_{\min}$ 取 0.20% 和 $0.45 \dfrac{f_t}{f_y}$ 的较大者。当采用 HRB400 钢筋，同时混凝土强度等级大于 C35 时，受弯构件 $\rho_{\min}$ 大于 0.20%，由 $0.45 \dfrac{f_t}{f_y}$ 控制。

即总体上，$\rho_{\min}$ 随钢筋强度提高而降低，随混凝土强度等级提高而增大。

（3）对于受弯构件、大偏心受拉构件一侧的纵向受拉钢筋 ρ，采用全部面积扣除受压翼缘面积后的面积来计算，即按式（3-3）计算；对于受压、轴拉、小偏拉构件，则采用

全部面积计算 ρ。即不同的构件，计算 $\rho = \dfrac{A_s}{A_\rho}$ 采用的混凝土面积 A_ρ 的计算方法是不同的。

矩形或 T 形截面受弯构件和大偏心受拉构件：$A_\rho = bh$　　　　　　　（3-3a）

I 形或倒 T 形截面受弯构件和大偏心受拉构件：$A_\rho = bh + (b_f - b)h_f$　　（3-3b）

式中：b 为矩形截面宽度或 I 形、倒 T 形截面的腹板宽度；h 为截面高度；b_f、h_f 分别为 I 形、倒 T 形截面的受拉翼缘宽度和高度。

以往，我国规范采用 $\rho = \dfrac{A_s}{bh_0}$ 计算受弯构件的纵向受拉钢筋配筋率，且 $\rho_{\min}$ 取固定值 0.20%，其中 A_s 为纵向受拉钢筋面积，b 为梁宽（矩形截面）或肋宽（T 形截面），h_0 为截面有效高度。目前，我国大多数规范采用"配置了最小配筋面积 $A_{s\min}$ 的钢筋混凝土受弯构件和素混凝土受弯构件破坏时的承载力 M_u 相等"的原则来确定 $\rho_{\min}$。

由于素混凝土受弯构件一开裂就破坏，其破坏承载力 M_u 和混凝土开裂时的开裂弯矩 M_{cr} 相等。也就是说，$\rho_{\min}$ 可按 $M_u = M_{cr}$ 的原则确定。

根据图 3-9，由纵向受拉钢筋合力对混凝土合力作用点取矩，有

$$M_u = A_s f_y (h_0 - 0.5x)　　　　　　　　　（a）$$

当矩形截面构件按 $\rho_{\min}$ 配筋时，$A_s = \rho_{\min} bh$，代入上式，有

$$M_u = \rho_{\min} bh f_y (h_0 - 0.5x)　　　　　　　（b）$$

当按 $\rho_{\min}$ 配筋时，一般只有一排钢筋，h_0 和 h 相差很小，取 $h_0 = h$；同时，当按 $\rho_{\min}$ 配筋时，受压区高度 x 很小，即式（b）右边第 2 项可以忽略，则

$$M_u = \rho_{\min} f_y bh^2　　　　　　　　　　（c）$$

受弯构件的开裂弯矩为

$$M_{cr} = \gamma_m W f_t　　　　　　　　　　（d）$$

式中：γ_m 为截面抵抗矩的塑性系数；W 为截面抵抗矩，对素混凝土矩形截面有 $W = \dfrac{bh^2}{6}$。

令 M_u 和 M_{cr} 相等，且将 $W = \dfrac{bh^2}{6}$ 代入，有

$$\rho_{\min} = \alpha \frac{f_t}{f_y}　　　　　　　　　　（e）$$

从各方面考虑，规范最后取 $\alpha = 0.45$，得 $\rho_{\min} = 0.45 \dfrac{f_t}{f_y}$。此外，再考虑已有的工程经验（以往规范 $\rho_{\min}$ 取固定值 0.20%），因此 JTS 151—2011 取受弯构件 $\rho_{\min}$ 为 0.20% 和 $0.45 f_t / f_y$ 的较大值。

当采用 T 形或 I 形截面时，从公式上看，式（d）中的截面抵抗矩 W 应计入受压区翼缘外伸部分面积 $(b_f' - b)h_f'$，但实际上这部分面积 $(b_f' - b)h_f'$ 对 M_{cr} 影响甚少，所以计算 ρ 时予以扣除。

采用 $\rho = \dfrac{A_s}{bh_0}$ 计算纵向受拉钢筋配筋率也有优点。根据图 3-9，由力的平衡条件得

$$A_s f_y = \alpha_1 f_c bx = \alpha_1 f_c b \xi h_0　　　　　　　（f）$$

$$\frac{A_s}{bh_0} = \frac{\alpha_1 f_c \xi}{f_y} \qquad\qquad\qquad (g)$$

当采用 $\rho = \dfrac{A_s}{bh_0}$ 计算纵向受拉钢筋配筋率时，式（g）就变为

$$\rho = \xi \frac{\alpha_1 f_c}{f_y} \qquad\qquad\qquad (h)$$

当界限破坏时，$\xi = \xi_b$，ρ 达到其最大配筋率 ρ_{max}：

$$\rho_{max} = \xi_b \frac{\alpha_1 f_c}{f_y} \qquad\qquad\qquad (i)$$

这就引入 ρ_{max}，建立了 ρ 和 ξ、ρ_{max} 和 ξ_b 之间关系。有了 ρ_{max}，就可以采用纵向受拉钢筋配筋率来避免发生少筋破坏和超筋破坏：$\rho \geqslant \rho_{min}$，防止少筋破坏；$\rho \leqslant \rho_{max}$，防止超筋破坏；也更容易建立"适筋破坏要求纵向受拉钢筋不多不少"的概念。

因此，即使 1989 年颁布的用于工业民用建筑的国家标准《混凝土结构设计规范》（GBJ 10—89）已采用"$M_u = M_{cr}$"的原则来确定 ρ_{min}，不再采用 $\rho = \dfrac{A_s}{bh_0}$ 来计算受弯构件的纵向受拉钢筋配筋率，但至今，用于土木工程的钢筋混凝土结构教材仍采用 $\rho = \dfrac{A_s}{bh_0}$ 计算受弯构件的配筋率，并对矩形截面受弯构件采用 $\rho = \dfrac{A_s}{bh_0} \geqslant \rho_{min} \dfrac{h}{h_0}$ 进行纵向受拉钢筋最小配筋率验算，但若遇到倒 T 形或 I 形截面的受弯构件，又如何解决呢？这些教材未给出交代。

还需要指出的是，有些规范至今未采用 $M_u = M_{cr}$ 确定 ρ_{min} 的原则，所以仍按 $\rho = \dfrac{A_s}{bh_0}$ 计算配筋率，如《水工钢筋混凝土规范》（DL/T 5057—2009）和《水工钢筋混凝土规范》（SL 191—2008）。

在水运工程，有些结构的尺寸不是由承载力，而是由稳定或布置要求确定，这类结构尺寸往往远大于承载力要求的尺寸，若按上述 ρ_{min} 配筋则造成浪费，这时纵向受拉钢筋配筋率可不受 ρ_{min} 限制，可减小，但不得小于 0.05%；厚度大于 4m 的构件每米宽度内的钢筋面积不得小于 2500mm^2。

至此，我们已经知道，规范是通过 $x \leqslant \xi_b h_0$ 来防止超筋破坏，通过 $\rho \geqslant \rho_{min}$ 来防止少筋破坏，那么适筋破坏如何防止呢？是根据上述适筋破坏的计算简图，得到其正截面受弯承载力的基本公式，再利用基本公式计算得到合适的尺寸和钢筋用量来防止。

还要指出的是，在利用基本公式计算正截面受弯承载力时：

（1）若 $\rho < \rho_{min}$，说明构件截面尺寸取得太大，如截面尺寸允许改动，应减小截面尺寸使 ρ 在合适的经济配筋率之间；如截面尺寸不允许改动，则应取 $\rho = \rho_{min}$ 来配置钢筋。

（2）若 $x > \xi_b$，说明混凝土承压能力不足，即截面尺寸和混凝土强度不够，需加大截面尺寸或提高混凝土强度等级，其中应优先加大截面尺寸；若截面尺寸不能改动，混凝土强度等级也不方便提高，则采用纵向受压钢筋来帮助混凝土受压，即采用双筋截面。

3.1.8　受弯构件正截面受弯承载力计算基本公式与适用范围

1. 单筋矩形截面的基本公式

根据如图 3-9 所示的计算简图和截面内力的平衡条件（对纵向受拉钢筋合力点取矩和力的平衡），并满足承载能力极限状态的可靠度要求，可得单筋矩形截面承载力计算的两个基本公式：

$$M \leqslant M_u = \alpha_1 f_c b x \left(h_0 - \frac{x}{2} \right) \tag{3-4a}$$

$$f_y A_s = \alpha_1 f_c b x \tag{3-5a}$$

式中：M 为弯矩设计值，为式（2-10a）（持久组合）或式（2-10b）（短暂组合）计算值与 γ_0 的乘积；γ_0 为结构重要性系数，对于安全等级为一级、二级、三级的结构构件，γ_0 分别取为 1.1、1.0、0.9。

为了保证构件是适筋破坏，应用基本公式时应满足下列两个适用条件：

$$x \leqslant \xi_b h_0 \tag{3-6a}$$

$$\rho \geqslant \rho_{\min} \tag{3-7a}$$

式（3-6a）是为了防止发生超筋破坏，式（3-7）是为了发生少筋破坏。如计算出的纵向受拉钢筋配筋率 ρ 小于 $\rho_{\min}$，且截面尺寸不能改变时，则应按 $\rho_{\min}$ 配筋。

为计算的方便，将 $\xi = x/h_0$ 代入式（3-4a）和式（3-5a），并令 $\alpha_s = \xi(1-0.5\xi)$，则有

$$M \leqslant M_u = \alpha_s \alpha_1 f_c b h_0^2 \tag{3-4b}$$

$$f_y A_s = \alpha_1 f_c b \xi h_0 \tag{3-5b}$$

此时，其适用条件相应为

$$\xi \leqslant \xi_b \tag{3-6b}$$

$$\rho \geqslant \rho_{\min} \tag{3-7b}$$

2. 双筋矩形截面的基本公式

当 $x \geqslant 2a_s'$ 时，由如图 3-11（a）所示的计算简图和截面内力的平衡条件，并满足承载能力极限状态的可靠度要求，可得下列两个基本公式：

$$M \leqslant M_u = \alpha_1 f_c b x \left(h_0 - \frac{x}{2} \right) + f_y' A_s' (h_0 - a_s') = \alpha_s \alpha_1 f_c b h_0^2 + f_y' A_s' (h_0 - a_s') \tag{3-8}$$

$$f_y A_s - f_y' A_s' = \alpha_1 f_c b x = \alpha_1 f_c b \xi h_0 \tag{3-9}$$

为了保证构件是适筋破坏，应用基本公式时仍应满足适用条件：

$$x \leqslant \xi_b h_0 \text{ 或 } \xi \leqslant \xi_b$$

$$\rho \geqslant \rho_{\min}$$

此外，为保证纵向受压钢筋的应力达到受压强度设计值，应满足：

$$x \geqslant 2a_s' \tag{3-10}$$

比较式（3-4）和式（3-8）、式（3-5）和式（3-9）可知，双筋截面只是比单筋截面多了纵向受压钢筋的合力 $f_y' A_s'$ 及合力产生的弯矩 $f_y' A_s' (h_0 - a_s')$。另外，对因混凝土承载力不足而需配置纵向受压钢筋的双筋截面一般能满足 $\rho \geqslant \rho_{\min}$，不需此项验算。

当 $x < 2a_s'$，由如图 3-11（b）所示的计算简图可得

$$M \leqslant M_u = f_y A_s (h_0 - a_s') \tag{3-11}$$

3. T 形截面的基本公式

对第一种 T 形截面，$x \leqslant h'_f$，基本公式和单筋矩形截面相同，只是截面宽度取翼缘计算宽度 b'_f，但验算 $\rho \geqslant \rho_{\min}$ 时，对 T 形截面 ρ 仍按 $\rho = \dfrac{A_s}{bh}$ 计算，式中 b 为梁肋宽；对 I 形截面，ρ 采用 $\rho = A_s / [bh + (b_f - b)h_f]$ 计算，见式（3-3）。另外，第一种 T 形截面不会发生超筋破坏，不必验算 $\xi \leqslant \xi_b$。

对第二种 T 形截面，$x > h'_f$，由如图 3-13（b）所示的计算简图和截面内力的平衡条件，并满足承载能力极限状态的可靠度要求，可得

$$M \leqslant M_u = \alpha_1 f_c bx \left(h_0 - \frac{x}{2}\right) + \alpha_1 f_c (b'_f - b) h'_f \left(h_0 - \frac{h'_f}{2}\right)$$

$$= \alpha_s \alpha_1 f_c bh_0^2 + \alpha_1 f_c (b'_f - b) h'_f \left(h_0 - \frac{h'_f}{2}\right) \tag{3-12}$$

$$f_y A_s = \alpha_1 f_c bx + \alpha_1 f_c (b'_f - b) h'_f$$

$$= \alpha_1 f_c b \xi h_0 + \alpha_1 f_c (b'_f - b) h'_f \tag{3-13}$$

第二种 T 形截面的基本公式适用范围仍为 $\xi \leqslant \xi_b$ 及 $\rho \geqslant \rho_{\min}$ 两项，但第二种 T 形截面的纵向受拉钢筋配置必然比较多，一般可不必进行 $\rho \geqslant \rho_{\min}$ 验算。

比较式（3-4）和式（3-12）、式（3-5）和式（3-13）可知，第二种 T 形截面只是比单筋截面多了的两个"耳朵"承受的合力 $\alpha_1 f_c (b'_f - b) h'_f$ 及该合力产生的弯矩 $\alpha_1 f_c (b'_f - b) h'_f \left(h_0 - \dfrac{h'_f}{2}\right)$。因此，无论是双筋截面还是 T 形截面，其基本公式都是以单筋截面基本公式为基础的。

鉴别 T 形截面属于第一种还是第二种，可按下列办法进行：因为混凝土受压区计算高度恰好等于翼缘高度（即 $x = h'_f$）时为两种情况的分界，这时

$$M = \alpha_1 f_c b'_f h'_f \left(h_0 - \frac{h'_f}{2}\right) \tag{3-14}$$

$$f_y A_s = \alpha_1 f_c b'_f h'_f \tag{3-15}$$

因此若满足下列两式，说明 $x \leqslant h'_f$，属于第一种 T 形截面；反之属于第二种 T 形截面。

$$M \leqslant \alpha_1 f_c b'_f h'_f \left(h_0 - \frac{h'_f}{2}\right) \tag{3-16}$$

$$f_y A_s \leqslant \alpha_1 f_c b'_f h'_f \tag{3-17}$$

3.1.9　受弯构件正截面设计

截面设计先根据建筑物使用要求、外荷载大小及所选用的混凝土等级与钢筋级别，选择截面尺寸 $b \times h$。当已知弯矩设计值 M、截面尺寸 $b \times h$、材料强度设计值 f_y 和 f_c，就可应用基本公式求纵向钢筋的截面面积 A_s。

下面给出单筋截面、双筋截面和 T 形截面，在已知 M、$b \times h$（b'_f、h'_f）和 f_y、f_c 条件下计算 $A_s (A'_s)$ 的步骤。

3.1.9.1　单筋截面正截面设计

（1）设计时应满足 $M_u \geqslant M$，但取 $M_u = M$ 设计最为经济，则可由式（3-4b）得截面抵抗矩系数：

$$\alpha_s = \frac{M}{\alpha_1 f_c b h_0^2}$$

（2）检查是否满足 $\alpha_s \leqslant \alpha_{sb}$，这里 $\alpha_{sb} = \xi_b(1 - 0.5\xi_b)$。若满足 $\alpha_s \leqslant \alpha_{sb}$，则

1）求相对受压区计算高度：

$$\xi = 1 - \sqrt{1 - 2\alpha_s}$$

2）由式（3-5b）得纵向受拉钢筋截面面积：

$$A_s = \frac{\alpha_1 f_c b \xi h_0}{f_y}$$

3）求受拉钢筋配筋率 $\rho = \dfrac{A_s}{A_\rho}$，检查是否满足 $\rho \geqslant \rho_{min}$。若满足，由 A_s 选择钢筋；若不满足且截面尺寸不能改变，则取 $A_s = \rho_{min} A_\rho$ 选择钢筋，否则应减小截面尺寸重新计算。

若不满足 $\alpha_s \leqslant \alpha_{sb}$，说明截面尺寸或混凝土强度不够，将发生超筋破坏，需加大截面尺寸或提高混凝土强度等级，其中应优先加大截面尺寸；若截面尺寸不能改动、混凝土强度等级又不方便提高，则采用双筋截面。

3.1.9.2　双筋截面正截面设计

当按单筋截面计算出现 $\xi > \xi_b$，也就是 $\alpha_s > \alpha_{sb}$，但截面尺寸不能加大，混凝土强度等级又不方便提高时，这时只能采用双筋截面。

当截面既承受正向弯矩又可能承受反向弯矩，截面上下均应配置纵向受力钢筋，而在计算中又考虑纵向受压钢筋作用时，亦应按双筋截面计算。这里注意"计算中又考虑纵向受压钢筋作用时"，也就是说，若计算时不考虑受压钢筋作用，则仍按单筋截面计算。

用钢筋来帮助混凝土受压是不经济的，所以遇到按单筋截面计算出现 $\xi > \xi_b$ 时，应先考虑加大截面尺寸或提高混凝土强度等级，而不是采用双筋截面。但配置纵向受压钢筋对构件的延性有利，在抗震地区一般宜配置必要的纵向受压钢筋。

双筋截面设计时，将会遇到下面两种情况。

1. 第一种情况

已知 M、$b \times h$ 和 f_y、f'_y、f_c，按单筋截面计算出现 $\xi > \xi_b$，且 $b \times h$ 不能加大，f_c 又不方便提高时。

（1）取 $\xi = \xi_b$，即取 $\alpha_s = \alpha_{sb}$，以充分利用受压区混凝土受压，使总的钢筋用量 $(A_s + A'_s)$ 为最小。由式（3-8）得纵向受压钢筋截面面积：

$$A'_s = \frac{M - \alpha_{sb} \alpha_1 f_c b h_0^2}{f'_y(h_0 - a'_s)}$$

（2）再由式（3-9）得纵向受拉钢筋截面面积：

$$A_s = \frac{\alpha_1 f_c b \xi_b h_0 + f'_y A'_s}{f_y}$$

（3）由 A_s、A'_s 选配纵向受拉钢筋和受压钢筋。若实际选配的 A'_s 超过计算所得的 A'_s 较多时（例如，按公式算出的 A'_s 很小，而按构造要求配置的 A'_s 较多时；或在为了增加构件的延性有利于结构抗震，适当多配纵向受压钢筋 A'_s 时），这时实际的 ξ 将小于计算采用的 ξ_b 较多，则应按 A'_s 为已知（等于实际选配的 A'_s）的下述第二种情况重新计算 A_s，以减

少钢筋总用量。

这里：①已经取 $\xi=\xi_b$，故不必验算 $\xi\leqslant\xi_b$；②对于因混凝土承载力不足而需纵向受压钢筋帮助混凝土受压的双筋截面，其纵向受拉钢筋一般能满足 $\rho\geqslant\rho_{min}$，不需此项验算；③未配置纵向受压钢筋的截面就是单筋截面，因此双筋截面没有纵向受压钢筋最小配筋率的概念。

2. 第二种情况

已知 M、$b\times h$ 和 f_y、f_y'、f_c，并已知 A_s'，需求 A_s。

(1) 将式（3-8）改写为

$$M-f_y'A_s'(h_0-a_s')=\alpha_s\alpha_1 f_c bh_0^2$$

上式相当于一个承受的弯矩为 $M-f_y'A_s'(h_0-a_s')$ 的单筋截面，因此双筋截面的计算是以单筋截面为基础的。

由上式得截面抵抗矩系数：

$$\alpha_s=\frac{M-f_y'A_s'(h_0-a_s')}{\alpha_1 f_c bh_0^2}$$

(2) 检查是否满足 $\alpha_s\leqslant\alpha_{sb}$。若不满足 $\alpha_s\leqslant\alpha_{sb}$，则表示已配置的纵向受压钢筋 A_s' 数量还不够，应增加其数量，此时可看作纵向受压钢筋未知的情况（即第一种情况）重新计算 A_s' 和 A_s；若满足 $\alpha_s\leqslant\alpha_{sb}$，则

求相对受压区计算高度：

$$\xi=1-\sqrt{1-2\alpha_s}$$

计算 $x=\xi h_0$，检查是否满足 $x\geqslant 2a_s'$。如满足，则由式（3-9）得纵向受拉钢筋截面面积 A_s：

$$A_s=\frac{\alpha_1 f_c b\xi h_0+f_y'A_s'}{f_y}$$

如不满足 $x\geqslant 2a_s'$ 的条件，表示纵向受压钢筋 A_s' 的应力达不到抗压强度，此时可改由式（3-11）计算纵向受拉钢筋截面面积：

$$A_s=\frac{M}{f_y(h_0-a_s')}$$

(3) 由 A_s 选配受拉钢筋。

3.1.9.3 T 形截面正截面设计

(1) T 形截面正截面设计时，首先判断是第一种 T 形截面还是第二种 T 形截面。由于 A_s 未知，故采用式（3-16）来鉴别。

(2) 若满足式（3-16），即 $M\leqslant\alpha_1 f_c b_f' h_f'\left(h_0-\dfrac{h_f'}{2}\right)$，则为第一种 T 形截面，按梁宽为 b_f' 的矩形截面计算，但验算 $\rho\geqslant\rho_{min}$ 时 ρ 仍按 $\rho=\dfrac{A_s}{bh}$ 计算，式中 b 为梁肋宽。另外，第一种 T 形截面不会发生超筋破坏，不必验算 $\xi\leqslant\xi_b$。

若不满足式（3-16），即 $M>\alpha_1 f_c b_f' h_f'\left(h_0-\dfrac{h_f'}{2}\right)$，则为第二种 T 形截面。

1) 将式（3-12）改写为

$$M-f_c(b'_f-b)h'_f\left(h_0-\frac{h'_f}{2}\right)=\alpha_s\alpha_1 f_c bh_0^2$$

上式相当于一个承受的弯矩为 $M-\alpha_1 f_c(b'_f-b)h'_f\left(h_0-\frac{h'_f}{2}\right)$ 的单筋截面，因此 T 形截面的计算也是以单筋截面为基础的。

由上式得截面抵抗矩系数：

$$\alpha_s=\frac{M-\alpha_1 f_c(b'_f-b)h'_f\left(h_0-\dfrac{h'_f}{2}\right)}{\alpha_1 f_c bh_0^2}$$

2）求相对受压区计算高度：

$$\xi=1-\sqrt{1-2\alpha_s}$$

3）检查是否满足 $\xi\leqslant\xi_b$。若满足，则由式（3-13）求得纵向受拉钢筋截面面积：

$$A_s=\frac{f_c b\xi h_0+\alpha_1 f_c(b'_f-b)h'_f}{f_y}$$

若不满足，即 $\xi>\xi_b$，则应加大截面尺寸或提高混凝土强度等级，必要时采用双筋。

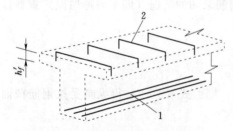

图 3-15　翼缘顶面构造钢筋

1—纵向受力钢筋；2—翼缘板横向钢筋

4）第二种 T 形截面的纵向受拉钢筋配置必然比较多，均能满足 $\rho\geqslant\rho_{min}$ 的要求，一般可不必进行此项验算，但按 T 形截面计算的 I 形和箱形截面仍需验算最小配筋率。

在独立 T 形梁中，除受拉区配置纵向受力钢筋以外，为保证受压区翼缘与梁肋的整体性，一般在翼缘板的顶面配置横向构造钢筋，其直径不小于 8mm，间距取为 $5h'_f$，且每米跨长内不少于 3 根钢筋（图 3-15）。当翼缘板外伸较长而厚度又较薄时，则应按悬臂板计算翼缘的承载力，板顶面钢筋数量由计算决定。

3.1.10　受弯构件正截面受弯承载力复核

首先应明确，承载力复核的对象是现有结构构件，是已经建造完成的结构当荷载改变后，验算已有的截面尺寸、材料强度和配筋能否满足承载力要求，而不对一个结构构件截面设计计算完成后，再用承载力复核来验算截面设计结果是否正确。

1. 单筋截面正截面受弯承载力复核

（1）由式（3-5b）计算相对受压区计算高度：

$$\xi=\frac{f_y A_s}{\alpha_1 f_c bh_0}$$

（2）检查是否满足 $\xi\leqslant\xi_b$。如不满足，表示截面配筋属于超筋，$\sigma_s<f_y$，按 $\xi=\dfrac{f_y A_s}{\alpha_1 f_c bh_0}$ 计算其实将 ξ 算大了，计算得到的 ξ 为假值，则取 ξ 可能达到的最大值 ξ_b 计算，即取 $\xi=\xi_b$ 计算。

（3）由 ξ 值计算截面抵抗矩系数：

$$\alpha_s=\xi(1-0.5\xi)$$

(4) 由式（3-4b）计算出正截面受弯承载力：

$$M_u = \alpha_s \alpha_1 f_c b h_0^2$$

(5) 求截面承受的弯矩设计值 M，判别是否满足 $M \leqslant M_u$。

2. 双筋截面正截面受弯承载力复核

(1) 由式（3-9）计算相对受压区计算高度。

$$\xi = \frac{f_y A_s - f'_y A'_s}{\alpha_1 f_c b h_0}$$

(2) 检查是否满足 $\xi \leqslant \xi_b$。

1）若 $\xi \leqslant \xi_b$，则计算 $x = \xi h_0$，检查是否满足条件 $x \geqslant 2a'_s$。如不满足，即 $x < 2a'_s$，则应由式（3-11）计算正截面受弯承载力：

$$M_u = f_y A_s (h_0 - a'_s)$$

如满足，即 $x \geqslant 2a'_s$，则由 ξ 值计算截面抵抗矩系数 $\alpha_s = \xi(1 - 0.5\xi)$，再由式（3-8）得正截面受弯承载力：

$$M_u = \alpha_s \alpha_1 f_c b h_0^2 + f'_y A'_s (h_0 - a'_s)$$

2）如 $\xi > \xi_b$，则取 $\xi = \xi_b$，即取 $\alpha_s = \alpha_{sb}$，由式（3-8）得

$$M_u = \alpha_{sb} \alpha_1 f_c b h_0^2 + f'_y A'_s (h_0 - a'_s)$$

(3) 求截面承受的弯矩设计值 M，判别是否满足 $M \leqslant M_u$。

3. T 形截面正截面受弯承载力复核

(1) 按式（3-17）鉴别构件属于第一种还是第二种 T 形截面。

(2) 若满足式（3-17），即 $f_y A_s \leqslant \alpha_1 f_c b'_f h'_f$，为第一种 T 形截面，则应按宽度为 b'_f 的矩形截面复核。

若不满足式（3-17），即 $f_y A_s > \alpha_1 f_c b'_f h'_f$，为第二种 T 形截面，则

1）由式（3-13）计算相对受压区计算高度：

$$\xi = \frac{f_y A_s - \alpha_1 f_c (b'_f - b) h'_f}{\alpha_1 f_c b h_0}$$

2）由 ξ 值计算截面抵抗矩系数：

$$\alpha_s = \xi(1 - 0.5\xi)$$

3）再由式（3-12）计算正截面受弯承载力：

$$M_u = \alpha_s \alpha_1 f_c b h_0^2 + \alpha_1 f_c (b'_f - b) h'_f \left(h_0 - \frac{h'_f}{2} \right)$$

4）求截面承受的弯矩设计值 M，判别是否满足 $M \leqslant M_u$。

3.2 综 合 练 习

3.2.1 选择题

1. 梁的混凝土保护层厚度是指（　　）。

　　A. 从纵向受力钢筋截面形心算起到截面受拉边缘的距离

　　B. 从纵向受力钢筋外边缘算起到截面受拉边缘的距离

C. 从纵向受力钢筋内边缘算起到截面受拉边缘的距离

D. 从箍筋外边缘算起到截面受拉边缘的距离

2. 一处于室内的矩形截面梁，根据已知条件计算，需配置纵向受力钢筋 6 Φ 20，两种钢筋布置方案（图 3-16）中，正确的应当是(　　)。

A.（a）　　　　　　　　　　　　　B.（b）

3. 一悬臂板内钢筋布置如图 3-17 所示，正确的应当是(　　)。

A.（a）　　　　　　　　　　　　　B.（b）

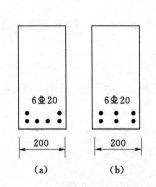
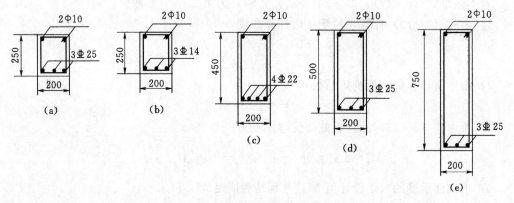

图 3-16　矩形截面梁钢筋布置　　　　图 3-17　悬臂板钢筋布置

4. 图 3-18 中所示 5 种钢筋混凝土梁的正截面，采用混凝土强度等级为 C30，HRB400 钢筋。从截面尺寸和钢筋的布置方面分析，最合适的应当是(　　)。

A.（a）　　　　B.（b）　　　　C.（c）

D.（d）　　　　E.（e）

图 3-18　钢筋混凝土梁的正截面配筋

5. 梁的受拉区纵向受力钢筋一层能排下时，改成两层后正截面受弯承载力将会(　　)。

A. 有所增加　　　　B. 有所减少　　　　C. 既不增加也不减少

6. 钢筋混凝土梁的受拉边缘开始出现裂缝是因为受拉边缘(　　)。

A. 混凝土的应力达到混凝土的实际抗拉强度

  B. 混凝土的应力达到混凝土的抗拉强度标准值

  C. 混凝土的应力达到混凝土的抗拉强度设计值

  D. 混凝土的应变超过极限拉应变值

7. 对适筋梁，最终破坏时正截面所能承受的荷载（ ）。

  A. 远大于纵向受拉钢筋屈服时承受的荷载

  B. 稍大于纵向受拉钢筋屈服时承受的荷载

  C. 等于纵向受拉钢筋屈服时承受的荷载

8. 钢筋混凝土梁即将开裂时，纵向受拉钢筋的应力与其用量的关系是（ ）。

  A. 钢筋用量增多，钢筋的拉应力增大

  B. 钢筋用量增多，钢筋的拉应力减小

  C. 钢筋的拉应力与钢筋用量关系不大

9. 受弯构件正截面受弯承载力计算中，当 $\xi > \xi_b$ 时，发生的破坏将是（ ）。

  A. 适筋破坏   B. 少筋破坏   C. 超筋破坏

10. 截面有效高度 h_0 是从（ ）。

  A. 纵向受拉钢筋外表面至截面受压边缘的距离

  B. 箍筋外表面至截面受压边缘的距离

  C. 纵向受拉钢筋内表面至截面受压边缘的距离

  D. 纵向受拉钢筋合力点至截面受压边缘的距离

11. 受弯构件正截面受弯承载力计算基本公式中，α_1 是（ ）。

  A. 矩形应力图形压应力等效系数

  B. 考虑混凝土脆性的折减系数

  C. 轴心抗压强度与立方体抗压强度的比值

12. 计算正截面受弯承载力时，受拉区混凝土作用完全可以忽略不计，这是由于（ ）。

  A. 受拉区混凝土早已开裂

  B. 中和轴以下小范围未裂的混凝土作用相对很小

  C. 混凝土抗拉强度低

13. 适筋梁破坏时，纵向钢筋的拉应变 ε_s 和压区边缘的混凝土压应变 ε_c 应为（ ）。

  A. $\varepsilon_s > \varepsilon_y$，$\varepsilon_c = \varepsilon_{cu}$ B. $\varepsilon_s = \varepsilon_y$，$\varepsilon_c < \varepsilon_{cu}$ C. $\varepsilon_s = \varepsilon_y$，$\varepsilon_c = \varepsilon_{cu}$

14. 单筋矩形截面适筋梁在截面尺寸已定的条件下，提高承载力最有效的方法是（ ）。

  A. 提高钢筋的级别

  B. 提高混凝土的强度等级

  C. 在钢筋能排开的条件下，尽量设计成单排钢筋

15. 某矩形截面简支梁，安全等级为二级，淡水环境大气区（不受水汽聚集），截面尺寸 250mm×500mm，混凝土强度等级为 C30，纵向钢筋采用 HRB400，跨中截面弯矩设计值 $M = 170\text{kN} \cdot \text{m}$，该梁沿正截面发生破坏将是（ ）。

  A. 超筋破坏   B. 界限破坏

  C. 适筋破坏   D. 少筋破坏

16. 对适筋梁，当截面尺寸和材料强度已定时，正截面受弯承载力与纵向受拉钢筋配

筋量的关系是（　　）。

  A. 随配筋量增加按线性关系提高

  B. 随配筋量增加按非线性关系提高

  C. 随配筋量增加保持不变

17. 判断下列说法，正确的是（　　）。

  A. 由于分布钢筋主要起构造作用，所以可采用光圆钢筋，并布置在受力钢筋的外侧

  B. 超筋构件的正截面受弯承载力控制于受压区混凝土，只有增加纵向受拉钢筋数量才能提高截面承载力

  C. 界限破坏是指在纵向受拉钢筋的应力达到屈服强度的同时，受压区边缘混凝土应变也刚好达到极限压应变而破坏

  D. 保护层厚度主要与钢筋混凝土结构构件的种类、所处环境及钢筋级别等因素有关

18. 判断下列说法，正确的是（　　）。

  A. 双筋矩形截面设计时，对 $x<2a'_s$ 的情况，可取 $x=2a'_s$ 计算

  B. 单筋矩形截面设计中，只要计算出 $\xi>\xi_b$ 时，就只能采用双筋截面

  C. 对第一种情况 T 形梁，在验算 $\rho\geqslant\rho_{min}$ 时，梁宽应采用肋宽和翼缘宽度二者的平均值

19. 双筋截面设计中，当未知 A'_s 和 A_s 时，补充的条件是要使（　　）。

  A. 混凝土用量为最小　　　　　　　　B. 钢筋总用量（A'_s+A_s）为最小

  C. 混凝土和钢筋用量均为最小　　　　D. A_s 用量最小

20. 超筋梁截面的承载力（　　）。

  A. 与纵向受拉钢筋用量有关　　　　　B. 与钢筋级别有关

  C. 与混凝土强度及截面尺寸有关　　　D. 仅与混凝土强度有关

21. 钢筋混凝土构件纵向受力钢筋最小配筋率 ρ_{min} 的规定（　　）。

  A. 仅与构件类别有关　　　　　　　　B. 仅与钢筋等级有关

  C. 与构件类别和钢筋等级均有关

  D. 与构件类别、钢筋等级和混凝土强度等级均有关

22. 超筋梁破坏时，正截面受弯承载力 M_u 与纵向受拉钢筋截面面积 A_s 的关系是（　　）。

  A. A_s 越大，M_u 越大　　　　　　　　B. A_s 越大，M_u 越小

  C. A_s 大小与 M_u 无关，破坏时正截面受弯承载力为一定值

23. 双筋截面受弯构件正截面设计中，当 $x<2a'_s$ 时，则表示（　　）。

  A. 纵向受拉钢筋应力达不到 f_y　　　　B. 纵向受压钢筋应力达不到 f'_y

  C. 应增加截面尺寸　　　　　　　　　D. 应提高混凝土强度

24. 当受弯构件适筋梁正截面受弯承载力不能满足计算要求时，提高混凝土强度等级或提高纵向钢筋级别，对承载力的影响是（　　）。

  A. 提高混凝土强度等级效果明显　　　B. 提高钢筋级别效果明显

  C. 提高二者效果相当

25. 进行双筋截面设计时，在 A_s' 和 A_s 均未知的情况下，需增加补充条件才能求解 A_s' 和 A_s，此时补充条件取（　　）。

    A. $x=2a_s'$ B. $x=\xi_b h_0$

    C. $x=0.5h_0$ D. $x=h_0$

26. 双筋矩形截面受弯构件在进行承载力复核计算时，若出现 $x>\xi_b h_0$，此时截面的极限弯矩为（　　）。

    A. $M_u=\alpha_{sb}\alpha_1 f_c bh_0^2+f_y'A_s'\left(h_0-\dfrac{x}{2}\right)$

    B. $M_u=\alpha_1 f_c bx\left(h_0-\dfrac{x}{2}\right)+f_y'A_s'\left(h_0-\dfrac{x}{2}\right)$

    C. $M_u=\alpha_1 f_c bx\left(h_0-\dfrac{x}{2}\right)+f_y'A_s'(h_0-a_s')$

    D. $M_u=\alpha_{sb}\alpha_1 f_c bh_0^2+f_y'A_s'(h_0-a_s')$

27. 翼缘宽度和 T 形截面受弯构件正截面受弯承载力的关系是（　　）。

    A. 越大越有利   B. 越小越有利

    C. 越大越有利，但应限制在一定范围内

28. 属于第二种情况 T 形截面梁的鉴别式为（　　）。

    A. $M\leqslant\alpha_1 f_c b_f'h_f'\left(h_0-\dfrac{h_f'}{2}\right)$ 或 $f_y A_s\leqslant\alpha_1 f_c b_f'h_f'$

    B. $M=\alpha_1 f_c b_f'h_f'\left(h_0-\dfrac{h_f'}{2}\right)$ 或 $f_y A_s=\alpha_1 f_c b_f'h_f'$

    C. $M>\alpha_1 f_c b_f'h_f'\left(h_0-\dfrac{h_f'}{2}\right)$ 或 $f_y A_s>\alpha_1 f_c b_f'h_f'$

    D. $M\leqslant\alpha_1 f_c b_f'h_f'\left(h_0-\dfrac{h_f'}{2}\right)$ 或 $f_y A_s\geqslant f_c b_f'h_f'$

29. 如图 3-19 所示的 3 个受弯构件单筋截面，上部受压下部受拉，若弯矩设计值（包括自重）相同，所用的混凝土强度等级、钢筋级别和其他一切条件均相同，纵向受力钢筋用量最少的截面应是图 3-19 中的（　　）。

    A.（a）   B.（b）   C.（c）

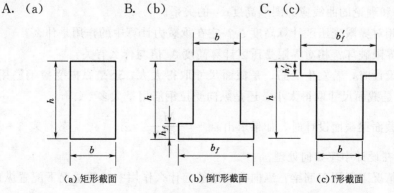

(a) 矩形截面   (b) 倒 T 形截面   (c) T 形截面

图 3-19 受弯构件截面

30. 钢筋混凝土受弯构件相对界限受压区高度 ξ_b 的大小随（　　）的改变而改变。

　　A. 混凝土强度等级　　　　　　　　B. 钢筋品种和级别

　　C. 混凝土强度等级、钢筋品种和级别　　D. 构件的受力特征

3.2.2　问答题

1. 钢筋混凝土梁、板主要的截面形式有哪几种？何谓单筋截面和双筋截面受弯构件？

2. 何谓混凝土保护层？它起什么作用？其最小厚度应如何决定？

3. 港口工程混凝土结构所处环境条件有哪些？试分析为什么混凝土保护层厚度与结构构件所处的环境条件有关？

4. 梁中纵向受力钢筋的直径为什么不能太细和不宜太粗？常用的钢筋直径范围是多少？

5. 在梁截面内布置纵向受力钢筋时，应注意哪些具体构造规定？

6. 在板中，为什么受力钢筋的间距（中距）不能太稀或太密？最大间距与最小间距分别控制为多少？

7. 钢筋混凝土板内，为何在垂直受力钢筋方向还要布置分布钢筋？分布钢筋是如何具体选配的？

8. 正常配筋的钢筋混凝土梁从加载到破坏，正截面应力状态经历了哪几个阶段？每个阶段的主要特点是什么？与计算有何联系？

9. 受弯构件正截面有哪几种破坏形态？破坏特点有何区别？在设计时如何防止发生这几种破坏？

10. 当受弯构件的其他条件相同时，正截面的破坏特征随纵向受拉钢筋配筋量多少而变化的规律是什么？

11. 有两根条件相同的钢筋混凝土适筋梁，但正截面受拉区纵向受力钢筋的配筋量不同，一根梁配筋量大，另一根梁配筋量小，试问两根梁的正截面开裂弯矩 M_{cr} 与正截面极限弯矩 M_u 的比值（M_{cr}/M_u）是否相同？如有不同，则哪根梁大，哪根梁小？

12. 正截面受弯承载力计算时有哪几项基本假定？

13. 试推导相对界限受压区计算高度 ξ_b 的计算公式，为什么 $\xi > \xi_b$ 时是超筋梁，$\xi \leqslant \xi_b$ 时是适筋梁？

14. 受弯构件正截面受压区混凝土的等效矩形应力图形是怎样得来的？试推求矩形应力图形高度 x 和理论的曲线应力图形高度 x_0 的关系。

15. 何谓相对界限受压区计算高度 ξ_b？它在承载力计算中的作用是什么？

16. 何谓界限破坏？相对界限受压区计算高度 ξ_b 值与什么有关？

17. 截面设计时，若发生少筋，是截面尺寸取得太大，还是纵向受拉钢筋用量太少？若发生超筋，是截面尺寸取得太小，还是纵向受拉钢筋用量太多？

18. 矩形截面梁截面设计时，如果求出 $\alpha_s = \dfrac{M}{\alpha_1 f_c b h_0^2} > \alpha_{sb}$（$\alpha_{sb}$ 见教材表 3-2），则说明什么问题？在设计中应如何处理？

19. 什么情况下需用双筋梁？纵向受压钢筋起什么作用？一般情况下配置纵向受压钢筋是不是经济？

20. 绘出双筋矩形截面受弯构件正截面受弯承载力计算应力图形，根据其计算应力图

推导出基本公式，并指出公式的适用范围（条件）及其作用是什么。

21. 众所周知，混凝土强度等级对受弯构件正截面受弯承载力影响不是太大，为什么？是否施工中混凝土强度等级弄错了也无所谓？

22. 试从理论上探讨双筋受弯构件正截面受弯承载力计算基本公式适用条件 $x \geqslant 2a'_s$ 的合理性程度及适用范围。

23. 设计双筋截面，A'_s 及 A_s 均未知，x 应如何取值？当 A'_s 已知时，写出计算 A_s 的步骤及公式，并考虑可能出现的各种情况及处理方法。

24. 如何复核双筋截面的正截面受弯承载力？

△25. 如果一个梁承受大小不等的异号弯矩（非同时作用），应如何设计才较合理？

26. T 形截面梁的翼缘为何要有计算宽度 b'_f 的规定？如何确定 b'_f 值？

27. 按混凝土受压区计算高度 x 是否大于翼缘高度 h'_f，T 形截面梁的承载力计算有哪几种情况？截面设计和承载力复核时，应如何鉴别属于哪一种情况 T 形截面？

28. 为什么说第一种情况的 T 形截面梁承载力计算与矩形截面梁一样？计算上有哪些特别不同之处，并分别说明其理由。

29. 试写出第二种情况的 T 形梁的承载力计算基本公式，并列出截面设计与承载力复核的具体步骤。

△30. 对配置纵向有受压钢筋 A'_s 的 T 形截面梁，应如何鉴别它属于哪一种情况的 T 形截面梁？（写出鉴别公式）

31. 一受弯 T 形梁截面尺寸已定，纵向钢筋用量不限，试列出其最大正截面受弯承载力的表达式。

32. 下列 4 种截面梁（图 3-20），截面上部受压下面受拉，承受的截面弯矩相同，梁高度也一样，试问需要的纵向受拉钢筋 A_s 是否一样？为什么？

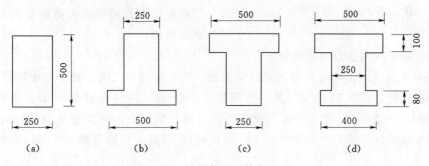

图 3-20　梁的截面（单位：mm）

33. 试列表（包括计算应力图形、基本公式及适用条件、截面设计与承载力复核的方法）比较与小结单筋矩形、双筋矩形、T 形 3 种截面受弯构件正截面受弯承载力的计算。

3.3　设　计　计　算

1. 某钢筋混凝土简支梁，安全等级为二级，处于海水环境大气区，结构计算简图和尺寸如图 3-21 所示，运行期承受均布永久荷载 $g_k = 6.0\text{kN/m}$（已包含自重）和均布件

杂货荷载 $q_k = 20.0\text{kN/m}$。混凝土强度等级为 C35，纵向钢筋采用 HRB400，试求纵向钢筋截面面积 A_s，并配置纵向受力钢筋及绘出符合构造要求的截面配筋图。

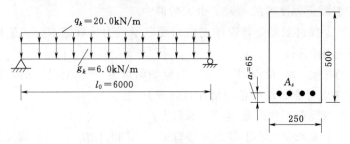

图 3-21　简支梁的结构计算简图和截面尺寸图（单位：mm）

2. 某钢筋混凝土简支梁，安全等级为二级，处于淡水环境大气区（不受水汽积聚），截面尺寸 $b \times h = 200\text{mm} \times 500\text{mm}$，持久状况下最大弯矩设计值 $M = 145.0\text{kN} \cdot \text{m}$。试进行：

（1）计算混凝土采用 C30，纵向钢筋分别采用 HRB335 和 HRB400 时的纵向受力钢筋截面面积；

（2）计算混凝土采用 C35，纵向钢筋采用 HRB400 时的纵向受力钢筋截面面积；

（3）根据以上计算结果，分析混凝土强度等级和钢筋级别对受弯构件纵向钢筋配筋量的影响？从中能得出什么结论？该结论在工程实践及理论上有哪些意义？

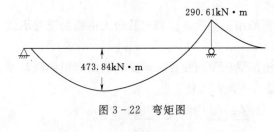

图 3-22　弯矩图

3. 某钢筋混凝土梁，安全等级为一级，处于北方海水环境浪溅区，截面尺寸 $b \times h = 300\text{mm} \times 700\text{mm}$，持久状况下弯矩图设计值分布如图 3-22 所示。混凝土强度等级为 C40，纵向钢筋采用 HRB400，试选配跨中截面和支座截面纵向受力钢筋截面面积。

提示：跨中纵向受力钢筋排双层。

4. 图 3-23 为某港渔业公司加油码头面板，安全等级为二级，处于海水环境大气区，采用叠合板形式，板厚 180mm（其中预制板厚 100mm，现浇板厚 80mm），表面磨耗层 20mm，板长 2.55m，板宽 2.99m。预制板直接搁在纵梁上，搁置宽度为 150mm，施工期承受可变荷载标准值为 1.50kN/m^2（$\gamma_Q = 1.40$）。混凝土强度等级为 C30，纵向钢筋采

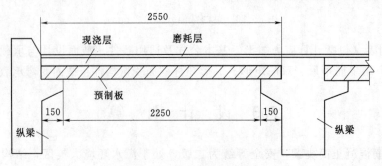

图 3-23　加油码头面板（单位：mm）

用 HRB400，试按施工期荷载组合配置该预制板的纵向钢筋，并绘出板的配筋图。

提示：磨耗层只考虑其自重，不参与受力，其自重取 $\gamma = 24.0 kN/m^3$；施工期荷载组合为短暂组合。

5. 某梁截面尺寸及纵向受力钢筋配筋如图 3-24 所示，安全等级为二级，处于淡水环境水下区。混凝土强度等级为 C30，纵向钢筋采用 HRB400，持久状况下最大弯矩设计值 $M = 63.20 kN \cdot m$，试复核此梁正截面受弯承载力是否满足要求。

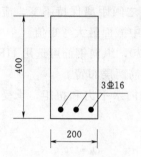
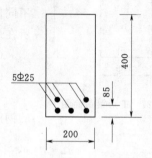

图 3-24　梁的截面图（单位：mm）　　　　图 3-25　梁的截面图（单位：mm）

6. 某梁截面尺寸与纵向受力钢筋配筋如图 3-25 所示，已知混凝土强度等级为 C30，纵向钢筋采用 HRB335，该梁安全等级为二级，试求持久状况下该梁截面能承受的弯矩设计值 M 为多少？若纵向钢筋改采用 HRB400，混凝土仍为 C30，试问该梁截面能承受的弯矩设计值又为多少？

7. 某矩形截面钢筋混凝土简支梁，安全等级为二级，处于淡水环境大气区（不受水汽积聚），截面尺寸初定为 250mm×500mm，混凝土强度等级采用 C35（混凝土强度等级不宜提高），纵向钢筋采用 HRB400。持久状况下跨中截面弯矩设计值 $M = 326.60 kN \cdot m$，试进行正截面承载力设计；若截面尺寸限制为 250mm×500mm，仍采用 C35 混凝土（混凝土强度等级不宜提高），试配置纵向钢筋，绘出截面配筋图。

提示：纵向受压钢筋单层布置，$a'_s = 45mm$；纵向受拉钢筋双层布置，$a_s = 70mm$。

8. 由于构造原因，上题中截面已配有纵向受压钢筋 3Φ20，试求纵向受拉钢筋截面面积，并与上题比较钢筋总用量（$A'_s + A_s$）。

9. 若 7 题中纵向受压钢筋为 3Φ25，试求纵向受拉钢筋用量。

10. 如图 3-26 所示梁，安全等级为二级，混凝土强度等级为 C30，纵向钢筋采用 HRB400，该梁截面在运行期能承担的弯矩设计值 M 有多大？

11. 某钢筋混凝土 T 形简支梁，安全等级为二级，处于海水环境大气区，截面尺寸如图 3-27 所示，计算跨度 $l_0 = 6.0m$，在运行期荷载在跨中截面产生的弯矩设计值 $M = 217.60 kN \cdot m$。混凝土强度等级为 C35，纵向钢筋采用 HRB400，试配置纵向钢筋，绘出截面配筋图。

12. 某码头库房的简支 T 形吊车梁，安全等级为二级，处于海水环境大气区，截面尺寸如图 3-28 所示。梁支承在排架柱的牛腿上，支承宽度为 200mm，梁净跨 5.60m，全长 6.0m。梁上

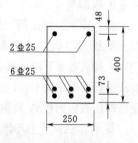

图 3-26　梁的截面图

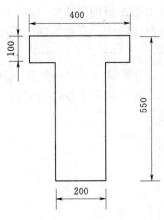

图 3-27 T 形梁截面图

承受一台吊车，最大轮压力 $Q_k = 370.0 \text{kN}$，另有均布永久荷载（包括吊车梁自重及吊车轨道等附件重）$g_k = 7.50 \text{kN/m}$。试按持久设计状况配置该梁的跨中截面纵向受力钢筋，并绘出截面配筋图。

提示：

（1）轮压力为移动的集中荷载，可位于吊车梁上各个不同位置，但两个轮压力之间距离保持不变。应考虑轮压所在最不利位置，以求跨中截面最大弯矩值。

（2）混凝土可选用 C30，纵向钢筋可选用 HRB400。

（3）估计纵向受拉钢筋两层布置。

（4）吊车梁尚承受横向水平力和扭矩，承受这些外力的钢筋应另行计算和配置。

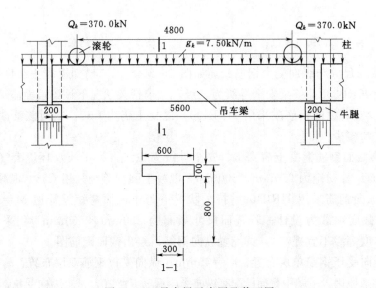

图 3-28 吊车梁示意图及截面图

13. 某独立 T 形梁的截面尺寸及配筋如图 3-29 所示，安全等级为二级，计算跨度 $l_0 = 5.50 \text{m}$。混凝土强度等级为 C30，纵向钢筋采用 HRB400，试求该截面能承受的极限弯矩 M_u。

14. 某 I 形截面简支梁的截面尺寸如图 3-30 所示，安全等级为二级，处于海水环境大气区，计算跨度 $l_0 = 6.0 \text{m}$，持久状况下跨中截面弯矩设计值 $M = 1102.0 \text{kN·m}$。混凝土强度等级为 C30，纵向钢筋采用 HRB400，试求纵向受压钢筋截面面积 A_s' 及纵向受拉钢筋截面面积 A_s。

提示：纵向受压钢筋单层布置，$a_s' = 65 \text{mm}$；纵向受拉钢筋双层布置，$a_s = 90 \text{mm}$。

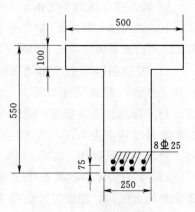

图 3-29 T 形梁截面图

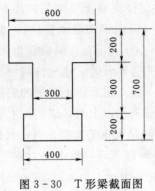

图 3-30 T形梁截面图

3.4 参 考 答 案

3.4.1 选择题

 1. B 2. B 3. A 4. D 5. B 6. D 7. B 8. C 9. C 10. D 11. A 12. B 13. A
14. A 15. C 16. B 17. C 18. A 19. B 20. C 21. D 22. C 23. B 24. B 25. B 26. D
27. C 28. C 29. C 30. C

3.4.2 问答题

1. 梁的截面最常用的是矩形和 T 形截面。在装配式构件中，为了减轻自重及增大截面惯性矩，也常采用 I 形、Π 形、箱形及空心形等截面。板的截面一般是实心矩形，也有采用空心和槽形的。

仅在受拉区配置纵向受力钢筋的截面称为单筋截面受弯构件；受拉区和受压区都配置纵向受力钢筋的截面称为双筋截面受弯构件。

2. 在钢筋混凝土构件中，为防止钢筋锈蚀，并保证钢筋和混凝土牢固黏结在一起，钢筋外边缘必须有足够厚度的混凝土保护层。这种必要的保护层厚度主要与钢筋混凝土结构构件的种类、所处环境条件等因素有关。纵向受力钢筋的混凝土保护层厚度（从钢筋外边缘算起）不应小于教材附录 D 表 D-1 所列的数值。

3. 规范将结构所处的环境条件先分为海水环境、淡水环境两大类，对海水环境又分为大气区、浪溅区、水位变动区、水下区；对淡水环境又分为水上区、水下区、水位变动区，具体见教材附录 A。

对钢筋混凝土结构构件来说，耐久性主要取决于钢筋是否锈蚀，而影响钢筋锈蚀的关键因素之一是混凝土保护层厚度。当混凝土碳化深度发展到钢筋表面就会破坏钢筋表面钝化膜（钝化膜能防止钢筋锈蚀），再加上氧气和水分的渗入，钢筋就会发生锈蚀。构件处于海水浪溅区及盐雾作用区时，由于氯离子渗入，钢筋表面的钝化膜将会提早破坏，钢筋就会很严重地锈蚀。由此可见，结构构件处于不同的环境条件，钢筋发生锈蚀及其程度是不相同的。所以规范规定混凝土保护层厚度与环境条件类别有关。

4. 为保证钢筋骨架有较好的刚度并便于施工，梁内纵向受力钢筋的直径不能太细，同时为了减小裂缝宽度，直径也不宜太粗，通常可选用 12～28mm 的钢筋。

5. 为了便于混凝土的浇捣并保证混凝土与钢筋之间有足够的黏结力。梁内下部纵向钢筋的净距不应小于钢筋直径 d（纵向钢筋最大直径），也不应小于 25mm；上部纵向钢筋的净距不应小于 $1.5d$，也应不小于 30mm。纵向受力钢筋尽可能排成一层，当根数较多时，也可排成两层。当两层还布置不开时，也允许将钢筋成束布置（每束以 2 根为宜）。在受力钢筋多于两层的特殊情况，第 3 层及以上各层的钢筋水平方向的间距应比下面两层的间距增大 1 倍。钢筋排成两层或两层以上时，应避免上下层钢筋互相错位，同时各层钢筋之间的净间距应不小于 25mm 和最大钢筋直径，否则将使混凝土浇灌发生困难。

6. 为传力均匀及避免混凝土局部破坏，板中受力钢筋的间距（中距）不能太稀。当板厚 $h \leqslant 150$mm 时，最大间距为 200mm；当 $h > 150$mm 时，最大间距为 $1.5h$ 且每米不少于 4 根。为便于施工，板中钢筋的间距也不要过密，最小间距为 70mm，即每米板宽中最多放 14 根钢筋。

7. 在板中，布置分布钢筋的作用是将板面荷载更均匀地传布给受力钢筋，同时在施工中用以固定受力钢筋，并起抵抗混凝土收缩和温度应力的作用。一般厚度的板中，分布钢筋的直径多采用 6~8mm，间距不宜大于 250mm。

承受均布荷载时，分布钢筋不宜少于单位宽度受力钢筋截面面积的 15％。承受集中荷载时，分布钢筋用量和布置与板的宽跨比有关。若板宽跨比不大于 1.0，分布钢筋不宜少于单位宽度受力钢筋截面面积的 20％；若板宽跨比大于 1.5，板中间 1/2 跨范围内的分布钢筋不宜少于 35％，其余范围不宜小于 25％；若板宽跨比在 1.0~1.5 之间时，分布钢筋数量可在上述规定范围内确定。

当板处于温度变幅较大或处于不均匀沉陷的复杂条件，且在与受力钢筋垂直的方向所受约束很大时，分布钢筋宜适当增加。

8. 有 3 个应力阶段：

（1）当弯矩很小时，截面处于第 I 应力阶段，不论是混凝土的压应力或拉应力，其数值都很小，应力分布接近于三角形。

当弯矩增大时，受拉区混凝土表现出明显的塑性特征，拉应力图形呈曲线分布。当达到这个阶段末尾时，受拉边缘应变达到混凝土的极限拉应变，受压区混凝土应力图形仍接近于三角形。受弯构件正常使用阶段抗裂验算即以此应力状态为依据。

（2）当弯矩继续增加，进入第 II 应力阶段。受拉区产生裂缝，裂缝所在截面的受拉区混凝土几乎完全脱离工作，拉力由纵向钢筋单独承担。受压区也有一定的塑性变形发展，应力图形呈平缓的曲线形。正常使用阶段变形和裂缝宽度的验算即以此应力阶段为依据。

（3）荷载继续增加，纵向受拉钢筋应力达到屈服强度 f_y，即认为梁已进入第 III 应力阶段——破坏阶段。此时钢筋应力不增加而应变迅速增大，促使裂缝急剧开展并向上延伸，混凝土受压区面积减小，混凝土的压应力增大。在受压力边缘混凝土应变达到极限压应变时，受压混凝土发生纵向水平裂缝而被压碎，梁就随之破坏。正截面受弯承载力计算即以此应力阶段为依据。

9. 可分 3 种情况：

（1）适筋破坏。纵向受拉钢筋用量适中时，纵向受拉钢筋的应力首先到达屈服强度，有一根或几根裂缝迅速扩展并向上延伸，受压区面积大大减小，迫使受压区边缘混凝土应

变达到极限压应变 ε_{cu}，混凝土被压碎，构件即告破坏。在破坏前，构件有明显的破坏预兆，这种破坏属于延性破坏。

（2）超筋破坏。若纵向受拉钢筋用量过多，加载后在纵向受拉钢筋应力尚未达到屈服强度前，受压混凝土却已先达到极限压应变而被压坏，这种破坏属于脆性突然破坏。超筋梁由于混凝土压坏前无明显预兆，对结构的安全很不利，在设计中必须避免采用。

（3）少筋破坏。若纵向受拉钢筋用量过少，受拉区混凝土一出现裂缝，裂缝截面的纵向钢筋应力很快达到屈服强度，并可能经过流幅段而进入强化阶段。这种少筋梁在破坏时往往只出现一条裂缝，但裂缝开展极宽，挠度也增长极大，实用上认为已不能使用。少筋构件的破坏基本上属于脆性破坏，而且构件的承载力又很低，所以在设计中也应避免采用。

为防止超筋破坏，应使截面破坏时受压区的计算高度 x 不致过大，即应使 $x \leqslant \xi_b h_0$。为防止少筋破坏，应使纵向受拉钢筋配筋率 $\rho \geqslant \rho_{\min}$。

10. 正截面的破坏特征随纵向受拉钢筋配筋量多少而变化的规律是：

（1）配筋量太少时，发生少筋破坏，破坏弯矩接近于开裂弯矩，其大小取决于混凝土的抗拉强度及截面尺寸大小。

（2）配筋量过多时，发生超筋破坏，钢筋不能充分发挥作用，构件的破坏弯矩取决于混凝土的抗压强度及截面尺寸大小，破坏呈脆性。

（3）合理的配筋量应在这两个限度之间，即使构件发生破坏，也可避免发生超筋或少筋破坏，而发生适筋破坏。

11. 对钢筋混凝土构件抵抗开裂能力而言，纵向受拉钢筋所起的作用很小，所以两根梁的正截面开裂弯矩 M_{cr} 大小差不多，与纵向受拉钢筋配筋量关系不大。而纵向受拉钢筋配筋量大的梁的正截面极限弯矩 M_u 要大于配筋量小的梁。由此可见，M_{cr}/M_u 值是配筋量小的梁大。

12. 有 4 项：

（1）截面应变保持平面（平截面假定）。

（2）不考虑受拉区混凝土工作。

（3）当混凝土压应变 $\varepsilon_c \leqslant \varepsilon_0$ 时，应力应变关系为曲线，当 $\varepsilon_c > \varepsilon_0$ 时，应力应变关系取为水平线，相应的最大压应力取混凝土轴心抗压强度设计值 f_c。当混凝土强度不大于 C50 时，为普通混凝土，$\varepsilon_0 = 0.002$，$\varepsilon_{cu} = 0.0033$；当混凝土强度大于 C50 时，为高强混凝土，随强度等级提高，ε_0 增大，ε_{cu} 减小。

（4）受拉区纵向受力钢筋的应力应变关系可简化为理想的弹塑性曲线。当 $0 \leqslant \varepsilon_s \leqslant \varepsilon_y$ 时，$\sigma_s = \varepsilon_s E_s$；而当 $\varepsilon_s > \varepsilon_y$ 时，$\sigma_s = f_y$，f_y 为钢筋抗拉强度设计值。受拉钢筋极限拉应变取为 0.01。

13. 在界限破坏状态，截面受压区实际高度为 x_{0b}。由于界限破坏时，$\varepsilon_s = \varepsilon_y = f_y/E_s$，$\varepsilon_c = \varepsilon_{cu}$（教材图 3-18），根据平截面假定，截面应变为直线分布，所以可按比例关系求出界限破坏状态时截面相对界限受压区实际高度 ξ_{0b}：

$$\xi_{0b} = \frac{x_{0b}}{h_0} = \frac{\varepsilon_{cu}}{\varepsilon_{cu} + \varepsilon_y} = \frac{\varepsilon_{cu}}{\varepsilon_{cu} + \dfrac{f_y}{E_s}} = \frac{1}{1 + \dfrac{f_y}{\varepsilon_{cu} E_s}}$$

在设计计算时，用矩形应力图形的受压区高度 x 代替 x_0，矩形应力图形的受压区高度 $x=\beta_1 x_0$（教材图 3-17）；用相对受压区计算高度 ξ 代替 ξ_0，$\xi=\beta_1\xi_0$。对于界限状态，则也用 x_b 代替 x_{0b}，用 ξ_b 代替 ξ_{0b}。显然，$x_b=\beta_1 x_{0b}$，$\xi_b=\beta_1\xi_{0b}$。因此可得

$$\xi_b=\frac{x_b}{h_0}=\frac{\beta_1 x_0}{h_0}=\frac{\beta_1}{1+\dfrac{f_y}{\varepsilon_{cu}E_s}}$$

当 $\xi>\xi_b$ 时，纵向受拉钢筋应力达不到屈服强度，为超筋破坏；当 $\xi\leqslant\xi_b$ 时，纵向受拉钢筋应力可以达到屈服强度，为适筋破坏。

14. 分析表明，受压区混凝土的曲线应力图形可以用一个等效的矩形应力图形来代替，以便简化计算。为简单起见，以强度等级不高于 C50 的普通混凝土为例进行说明，这时 $\varepsilon_0=0.002$、$\varepsilon_{cu}=0.0033$、$\alpha_1=1.0$，矩形应力图形的高度为 x，其应力值为 f_c（图 3-31）。

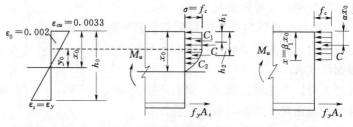

（a）应变分布　　（b）理想化的受压区应力分布　　（c）矩形应力分布

图 3-31　应变及应力图

由于在计算正截面受弯承载力时，只需知道受压区混凝土压应力的合力大小和作用点位置，因此等效矩形应力图形可按以下原则确定：保证压应力合力的大小及其作用点位置不变。设压应力图形的合力 C 至受压区边缘的距离为 αx_0，此处 x_0 为按基本假定确定的理论曲线应力图形的高度，则两个图形中受压区高度的关系为 $x=\beta_1 x_0$。

在理论曲线应力图形中，二次抛物线终点所对应的应变值是 $\varepsilon_0=0.002$，所以二次抛物线段的高度为

$$y_0=\frac{\varepsilon_0}{\varepsilon_{cu}}x_0=\frac{0.002}{0.0033}x_0=\frac{20}{33}x_0$$

而直线应力段的高度为

$$x_0-y_0=\frac{13}{33}x_0$$

于是压应力图形的合力：

$$C=C_1+C_2=f_c\frac{13}{33}x_0 b+\frac{2}{3}f_c\frac{20}{33}x_0 b=0.798f_c x_0 b$$

此处 b 为截面宽度。合力 C 至截面受压边缘的距离为

$$\alpha x_0=\frac{C_1 h_1+C_2 h_2}{C}$$

$$=\frac{f_c\dfrac{13}{33}x_0 b\left(\dfrac{1}{2}\times\dfrac{13}{33}x_0\right)+f_c b\left(\dfrac{2}{3}\times\dfrac{20}{33}x_0\right)\left(\dfrac{13}{33}x_0+\dfrac{3}{8}\times\dfrac{20}{33}x_0\right)}{0.798f_c x_0 b}=0.412x_0$$

再按合力 C 位置不变的条件，得

$$\frac{1}{2}\beta_1 x_0 = \alpha x_0$$

所以
$$\beta_1 = 2\alpha = 2 \times 0.412 = 0.824$$

为了简化，取 $\beta = 0.8$。这就是 $x = \beta x_0 = 0.8x_0$ 的由来。

15. 界限受压区计算高度与截面有效高度的比值（x_b/h_0）称为相对界限受压区计算高度 ξ_b，它是判别适筋与超筋截面的界限。

16. 界限破坏就是在纵向受拉钢筋的应力达到屈服强度的同时，受压区边缘混凝土的应变恰好达到极限压应变而破坏。此时，$\varepsilon_s = \varepsilon_y = f_y/E_s$，$\varepsilon_c = \varepsilon_{cu}$。

从教材式（3-3）可以看出，相对界限受压区计算高度 ξ_b 和纵向受拉钢筋种类、钢筋抗拉强度设计值有关，也就是和钢筋的性质有关；此外由于 β_1 和混凝土强度等级有关，所以 ξ_b 还和混凝土强度等级有关。

17. 截面设计时，弯矩设计值一定，若出现少筋，说明截面尺寸取大了。如截面尺寸能改变，应减小，以免造成浪费；如截面尺寸不能改变，则按纵向受拉钢筋最小配筋率配筋。若出现超筋，说明截面尺寸取小了或混凝土强度等级取低了。如截面尺寸和混凝土强度等级能改变，应加大或提高；如截面尺寸不能加大，混凝土强度又不便提高，则应按双筋截面设计，配纵向受压钢筋以帮助混凝土受压。

18. 说明是超筋截面，应加大截面尺寸或提高混凝土强度等级。如果不能增大截面尺寸，提高混凝土强度等级又不方便，可采用双筋截面。

19. 如果截面承受的弯矩很大，而截面尺寸受到限制不能增大，混凝土强度等级又不方便提高，以致用单筋截面无法满足 $\xi \leqslant \xi_b$ 的适用条件，就需要在受压区配置纵向受压钢筋来帮助混凝土受压，此时就应按双筋截面计算。或者当截面既承受正向弯矩又可能承受反向弯矩，截面上下均应配置受力钢筋，而在计算中又考虑纵向受压钢筋作用时，亦按双筋截面计算。

用钢筋来帮助混凝土受压从经济上讲是不合算的，但对构件的延性有利。因此，在抗震地区，均宜配置纵向受压钢筋。

20. 计算简图如教材图 3-27 所示，根据内力平衡条件，可列出基本设计公式如下：

$$M \leqslant M_u = \alpha_1 f_c bx \left(h_0 - \frac{x}{2}\right) + f_y' A_s'(h_0 - a_s')$$

$$\alpha_1 f_c bx = f_y A_s - f_y' A_s'$$

以上两个公式的适用条件为

$$\xi \leqslant \xi_b$$
$$\rho \geqslant \rho_{\min}$$
$$x \geqslant 2a_s'$$

前两个条件的意义与单筋截面一样，即避免发生超筋和少筋破坏。第 3 个条件的意义是保证纵向受压钢筋应力能够达到抗压强度。因为纵向受压钢筋如太靠近中和轴，将得不到足够的变形，应力无法达到抗压强度设计值，基本设计公式便不能成立。只有当纵向受压钢筋布置在混凝土压应力合力点之外，才认为纵向受压钢筋的应力能够达到抗压强度。

21. 对单筋矩形截面（教材图 3－21），一般情况下，x 在 $0.2h_0 \sim 0.4h_0$ 之间，由公式 $M_u = f_y A_s \left(h_0 - \dfrac{x}{2} \right)$ 可知，相应的 $M_u = (0.9h_0 \sim 0.8h_0) f_y A_s$。现假设混凝土强度提高一倍，由公式 $x = \dfrac{f_y A_s}{\alpha_1 f_c b}$ 可知，x 将减小一半，即 $x = 0.1h_0 \sim 0.2h_0$，相应的 $M_u = (0.95h_0 \sim 0.90h_0) f_y A_s$，比原来增大仅 $5\% \sim 10\%$。所以，单筋受弯构件的承载力主要由纵向受拉钢筋的强度控制而混凝土强度的影响不是太大。

但若降低混凝土强度，会导致受压高度增大，截面延性变差，甚至会发生超筋破坏，正截面受弯承载力将由混凝土强度控制。同时受弯构件还需考虑斜截面受剪承载力，而混凝土的强度高低，对斜截面受剪承载力影响就很大。而且混凝土强度过低将严重影响结构的耐久性，所以认为施工中把混凝土强度等级弄错了也无所谓的说法是完全错误的。

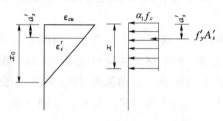

图 3－32　应变图和应力图

22. 条件 $x \geqslant 2a_s'$ 的目的是使纵向受压钢筋具有充分的应变（即 $\varepsilon_s' \geqslant \dfrac{f_y'}{E_s}$），保证其抗压强度的正常发挥。现讨论纵向受压钢筋的应变 ε_s'，根据图 3－32 的应变图形的相似三角形关系，有：

$$\frac{\varepsilon_s'}{\varepsilon_{cu}} = \frac{x_0 - a_s'}{x_0}$$

即

$$\varepsilon_s' = \frac{x_0 - a_s'}{x_0} \varepsilon_{cu}$$

取 $x = 2a_s'$，则 $x_0 = x/0.8 = 2a_s'/0.8 = 2.5a_s'$（以普通混凝土为例，$\beta_1 = 0.8$），将 x_0 代入上式，有

$$\varepsilon_s' = \frac{x_0 - a_s'}{x_0} \varepsilon_{cu} = \frac{2.5a_s' - a_s'}{2.5a_s'} \varepsilon_{cu} = 0.6\varepsilon_{cu}$$

对普通混凝土 $\varepsilon_{cu} = 0.0033$，得 $\varepsilon_s' = 0.6\varepsilon_{cu} = 0.6 \times 0.0033 = 0.00198$，而保证钢筋抗压强度正常发挥所需的应变值为

HPB300 钢筋：$\varepsilon_s' = \dfrac{f_y'}{E_s} = \dfrac{270}{2.1 \times 10^5} = 0.00129$

HRB335 钢筋：$\varepsilon_s' = \dfrac{f_y'}{E_s} = \dfrac{300}{2.0 \times 10^5} = 0.00150$

HRB400 钢筋：$\varepsilon_s' = \dfrac{f_y'}{E_s} = \dfrac{360}{2.0 \times 10^5} = 0.00180$

HRB500 钢筋：$\varepsilon_s' = \dfrac{f_y'}{E_s} = \dfrac{400}{2.0 \times 10^5} = 0.00200$

经比较可知，对常用的前 3 种钢筋，$x \geqslant 2a_s'$ 的条件是完全足够和合适的，对 HRB500 钢筋也基本合适。

23. 当 A_s' 及 A_s 均未知时，应根据充分利用受压区混凝土受压而使总的纵向钢筋用量（$A_s + A_s'$）为最小的原则，取 $\xi = \xi_b$（即 $x = \xi_b h_0$）进行计算。

当已知 A_s' 时，此时不能再用 $x = \xi_b h_0$ 公式，必须按下列步骤进行计算：

（1）求 α_s。

$$\alpha_s = \frac{M - f'_y A'_s(h_0 - a'_s)}{\alpha_1 f_c b h_0^2}$$

（2）根据 α_s 值计算相对受压区高度 ξ，并检查是否满足适用条件式 $\xi \leqslant \xi_b$。如不满足，则表示已配置的纵向受压钢筋 A'_s 数量还不够，应增加其数量，此时可看作纵向受压钢筋未知的情况重新计算 A'_s 和 A_s。

（3）如满足适用条件式 $\xi \leqslant \xi_b$，则计算 $x = \xi h_0$，并检查是否满足适用条件式 $x \geqslant 2a'_s$。如满足，则计算纵向受拉钢筋截面面积 A_s：

$$A_s = \frac{\alpha_1 f_c b \xi h_0 + f'_y A'_s}{f_y}$$

如不满足，表示纵向受压钢筋 A'_s 的应力达不到抗压强度，此时可改用 $x < 2a'_s$ 时的公式计算纵向受拉钢筋截面面积 A_s：

$$A_s = \frac{M}{f_y(h_0 - a'_s)}$$

24. 复核双筋截面正截面受弯承载力时，可按下列步骤进行：

（1）计算相对受压区高度 ξ，并检查是否满足适用条件式 $\xi \leqslant \xi_b$，如不满足，则取 $\xi = \xi_b$，再代入公式 $\alpha_{sb} = \xi_b(1 - 0.5\xi_b)$ 计算出 α_{sb}，最后由公式 $M_u = \alpha_{sb}\alpha_1 f_c b h_0^2 + f'_y A'_s(h_0 - a'_s)$ 计算 M_u。也可以由 $\xi = \xi_b$ 计算 $x = \xi_b h_0$，直接代入 $M_u = \alpha_1 f_c b x \left(h_0 - \dfrac{x}{2}\right) + f'_y A'_s(h_0 - a'_s)$ 计算。

（2）如满足条件 $\xi \leqslant \xi_b$，则计算 $x = \xi h_0$，并检查是否满足条件式 $x \geqslant 2a'_s$。如不满足 $x \geqslant 2a'_s$，则应由 $x < 2a'_s$ 时的唯一基本设计公式 $M_u = f_y A_s(h_0 - a'_s)$ 计算正截面受弯承载力 M_u。

如满足条件式 $x \geqslant 2a'_s$，则由 ξ 计算 α_s，$\alpha_s = \xi(1 - 0.5\xi)$。再由公式 $M_u = \alpha_s \alpha_1 f_c b h_0^2 + f'_y A'_s(h_0 - a'_s)$ 计算正截面受弯承载力 M_u。也可以由公式 $M_u = \alpha_1 f_c b x \left(h_0 - \dfrac{x}{2}\right) + f'_y A'_s(h_0 - a'_s)$ 计算正截面受弯承载力 M_u。

（3）当已知弯矩设计值 M 时，则应满足 $M \leqslant M_u$。

25. 设 $|M_1| < |M_2|$，则有 $A_{s1} < A_{s2}$，合理的设计是将 A_{s1} 和 A_{s2} 分别视为对方的纵向受压钢筋（图 3-33）进行计算。由力的平衡公式 $f_y A_s = \alpha_1 f_c b x + f'_y A'_s$，可知：

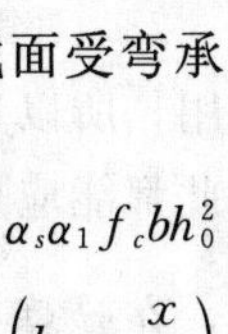

（1）当以 A_{s2} 作为纵向受压钢筋时，得到 $x < 0$，表明 A_{s2} 的强度不能充分发挥。所以应按 $x < 2a'_s$ 时的公式根据 M_1 求 A_{s1}。

（2）再以得到的 A_{s1} 作为纵向受压钢筋，按双筋截面公式由 M_2 解出 A_{s2}。

图 3-33
梁截面图

26. 根据试验和理论分析可知，当 T 形梁受力时，沿翼缘宽度上压应力的分布是不均匀的，压应力由梁肋中部向两边逐渐减小。当翼缘宽度很大时，远离梁肋的一部分翼缘几乎不承受压力，因而在计算中不能将离梁肋较远受力很小的翼缘也算为 T 形梁的一部分。

为了简化计算，将 T 形截面的翼缘宽度限制在一定范围内，称为翼缘计算宽度 b'_f。在这个范围以外，认为翼缘已不起作用。

确定 b'_f 时，可根据梁的工作情况（是整体肋形梁还是独立梁）、梁的跨度以及翼缘高度与截面有效高度之比（h'_f/h_0）查教材表 3-3。计算时，取表中各项中的最小值，并不大于 T 形梁实际翼缘宽度。

27. （1）T 形梁的计算，按混凝土受压区计算高度 x 是否大于受压翼缘高度 h'_f 分为两种情况：①第 1 种情况是 $x \leqslant h'_f$，受压区为矩形，计算时采用矩形截面的所有公式，注意应将式中的 b 改用 b'_f，但验算纵向受拉钢筋最小配筋率时仍用 $\rho = \dfrac{A_s}{bh}$ 计算配筋率；②第二种情况是 $x > h'_f$，受压区为 T 形，所以应按 T 形截面公式计算。

（2）鉴别 T 形梁属于第一种还是第二种情况，可按下列办法进行：混凝土受压区计算高度 x 正好等于受压翼缘高度 h'_f（即 $x = h'_f$）时，为两种情况的分界，所以当：

$$M \leqslant \alpha_1 f_c b'_f h'_f \left(h_0 - \frac{h'_f}{2} \right)$$

或

$$f_y A_s \leqslant \alpha_1 f_c b'_f h'_f$$

时，属于第一种，反之属于第二种。

（3）截面设计时，由于 A_s 未知，不能用式 $f_y A_s \leqslant \alpha_1 f_c b'_f h'_f$，而应当用式 $M \leqslant \alpha_1 f_c b'_f h'_f \left(h_0 - \dfrac{h'_f}{2} \right)$ 来鉴别。

（4）承载力复核时，由于 A_s 已知而 M 未知，所以应当用式 $f_y A_s \leqslant \alpha_1 f_c b'_f h'_f$ 来鉴别。

28. 对第一种情况 T 形梁（教材图 3-36），因 $x \leqslant h'_f$，受压区以下的受拉混凝土不起作用，所以这样的 T 形截面与宽度为 b'_f 的矩形截面完全一样。因而矩形截面的所有公式在此都能应用。但应注意截面的计算宽度为翼缘计算宽度 b'_f，而不是梁肋宽 b。还应注意，在验算 $\rho \geqslant \rho_{\min}$ 时，T 形截面的纵向受拉钢筋配筋率仍然用公式 $\rho = \dfrac{A_s}{bh}$ 计算，其中 b 仍按梁肋宽取用。这是因为 $\rho_{\min}$ 主要是根据按 $\rho_{\min}$ 配筋的受弯构件的 M_u 等于 M_{cr}（$M_u = M_{cr}$）条件得出的，而 T 形截面梁的受压区对 M_{cr} 作用不大，因此，T 形截面验算 $\rho_{\min}$ 时配筋率仍采用 $\rho = \dfrac{A_s}{bh}$ 计算。

29. 根据计算简图（教材图 3-37）和内力平衡条件，可写出第二种情况的 T 形截面的两个基本设计公式：

$$M \leqslant M_u = \alpha_1 f_c b x \left(h_0 - \frac{x}{2} \right) + \alpha_1 f_c (b'_f - b) h'_f \left(h_0 - \frac{h'_f}{2} \right)$$

$$f_y A_s = \alpha_1 f_c b x + \alpha_1 f_c (b'_f - b) h'_f$$

将 $x = \xi h_0$ 代入上二式可得

$$M \leqslant M_u = \alpha_s \alpha_1 f_c b h_0^2 + \alpha_1 f_c (b'_f - b) h'_f \left(h_0 - \frac{h'_f}{2} \right)$$

$$f_y A_s = \alpha_1 f_c b \xi h_0 + \alpha_1 f_c (b'_f - b) h'_f$$

截面设计时，可先由力矩平衡公式求出 α_s，然后由公式 $\xi=1-\sqrt{1-2\alpha_s}$ 求得相对受压区高度 ξ，再由力的平衡公式求得受拉钢筋截面面积 A_s。

承载力复核时，则由力的平衡公式计算出相对受压区高度 ξ，然后由公式 $\alpha_s=\xi(1-0.5\xi)$ 求得 α_s，再由力矩平衡公式计算正截面受弯承载力 M_u。当已知截面弯矩设计值 M 时，应满足 $M\leqslant M_u$。

30. 根据 $x=h_f'$，可建立鉴别公式如下：

$$M\leqslant\alpha_1 f_c b_f' h_f'\left(h_0-\frac{h_f'}{2}\right)+f_y'A_s'(h_0-a_s')$$

或

$$f_y A_s\leqslant\alpha_1 f_c b_f' h_f'+f_y'A_s'$$

如果满足上二式中的一个，则属于第一种情况的 T 形梁，应按宽度为 b_f' 的矩形截面计算；反之属于第二种情况的 T 形梁，则应按 T 形截面计算。

31. 最大承载力的表达式为

$$M_u=\alpha_{sb}\alpha_1 f_c b h_0^2+f_c(b_f'-b)h_f'\left(h_0-\frac{h_f'}{2}\right)$$

式中：$\alpha_{sb}=\xi_b(1-0.5\xi_b)$，对于几种常用的 HPB300、HRB335、HRB400、HRB500，α_{sb} 的取值详见教材表 3－2。

32. A_s 用量：$(a)=(b)>(c)=(d)$，这是由于：①只要受压区混凝土截面面积相等，纵向受拉钢筋的截面面积 A_s 就相同，因为正截面受弯承载力计算是不考虑受拉区混凝土作用的，即与受拉区混凝土截面积无关。②受压区宽度越大，受压区高度就越小，A_s 的力臂 $h_0-x/2$ 就越大，A_s 就越小。

33. 列表进行比较与小结。

表 3－2   受弯构件正截面受弯承载力计算小结

	单筋矩形截面		双筋矩形截面	T 形截面（第二类情况）
计算应力图形				
基本公式	$M\leqslant M_u=\alpha_1 f_c b x\left(h_0-\dfrac{x}{2}\right)$ $f_y A_s=\alpha_1 f_c b x$			

71

续表

	单筋矩形截面		双筋矩形截面	T 形截面（第二类情况）
适用条件	$x \leqslant \xi_b h_0$ $\rho \geqslant \rho_{\min}$			
截面设计	已知 b、h、f_c、f_y、M，求 A_s	$\alpha_s = \dfrac{M}{\alpha_1 f_c b h_0^2}$ $\xi = 1 - \sqrt{1 - 2\alpha_s} \leqslant \xi_b$ $A_s = \dfrac{\alpha_1 f_c b \xi h_0}{f_y}$		
承载力复核	已知 b、h、f_c、f_y、A_s，求 M	$\xi = \dfrac{f_y A_s}{\alpha_1 f_c b h_0} \leqslant \xi_b$ 若 $\xi > \xi_b$，取 $\xi = \xi_b$ $\alpha_s = \xi(1 - 0.5\xi)$ $M_u = \alpha_s \alpha_1 f_c b h_0^2$ $M \leqslant M_u$		

注　双筋矩形截面和 T 形截面的承载力计算小结，请同学们自己填入表中。

第4章 钢筋混凝土受弯构件斜截面受剪承载力计算

本章是在前一章受弯构件正截面受弯承载力计算基础之上，讨论如何保证受弯构件斜截面受剪承载力和斜截面受弯承载力，并掌握必要的构造知识。学完本章后，应能在掌握受弯构件斜截面承载力计算理论（受剪破坏形态与发生条件、受剪承载力组成与影响因素、受剪承载力计算公式与适用范围、抵抗弯矩图绘制等）的前提下，对受弯构件承载力进行全面的设计与复核。本章主要学习内容有：

(1) 受弯构件斜截面受剪破坏受力分析、破坏形态与发生条件。

(2) 受弯构件斜截面受剪承载力的主要影响因素。

(3) 受弯构件斜截面受剪承载力计算。

(4) 钢筋混凝土梁的正截面与斜截面受弯承载力及抵抗弯矩图的绘制。

(5) 钢筋骨架构造及施工图绘制。

4.1 主 要 知 识 点

4.1.1 斜裂缝出现的原因与抗剪钢筋的组成

1. 斜裂缝出现的原因

受弯构件在剪力最大或弯矩和剪力都较大的区域，截面上同时存在正应力和剪应力，处于复合应力状态，主拉应力方向与构件的轴线斜交，如图4-1上的虚线所示。当一段范围内斜向的主拉应力超过混凝土的抗拉强度时，混凝土沿与主拉应力方向垂直方向开裂，形成斜裂缝，并可能造成斜截面破坏。

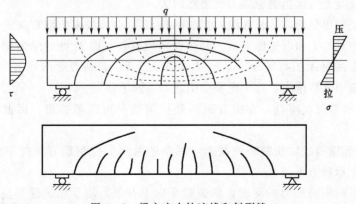

图4-1 梁主应力轨迹线和斜裂缝

2. 抗剪钢筋的组成

为防止斜截面破坏，钢筋混凝土梁中需配置一定数量的箍筋和弯起钢筋（统称腹筋）。腹筋的最佳方向应与主拉应力方向一致（即与斜裂缝方向垂直），但考虑到荷载改变以后，主拉应力方向可能改变，原来配置的斜向钢筋就可能失效，同时考虑到施工方便，因此在梁中通常设置竖直的箍筋。箍筋跨过斜裂缝，能有效地抑制斜裂缝的发展，配置的箍筋还可以约束混凝土，提高混凝土强度和延性。

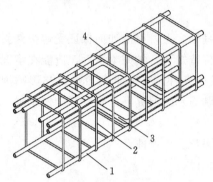

图 4-2　梁的钢筋骨架
1、3—纵向受力钢筋；2—箍筋；
3—弯起钢筋；4—架立筋

箍筋除可以提高梁的斜截面受剪承载力与延性外，与纵向钢筋经绑扎或焊接还可形成钢筋骨架，保证各种钢筋的位置正确，如图 4-2 所示。

要注意，为形成钢筋骨架，箍筋的 4 个角点必须布置纵向钢筋，因而：①当受压区无纵向受力钢筋时应放置 2 根架立筋；②当需弯起钢筋时纵向受力钢筋要多于 2 根。

弯起钢筋差不多与斜裂缝正交，因而传力直接，但弯起钢筋是由纵向受力钢筋弯起而成，一般直径较粗，根数较少，使梁的内部受力不太均匀；箍筋虽不与斜裂缝正交，但分布均匀，对斜裂缝宽度的遏制作用更为有效，且能提高构件的延性。

因此在工程设计中，抗剪钢筋首先选用箍筋，然后再考虑采用弯起钢筋。除截面尺寸很小的梁外，梁内必须配置箍筋。

4.1.2　斜裂缝出现前后梁内应力状态的变化

下面以无腹筋梁来说明斜裂缝出现前后梁内应力状态的变化。所谓无腹筋梁，指仅配有纵向钢筋而无箍筋及弯起钢筋的梁。实际工程中，钢筋混凝土梁总是或多或少地配有箍筋，无腹筋梁是很少的。这里用无腹筋梁举例，只是为了叙述的方便。

斜裂缝发生前后，梁的应力状态有如下变化：

（1）在斜裂缝出现前，梁的整个混凝土截面均能抵抗外荷载产生的剪力 V_A。在斜裂缝出现后，主要是斜截面端部余留截面 AA' 来抵抗剪力 V_A，如图 4-3 所示。因此，一旦斜裂缝出现，混凝土所承担的剪应力就突然增大。

（2）在斜裂缝出现前，各截面纵向钢筋的拉力 T 由该截面的弯矩决定，因此 T 沿梁轴线的变化规律基本上和弯矩图一致。斜裂缝出现后，截面 B 处的纵向钢筋拉力 T 却决定于斜裂缝缝端截面 A 的弯矩 M_A，而 $M_A > M_B$。所以，斜裂缝出现后，穿过斜裂缝的纵向钢筋的拉应力突然增大。这个现象会引起以下两个问题：

1）若斜裂缝靠近支座处，支座处纵向受拉钢筋有可能被拔出，因此其锚固长度要加强。

2）在有弯起钢筋或切断钢筋的截面，剩余的纵向受拉钢筋有可能不足以抵抗 M_A，出现斜截面受弯承载力不足。

（3）由于纵向钢筋拉力的突增，斜裂缝更向上开展，使受压区混凝土面积进一步缩小。所以在斜裂缝出现后，受压区混凝土的压应力更进一步上升。余留截面在剪应力和压应力作用下有可能被压坏，发生斜截面破坏。

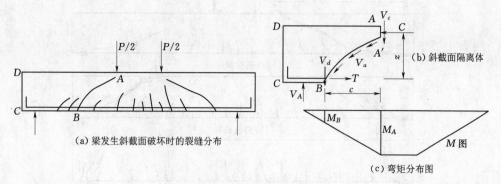

（a）梁发生斜截面破坏时的裂缝分布

（b）斜截面隔离体

（c）弯矩分布图

图 4-3 无腹筋梁的斜裂缝及隔离体受力图

4.1.3 腹筋的作用

在斜裂缝出现前，由于梁内应变很小，腹筋作用很小，有腹筋梁和无腹筋梁的受力状态、开裂荷载没有显著差异。斜裂缝出现后，腹筋发挥以下 4 方面的作用，使斜截面受剪承载力大大提高（图 4-4）。

（1）与斜裂缝相交的腹筋承担了很大一部分剪力，V_{sv}（箍筋）和 V_{sb}（弯起钢筋）。

（2）腹筋能延缓斜裂缝向上伸展，保留了更大的混凝土余留截面，从而提高了混凝土的受剪承载力 V_c。

（3）腹筋能有效地减小斜裂缝的开展宽度，提高了斜裂缝上的骨料咬合力 V_a。

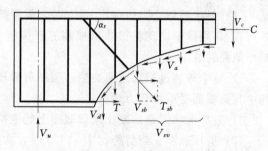

图 4-4 有腹筋梁的斜截面隔离体受力图

（4）箍筋可限制纵向钢筋的竖向位移，有效地阻止了混凝土沿纵筋的撕裂，从而提高了纵筋的销栓力 V_d。

即，腹筋的作用除本身承担很大一部分剪力外，还使混凝土受剪承载力 V_c、骨料咬合力 V_a 和纵筋销栓力 V_d 得以提高。因此，有腹筋梁的斜截面受剪承载力由 V_c、V_y（V_a 的垂直分量）、V_d、V_{sv} 及 V_{sb} 构成。

4.1.4 斜截面破坏形态

1. 剪跨比

所谓剪跨比 λ，对梁顶只作用有集中荷载的梁，是指剪跨 a 与截面有效高度 h_0 的比值［图 4-5（a）］，即 $\lambda = \dfrac{a}{h_0} = \dfrac{Va}{Vh_0} = \dfrac{M}{Vh_0}$；对于承受分布荷载或其他多种荷载的梁，剪跨比可用无量纲参数 $\dfrac{M}{Vh_0}$ 表达，$\dfrac{M}{Vh_0}$ 也称为广义剪跨比。

2. 临界斜裂缝

斜裂缝可能发生若干条，但荷载增加到一定程度时，总有一条开展得特别宽，并很快向集中荷载作用点处延伸的斜裂缝，这条斜裂缝就称为"临界斜裂缝"。

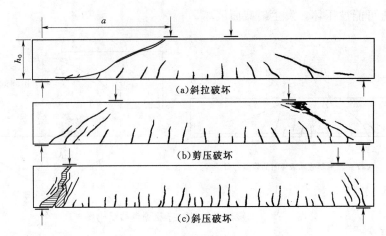

图 4-5　无腹筋梁的剪切破坏形态

3．无腹筋梁破坏形态与发生条件

无腹筋梁的破坏形态可归纳为斜拉破坏、剪压破坏及斜压破坏 3 种，发生的条件主要与剪跨比 λ 有关。

（1）斜拉破坏。当剪跨比 $\lambda > 3$ 时，无腹筋梁常发生斜拉破坏。斜拉破坏的特点如下：

1）斜裂缝一出现就很快形成临界斜裂缝，临界斜裂缝指向并到达集中荷载作用点，整个截面裂通。

2）整个破坏过程急速而突然，破坏荷载比斜裂缝形成时的荷载增加不多，在 3 种破坏中其斜截面受剪承载力最低。

3）破坏的原因是混凝土余留截面上的主拉应力超过了混凝土抗拉强度。

（2）剪压破坏。当剪跨比 $1 < \lambda \leqslant 3$ 时，常发生剪压破坏。剪压破坏的特点如下：

1）临界斜裂缝指向荷载作用点，但未能到达荷载作用点，余留截面在剪应力和压应力共同作用下被压碎而破坏。

2）破坏过程比斜拉破坏缓慢一些，破坏荷载明显高于斜裂缝出现时的荷载。

3）破坏的原因是混凝土余留截面上的主压应力超过了混凝土抗压强度。

（3）斜压破坏。当剪跨比 $\lambda \leqslant 1$ 时，常发生斜压破坏。斜压破坏的特点如下：

1）在靠近支座的梁腹被分割成几条倾斜的受压柱体。

2）梁腹上过大的主压应力将倾斜的受压柱体压碎而破坏，在 3 种破坏中其斜截面受剪承载力是最高的。

3）破坏的原因是梁腹混凝土主压应力超过了混凝土抗压强度。

3 种破坏达到破坏时的跨中挠度都不大，均属于无预兆的脆性破坏，其中斜拉破坏的脆性最为严重。

4．有腹筋梁破坏形态与发生条件

有腹筋梁的破坏形态和无腹筋梁一样，也可归纳为斜拉破坏、剪压破坏及斜压破坏 3 种，但发生条件有所区别。无腹筋梁的 3 种破坏发生的条件主要与剪跨比 λ 有关；有腹筋梁除剪跨比 λ 外，腹筋数量对破坏形态也有很大影响。下面列出 3 种破坏发生的特点和条件。

(1) 斜拉破坏：发生于剪跨比 $\lambda > 3$ 且腹筋过少时。斜裂缝出现以后，腹筋很快达到屈服，不能起到限制斜裂缝的作用，梁的斜截面受剪承载力与无腹筋梁类似。

(2) 剪压破坏：发生于剪跨比 $\lambda > 1$ 且腹筋适中时。破坏时腹筋屈服，梁的斜截面受剪承载力比无腹筋有较大的提高，提高的程度与腹筋数量有关。

(3) 斜压破坏：发生于剪跨比 $\lambda \leqslant 1$ 或腹筋过多时。破坏时腹筋未屈服，梁的斜截面受剪承载力取决于构件的截面尺寸和混凝土强度，大小与无腹筋梁斜压破坏时相近。

也就是说，即使 $\lambda > 3$，只要腹筋配置合适也不发生斜拉破坏，而发生剪压破坏；即使 $\lambda > 1$，若腹筋配置过多也会发生斜压破坏。

4.1.5 受弯构件斜截面受剪承载力的主要影响因素

影响钢筋混凝土梁斜截面受剪承载力 V_u 的因素很多，主要有剪跨比、混凝土强度、纵向受拉钢筋配筋率及其强度、腹筋配筋率及其强度、截面形式及尺寸、加载方式（直接、间接）和结构类型（简支梁、连续梁）等等。

1. 剪跨比 λ

对无腹筋梁，剪跨比 λ 对斜截面受剪承载力 V_u 的大小影响明显，随 λ 增大，$\dfrac{V_u}{f_t bh_0}$ 减小；但 $\lambda \geqslant 3$ 后，$\dfrac{V_u}{f_t bh_0}$ 变化不大。其原因如下：

(1) λ 反映了截面所承受的弯矩和剪力的相对大小，也就是正应力 σ 和剪应力 τ 的相对关系，进而影响着主拉应力的大小与方向。

(2) 当剪跨 a 较小时，受梁顶集中荷载及支座反力的局部作用，支座附近混凝土除受有剪应力 τ 及水平正应力 σ_x 外，还受有垂直向的压应力 σ_y，这垂直向的压应力 σ_y 能减小这部分混凝土的主拉应力，可能阻止斜拉破坏的发生。剪跨 a 增大，也就当 $\lambda = a/h_0$ 值增大，集中荷载的局部作用不能影响到支座附近的斜裂缝时，斜拉破坏就会发生，故 $\lambda \geqslant 3$ 后 $\dfrac{V_u}{f_t bh_0}$ 变化不大。

对于有腹筋梁，λ 对 V_u 的影响与腹筋多少有关。腹筋较少时，λ 的影响较大；随着腹筋的增加，腹筋能提供的承载力加大，λ 对 V_u 的影响就有所降低。

2. 混凝土强度

斜截面受剪承载力 V_u 随立方体抗压强度 f_{cu} 的提高而提高，提高的幅度和剪跨比 λ 有关。当 $\lambda = 1.0$ 时，发生斜压破坏，V_u 取决于混凝土抗压强度 f_c；当 $\lambda = 3.0$ 时，发生斜拉破坏，V_u 取决于混凝土抗拉强度 f_t。f_c 与 f_{cu} 基本上成正比，故直线的斜率较大；而 f_t 与 f_{cu} 不成正比关系，当 f_{cu} 越大时 f_t 的增加幅度越小，故当近似取为线性关系时，其直线的斜率较小；当 $1.0 < \lambda < 3.0$ 时，一般发生剪压破坏，其直线的斜率介于上述两者之间。也就是说，V_u 随 f_{cu} 的提高幅度与破坏原因有关，也就与破坏状态有关。

3. 箍筋配筋率及其强度

箍筋配筋率简称为配箍率，用于表示单位面积箍筋用量的大小，用 ρ_{sv} 表示。箍筋不但能承担相当大部分剪力，而且能延缓裂缝的开展，进而提高余留截面混凝土承担的剪力、骨料咬合力，且提高了纵筋销栓力。当其他条件不变时，若配箍量适当，单位面积的

斜截面受剪承载力 $\dfrac{V_u}{bh_0}$ 与 $\rho_{sv}f_{yv}$ 大致呈线性关系，其中 f_{yv} 为箍筋的抗拉强度设计值。

4. 纵向受拉钢筋配筋率及其强度

梁的斜截面受剪承载力 V_u 随纵向受拉钢筋配筋率 ρ 的提高，大致呈线性关系。这是因为：

（1）增加 ρ 可抑制斜裂缝伸展，增大剪压区混凝土余留高度，提高余留截面混凝土承担的剪力 V_c。

（2）增加 ρ 减小斜裂缝的宽度，提高了骨料咬合力 V_y。

（3）纵筋数量的增加也提高了纵筋的销栓作用 V_d。

ρ 相同时，V_u 随纵向受拉钢筋强度 f_y 的提高而有所增大，但其影响程度不如 ρ 明显。

ρ 对无腹筋梁 V_u 的影响比较明显，对有腹筋梁影响就很小了，且其影响增加幅度随 ρ 的增大而减弱。这是由于腹筋承担了大部分剪力，故增大 ρ，V_c、V_y 和 V_d 虽可提高 V_u，但提高幅度不大。

5. 弯起钢筋及其强度

斜截面受剪承载力 V_u 随弯起钢筋截面面积的增大和强度的提高而线性增大。

6. 截面形式

对于 T 形和 I 形等有受压翼缘的截面，由于剪压区混凝土面积的增大，其斜拉破坏和剪压破坏的受剪承载力 V_u 比相同宽度的矩形截面有所提高。对无腹筋梁可提高约 20%，对有腹筋梁提高约 5%。即使倒 T 形截面梁的 V_u 也较矩形截面梁略高，这是由于受拉翼缘的存在，延缓了斜裂缝的开展和延伸的缘故。但由于相比于矩形截面，有腹筋 T 形截面梁的 V_u 提高不多，故 T 形截面和矩形截面 V_u 的计算公式是相同的。

7. 截面尺寸

对无腹筋受弯构件，随着构件截面高度的增加，斜裂缝的宽度加大，降低了裂缝间骨料的咬合力，从而使构件的斜截面受剪承载力 V_u 增加的速率有所降低，这就是通常所说的"截面尺寸效应"。因此对大尺寸构件，在计算 V_u 时应考虑尺寸效应。

8. 加载方式

当荷载不是作用在梁顶而是作用在梁的侧面时，即使剪跨比很小的梁也可能发生斜拉破坏。

4.1.6　受弯构件斜截面设计

4.1.6.1　受弯构件斜截面设计的思路

斜截面受剪有斜拉破坏、斜压破坏和剪压破坏 3 种破坏形态，设计的任务就是要保证在整个使用期内这 3 种破坏都不会发生。

斜拉破坏时腹筋过早屈服，作用不大，对斜截面受剪承载力提高不多，脆性最为严重，类似于正截面受弯破坏时的"少筋破坏"。

斜压破坏时，腹筋尚未屈服，斜截面受剪承载力主要取决于混凝土的抗压强度，破坏性质类似于正截面受弯破坏时的"超筋破坏"。

正截面设计时，是通过 $\rho \geqslant \rho_{min}$ 来防止出现少筋破坏，$\xi \leqslant \xi_b$ 来防止超筋破坏。通过 $\rho \geqslant \rho_{min}$ 和 $\xi \leqslant \xi_b$ 这两个限制条件避免少筋破坏和超筋破坏后，剩余的适筋破坏则通过采用正截面受弯承载力计算公式计算得到合适的纵向受力钢筋来防止。斜截面设计的思路和正截面设计相似，即：

（1）控制箍筋数量不太少和腹筋间距不太大，以保证所配腹筋能起作用和防止斜拉破坏的发生。

（2）控制构件的截面尺寸不过小，混凝土强度等级不过低，以防止斜压破坏的发生。

（3）斜拉破坏和斜压破坏采用以上配筋构造以予避免后，剩余的剪压破坏则通过采用抗剪计算公式计算得到合适的腹筋（箍筋和弯起钢筋）来防止。

也就是说，抗剪计算公式是针对剪压破坏给出的。

4.1.6.2 受弯构件斜截面受剪承载力基本计算公式

1. 配箍率

配箍率 ρ_{sv} 表示单位面积箍筋用量的大小，即

$$\rho_{sv} = \frac{A_{sv}}{bs} = \frac{nA_{sv1}}{bs} \tag{4-1}$$

式中：A_{sv} 为同一截面内的箍筋截面面积；n 为同一截面内的箍筋肢数；A_{sv1} 为单肢箍筋的截面面积；b 为截面宽度；s 为沿构件长度方向上箍筋的间距。

箍筋分双肢与四肢，如图 4-6 所示，用"钢筋等级＋钢筋直径＋@＋钢筋间距"表示，如双肢 Φ8@200，表示同一截面内的箍筋肢数 $n=2$，钢筋级别为 HPB300，箍筋间距 $s=200$mm，直径为 8mm，即 $A_{sv}=101$mm。

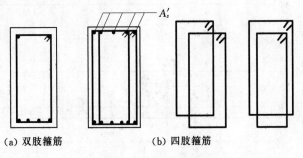

(a) 双肢箍筋   (b) 四肢箍筋

图 4-6 箍筋的肢数

2. 基本计算公式

在我国设计规范中，斜截面受剪承载力计算公式是依据极限平衡理论，根据大量试验数据回归得到。

对发生剪压破坏的梁，计算简图如图 4-7 所示。为公式的简便，骨料咬合力的竖向分力 V_y 及纵筋销栓力 V_d 已并入余留截面所承担的受剪承载力 V_c 之中；V_{sv} 为箍筋的受剪承载力；V_{sb} 为弯筋的受剪承载力。

根据计算简图和力的平衡条件，并满足承载能力极限状态的可靠度要求，可得

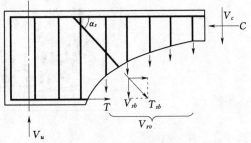

图 4-7 有腹筋梁的斜截面受剪承载力计算简图

梁的斜截面受剪承载力的基本计算公式为

$$V \leqslant \frac{1}{\gamma_d} V_u = \frac{1}{\gamma_d} (V_c + V_{sv} + V_{sb}) = \frac{1}{\gamma_d} (V_{cs} + V_{sb}) \qquad (4-2)$$

式中：V 为剪力设计值，为式（2-10a）（持久组合）或式（2-10b）（短暂组合）计算值与 γ_0 的乘积；γ_0 为结构重要性系数，对于安全等级为一级、二级、三级的结构构件，γ_0 分别取为 1.1、1.0、0.9；γ_d 为结构系数，用于进一步增强受剪承载力计算的可靠性，以保证即使构件发生破坏也只发生属于延性破坏的正截面破坏，$\gamma_d = 1.1$；V_{cs} 为箍筋和混凝土总的受剪承载力，$V_{cs} = V_c + V_{sv}$。

3. 仅配箍筋梁的斜截面受剪承载力计算

对于仅配箍筋的梁，没有弯起钢筋承担的剪力 V_{sb}，式（4-2）可写为

$$V \leqslant V_u = \frac{1}{\gamma_d} (V_c + V_{sv}) = \frac{1}{\gamma_d} V_{cs} \qquad (4-3)$$

规范分两步来确定式（4-3）中的 V_{cs}：

1）认为 V_c 就是无腹筋梁的极限受剪承载力 V_u，而 V_u 根据大量的无腹筋梁试验结果确定。

2）确定了 V_c 后，再根据大量仅配筋箍筋受弯梁的试验结果确定 $V_{cs} = V_c + V_{sv}$ 值。

（1）混凝土的受剪承载力 V_c。无腹筋梁的极限受剪承载力 V_u 的试验结果离散性很大，为安全计，V_c 按试验值的偏下线取值（图 4-8），且为了设计的方便，对一般受弯构

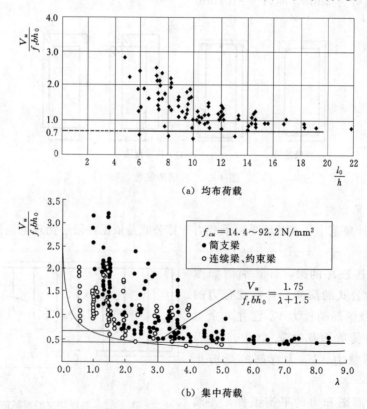

（a）均布荷载

（b）集中荷载

图 4-8　无腹筋梁极限受剪承载力 V_u 试验结果与 V_c 值的比较

件取 $V_c = 0.7f_t bh_0$；对集中荷载为主的独立梁（单独集中荷载作用，或有多种荷载作用但集中荷载对支座截面或节点边缘所产生的剪力值占总剪力 75% 以上的情况），取 $V_c = \dfrac{1.75}{\lambda + 1.5} f_t bh_0$。再引入截面高度影响系数 β_h，以考虑大尺寸构件随截面尺寸加大受剪承载力下降的截面尺寸效应。如此，V_c 变为：$V_c = 0.7\beta_h f_t bh_0$（一般受弯构件）和 $V_c = \dfrac{1.75}{\lambda + 1.5} \beta_h f_t bh_0$（集中荷载为主的独立梁）。

（2）箍筋和混凝土总的受剪承载力 V_{cs}。箍筋的受剪承载力 V_{sv} 取决于配箍率 ρ_{sv}、箍筋强度 f_{yv} 和斜裂缝水平投影长度，随这 3 个变量的增大而增大。

前面由无腹筋梁试验结果确定了 V_c，梁配置了箍筋后，由于箍筋限制了斜裂缝的开展，提高余留截面混凝土承担的剪力，因此混凝土受剪承载力 V_c 较无腹筋梁增加，且增加的幅度与箍筋强度和数量有关。因此，式（4-3）中的箍筋受剪承载力 V_{sv} 还包括了有腹筋梁的 V_c 较无腹筋 V_c 的提高，因而用箍筋和混凝土总的受剪承载力 V_{cs} 来表示仅配箍筋梁的受剪承载力更为合理。

图 4-9 为仅配置箍筋的简支梁斜截面受剪承载力实测数据，从图看到，V_u 实测值仍很离散，为此，规范取实测值的偏下线作为计算受剪承载力的依据。

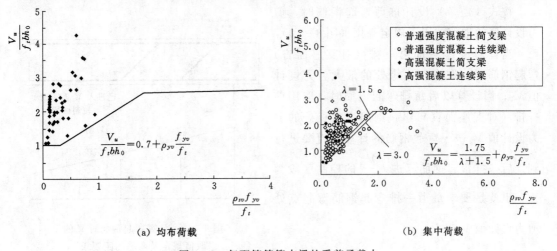

（a）均布荷载   （b）集中荷载

图 4-9 仅配箍筋简支梁的受剪承载力

不同的规范对偏下线的取法有所不同，从而得出的计算公式也有差异。JTS 151—2011 规范规定，对仅配置箍筋的矩形、T 形和 I 形截面的一般受弯构件：

$$V_{cs} = 0.7\beta_h f_t bh_0 + f_{yv} \frac{A_{sv}}{s} h_0 \tag{4-4}$$

对于集中荷载为主的独立梁（单独集中荷载作用，或有多种荷载作用但集中荷载对支座截面或节点边缘所产生的剪力值占总剪力 75% 以上的情况）：

$$V_{cs} = \frac{1.75}{\lambda + 1.5}\beta_h f_t bh_0 + f_{yv} \frac{A_{sv}}{s} h_0 \tag{4-5}$$

式中：β_h 为截面高度系数，按式（4-6）计算；λ 为计算截面剪跨比，可取 $\lambda = a/h_0$，a

为集中荷载作用点至支座或节点边缘的距离，$\lambda < 1.5$ 时取 $\lambda = 1.5$，$\lambda < 3$ 时取 $\lambda = 3$；b 为矩形截面的宽度或 T 形、I 形截面的腹板宽度。

$$\beta_h = \left(\frac{800}{h_0}\right)^{1/4} \tag{4-6}$$

在式 (4-6) 中，$h_0 < 800\text{mm}$ 时取 $h_0 = 800\text{mm}$，$h_0 > 2000\text{mm}$ 时取 $h_0 = 2000\text{mm}$。当 h_0 小于 800mm 时，不宜考虑受剪承载力的提高；当 h_0 超过 2000mm 时，其承载力还当有所下降，但因缺乏试验资料，只能取 $h_0 = 2000$。

从图 4-8 和图 4-9 看到 V_c 和 V_{cs} 的实测值相当离散，这是因为：斜截面临界斜裂缝的产生与最终破坏时的受剪承载力，主要取决于混凝土强度，而混凝土强度的离散性很大（特别是抗拉强度），因此，即便是同一研究者的同一批试验，其试验结果的离散程度也相当大。由于试验结果的离散性，所以各家规范对 V_{cs} 计算公式的规定也就会有所不同。

4. 抗剪弯起钢筋的计算

若在同一弯起平面内弯筋的截面面积为 A_{sb}，假定斜截面破坏时弯筋的应力可达到钢筋的抗拉强度设计值 f_y 的 0.8 倍，则 $T_{sb} = 0.8 f_y A_{sb}$，于是：

$$V_{sb} = 0.8 f_y A_{sb} \sin\alpha_s \tag{4-7}$$

式中：α_s 为斜截面上弯起钢筋与构件纵向轴线的夹角。

按式 (4-7) 设计抗剪弯起钢筋时，剪力设计值的取值按以下规定采用（图 4-10）：

当计算支座截面第一排（对支座而言）弯起钢筋时，取支座边缘处的最大剪力设计值 V_1；当计算以后每排弯起钢筋时，取用前一排（对支座而言）弯起钢筋弯起点处的剪力设计值 V_2……弯起钢筋的计算一直要进行到最后一排弯起钢筋已进入 $\dfrac{V_{cs}}{\gamma_d}$ 的控制区段为止，也就是要求最后一排弯起钢筋弯起点处剪力设计值 $V \leqslant \dfrac{V_{cs}}{\gamma_d}$。

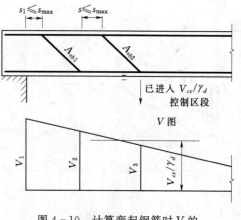

图 4-10　计算弯起钢筋时 V 的
取值规定及弯筋间距要求

5. 梁截面尺寸或混凝土强度等级的下限

规定梁截面尺寸或混凝土强度等级的下限，是为了防止发生斜压破坏和避免构件在使用阶段过早地出现斜裂缝及斜裂缝开展过大。JTS 151—2011 规范规定：

$$V \leqslant \frac{1}{\gamma_d} \beta_s \beta_c f_c b h_0 \tag{4-8}$$

式中：V 为支座边缘截面的最大剪力设计值；β_s 为系数，$h_w/b \leqslant 4$ 时取 $\beta_s = 0.25$（有实践经验时可取 $\beta_s = 0.30$），$h_w/b \geqslant 6$ 时取 $\beta_s = 0.20$，$4 < h_w/b < 6$ 时 β_s 按线性内插法确定；β_c 为混凝土强度影响系数，混凝土强度等级不超过 C50 时取 $\beta_c = 1.0$，C80 时取 $\beta_c = 0.8$，其间 β_c 按线性内插法确定；f_c 为混凝土轴心抗压强度设计值；b 为矩形截面的宽度或 T 形、I 形截面的腹板宽度；h_w 为截面的腹板高度，矩形截面取有效高度 h_0，T 形截面取

有效高度减去翼缘高度，I 形截面取腹板净高。

式（4-8）表示梁在相应情况下斜截面受剪承载力的上限值，相当于规定了梁必须具有的最小截面尺寸和不可超过的最大配箍率。若上述条件不能满足，则必须加大截面尺寸或提高混凝土强度等级。

6. 防止腹筋过稀过少

为防止两根腹筋之间出现不与腹筋相交的斜裂缝，以及斜裂缝一旦出现箍筋马上就屈服，腹筋不能发挥应有的作用，规范规定了最大箍筋间距 s_{max} 和最小配箍率 ρ_{svmin}，要求腹筋间距 $s \leqslant s_{max}$ 和当 $V > V_c/\gamma_d$ 时，配箍率 $\rho \geqslant \rho_{svmin}$。

要求 $s \leqslant s_{max}$ 和 $\rho \geqslant \rho_{svmin}$ 的作用有两个：

（1）保证所配腹筋能起作用，腹筋能穿过斜裂缝，箍筋不过早屈服。

（2）对大剪跨比的梁，防止一旦斜裂缝出现箍筋就马上屈服，发生突然性的斜拉破坏。

最大箍筋间距 s_{max} 值列于教材 4.5 节的表 4-1，它的大小和梁的高度 h 有关，以及是否 $V > 0.7 f_t b h_0/\gamma_d$ 有关。当 $h < 800mm$ 时，s_{max} 随 h 增大而增大，这是因为若假定斜裂缝角度不变，梁越高则斜裂缝水平投影长度越大，这时取较大的箍筋间距也能保证有足够的箍筋与斜裂缝相交，因此 s_{max} 取值就可大一些；$h \geqslant 800$ 后 s_{max} 为定值。当 $V > 0.7 f_t b h_0/\gamma_d$ 时 s_{max} 值小，当 $V \leqslant 0.7 f_t b h_0/\gamma_d$ 时 s_{max} 值大一些。

ρ_{svmin} 取值与钢筋表面形状有关，分为光圆钢筋和带肋钢筋两种。

对光圆钢筋，配箍率应满足：

$$\rho_{sv} = \frac{A_{sv}}{bs} \geqslant \rho_{svmin} = 0.12\% \tag{4-9a}$$

对带肋钢筋，配箍率应满足：

$$\rho_{sv} = \frac{A_{sv}}{bs} \geqslant \rho_{svmin} = 0.08\% \tag{4-9b}$$

特别要注意的是，当 $V > 0.7 f_t b h_0/\gamma_d$ 才要求 $\rho \geqslant \rho_{svmin}$。

对箍筋，箍筋间距 s 是相邻箍筋的距离；对弯起钢筋，间距 s 是指前一根弯起钢筋下弯点到后一根弯起钢筋上弯点之间的梁轴线投影长度，如图 4-10 所示。

7. 斜截面抗剪配筋计算步骤

教材已经给出了详细的抗剪配筋计算步骤，为便于记忆，下面列出受弯构件斜截面受剪承载力计算和复核计算框图，分别如图 4-11 和图 4-12 所示。以供参考。

4.1.7 钢筋混凝土梁的正截面与斜截面受弯承载力

当梁需要弯起钢筋或切断钢筋时，有可能在某些截面出现正截面承载力或斜截面承载力不满足的情况，这时需绘制抵抗弯矩图来避免，抵抗弯矩图也称 M_R 图。

4.1.7.1 为什么要弯起与切断钢筋

图 4-13 为教材［例 4-4］中的受均布荷载的外伸梁。由跨中最大弯矩 M_1 求得梁底纵向受力钢筋为 2 ⌽ 18 + 4 ⌽ 16，由支座 B 最大负弯矩 M_B 求得梁顶纵向受力钢筋为 6 ⌽ 16。若这些钢筋均全梁直通，则梁各截面都能满足抗弯承载力的要求，但不经济。如：

（1）梁底按跨中最大弯矩 M_1 配置了 2 ⌽ 18 + 4 ⌽ 16，但离开跨中弯矩逐渐减小，靠近 B 支座处已进入受压区，因而离开跨中截面后已不需要这么多钢筋，这时可将钢筋

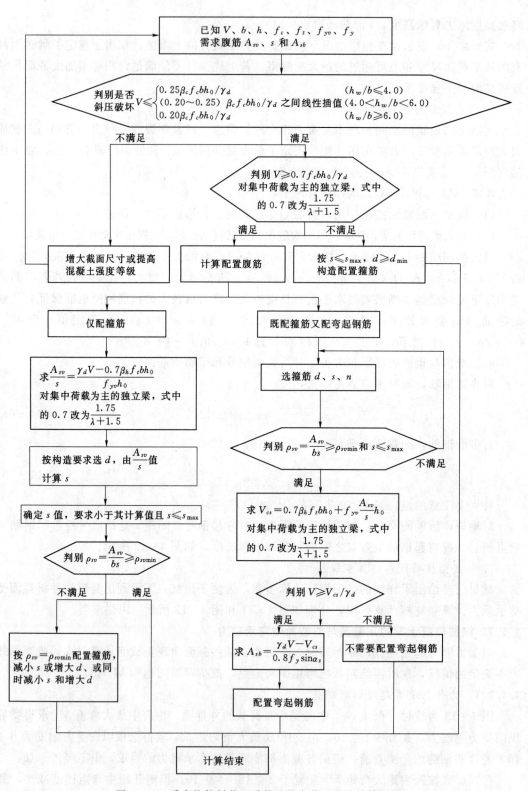

图 4-11　受弯构件斜截面受剪承载力截面设计计算框图

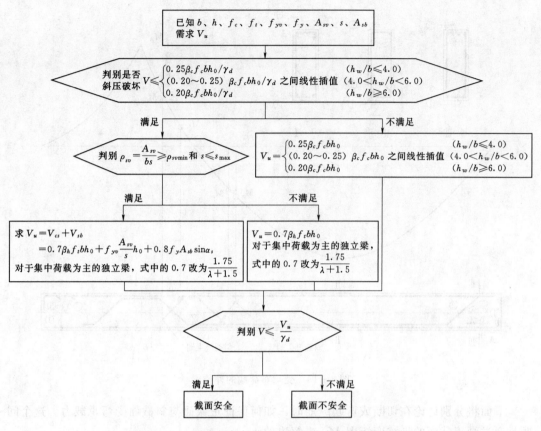

图 4-12　受弯构件斜截面受剪承载力复核计算框图

②（2Φ16）和钢筋③（1Φ16）弯起，一方面用于抵抗剪力，一方面可承担支座 B 的负弯矩。

（2）B 支座按最大负弯矩 M_B 配置了 6Φ16，在左侧，除从梁底弯起的 3Φ16 钢筋（钢筋②＋钢筋③）外，还需加 3Φ16，若将这 3Φ16 在 B 支座左侧直通也造成浪费，因为离开 B 支座左侧不远处就进入受压区，只需留下 2Φ16 兼做加立筋（钢筋⑤），而剩下的 1Φ16（钢筋⑥）可以切断。

4.1.7.2　弯起与切断钢筋引起的问题

但是，将钢筋弯起或切断后，剩余的纵筋可能出现下面两种情况（图 4-13）：

（1）所余的纵筋不能抵抗正截面弯矩 M_a 和正截面弯矩 M_c。

（2）所余的纵筋虽能抵抗正截面弯矩 M_a 和 M_c，但抵抗斜裂缝缝尖截面的弯矩 M_b 和 M_d 仍有可能不足，因为 $M_b > M_a$，$M_d > M_c$。而发生斜裂缝后，裂缝处纵向受拉钢筋承担的是斜裂缝缝尖截面弯矩 M_b 和 M_d。

注：M_a 和 M_c 分别为纵向受拉钢筋弯起和切断截面的弯矩；M_b 和 M_d 分别为纵向受拉钢筋弯起和切断处斜裂缝缝尖截面的弯矩。

因此，若纵向受拉钢筋被切断或被弯起，沿梁轴线各正截面抗弯及斜截面抗弯就有可能成为问题。

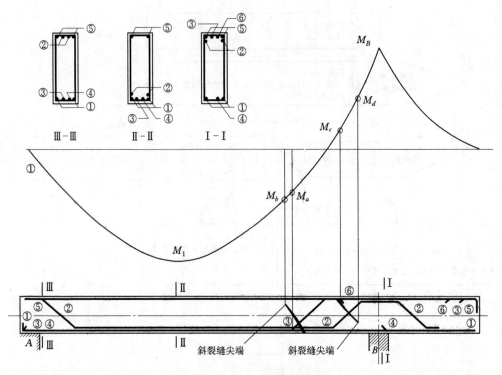

图 4 - 13　受均布荷载的外伸梁

下面将分别讨论在切断或弯起纵筋时，如何保证正截面与斜截面受弯承载力。这个问题是通过画正截面的抵抗弯矩图 M_R 来解决的。

4.1.7.3　抵抗弯矩图的绘制

所谓 M_R 图，就是各截面实际能抵抗的弯矩图形，在图形中横坐标为梁轴线，纵坐标为弯矩。作 M_R 图时，要求 M_R 和荷载产生的弯矩 M 采用同一比例，且严格按比例作图。

下面以一根梁的负弯矩区段来介绍绘制 M_R 图的步骤和方法。由最大负弯矩 M_{max} 求得其纵向受拉钢筋为 3 Φ 22＋2 Φ 18，如图 4 - 14 所示，为清晰起见未画箍筋。

1. 确定可抵抗弯矩的最大值 M_{Rmax}

（1）当实配钢筋面积与计算钢筋面积相等或相差不大时，可取 $M_{Rmax}=M_{max}$。

（2）当实配钢筋面积与计算钢筋面积相差较大时，可按实配钢筋面积 A_{s0} 计算实际正截面受弯承载力，即按已知钢筋截面面积 A_{s0}、构件截面尺寸与材料强度求得极限弯矩 M_u，$M_{Rmax}=M_u$；也可按实配钢筋面积 A_{s0} 和计算钢筋面积 A_s 之比简化计算，即 $M_{Rmax}=M_{max}\dfrac{A_{s0}}{A_s}$。

2. 给钢筋编号

钢筋编号的原则为：规格、长度、形状均相同编一个号，若有一样不同，需编不同的号。

3. 确定各编号钢筋可抵抗的弯矩

（1）计算各编号钢筋的面积与纵向受力钢筋总面积之比，并按此比值将 M_{Rmax} 分配至

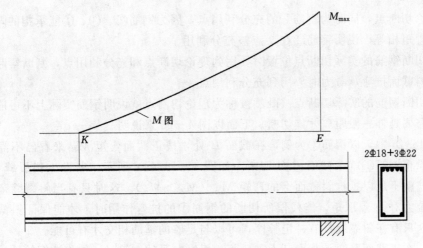

图 4-14 梁负弯矩区段弯矩与配筋

各编号钢筋,求出各编号钢筋能抵抗的弯矩。

(2) 将既不切断又不弯起的钢筋放在负弯矩图的最下方,将离支座最先切断或弯起的钢筋放在负弯矩图的最上方,其余钢筋按切断或弯起的顺序从负弯矩图的上方依次向下放置,如图 4-15 所示。

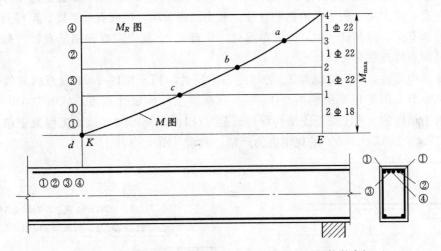

图 4-15 确定各编号钢筋在 M_R 图的位置与可抵抗的弯矩

4. 理论切断点与切断钢筋的实际切断点

(1) 理论切断点与充分利用点。在介绍切断钢筋画法之前,首先要说明理论切断点。所谓理论切断点,就从该点开始,理论上不再需要某编号的钢筋,即从理论角度,在该点可以切断该编号的钢筋。理论切断点也称为不需要点。

图 4-15 中的 a、b、c 和 d 分别为钢筋④、②、③、①的理论切断点。以 a 点为例,钢筋②、③、①能承担的弯矩和荷载产生的弯矩相等,因而从理论上来说钢筋④就不需要了,故 a 点就是钢筋④的理论切断点。

某编号钢筋的理论切断点就是下一编号钢筋的充分利用点。仍以 a 点为例,a 点为钢筋④的理论切断点，同时为钢筋②的充分利用点，因为钢筋②、③、①能承担的弯矩和荷载产生的弯矩相等，说明钢筋②在 a 点被充分利用了。

确定切断钢筋的实际切断点位置时要用到理论切断点和充分利用点，判断弯起钢筋后能否满足斜截面抗弯承载力时要用到充分利用点。

（2）切断钢筋的实际切断点。既然被称为理论切断点就说明钢筋实际上不可能在此点切断，还需要延伸一段距离才能切断。下面以图 4-16 来说明。

在图 4-16 中，以钢筋①为例，在截面 B 处，按正截面弯矩 M_B 来看已不需要钢筋①，但如果将钢筋①就在截面 B 处切断，如图 4-16（a）所示，若发生斜裂缝 AB 时，余下的钢筋就不足以抵抗斜截面上的弯矩 M_A（$M_A > M_B$）。这时只有当斜裂缝范围内箍筋承担的拉力对 A 点取矩，能代偿所切断的钢筋①的抗弯作用时，才能保证斜截面受弯承载力。这只有在斜裂缝具有一定长度，可以与足够的箍筋相交才有可能。

因此，在正截面受弯承载力已不需要某一根纵向受拉钢筋时，应将该钢筋伸过其理论切断点一定长度 l_w 后才能将它切断。如图 4-16（b）所示的钢筋①，它伸过其理论切断点 l_w 才被切断，这就可以保证在出现斜裂缝 AB 时，钢筋①仍起抗弯作用；而在出现斜裂缝 AC 时，钢筋①虽已不再起作用，但却已有足够的箍筋穿越斜裂缝 AC，这些穿越斜裂缝箍筋的拉力对 A 点取矩产生的弯矩，已能代偿钢筋①的抗弯作用。

l_w 要分别满足实际切断点到理论切断点的长度要求，以及实际切断点到充分利用点的长度要求；其大小与所切断的钢筋直径、最小锚固长度、截面有效高度、箍筋间距、配箍率等因素有关。但在设计中，为简单起见，规范对 l_w 规定主要和钢筋直径、最小锚固长度和截面有效高度有关。

需要指出的是，不同规范对 l_w 的规定是不同的，JTS 151—2011 规范的具体规定见教材 4.4.3 节。用于建筑结构的 2015 年版《混凝土结构设计规范》（GB 50010—2010）和用于水工结构的《水工混凝土结构设计规范》（SL 191—2008）、《水工混凝土结构设计规范》（DL/T 5057—2009）的规定更为严格。要求（图 4-17）：

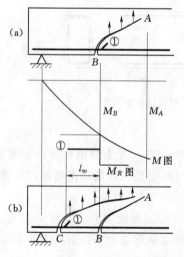

图 4-16　纵向受拉钢筋的切断

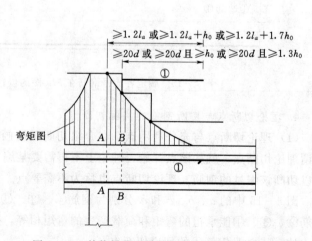

图 4-17　其他规范对纵筋切断点及延伸长度要求

1）为保证钢筋强度的充分发挥，该钢筋实际切断点至充分利用点的距离 l_d 应满足下列要求：

当 $\gamma_d V \leqslant 0.7 f_t b h_0$ 时：$l_d \geqslant 1.2 l_a$

当 $\gamma_d V > 0.7 f_t b h_0$ 时：$l_d \geqslant 1.2 l_a + h_0$

2）为保证理论切断点处出现裂缝时钢筋强度的发挥，该钢筋实际切断点至理论切断点的距离 l_w 应满足：

当 $\gamma_d V \leqslant 0.7 f_t b h_0$ 时：$l_w \geqslant 20d$

当 $\gamma_d V > 0.7 f_t b h_0$ 时：$l_w \geqslant 20d$ 且 $l_w \geqslant h_0$

3）若按上述规定确定的截断点仍位于负弯矩受拉区内，则钢筋还应延长。钢筋实际切断点至理论切断点的距离 l_w 应满足 $l_w \geqslant 20d$ 且 $l_w \geqslant 1.3h_0$，且该钢筋实际切断点至充分利用点的距离 l_d 应满足 $l_d \geqslant 1.2 l_a + 1.7 h_0$。

特别要指出的是：纵向受拉钢筋不宜在正弯矩受拉区切断，因为钢筋切断处钢筋面积骤减，引起混凝土拉应力突增，导致在切断钢筋截面过早出现斜裂缝。此外，纵向受拉钢筋在受拉区锚固也不够可靠，如果锚固不好，就会影响斜截面受剪承载力。在图 4-16 只是为叙述的方便才将钢筋①在正弯矩区切断。

（3）切断钢筋 M_R 图的画法。

图 4-18 给出了切断钢筋 M_R 图的画法，即从钢筋④的理论切断点 a 画直线 aa'，再在直线 aa' 中间画线条至实际切断点。

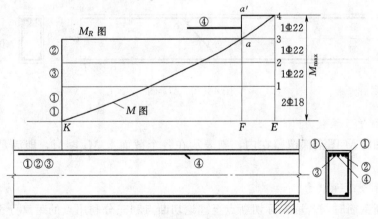

图 4-18　切断钢筋时 M_R 的画法

5. 弯起钢筋 M_R 图的画法

图 4-19 给出了弯起钢筋 M_R 图的画法，即从钢筋②起弯点 e 画直线 ee'。钢筋在弯下的过程中，弯起钢筋还多少能起一些正截面的抗弯作用，所以 M_R 的下降不是像切断钢筋时那样突然，而是逐渐下降。只有当弯起钢筋穿过了梁的截面中心轴，基本上进入受压区，它的正截面抗弯作用才被认为完全消失。因此，直线 ee' 的 e' 点对应着梁的中心线。

4.1.7.4　如何保证正截面与斜截面的受弯承载力

图 4-20 给了最后完整的 M_R，根据 M_R 就可判断正截面与斜截面受弯承载力能否满足要求。

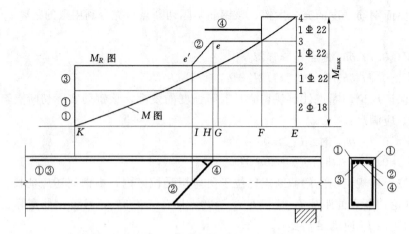

图 4-19　弯起钢筋时 M_R 的画法

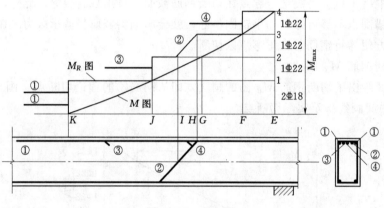

图 4-20　M_R 图

1. 正截面受弯承载力

若 M_R 图将 M 图全部覆盖在内，则表示在各个截面上 $M_R \geqslant M$，即满足正截面受弯承载力要求。

2. 斜截面受弯承载力

(1) 切断钢筋时，若取实际切断点至理论切断点和充分利用点的距离分别大于等于规范要求的值，就能满足斜截面受弯承载力要求。

(2) 弯起钢筋时，若其充分利用点至起弯点的距离 $a \geqslant 0.5h_0$，就能满足斜截面受弯承载力要求。

以如图 4-21 所示的梁为例，来说明为什么弯起钢筋时需 $a \geqslant 0.5h_0$ 才能保证斜截面受弯承载力。

图 4-21 中截面 A 是钢筋①的充分利用点。在伸过截面 A 一段距离 a 以后，钢筋①被弯起。如果发生斜裂缝 AB，则斜截面 AB 上的弯矩仍为 M_A。从图 4-21 看到，若要求斜截面 AB 的受弯承载力仍足以抵抗 M_A，就必须要求：

$$z_b \geqslant z$$

由几何关系可得

$$z_b = a\sin\alpha + z\cos\alpha$$

此处，α 为钢筋①弯起后和梁轴线的夹角。代入 $z_b \geqslant z$ 得

$$a\sin\alpha + z\cos\alpha \geqslant z$$

或

$$a \geqslant \frac{1-\cos\alpha}{\sin\alpha}z$$

α 通常为 $45°$ 或 $60°$；$z \approx 0.9h_0$，所以 a 大约在 $0.37h_0 \sim 0.52h_0$ 之间。在设计时，可取：

$$a \geqslant 0.5h_0 \qquad (4-10)$$

为此，在弯起纵筋时，弯起点必须设在该钢筋的充分利用点以外不小于 $0.5h_0$ 的地方。

4.1.7.5 特别要说明几点

（1）正弯矩区纵向受力钢筋，也就是梁底钢筋只能弯起或伸入支座，不能切断。

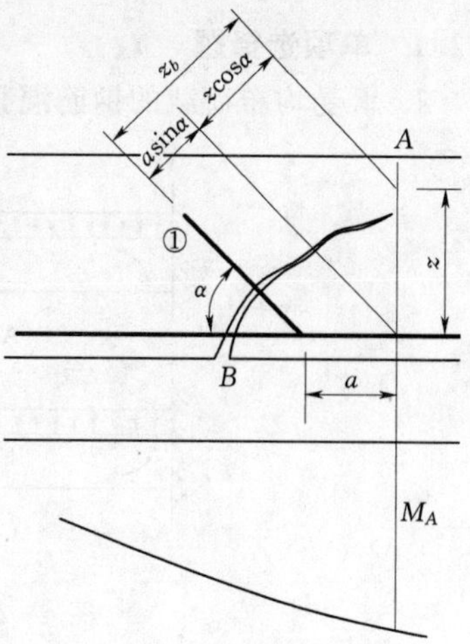

图 4-21 弯起钢筋的弯起点

（2）负弯矩区多余的纵向受力钢筋宜切断，以节省钢筋用量。

（3）负弯矩区宜尽量先切断钢筋再弯起钢筋，但首先要保证正截面与斜截面受弯承载力都能满足要求。

图 4-22 中，切完钢筋④后继续切断钢筋③，虽然能缩短钢筋③长度，节约钢筋，但钢筋②弯起就不能满足正截面与斜截面受弯承载力要求。这时，切完钢筋④后只能先弯起钢筋②，再来切断钢筋③，如图 4-20 所示。

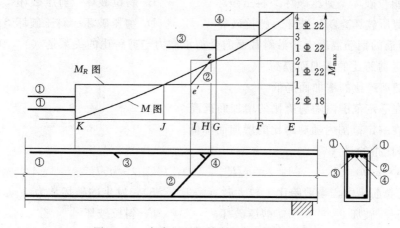

图 4-22 负弯矩区钢筋弯起与切断的顺序

（4）M_R 图与 M 图越贴近，表示钢筋强度的利用越充分，这是设计中应力求做到的一点。与此同时，也要照顾到施工的便利，不要片面追求钢筋的利用程度以致使钢筋构造复杂化。

4.2 综 合 练 习

4.2.1 单项选择题

1. 承受均布荷载的钢筋混凝土悬臂梁，可能发生的弯剪裂缝是图 4-23 中的（　　）。

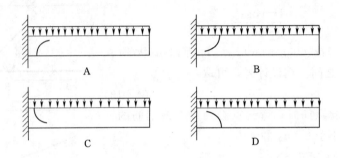

图 4-23　承受均布荷载的钢筋混凝土悬臂梁

2. 无腹筋梁斜截面受剪破坏形态主要有 3 种，这 3 种破坏的性质（　　）。

　　A. 都属于脆性破坏

　　B. 都属于塑性破坏

　　C. 剪压破坏属于塑性破坏，斜拉和斜压破坏属于脆性破坏

　　D. 剪压和斜压破坏属于塑性破坏，斜拉破坏属于脆性破坏

3. 无腹筋梁斜截面受剪主要破坏形态有 3 种。对同样尺寸的构件，其受剪承载力的关系为（　　）。

　　A. 斜拉破坏＞剪压破坏＞斜压破坏　　　　B. 斜拉破坏＜剪压破坏＜斜压破坏

　　C. 剪压破坏＞斜压破坏＞斜拉破坏　　　　D. 剪压破坏＝斜压破坏＞斜拉破坏

4. 无腹筋的钢筋混凝土梁沿斜截面的受剪承载力与剪跨比的关系是（　　）。

　　A. 随剪跨比的增加而提高

　　B. 随剪跨比的增加而降低

　　C. 在一定范围内随剪跨比的增加而提高

　　D. 在一定范围内随剪跨比的增加而降低

5. 剪跨比指的是（　　）。

　　A. $\lambda = a/h_0$　　　　　　B. $\lambda = a/h$　　　　　　C. $\lambda = a/l$

6. 在无腹筋梁中，当剪跨比 λ 较大时（一般 $\lambda > 3$），发生的破坏常为（　　）。

　　A. 斜压破坏　　　　　B. 剪压破坏　　　　　C. 斜拉破坏

7. 在绑扎骨架的钢筋混凝土梁中，弯起钢筋的弯折终点处直线段锚固长度在受拉区不应小于（　　）。

　　A. $10d$　　　　　　　　　　　　　　　　B. $20d$

　　C. $15d$　　　　　　　　　　　　　　　　D. $0.5h_0$

8. 在绑扎骨架的钢筋混凝土梁中，弯起钢筋的弯折终点处直线段锚固长度在受压区

不应小于（　　　）。

    A. 10d B. 20d

    C. 15d D. 0.5h_0

9. 在有腹筋梁中，除剪跨比 λ 对破坏形态有影响外，（　　　）也影响着破坏形态的发生。

    A. 混凝土强度   B. 纵筋数量

    C. 腹筋数量   D. 截面尺寸

10. 梁发生剪压破坏时（　　　）。

    A. 混凝土发生斜向棱柱体破坏   B. 混凝土梁斜向拉断成两部分

    C. 穿过临界斜裂缝的箍筋大部分屈服

11. 梁内箍筋过多将发生（　　　）。

    A. 斜压破坏   B. 剪压破坏

    C. 斜拉破坏   D. 超筋破坏

12. 梁内弯起多排钢筋时，相邻上下弯点间距 $s \leqslant s_{\max}$ 其目的是保证（　　　）。

    A. 斜截面受剪承载力   B. 斜截面受弯承载力

    C. 正截面受弯承载力   D. 正截面受剪承载力

13. 梁的斜截面受剪承载力计算公式是根据何破坏形态建立的（　　　）。

    A. 斜压破坏   B. 剪压破坏   C. 斜拉破坏

14. 梁的抵抗弯矩图不切入设计弯矩图，则可保证全梁的（　　　）

    A. 斜截面受弯承载力   B. 斜截面受剪承载力

    C. 正截面受弯承载力   D. 正截面受剪承载力

15. 规范中，有腹筋梁斜截面受剪承载力计算中的集中荷载为主的情况指的是下列（　　　）

    A. 全部荷载都是集中荷载的独立梁

    B. 作用有多种荷载，且其中集中荷载对支座截面或节点边缘所产生的剪力值占总剪力值的 80% 以上的独立梁

    C. 作用有多种荷载，且其中集中荷载对支座截面或节点边缘所产生的剪力值占总剪力值的 75% 以上的独立梁

    D. 作用有多种荷载，且其中集中荷载对支座截面或节点边缘所产生的剪力值占总剪力值的 75% 以上的受弯梁

16. 当 $\dfrac{h_w}{b} \leqslant 4.0$ 时，梁的截面尺寸应符合 $V \leqslant 0.25\beta_c f_c bh_0 / \gamma_d$ 是为了（　　　）。

    A. 防止发生斜压破坏   B. 防止发生剪压破坏

    C. 防止发生斜拉破坏   D. 防止发生斜截面受弯破坏

17. 纵筋弯起时弯起点必须设在该钢筋的充分利用点以外不小于 $0.5h_0$ 的地方，这一要求是为了保证（　　　）。

    A. 正截面受弯承载力   B. 斜截面受剪承载力

    C. 斜截面受弯承载力   D. 钢筋的锚固要求

18. 当将纵向受拉钢筋截断时，应从理论切断点及充分作用点延伸一定的长度，这是为了保证梁的（　　）。

    A. 正截面受弯承载力　　　　　　　　B. 斜截面受剪承载力

    C. 斜截面受弯承载力　　　　　　　　D. 钢筋的一般构造要求

19. 当 $V > 0.7 f_t bh_0/\gamma_d$ 时，箍筋的配置应满足它的最小配箍率要求。若箍筋采用 HPB300 钢筋，最小配箍率 $\rho_{svmin} = $（　　）。

    A. 0.08%　　　　　　　　　　　　　B. 0.10%

    C. 0.12%　　　　　　　　　　　　　D. 0.15%

20. 图 4-24 所示悬臂梁中，哪一种配筋方式是对的（　　）。

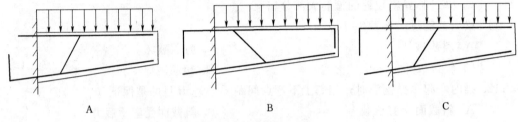

    A   B   C

图 4-24　悬臂梁配筋方式

21. 当 $V > 0.25 \beta_c f_c bh_0/\gamma_d$ 时，应采取的措施是（　　）。

    A. 增大箍筋直径或减小箍筋间距

    B. 提高箍筋的抗拉强度设计值

    C. 加配弯起钢筋

    D. 加大截面尺寸或提高混凝土强度等级

4.2.2　问答题

1. 钢筋混凝土梁中为什么会出现斜裂缝？它将沿着怎样的途径发展？

2. 什么叫骨料咬合力和纵筋销栓力？它在梁的受剪中起什么作用？

3. 无腹筋梁斜裂缝形成以后，斜裂缝处纵筋应力和压区混凝土的受力将发生怎样的变化？

4. 无腹筋梁的剪切破坏形态主要有哪几种？配置腹筋后有什么影响？

5. 为什么梁内配置腹筋可大大加强斜截面受剪承载力？

6. 影响梁斜截面受剪承载力的因素有哪些？

7. 为什么箍筋对斜压破坏梁的受剪承载力不能起到提高作用？

8. 梁的斜截面受剪承载力计算公式有什么限制条件？其意义是什么？

9. 如何评论"满足最小配箍率是为了防止发生斜拉破坏"这种说法？

10. 箍筋的最小直径和最大间距分别和哪些因素有关？

11. 截面承受剪力未超过无腹筋梁的受剪承载力时，可按构造要求选配箍筋。这里的构造要求是指什么？

12. 在梁中弯起一部分钢筋用于斜截面抗剪时，应注意哪些问题？

13. 保证受弯构件斜截面受弯承载力的主要构造措施有哪些？并简述理由。

4.3 设 计 计 算

1. 某钢筋混凝土矩形截面简支梁,安全等级为二级,处于淡水环境大气区(不受水汽积聚),截面尺寸 $b \times h = 250\text{mm} \times 600\text{mm}$,净跨 $l_n = 5.50\text{m}$,运行期承受均布荷载设计值 $q = 82.50\text{kN/m}$(包括自重)。混凝土强度等级为 C30,纵向钢筋采用 HRB400,箍筋采用 HPB300,按正截面受弯承载力计算已配有 2 ⊈ 22 + 4 ⊈ 20 的纵向受拉钢筋,求:

(1) 只配箍筋,要求选出箍筋的直径和间距;

(2) 按构造要求和最小配箍率配置较少数量的箍筋,计算所需弯起钢筋的排数和数量,并选定直径和根数。

提示:纵向受拉钢筋双层布置。

2. 某钢筋混凝土矩形截面简支梁,安全等级为二级,处于淡水环境大气区(受水汽积聚),截面尺寸为 $b \times h = 250\text{mm} \times 600\text{mm}$,净跨 $l_n = 5.65\text{m}$。在使用阶段承受恒载标准值 $g_k = 10.50\text{kN/m}$(包括梁自重),均布活荷载标准值 $q_k = 60.0\text{kN/m}$ ($\gamma_Q = 1.40$)。混凝土强度等级为 C35,纵向钢筋采用 HRB400,箍筋采用 HPB300。经计算,受拉区配有 5 ⊈ 25 和受压区配有 2 ⊈ 14 的纵向钢筋。若全梁配有双肢Φ6@150mm 的箍筋,试验算此梁的斜截面受剪承载力,若不满足要求,配置该梁的弯起钢筋。

提示:纵向受拉钢筋双层布置。

3. 如图 4-25 所示的矩形截面钢筋混凝土简支梁,安全等级为二级,处于淡水环境大气区(水气积聚),截面尺寸 $b \times h = 250\text{mm} \times 600\text{mm}$,计算跨度 $l_0 = 4.0\text{m}$,净跨 $l_n = 3.80\text{m}$。持久状况下,两个移动集中荷载相距 1.0m,设计值 $Q = 160.0\text{kN}$;均布荷载设计值 $g + q = 20.0\text{kN/m}$(包括梁自重)。混凝土选用 C35,箍筋和纵向钢筋采用 HRB400,求:

(1) 求纵向钢筋用量;

(2) 不配弯起钢筋,求箍筋数量;

(3) 画配筋图。

提示:该梁主要受集中荷载作用,纵向受拉钢筋双层布置。

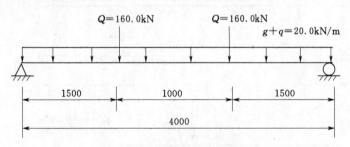

图 4-25 钢筋混凝土简支梁

△4. 有一根进行抗剪强度试验的钢筋混凝土简支梁如图 4-26 所示,跨度 $l = 2.50\text{m}$,矩形截面 $b \times h = 150\text{mm} \times 300\text{mm}$。纵向受拉钢筋采用 2 ⊈ 22 ($A_s = 760\text{mm}^2$),实测平均屈服强度 $f_y^0 = 390\text{N/mm}^2$;受压钢筋 2 Φ 8 ($A_s' = 101\text{mm}^2$),实测平均屈服强度 $f_y'^0 = 350\text{N/mm}^2$;箍筋双肢Φ 6 ($A_{sv} = 56\text{mm}^2$),间距 $s = 150\text{mm}$,实测平均屈服强度

$f_{yv}^0 = 350\text{N/mm}^2$；混凝土实测立方体抗压强度 $f_{cu}^0 = 22.5\text{N/mm}^2$。纵向钢筋保护层厚度 25mm，两根主筋在梁端有可靠锚固，采用两点加荷。问：能否保证这根试验梁是剪压破坏？

提示：在预判试验结果时，没有可靠度要求，荷载和材料强度均应采用实际值，也不考虑结构重要性系数。

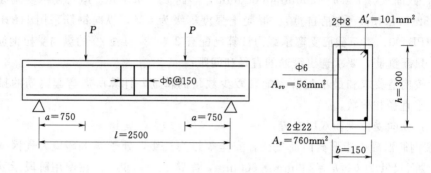

图 4-26　钢筋混凝土简支梁

5. 如图 4-27 所示的矩形截面钢筋混凝土外伸梁，安全等级为二级，处于淡水环境大气区（不受水汽积聚），截面尺寸 $b \times h = 250\text{mm} \times 700\text{mm}$。运行期承受的荷载设计值如计算简图所示，其中永久荷载已考虑自重。混凝土强度等级为 C30，纵向受力钢筋采用 HRB400，箍筋采用 HPB300。试按下列要求进行计算：

(1) 确定纵向受力钢筋（跨中、支座）的直径和根数；

(2) 确定腹筋（包括弯起钢筋）的直径和间距（箍筋建议选双肢 $\phi 8@250$）；

(3) 按抵抗弯矩图布置钢筋，绘出纵剖面、横剖面配筋图及单根钢筋下料图。

提示：在确定梁的控制截面内力时，要考虑活荷载的不利位置。纵向受力钢筋单层布置。

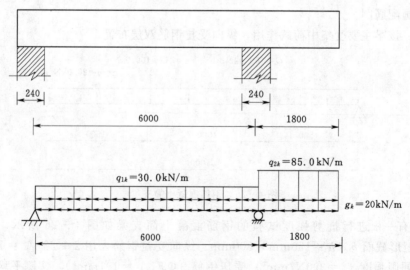

图 4-27　钢筋混凝土外伸梁

4.4 参考答案

4.4.1 单项选择题

1. B　2. A　3. B　4. D　5. A　6. C　7. B　8. A　9. C　10. C　11. A　12. A　13. B　14. C　15. C　16. A　17. C　18. C　19. C　20. B　21. D

4.4.2 问答题

1. 钢筋混凝土梁在弯矩 M 和剪力 V 共同作用的区段，存在着由 M 产生的法向应力 σ 和由 V 产生的剪应力 τ，二者组合成主应力，该主拉应力与梁轴线不垂直。当一段范围内的主拉应力 σ_{tp} 超过了混凝土的抗拉强度 f_t 时，将出现与 σ_{tp} 方向垂直的斜向裂缝，斜裂缝将沿着主压应力的轨迹发展。

2. 由于斜裂缝面的凸凹不平，当斜裂缝两侧产生相对滑移时，斜裂缝面间存在着由骨料的机械咬合作用和摩擦阻力形成的滑动抗力。这种力称作骨料咬合力，它可以传递斜截面的一部分剪力，但是随斜裂缝宽度的开展，骨料咬合力将逐渐减少，以致消失。由于斜裂缝的两边有相对的上下错动，跨越斜裂缝的纵向受拉钢筋也能传递一部分剪力，这种作用称作纵筋销栓力，但随着纵筋劈裂裂缝的发展，销栓力也将逐渐降低。

3. 无腹筋梁在斜裂缝形成并开展以后，骨料咬合力及销栓力逐步消失，斜截面上的全部压力和剪力由余留的压区混凝土承担，因此在余留的压区面积上形成较大压应力和剪应力。同时斜裂缝处纵筋的应力 σ_s 有显著的增大，这是因为斜裂缝出现以前，该处 σ_s 大小取决于正截面弯矩 M_B（图 4-28），斜裂缝形成以后，σ_s 大小取决于斜截面 AB 的弯矩 M_{AB}，$M_{AB}=M_A$，而 $M_A>M_B$，所以斜裂缝出现后，σ_s 有很大的增加。

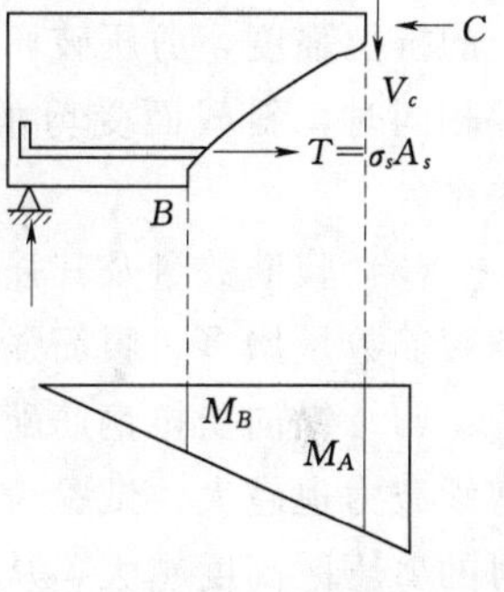

图 4-28　无腹筋梁弯矩图

4. 当仅受集中荷载时，破坏发生条件主要与剪跨比 λ 有关，随剪跨比 λ 的不同，无腹筋梁有以下 3 种破坏形态：

(1) 当 $\lambda>3$ 时发生斜拉破坏，其破坏特征是斜裂缝一出现就很快延伸到梁顶，把梁斜劈成两半，破坏面上无压碎痕迹，为主拉应力达到混凝土抗拉强度的受拉破坏，开裂荷载和破坏荷载几乎相等。

(2) 当 $\lambda=1\sim3$ 时发生剪压破坏，其破坏特征是斜裂缝出现后荷载仍能有较大的增长，最后压区混凝土在压应力和剪应力共同作用下达到复合受力强度被压坏。

(3) 当 $\lambda<1$ 时发生斜压破坏，其特征是斜裂缝多而密，梁腹在主压应力作用下发生有如斜向受压短柱的受压破坏，破坏荷载比开裂荷载高很多。

总的来看，无腹筋梁发生上述 3 种破坏形态时，梁的跨中挠度都不大，所以都属于脆性破坏，其中斜拉破坏和斜压破坏的脆性更严重。因此设计时，应尽可能防止出现斜截面受剪破坏，特别是斜拉和斜压破坏。

当配置腹筋后，除剪跨比 λ 以外，腹筋的数量也对有腹筋梁的破坏形态和斜截面受剪承载力有很大影响。

腹筋配置比较适中的有腹筋梁大部分发生剪压破坏。这种梁在斜裂缝出现后由于腹筋受力限制了斜裂缝的开展，腹筋屈服后，斜裂缝延伸加快，最后残余截面混凝土在剪-压作用下达到极限强度而破坏。当腹筋配置得过多或剪跨比很小，尤其梁腹较薄（例如 T 形或 I 形薄腹梁）时，将发生斜压破坏，腹筋不能达到屈服，梁腹斜裂缝间的混凝土由于主压应力过大而发生斜压破坏。腹筋数量配置很少且剪跨比较大的有腹筋梁，斜裂缝一旦出现，由于腹筋承受不了原来由混凝土所承担的拉力而立即屈服，与无腹筋梁一样产生斜拉破坏。

5. 腹筋对提高梁的受剪承载力的作用主要是以下几个方面：

（1）腹筋直接承担了斜截面上的一部分剪力。

（2）腹筋能阻止斜裂缝开展过宽，延缓斜裂缝向上伸展，保留了更大的混凝土余留截面，从而提高了混凝土的受剪承载力 V_c。

（3）腹筋的存在延缓了斜裂缝的开展，提高了骨料咬合力 V_y。

（4）箍筋控制了沿纵筋的劈裂裂缝的发展，使销栓力有所提高 V_d。

上述作用说明腹筋对梁受剪承载力的影响是综合的，多方面的。

6.（1）剪跨比。剪跨比是集中荷载作用下影响梁斜截面受剪承载力的主要因素，当剪跨比 $\lambda \leqslant 3$ 时，随着剪跨比的增加，斜截面受剪承载力降低，即剪跨比大的梁受剪承载力比剪跨比小的梁低。

（2）混凝土强度等级。从斜截面破坏的几种主要形态可知，斜拉破坏主要取决于混凝土的抗拉强度，剪压破坏和斜压破坏与混凝土的抗压强度有关，因此，在剪跨比和其他条件相同时，斜截面受剪承载力随混凝土强度的提高而增大，试验表明二者大致呈线性关系。

（3）腹筋数量及其强度。试验表明，在配箍（筋）量适当的情况下，梁的受剪承载力随腹筋数量增多、腹筋强度的提高而有较大幅度的增长，大致呈线性关系。

（4）纵向受拉钢筋配筋率。在其他条件相同时，纵向受拉钢筋配筋率越大，斜截面受剪承载力也越大，试验表明，二者也大致呈线性关系。这是因为，纵筋配筋率越大则破坏时的剪压区高度越大，从而提高了混凝土的抗剪能力；同时，纵筋可以抑制斜裂缝的开展，增大斜裂缝间的骨料咬合力，纵筋本身的横截面也能承受少量剪力（即销栓力）。

（5）截面尺寸和截面形状。梁的截面尺寸和截面形状也对斜截面受剪承载力有所影响：大截面尺寸梁的 $V_c/(bh_0 f_t)$ 相对偏低，存在着所谓的尺寸效应；T 形、I 形截面梁的受剪承载力略高于矩形截面梁。

（6）加载方式。当荷载不是作用在梁顶而是作用在梁的侧面时，即使剪跨比很小的梁也可能发生斜拉破坏。

7. 配箍筋梁的受力如同一拱形桁架，斜裂缝以上部分混凝土为受压弦杆，纵向受拉钢筋为下弦拉杆，斜裂缝间混凝土齿状体有如受压斜腹杆，箍筋起到受拉竖杆的作用。但箍筋本身并不能将荷载作用传递到支座上，而是把斜压杆（齿状体）传来的荷载悬吊到受压弦杆（近支座处梁腹混凝土）上去，最终所有荷载仍通过梁腹传至支座，因此箍筋的存在并不能减少梁腹的斜向应力，故不能提高斜压破坏的斜截面受剪承载力。

8. 有截面限制条件和最小配箍率两个限制条件。

（1）截面限制条件是：

当 $h_w/b \leqslant 4.0$ 时：$V \leqslant 0.25\beta_c f_c b h_0 / \gamma_d$

当 $h_w/b \geqslant 6.0$ 时：$V \leqslant 0.20\beta_c f_c b h_0 / \gamma_d$

当 $4.0 < h_w/b < 6.0$ 时：按直线内插法取用。

截面限制条件有 3 个意义：①防止发生斜压破坏，这是主要的；②使得在使用条件下，斜裂缝不致过宽，一般不大于 0.20mm；③符合经济要求，因为这一条件实际上控制了配箍率的上限，发生斜压破坏时箍筋是不能充分发挥作用的。

在教材式（4-16）中，令 $V = 0.25\beta_c f_c b h_0 / \gamma_d$，并为简化，假定梁高小于 800mm，有 $\beta_h = 1.0$；混凝土强度等级不大于 C50，有 $\beta_c = 1.0$，则

$$V = V_{cs}/\gamma_d = \left(0.7 f_t b h_0 + f_{yv}\frac{A_{sv}}{s}h_0\right)/\gamma_d$$

从而可以得到

$$0.7 f_t b h_0 + f_{yv}\frac{A_{sv}}{s}h_0 = 0.25 f_c b h_0$$

在此等式中近似取 $f_t \approx 0.1 f_c$，可以得到

$$f_{yv}\frac{A_{sv}}{s}h_0 = (0.25 - 0.07)f_c b h_0$$

两边同除以 $f_{yv}bh_0$，得

$$\frac{A_{sv}}{bs} = 0.18 f_c / f_{yv}$$

该式左边是箍筋的配箍率，该式就是防止发生斜压破坏的最大配箍率，从而说明满足了截面限制条件也就控制了配箍率的上限。

（2）最小配箍率条件是：

当 $V > 0.7 f_t b h_0 / \gamma_d$ 时：$\rho_{sv} = \frac{A_{sv}}{bs} \geqslant \rho_{svmin}$。对光圆钢筋，$\rho_{svmin} = 0.12\%$；对带肋钢筋，$\rho_{svmin} = 0.08\%$。

最小配箍率的意义是防止斜裂缝一出现箍筋应力就达到屈服点，不能阻止斜裂缝的展开，箍筋起不了应有的作用，当剪跨比 λ 较大时还会导致斜拉破坏发生。

箍筋间距也不宜过大，以免斜裂缝与箍筋不相交，所以对箍筋最大间距 s_{max} 也有规定。

9. 这个说法不完全正确。

要求箍筋用量满足最小配箍率要求是为了防止箍筋过少，斜裂缝出现后箍筋过早屈服而起不到预期的作用。如果梁的剪跨比较大，箍筋过早屈服会导致发生斜拉破坏，这种说法是正确的；但如果剪跨比不大，即使是无腹筋梁也不会发生斜拉破坏，这时这种说法就不正确了。

此外，为防止斜拉破坏的发生，应确保有足够的箍筋参与受力，即斜裂缝应与足够多的箍筋相交，所以，还应限制箍筋的最大间距，应满足 $s \leqslant s_{max}$。

10. 箍筋的最小直径和截面高度、截面内是否有受压钢筋、是否处于纵向受力钢筋搭接范围有关，具体为：

（1）箍筋除了承受剪力之外，还起到限制截面内部混凝土的横向膨胀变形的作用：当

截面高度较大，截面内余留的剪压区也就越大，压力作用下其横向变形也越大，需要的箍筋直径也就越大。

（2）当截面内配置有纵向受压钢筋，为有效防止纵向受压钢筋的屈曲，箍筋直径不能过小。

（3）当截面处于纵向受力钢筋搭接范围时，为了保证钢筋与混凝土之间的黏结，应适当增加箍筋数量，且箍筋直径不能过小。

此外，箍筋还起到与纵向钢筋绑扎形成钢筋骨架的作用。截面尺寸越大，意味着钢筋骨架的尺寸越大，为保证钢筋骨架具有一定的刚度，箍筋直径也不宜太小。

箍筋最大间距与截面承受的剪力大小以及截面高度有关，具体为：

（1）如果截面承受剪力很小，没有超过无腹筋梁可承受的剪力，理论上可以不配置箍筋，此时，可适当放宽箍筋最大间距的要求。而如果剪力较大，必须要箍筋共同承受，就需要减小箍筋最大间距，保证箍筋与斜裂缝相交以发挥作用。

在一根梁中，剪力沿梁轴线方向大小发生变化时，可以沿梁长方向分区段采用不同的箍筋间距。

（2）为保证箍筋能发挥作用，应有足够多的箍筋与斜裂缝相交。梁截面高度越小，斜裂缝在梁轴线方向的水平投影长度就越短，为保证有足够的箍筋能与斜裂缝相交就需要将箍筋布置得越密，因而箍筋最大间距越小。反之亦然。

11. 按构造要求选配箍筋，指的是箍筋直径和箍筋间距应满足构造要求。

（1）箍筋直径不宜小于 6mm，梁高大于 800mm 时不宜小于 8mm。梁中有计算需要的纵向受压钢筋时，还不应小于 $d/4$，d 为纵向受压钢筋直径。

（2）箍筋间距不得大于箍筋最大间距，箍筋最大间距要求见教材表 4-1。梁中有计算需要的纵向受压钢筋时，在绑扎搭接骨架中箍筋间距不应大于 $15d$，在机械连接和焊接钢筋骨架中不应大于 $20d$，且都不大于 $400mm$；若一层受压钢筋多于 5 根且直径大于 18mm，箍筋间距不应大于 $10d$，d 为纵向受压钢筋最小直径。

（3）在梁内纵向受力钢筋搭接长度范围内，宜加密箍筋，对纵向受拉钢筋，箍筋间距不应大于 $5d$ 和 100mm，对纵向受压钢筋不应大于 $10d$ 和 200mm。

12. 应注意弯起位置和弯起钢筋的锚固。

（1）满足斜截面受弯承载力的纵筋弯起位置。图 4-29 表示弯起钢筋时的抵抗弯矩图与弯矩图形的关系。

钢筋②在受拉区的起弯点为 1，按正截面受弯承载力计算不需要该钢筋的截面为 2，该钢筋强度充分利用的截面为 3，它能承担的弯矩为图中阴影部分，则可以证明，当起弯点与按计算充分利用该钢筋的截面之间的距离不小于 $0.5h_0$ 时，可以满足斜截面受弯承载力的要求（保证斜截面的受弯承载力不低于正截面受

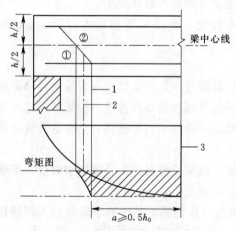

图 4-29　弯起钢筋时的抵抗弯矩图
与弯矩图形的关系

弯承载力）。自然，钢筋弯起后与梁中心线的交点应在该钢筋正截面抗弯不需要点之外。总之，若利用弯起钢筋抗剪，则钢筋弯起点的位置应同时满足抗剪位置（由抗剪计算确定）、正截面抗弯（抵抗弯矩图覆盖弯矩图）及斜截面抗弯（$a \geqslant 0.5h_0$）3 项要求。

（2）弯起钢筋的锚固。当采用绑扎骨架时，弯起钢筋的弯终点外应留有锚固长度，其长度在受拉区不应小于 $20d$，在受压区不应小于 $10d$，对光圆钢筋在末端尚应设置弯钩，位于梁底层两侧的钢筋不应弯起，弯起钢筋不得采用浮筋。当支座处剪力很大而又不能利用纵筋弯起抗剪时，可设置仅用于抗剪的吊筋，其端部锚固要求与弯起钢筋相同。

13. 保证受弯构件斜截面受弯承载力的主要构造措施有以下几点：

（1）纵向受拉钢筋起弯点应设在按正截面抗弯计算该钢筋被充分发挥作用的截面以外，其水平距离应不小于 $0.5h_0$ 处。这样就可大致使得斜截面抗弯承载力大于或等于正截面抗弯承载力。

（2）纵向受拉钢筋一般不宜在受拉区截断，以防止截断钢筋的滑动而导致局部开裂过大，挠度加大及受剪承载力的降低。

（3）纵向受拉钢筋必须截断时，应伸出按正截面抗弯计算不需要此钢筋的截面以外，即从钢筋的理论切断点延伸长度不应小于 $20d$。同时，自钢筋的充分利用点至该钢筋的切断点的距离应满足 $\geqslant 1.2l_a$（$V \leqslant 0.7f_tbh_0/\gamma_d$）或 $\geqslant 1.2l_a + h_0$（$V > 0.7f_tbh_0/\gamma_d$），这是因为斜截面所承担的弯矩大于理论截断点处正截面的弯矩，当钢筋有足够的延伸长度时，能使沿斜裂缝截到足够的箍筋参加抗弯而补偿了上述弯矩的差额。

（4）伸入支座的纵向受拉钢筋应有足够的锚固长度，以防止斜裂缝形成后，纵向受拉钢筋被拔出而导致梁的破坏。

第 5 章 钢筋混凝土受压构件承载力计算

除了梁、板等受弯构件以外，钢筋混凝土受压构件（柱）也是实际工程中一种基本受力构件，本章介绍受压构件的承载力计算方法及相应的构造要求。学完本章后，应在掌握受压构件计算理论（正截面受压破坏形态与判别条件、正截面受压承载力基本假定与计算简图、正截面受压承载力公式推导与适用条件、N_u 与 M_u 的关系、斜截面受剪承载力组成等）的前提下，能进行一般受压构件承载力的设计与复核。本章主要学习内容有：

(1) 受压构件正截面受压破坏形态。

(2) 受压构件正截面受压承载力计算的基本假定、计算简图和基本公式。

(3) 偏压构件正截面承载力 N_u 与 M_u 的关系。

(4) 受压构件的斜截面受剪承载力计算。

(5) 截面设计方法和构造知识。

(6) 截面复核方法。

偏心受压构件除矩形截面外，还可能是 T 形、I 形、圆形和环形截面，因限于篇幅，教材只介绍了矩形截面、环形与圆形截面，且对环形与圆形截面偏心受压构件只给出计算基本假定与公式推导过程。在今后设计中如遇到其他截面的受压构件，可查阅相关设计规范或有关专著。

5.1 主 要 知 识 点

5.1.1 受压构件分类

按力的作用位置来分，受压构件分为轴心受压构件与偏心受压构件。轴心受压构件的轴向压力 N 作用在截面重心，偏心距 $e_0 = 0$；偏心受压构件 $e_0 > 0$，也就是除在截面重心作用有 N 外，还有作用弯矩 M，$e_0 = M/N$。

按配筋型式来分，轴心受压构件分为普通箍筋和螺旋箍筋两种，配置螺旋箍筋的受压构件其延性比配置普通箍筋的好许多，承载力也提高；偏心受压构件又分为非对称配筋与对称配筋两种型式，两侧纵向钢筋强度等级不同或用量不相等为非对称配筋，否则为对称配筋。

按构件截面形状来分，偏心受压构件分为矩形、I 形、T 形、圆形、环形等，轴心受压构件一般设计成正方形、圆形或环形。

5.1.2 受压构件对混凝土与钢筋的要求

1. 混凝土

适筋破坏的受弯构件其正截面受弯承载力主要受控于钢筋的用量和强度，而受压构件的正截面受压承载力主要受控于混凝土的承压能力。混凝土的强度等级与轴心抗压强度呈线性关系，当承载力要求一定时，混凝土强度等级越高，构件截面尺寸可越小，较为经济。

截面尺寸由承载力确定的受压构件，如桁架、码头半圆形拱圈等受压构件可采用C30、C35或强度等级更高的混凝土；截面尺寸不是由承载力确定的受压构件，例如闸墩、桥墩等，也可采用C25混凝土，但应满足耐久性对混凝土最低强度等级的要求。

现浇的立柱其边长不宜小于300mm，否则混凝土浇筑缺陷所引起的影响就较为严重。

2. 纵向钢筋

纵向钢筋不宜采用高强钢筋。受混凝土极限压应变的限制，高强受压钢筋不能充分发挥其强度高的作用；同时在钢筋混凝土构件中，受裂缝宽度要求的限制，高强受拉钢筋也不能充分发挥其强度高的作用。因此，受压构件的纵向钢筋一般采用HRB400钢筋。

纵向钢筋直径不宜小于12mm。直径过小，钢筋骨架柔性大，施工不便。

对于矩形截面的受压构件，受压构件承受的轴向压力很大而弯矩很小时，纵向钢筋大体可沿周边布置；承受弯矩大而轴向压力小时，纵向钢筋则沿垂直于弯矩作用平面的两个侧边布置，但每边不少于2根，保证箍筋4个角都有纵向钢筋固定。对于环形和圆形截面的受压构件，纵向钢筋宜沿周边均匀布置，根数不宜少于8根，最小不应少于6根。

纵向钢筋间距不能太小也不能太大。太小，混凝土不容易浇筑；太大，箍筋约束混凝土作用就会减弱，这时要加纵向构造钢筋。

纵向钢筋用量不能过多和过少。过多，既不经济，施工也不方便，而且卸载引起的钢筋与混凝土应变差有可能使混凝土拉裂，因此纵向钢筋配筋率不宜大于5%。过少，构件破坏时呈脆性，不利抗震；同时在荷载长期作用下，混凝土徐变会使混凝土应力减小，钢筋应力增大，钢筋太少会引起钢筋过早屈服，因此要规定最小配筋率。

需要强调的是，受压构件纵向钢筋配筋率ρ的定义和受弯构件不同。受压构件的ρ定义为钢筋面积与全截面面积的比值，而在受弯构件中的截面面积要扣除受压翼缘的面积。

3. 箍筋

受压构件中的箍筋能阻止纵向钢筋受压时的向外弯凸，约束混凝土，防止混凝土保护层横向胀裂剥落；此外，还起抵抗剪力及增加受压构件延性的作用。箍筋数量越多，对柱子的侧向约束程度越大，柱子的延性就越好，特别是螺旋箍筋对增加延性的效果更为有效，对抗震有利。因此受压构件必须配置箍筋，且适当加强箍筋配置是十分必要的。

受压构件中的箍筋都应做成封闭式，与纵向钢筋绑扎或焊接形成整体骨架。在墩墙类受压构件（如闸墩）中，则可用水平钢筋代替箍筋，但应设置联系拉筋拉住墩墙两侧的纵向钢筋。

为了防止中间纵向钢筋的曲凸，除设置基本箍筋外还须设置附加箍筋，形成所谓的复合箍筋，原则上希望纵向钢筋每隔一根就置于箍筋的转角处，使该纵向钢筋能在两个方向受到固定。

不应采用有内折角的箍筋［图5-1（b）］，内折角箍筋受力后有拉直的趋势［图5-1（c）］，易使转角处混凝土崩裂。遇到截面有内折角时，箍筋可按图5-1（a）的方式布置。

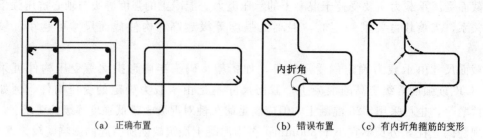

（a）正确布置　　　　　　　　（b）错误布置　　　（c）有内折角箍筋的变形

图 5-1　截面有内折角时箍筋的布置

　　为保证箍筋的作用，箍筋直径和间距都有相应的要求。箍筋直径不能太细，间距不能太大。但箍筋直径也不能太粗，直径太粗不易加工。由于箍筋用于约束纵向钢筋，所以纵向钢筋直径越大，就要求箍筋直径越大。同时，箍筋也用于形成骨架，所以纵向钢筋直径越大，骨架刚度越好，箍筋间距就可越大。

5.1.3　受压构件正截面受压的破坏特征

5.1.3.1　轴心受压构件

　　对于短柱，轴向压力的初始偏心引起的附加弯矩可以忽略不计，因而从加载到破坏，短柱全截面受压，压应变均匀；钢筋与混凝土共同变形，两者压应变始终相同。

　　对于普通箍筋短柱，一般是纵向钢筋先达到屈服强度 $\sigma'_s \to f'_y$，然后混凝土达到极限压应变 $\varepsilon_c \to \varepsilon_{cu}$，构件破坏。破坏时，混凝土应力均匀，$\sigma_c = f_c$，$\sigma'_s = f'_y$。

　　对于螺旋箍筋短柱，破坏时，箍筋 $\sigma_{sv} \to f_{yv}$，纵向钢筋 $\sigma'_s \to f'_y$，$\varepsilon_c \to \varepsilon_{cu}$，混凝土应力均匀，由于箍筋给核心混凝土提供围压，使核心混凝土处于三向受压状态，这时的混凝土能承受的压应力远大于单轴抗压强度 f_c。混凝土抗压强度提高的程度和箍筋能给核心混凝土提供围压大小有关。

图 5-2　长柱轴心受压破坏形态

　　对于长柱，轴向压力的初始偏心引起的附加弯矩不可忽略。在轴向压力作用下，不仅发生压缩变形，同时还发生纵向弯曲，产生横向挠度。在荷载不大时，长柱虽仍全截面受压，但内凹一侧的压应力就比外凸一侧来得大。

　　长柱破坏时，凹侧边缘混凝土达到极限压应变 $\varepsilon_c \to \varepsilon_{cu}$，凸侧由受压突然变为受拉，出现水平的受拉裂缝（图 5-2）。长柱破坏荷载小于短柱，且柱子越细长破坏荷载小得越多。

5.1.3.2　矩形偏心受压构件

　　矩形偏心受压短柱的破坏形态可归纳为受拉破坏和受压破坏两类，也称大偏心受压破坏和小偏心受压破坏。

　　1. 受拉破坏

　　受拉破坏发生于偏心距 e_0 较大且纵向受拉钢筋数量适中时，这时截面部分受拉、部分受压。它的破坏特征为：纵向受拉钢筋应力先达到屈服强度，然后截面受压边缘混凝土达到极限压应变，与配筋量适中的双筋受弯构件的破坏相类似。破坏有明显的预兆，裂缝、变形显著发展，具有延性破坏性质。如图 5-3 所示。

破坏时，$\sigma_s \to f_y$，$\varepsilon_s > \varepsilon_y$，$\varepsilon_c = \varepsilon_{cu}$，$\sigma'_s = f'_y$。

2. 受压破坏

受压破坏发生于偏心距 e_0 较小 [图 5-4 (a) 和图 5-4 (b)]，或偏心距 e_0 较大但纵向受拉钢筋配筋率很高 [图 5-4 (c)] 时。图 5-4 中，把靠近纵向力一侧的钢筋用 A'_s 表示，而把远离纵向力一侧的钢筋，无论其受拉或受压，均用 A_s 表示。

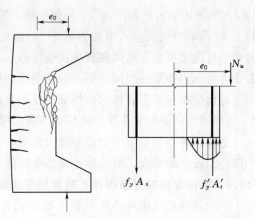

（1）当偏心距较很小时，截面全部受压。破坏时，靠近轴向压力一侧受压边缘混凝土达到极限压应变，另一侧受压边缘混凝土未达到极限压应变。

图 5-3 偏心受压短柱受拉破坏

（2）当偏心距稍大时，截面出现小部分受拉区。破坏时，受压边缘混凝土达到极限压应变，纵向受拉钢筋达不到屈服，破坏无明显预兆。

（3）当偏心距较大时，原本应发生大偏心受拉破坏，但若纵向受拉钢筋配置过多，破坏仍由受压边缘混凝土达到极限压应变引起，受拉钢筋未达到屈服。这种破坏性质与超筋梁类似，在设计中应予避免。

（4）此外，在偏心距 e_0 极小 [图 5-4 (d)]，同时距轴向压力较远一侧的纵向钢筋 A_s 配置过少时，破坏也可能在距轴向压力较远一侧发生。这是因为当偏心距极小时，如混凝土质地不均匀或考虑纵向钢筋截面面积后，截面的实际重心（物理中心）可能偏到轴向压力的另一侧。此时，离轴向压力较远的一边压应力就较大，靠近轴向压力一边的应力反而较小。破坏也就可能从离轴向压力较远的一边开始。

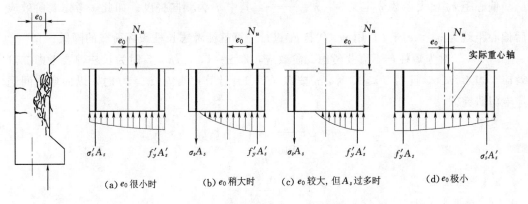

(a) e_0 很小时　　(b) e_0 稍大时　　(c) e_0 较大，但 A_s 过多时　　(d) e_0 极小

图 5-4 偏心受压短柱破坏形态

因此，受压破坏的破坏特征为：靠近轴向力一侧受压边缘混凝土达到极限压应变；另一侧受压或受拉，但受压时边缘混凝土未达到极限压应变，受拉时钢筋未达到屈服。破坏没有明显预兆，具有脆性破坏性质。

破坏时，$\sigma_s < f_y$ 或 $\sigma_s < f'_y$，$\varepsilon_c = \varepsilon_{cu}$，$\sigma'_s = f'_y$。

对于长柱，在轴向压力作用下，构件会产生侧向挠度 f，构件的初始偏心距就由 e_i（$e_i = e_0 + e_a$；$e_0 = M/N$；e_a 为规范规定的附加偏心距，取 20mm 与偏心方向截面尺寸的 1/30 两者中较大值）增加为 $e_i + f$，偏心距的增大将产生二阶效应，使作用在截面上的弯矩也随之增大，从而使破坏荷载降低，且柱子越细长破坏荷载降低越多，但破坏时截面受力状态仍和短柱相同，仍可分为受拉破坏与受压破坏。

对比受拉与受压破坏时的特征可知，其破坏的本质区别是离轴向压力较远侧纵向钢筋 A_s 能否屈服，能屈服为受拉破坏，不能屈服为受压破坏。

受拉破坏一般发生于偏心距较大的场合，故也称大偏心受压破坏；受压破坏一般发生于偏心距较小的场合，故也称小偏心受压破坏。

5.1.4 纵向弯曲对受压构件正截面受压承载力影响的考虑

不论是轴心受压构件还是偏心受压构件，长柱的破坏荷载都小于短柱，且长细比越大，破坏荷载降低越多，在设计中必须考虑由于纵向弯曲对柱子正截面受压承载力降低的影响。对轴心受压构件，采用稳定系数 φ 来考虑；对偏心受压构件，则采用偏心距增大系数 η 来考虑。

1. 轴心受压构件

稳定系数 φ 定义为：长柱正截面受压承载力（临界压力）与短柱正截面受压承载力的比值，即 $\varphi = N_{u长} / N_{u短}$，显然 φ 是一个小于 1 的数值。

影响 φ 值的主要因素为柱的长细比 l_0/b、l_0/d（b 为矩形截面柱短边尺寸，d 为圆形截面直径，l_0 为柱子的计算长度），教材表 5-1 给出了 φ 值与 l_0/b、l_0/d 的关系。从教材表 5-1 看到，当 $l_0/b \leqslant 8$ 或 $l_0/d \leqslant 7$ 时，$\varphi \approx 1$；当 $l_0/b > 8$ 或 $l_0/d > 7$ 时，φ 值随 l_0/b、l_0/d 的增大而减小。因此，$l_0/b = 8$ 和 $l_0/d = 7$ 为短柱与长柱的分界。

2. 偏心受压构件

偏心距 e_0 增大系数 η 定义为：$\eta = \dfrac{e_i + f}{e_i}$，其中 f 为侧向挠度。如此，考虑二阶效应后偏心距就为 $\eta e_i = e_i + f$，用 ηe_i 代替 e_i 进行计算就能考虑长柱破坏荷载的降低。

$l_0/h \leqslant 5$ 时为短柱，不需要考虑二阶效应，取 $\eta = 1$；$l_0/h > 5$ 时为长柱，要考虑二阶效应。当 $l_0/h > 5$ 且 $l_0/h \leqslant 30$ 时，η 按式（5-1）计算；当 $l_0/h > 30$ 时，纵向弯曲问题应专门研究。

$$\eta = 1 + \frac{1}{1400 \dfrac{e_i}{h_0}} \left(\frac{l_0}{h} \right)^2 \zeta_1 \zeta_2 \qquad (5-1a)$$

$$\zeta_1 = \frac{0.5 f_c A}{N} \qquad (5-1b)$$

$$\zeta_2 = 1.15 - 0.01 \frac{l_0}{h} \qquad (5-1c)$$

式中：A 为构件的截面面积，T 形、I 形截面取 $A = bh + 2(b'_f - b)h'_f$；ζ_1 为偏心受压构件的截面曲率的修正系数，当 $\zeta_1 > 1$ 时，取 $\zeta_1 = 1$；ζ_2 为构件长细比对截面曲率的影响系数，当 $l_0/h \leqslant 15$ 时，取 $\zeta_2 = 1$。

需要注意的是：轴心受压构件的 φ 和偏心受压构件的 η 值都与长细比有关，但前者的长细比为 l_0/b，后者为 l_0/h，是因为：

(1) 对于偏心受压构件，弯矩是作用于截面的长边方向，故长细比中的宽度用长边的长度 h；对于轴心受压构件，初始偏心有可能出现在短边，也可能出现在长边，绕短边的惯性矩小，在两个方向计算长度相同时，将绕短边发生弯曲，故长细比中的宽度用短边的长度 b。

(2) 长细比中的长度用的是计算长度 l_0，而不是构件实际长度 l。这是因为式 (5-1) 和教材表 5-1 是由两端铰支的标准受压柱得到的，应用式 (5-1) 和教材表 5-1 时需将实际受压柱转化为两端铰支的标准受压柱，这是通过计算长度 l_0 来实现的。

5.1.5 普通箍筋轴心受压构件正截面受压承载力计算

1. 计算简图与计算公式

短柱破坏时，混凝土应力均匀 $\sigma_c = f_c$，$\sigma'_s = f'_y$，因而短柱正截面受压承载力计算简图就如图 5-5 所示。

根据如图 5-5 所示的计算简图和力的平衡条件，考虑纵向弯曲的影响，并满足承载能力极限状态的可靠度要求，得

$$N \leqslant N_u = 0.9\varphi(f_c A + f'_y A'_s) \qquad (5-2)$$

式中：N 为轴向压力设计值，为式 (2-10a)（持久组合）或式 (2-10b)（短暂组合）计算值与 γ_0 的乘积；γ_0 为结构重要性系数，对于安全等级为一级、二级、三级的结构构件，γ_0 分别取为 1.1、1.0、0.9；A 为构件全截面面积（当配筋率 $\rho' > 3\%$ 时，需扣去纵向钢筋截面面积，$\rho' = A'_s/A$）。

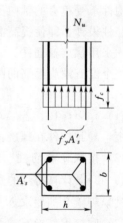

图 5-5 轴心受压短柱正截面受压承载力计算简图

2. 截面设计

已知截面尺寸和材料强度后，由式 (5-2) 得所需要钢筋截面面积：

$$A'_s = \frac{N - 0.9\varphi f_c A}{0.9\varphi f'_y} \qquad (5-3)$$

求得钢筋截面面积 A'_s 后，验算配筋率 $\rho' = A'_s/A$ 是否适中（柱子的合适配筋率在 0.8%～2.0% 之间）。如果 ρ' 过大或过小，说明截面尺寸选择不当，若截面尺寸可以改变时宜另行选定，重新进行计算。若 ρ' 小于最小配筋率 ρ'_{min}，且截面尺寸无法改变时，则取 $A'_s = \rho'_{min} A$ 选择钢筋。

3. 承载力复核

已知截面尺寸、材料强度、钢筋面积，计算 $N_u = 0.9\varphi(f_c A + f'_y A'_s)$ 和所承受的轴向压力设计值 N，最后判别是否满足 $N \leqslant N_u$。

5.1.6 螺旋箍筋轴心受压构件正截面受压承载力计算

1. 计算简图与计算公式

螺旋箍筋柱破坏时，纵向钢筋 $\sigma'_s = f'_y$，合力为 $f'_y A'_s$；保护层已经剥落，只有核心混

凝土 A_{cor} 承受压力，混凝土合力除 f_cA_{cor} 外，还有箍筋给核心混凝土提供的围压产生的提高量 $2\alpha f_{yv}A_{ss0}$。满足承载能力极限状态的可靠度要求，得

$$N\leqslant N_u=0.9(f_cA_{cor}+f'_yA'_s+2\alpha f_{yv}A_{ss0}) \tag{5-4}$$

式中：A_{cor} 为构件的核心混凝土面积，$A_{cor}=\pi d_{cor}^2/4$，d_{cor} 为核心混凝土的直径，也就是箍筋内径；f_{yv} 为箍筋抗拉强度设计值；α 为间接钢筋（螺旋式箍筋或焊接环式箍筋）对混凝土约束的折减系数，C50 及以下混凝土取 $\alpha=1.0$，C80 混凝土取 $\alpha=0.85$，其间 α 按线性内插法确定；A_{ss0} 为间接钢筋（螺旋箍筋或焊接环式箍筋）的换算截面面积，按式（5-5）计算。

$$A_{ss0}=\frac{A_{ss1}\pi d_{cor}}{s} \tag{5-5}$$

式中：A_{ss1} 为单肢箍筋截面面积；s 为沿构件轴线方向螺旋箍筋的螺距或焊接环式箍筋的间距。

2. 螺旋箍筋柱的适用范围与限制条件

由于矩形或正方形截面受压柱施工方便，轴压构件一般采用普通箍筋柱，只有当轴心受压构件承受很大的轴向压力，而截面尺寸由于建筑上及使用上的要求不能加大，若按普通箍筋柱设计，即使提高混凝土强度等级和增加纵向钢筋用量也不能满足受压承载力要求时，才采用螺旋箍筋柱。

一个配有螺旋箍筋的圆形轴压柱是否可按螺旋箍筋柱计算，还要看能否满足它的限制条件：

(1) $l_0/d\leqslant12$。若 $l_0/d>12$，则认为长细比过大，而过大的长细比会引起较大的二阶弯矩，导致构件在螺旋箍筋或焊接环式箍筋达抗拉设计强度之前已经破坏。

(2) 按螺旋箍筋柱［式（5-4）］计算得到受压承载力 N_u 要大于按普通箍筋柱［式（5-2）］计算得到的受压承载力 $N_u^{普}$，但不得大于 $1.5N_u^{普}$，以防止间接钢筋外的保护层过早剥落，即要求 $N_u^{普}<N_u\leqslant1.5N_u^{普}$。

(3) 间接钢筋换算截面面积 A_{ss0} 要大于等于纵向钢筋截面面积的 25%，不然可以认为间接钢筋因配置太少对核心混凝土的约束作用不明显。

(4) 螺旋箍筋的螺距或焊接环式箍筋的间距 s 要同时满足 $s\leqslant80\text{mm}$ 和 $s\leqslant0.20d_{cor}$，以防止箍筋太稀不能对核心混凝土提供有效的约束；同时要求 $s\geqslant40\text{mm}$，以避免因箍筋间距太密导致保护层混凝土浇筑不密实。

3. 截面设计

螺旋箍筋柱截面设计是一个试算的过程。计算步骤如下：

(1) 选定纵向钢筋配筋 ρ'，按 ρ' 得到纵向钢筋用量，选配纵向钢筋。

(2) 根据实配的纵向钢筋根数和直径，得到实配纵向钢筋截面面积 A'_s。

(3) 由式（5-4），取 $N=N_u$，计算得到 A_{ss0}，判断 $A_{ss0}\geqslant0.25A'_s$ 是否成立，不成立，则重新选定纵向钢筋配筋 ρ'。

(4) 若 $A_{ss0}\geqslant0.25A'_s$ 成立，选择箍筋直径，得单肢箍筋截面面积 A_{ss1}，由式（5-5）得箍筋间距 s。取用箍筋间距 s，取用的箍筋间距 s 需同时满足 $s\leqslant80\text{mm}$、$s\leqslant0.20d_{cor}$ 和 $s\geqslant40\text{mm}$。

（5）按实配的纵向钢筋和箍筋，按式（5-4）和式（5-2）计算 N_u 和 $N_u^普$，验算 $N_u^普 \leqslant N_u \leqslant 1.5 N_u^普$ 是否成立。

（6）若 $N_u^普 \leqslant N_u \leqslant 1.5 N_u^普$ 成立，则直接验算受压承载力能否满足，即 $N \leqslant N_u$ 是否成立；若 $N_u > 1.5 N_u^普$ 取 $N_u = 1.5 N_u^普$，若 $N_u < N_u^普$ 取 $N_u = N_u^普$，再验算 $N \leqslant N_u$ 是否成立。

4. 承载力复核

螺旋箍筋柱正截面受压承载力复核时，计算步骤如下：

（1）按式（5-2）计算得到 $N_u^普$，判断 $A_{ss0} \geqslant 0.25 A_s'$ 和 $l_0/d \leqslant 12$ 是否成立，若不成立，取 $N_u = N_u^普$；

（2）若 $A_{ss0} > 0.25 A_s'$ 和 $l_0/d \leqslant 12$ 成立，按式（5-4）计算 N_u，验算 $N_u^普 \leqslant N_u \leqslant 1.5 N_u^普$ 是否成立。

（3）若 $N_u^普 \leqslant N_u \leqslant 1.5 N_u^普$ 成立，则直接验算 $N \leqslant N_u$ 是否成立；若 $N_u > 1.5 N_u^普$ 取 $N_u = 1.5 N_u^普$，$N_u < N_u^普$ 取 $N_u = N_u^普$，再验算 $N \leqslant N_u$ 是否成立。

5.1.7 矩形截面偏心受压构件正截面受压承载力计算简图与基本公式

5.1.7.1 附加偏心距 e_a 和初始偏心距 e_i

由于工程中实际存在着荷载位置的不定性、混凝土质量的不均匀性及施工误差，偏心受压构件的实际偏心距有可能会大于 $e_0 = M/N$，规范用附加偏心距 e_a 来考虑实际偏心距大于 $e_0 = M/N$ 的可能性。即在偏心受压构件承载力计算时，除考虑由结构分析确定的 $e_0 = M/N$ 外，再考虑一个附加偏心距 e_a，取初始偏心距：

$$e_i = e_0 + e_a \tag{5-6}$$

附加偏心距 e_a 取 20mm 与偏心方向截面尺寸的 1/30 两者中的较大值。

5.1.7.2 计算简图

偏心受压构件的正截面受压承载力计算采用和受弯构件正截面计算相同的 4 个假定，并将实际的混凝土曲线型压应力分布图形简化为等效的矩形应力图形，其高度等于按平截面假定所确定的中和轴高度乘以系数 β_1，矩形应力图形的应力值取为 $\alpha_1 f_c$。

由以上假定和大偏心受压破坏时的特征（$\sigma_s \to f_y$，$\varepsilon_s > \varepsilon_y$，$\varepsilon_c = \varepsilon_{cu}$，$\sigma_s' = f_y'$），给出其正截面承载力计算简图，如图 5-6（a）所示。和受弯构件双筋截面一样，当混凝土受压区计算高度 $x < 2a_s'$ 时，$\sigma_s' < f_y'$。这时仍近似地假定受压钢筋和受压混凝土的合力点均在受压钢筋重心位置上，计算简图如图 5-6（b）所示。

同样，由以上假定和小偏心受压破坏时的特征（$\sigma_s < f_y$ 或 $\sigma_s < f_y'$，$\varepsilon_c = \varepsilon_{cu}$，$\sigma_s' = f_y'$）给出其正截面承载力计算简图，如图 5-7 所示。

在图 5-6 和图 5-7 中，ηe_i 为考虑纵向弯曲影响后，轴向压力作用点至截面重心的距离；e 为轴向压力作用点至纵向钢筋 A_s 合力点的距离，$e = \eta e_i + \frac{h}{2} - a$；$e'$ 为轴向压力作用点至纵向钢筋 A_s' 合力点的距离，对大偏心受压构件 $e' = \eta e_i - \frac{h}{2} + a_s'$，对小偏心受压构件 $e' = \frac{h}{2} - \eta e_i - a_s'$；其余符号的含义和受弯构件相同。

图 5-6 （a）和图 5-7 区别在于，大偏心受压破坏 $\sigma_s = f_y$，A_s 的合力可写成 $f_y A_s$；小偏心受压破坏 $\sigma_s < f_y$，只能写成 $\sigma_s A_s$，σ_s 是一个待求的量。

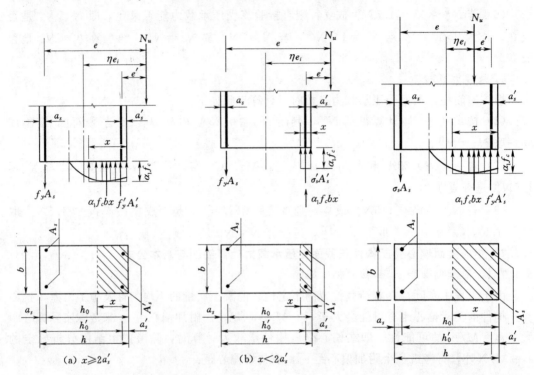

图 5-6　大偏心受压破坏构件正截面受压　　　　图 5-7　小偏心受压破坏构件
承载力计算简图　　　　　　　　　　　　正截面受压承载力计算简图

5.1.7.3　基本公式

1. 大偏心受压构件

根据如图 5-6 所示的计算简图和截面内力的平衡条件（对受拉钢筋合力点取矩和力的平衡），并满足承载能力极限状态的可靠度要求，得

当 $x \geqslant 2a'_s$ 时：

$$N \leqslant N_u = \alpha_1 f_c bx + f'_y A'_s - f_y A_s \tag{5-7a}$$

$$Ne \leqslant N_u e = \alpha_1 f_c bx\left(h_0 - \frac{x}{2}\right) + f'_y A'_s(h_0 - a'_s)$$

$$= \alpha_s \alpha_1 f_c bh_0^2 + f'_y A'_s(h_0 - a'_s) \tag{5-7b}$$

式中，$\alpha_s = \xi(1 - 0.5\xi)$。

当 $x < 2a'_s$ 时：

$$Ne' = f_y A_s(h_0 - a'_s) \tag{5-8}$$

2. 小偏心受压构件

在图 5-7 中，σ_s 是一个待求的量，它可根据前述的平截面假定求得构件破坏时 A_s 的应变 ε_s，再将 ε_s 乘以钢筋弹性模量 E_s 得到，但由于 σ_s 与 ξ 呈双曲线关系，不方便计算。同时试验结果表明，实测的钢筋应力 σ_s 与 ξ 接近于直线分布。因而，为了计算的方便，规范将 σ_s 与 ξ 之间的关系取为式（5-9a）表示的线性关系。

$$\sigma_s = f_y \frac{\beta_1 - \xi}{\beta_1 - \xi_b} \qquad (5-9a)$$

式中：ξ_b 为相对界限受压区计算高度，计算公式和第 3 章相同。

求得 σ_s 后，根据如图 5-7 所示计算简图得小偏心受压构件计算的两个公式：

$$N \leqslant N_u = \alpha_1 f_c bx + f_y' A_s' - \sigma_s A_s \qquad (5-9b)$$

$$Ne \leqslant N_u e = \alpha_1 f_c bx \left(h_0 - \frac{x}{2}\right) + f_y' A_s' (h_0 - a_s') \qquad (5-9c)$$

5.1.7.4 大小偏心受压破坏分界

由式（5-9a）知：当 $\xi \leqslant \xi_b$ 时，$\sigma_s \geqslant f_y$；当 $\xi > \xi_b$ 时，$\sigma_s < f_y$。而大小偏心破坏本质的区别是 σ_s 能否达到 f_y，$\sigma_s = f_y$ 为大偏心破坏，$\sigma_s < f_y$ 为小偏心破坏。故大小偏心分界条件为：当 $\xi \leqslant \xi_b$ 时为大偏心破坏，当 $\xi > \xi_b$ 时为小偏心破坏。

5.1.8 矩形截面偏心受压构件非对称配筋正截面设计与复核

1. 大、小偏心受压破坏的判别

截面设计与复核时，首先需判别是大偏心受压还是小偏心受压破坏，以便采用不同的公式进行计算。

当截面复核时，截面尺寸、材料钢筋与钢筋用量都已知，相对受压区计算高度 ξ 是确定的，这时利用 ξ 来判别：

（1）若 $\xi \leqslant \xi_b$，为大偏心受压构件。

（2）若 $\xi > \xi_b$，为小偏心受压构件。

但截面设计时 ξ 未知，无法利用 ξ 来判别。从图 5-8 看到，偏心受压构件截面应力分布取决于轴向压力偏心距 ηe_i 的大小。随 ηe_i 增大，靠近轴向压力侧压应力增大，远离轴向压力侧压应力减小，且逐渐由受压变为受拉。因此，偏压构件在正常配筋条件下，破坏形态主要和偏心距 ηe_i 的大小有关。

根据对设计经验的总结和理论分析，若截面每边配置了不少于最小配筋率的纵向钢筋，则当 $\eta e_i > 0.3h_0$ 时一般发生大偏心受压破坏，$\eta e_i \leqslant 0.3h_0$ 时一般发生小偏心受压破坏。因此：

（1）当 $\eta e_i > 0.3h_0$ 时，按大偏心受压构件设计。

（2）当 $\eta e_i \leqslant 0.3h_0$ 时，按小偏心受压构件设计。

2. 计算步骤

教材已经给出了详细的截面设计与截面复核计算步骤，这里再强调计算时要抓住下面几点：

（1）截面设计时，大偏心受压构件有 A_s、A_s' 和 ξ 三个未知数，只有两个方程；小偏心受压构件有 A_s、A_s'、σ_s 和 ξ 四个未知数，只有三个方程，都需要补充条件。

1）大偏心受压构件补充取 $x = \xi_b h_0$，以充分利用受压区混凝土的抗压作用，使钢筋用量最省。当取 $x = \xi_b h_0$ 后，求得的 $A_s' < \rho_{min}' bh$，说明不需要 $x = \xi_b h_0$ 这么多混凝土承受压

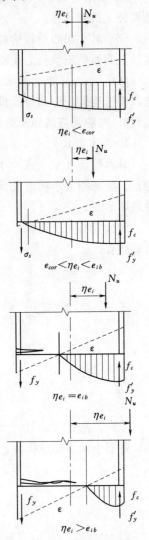

图 5-8 偏心受压截面应力分布随偏心距 ηe_0 的变化规律

力，这时取 $A_s'=\rho_{\min}'bh$。A_s' 确定后，就可以由两个方程求 A_s、ξ 两个未知数。

2）考虑到小偏心受压破坏时 σ_s 一般达不到屈服强度，为节约钢材，补充取 $A_s=\rho_{\min}$ bh。从 $\sigma_s=f_y\dfrac{\beta_1-\xi}{\beta_1-\xi_b}$ 看到，若求得 $\xi>2\beta_1-\xi_b$，则 $\sigma_s<-f_y$，即 A_s 受压的应力超过了钢筋的抗压强度设计值 f_y'，这是不可能的，ξ 为假值。这时，分别取 σ_s、ξ 可能达到的最大值（$\sigma_s=-f_y'$ 及 $\xi=2\beta_1-\xi_b$，当 $\xi>h/h_0$ 时，取 $\xi=h/h_0$），重新进行计算。

（2）截面复核时，首先要求 ξ，以判别是大偏心受压构件还是小偏心受压构件，这时先假定构件为大偏心受压破坏，然后对轴向压力作用点取矩，列出求 ξ 的平衡方程。建议实际计算时，根据计算简图（包括轴向压力作用位置）直接列平衡方程，不要死背公式。

1）若求得的 $\xi\leqslant\xi_b$，则和原假定相符，ξ 为真值，按大偏心受压构件计算 N_u。

2）若求得的 $\xi>\xi_b$，则和原假定不相符，ξ 为假值，此时需按小偏心受压构件承载力计算公式重新计算。

（3）对小偏心受压构件，无论是截面设计还是截面复核，都需要对垂直于弯矩作用平面的正截面受压承载力按轴心受压构件进行复核，以防止该平面发生受压破坏。

（4）A_s、A_s' 和全部纵向钢筋都应满足其最小配筋的要求。在 JTS 151—2011 规范规定，偏压构件一侧和全部纵向钢筋的最小配筋率分别为 0.20% 和 0.60%。

5.1.9　对称配筋的矩形截面偏心受压构件正截面受压承载力计算

1. 基本公式

对称配筋（$A_s=A_s'$，同时 $f_y=f_y'$）主要用于在不同荷载组合下，同一截面可能承受的正、负弯矩大小相近的偏心受压构件。对称配筋的偏心受压构件仍有大、小偏心受压两种破坏形态。

对大偏心受压构件，因为 $A_s=A_s'$，$f_y=f_y'$，代入非对称配筋大偏心受压构件的基本公式就有：

$$\xi=\frac{N}{\alpha_1 f_c b h_0}\tag{5-10}$$

若 $x=\xi h_0\geqslant 2a_s'$：

$$A_s=A_s'=\frac{Ne-\alpha_s\alpha_1 f_c bh_0^2}{f_y'(h_0-a_s')}\tag{5-11a}$$

若 $x<2a_s'$：

$$A_s=A_s'=\frac{Ne'}{f_y(h_0-a_s')}\tag{5-11b}$$

注意：从式（5-10）可知，对称配筋大偏心受压构件的 ξ 和钢筋无关。

对于小偏心受压构件，为计算的简便，ξ 按近似公式计算：

$$\xi=\frac{N-\alpha_1 f_c b\xi_b h_0}{\dfrac{Ne-0.43\alpha_1 f_c bh_0^2}{(\beta_1-\xi_b)(h_0-a_s')}+\alpha_1 f_c bh_0}+\xi_b\tag{5-12}$$

则　　　　$$A_s=A_s'=\frac{Ne-\xi(1-0.5\xi)\alpha_1 f_c bh_0^2}{f_y'(h_0-a_s')}\tag{5-13}$$

实际配置的 A_s 及 A_s' 均必须大于 $\rho_{\min}bh$，全部纵向钢筋也须满足其最小配筋率要求。

2. 大、小偏心受压破坏的判别

采用对称配筋时，可像不对称配筋一样，按偏心距大小判大、小偏压，并在计算过程加以验证。

也可直接计算 $\xi = \dfrac{N}{\alpha_1 f_c b h_0}$，用 ξ 来判别：若 $\xi \leqslant \xi_b$，为大偏心受压构件；否则，为小偏心受压构件。或直接计算 $N_b = \xi_b \alpha_1 f_c b h_0$，用 N_b 来判别：若 $N \leqslant N_b$，为大偏心受压构件；否则，为小偏心受压构件。但如此判别大、小偏压，有时会出现矛盾的情况。当轴向压力的初始偏心距 e_i 很小甚至接近零时，应该属于小偏压。然而，当截面尺寸较大而轴向压力较小时，用 $\xi = \dfrac{N}{\alpha_1 f_c b h_0}$ 计算得到的 ξ 或 $N_b = \xi_b \alpha_1 f_c b h_0$ 来判别，$\xi \leqslant \xi_b$ 或 $N \leqslant N_b$，为大偏压。其原因是截面尺寸过大，但此时，无论按大偏压还是小偏压构件计算，配筋均由最小配筋率控制。

3. 截面设计与截面复核

为便于理解和记忆，图 5-9 列出对称配筋偏心受压构件正截面受压承载力计算框图，以供参考。

5.1.10 偏心受压构件截面正截面承载能力 N_u-M_u 的关系

1. N_u-M_u 关系曲线的变化规律

图 5-10 中的 ABC 曲线表示偏心受压构件在一定的材料、一定的截面尺寸及配筋下所能承受的 M_u 与 N_u 关系的规律，简称 N-M 曲线。

图中 C 点为构件承受轴心压力时的承载力 N_0；A 点为构件承受纯弯曲时的承载力 M_0；B 点则为大、小偏心的分界，即为界限破坏时的承载力（M_b、N_b）。AB 和 CB 分别为大偏心和小偏心受压破坏时的曲线；OB 线把图形分为两个区域，Ⅰ 区表示偏心较小区；Ⅱ 区表示偏心较大区。

(1) 当钢筋用量增加时，N_0 随之提高，在适筋破坏条件下 M_0 也随之提高。若是非对称配筋，N_b 和 M_b 也随之提高；若是对称配筋，由于 $A_s = A'_s$，$f_y = f'_y$，使 $\xi = \dfrac{N}{\alpha_1 f_c b h_0}$，$\xi$ 与钢筋无关，则 N_b 保持不变，但 M_b 随之提高。即，曲线随钢筋用量的增加而膨胀，如图 5-11 所示。

(2) 当混凝土强度等级或截面尺寸提高时，N_0、M_0、N_b 和 M_b 都随之提高。

(3) 大、小偏心受压破坏时 M_u 与 N_u 都为二次函数关系，但前者 M_u 随 N_u 的增大而增大（AB 曲线），后者 M_u 随 N_u 的增大而减小（CB 曲线）。

2. N_u-M_u 曲线的作用

N_u-M_u 曲线表示极限状态，曲线内的点越靠该曲线越危险。从图 5-10 看到，对大偏心受压构件，当 N 相同时，M 越大越靠近曲线，越危险；当 M 相同时，N 越小越靠近曲线，越危险。这是因为大偏心受压破坏控制于受拉区，轴向压力越小或弯矩越大就使受拉区拉应力增大，越容易破坏。

同样，可以看到对小偏心受压构件，当 N 相同时，M 越大越危险；当 M 相同时，N 越大越危险。这是因为小偏心受压破坏控制于受压区，轴向压力越大或弯矩越大就使受压

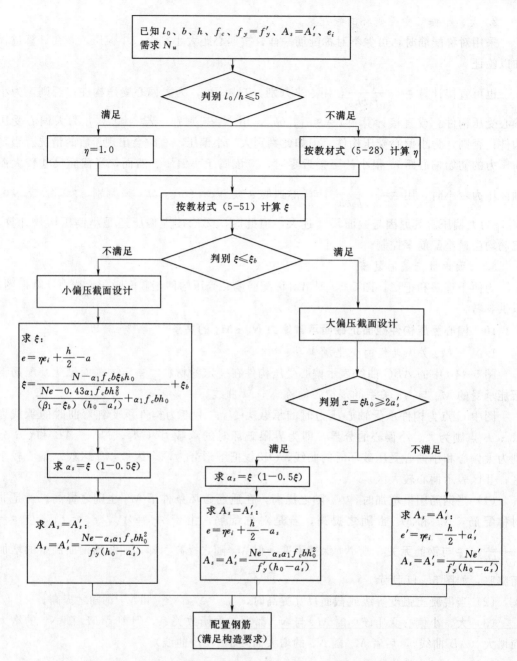

图 5-9　对称配筋矩形截面偏心受压构件截面设计计算框图

区压应力增大，越容易破坏。

　　因此，同一截面在遇到不同的内力组合时，若是大偏心受压构件，应选择 M 大、N 小的内力组合进行计算；若是小偏心受压构件，应选择 M 和 N 都大的内力组合进行计算。

5.1.11　环形与圆形截面偏心受压构件正截面受压承载力计算

　　环形与圆形截面偏心受压构件在港口工程中的应用很广，教材给出了环形与圆形截面

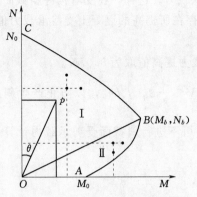

图 5-10 N_u-M_u 关系曲线

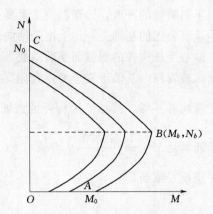

图 5-11 钢筋用量对 N_u-M_u 曲线的影响（对称配筋）

偏心受压构件正截面受压承载力计算公式的推导。推导过程很长，但原理很简单，无非是在正截面承载力计算的 4 个假定的基础上，再将沿周边均匀布置的纵向钢筋简化为钢环。

公式推导的难点在于利用平截面假定由几何关系求计算参数。其实，在计算机已非常普及的今天，环形与圆形截面偏心受压构件可直接采用任意截面正截面承载力计算方法来计算。

2015 年版《混凝土结构设计规范》（GB 50010—2010）在附录 E 给出了任意截面正截面承载力计算方法。其原理是：

（1）将截面划分为有限多个混凝土单元、纵向钢筋单元，并近似取单元内应变和应力为均匀分布，其合力点在单元重心处。

（2）各单元的应变按平截面假定确定。

（3）截面达到承载能力极限状态时的极限曲率 ϕ_u 按下列两种情况确定。

1）当截面受压区外边缘的混凝土压应变 ε_c 达到混凝土极限压应变 ε_{cu} 且受拉区最外排钢筋的应变 ε_{s1} 小于 0.01 时，按下式计算：

$$\phi_u = \frac{\varepsilon_{cu}}{x_n} \tag{5-14}$$

2）当截面受拉区最外排钢筋的应变 ε_{s1} 达到 0.01 且受压区外边缘的混凝土压应变 ε_c 小于混凝土极限压应变 ε_{cu} 时，按下式计算：

$$\phi_u = \frac{0.01}{h_{01} - x_n} \tag{5-15}$$

式中：x_n 为中和轴至受压区最外侧边缘的距离；h_{01} 为截面受压区外边缘至受拉区最外排普通钢筋之间垂直于中和轴的距离。

（4）按教材式（3-1）和式（3-2）确定混凝土与钢筋的应力。

（5）由平衡条件，并引入可靠度给出设计表达式。

（6）令 $N_u = N$、$M_u = M$，调整中和轴位置进行迭代求解，直至计算精度满足平衡方程的要求。

5.1.12 偏心受压构件斜截面受剪承载力计算

偏心受压构件相当于对受弯构件增加了一个轴向压力 N，压力的存在降低了主拉应力，限制了斜裂缝的开展，因而提高了混凝土的受剪承载力。这样，在受弯构件斜截面受剪承载力计算公式的基础上，加上由于轴向压力 N 的存在所提高的混凝土受剪承载力值，就形成了偏心受压构件的斜截面受剪承载力计算表达式。

根据试验资料，从偏于安全考虑，混凝土受剪承载力提高值取为 $0.07N$。

和受弯构件一样，偏心受压构件的截面也应满足 $V \leqslant \dfrac{1}{\gamma_d} \beta_s \beta_c f_c b h_0$，以防止产生斜压破坏；若能满足 $V \leqslant \dfrac{1}{\gamma_d} \left(\dfrac{1.75}{\lambda + 1.5} \beta_h f_t b h_0 \right) + 0.07N$ 时，可不进行斜截面受剪承载力计算而按构造要求配置箍筋。

5.2　综　合　练　习

5.2.1　单项选择题

1. 对任何类型的钢筋，其抗压强度设计值 f'_y（　　）。

    A. $f'_y = f_y$ 　　　　　　　　　　　　　B. $f'_y < f_y$

    C. $f'_y \leqslant 410 \text{ N/mm}^2$ 　　　　　　　D. $f'_y = 410 \text{ N/mm}^2$

2. 轴压构件中，随荷载的增加，钢筋应力的增长大于混凝土，这是因为（　　）。

    A. 钢筋的弹性模量比混凝土高 　　　　　B. 钢筋的强度比混凝土高

    C. 混凝土的塑性性能高 　　　　　　　　D. 钢筋面积比混凝土面积小

3. 钢筋混凝土轴心受压短柱在持续不变的轴向压力 N 的作用下，经一段时间后，量测纵向钢筋和混凝土的应力情况，会发现与加载时相比（　　）。

    A. 混凝土应力减小，钢筋应力增大

    B. 混凝土应力增大，钢筋应力增大

    C. 混凝土应力减小，钢筋应力减小

    D. 混凝土应力增大，钢筋应力减小

4. 偏心受压柱边长大于或等于（　　）时，沿长边中间应设置直径为 $10 \sim 16 \text{mm}$ 的纵向构造钢筋。

    A. 600mm 　　　　　　　　　　　　　　B. 500mm

    C. 550mm 　　　　　　　　　　　　　　D. 650mm

5. 钢筋混凝土柱子的延性好坏主要取决于（　　）。

    A. 纵向钢筋的数量 　　　　　　　　　　B. 混凝土的强度等级

    C. 柱子的长细比 　　　　　　　　　　　D. 箍筋的数量和形式

6. 配置了螺旋箍筋或焊接环式箍筋的轴压柱，能按螺旋箍筋柱计算应满足（　　）。

    A. $l_0/d > 12$ 　　　　　　　　　　　　B. $l_0/d \leqslant 12$

    C. $l_0/d > 5$ 　　　　　　　　　　　　D. $l_0/d < 5$

7. 配置了螺旋箍筋或焊接环式箍筋的轴压柱，能按螺旋箍筋柱计算应满足（　　）。

    A. $A_{ss0} < 0.25A_s$ 　　　　　　　　　B. $A_{ss0} \geqslant 0.25A_s$

    C. $A_{ss0} < 0.20A_s$ 　　　　　　　　　D. $A_{ss0} > 0.20A_s$

8. 按螺旋箍筋柱计算得到承载力为 N_u，按普通箍筋柱计算得到承载力为 $N_u^普$，应满足（　　）。

    A. $N_u^普 \leqslant N_u \leqslant 1.2 N_u^普$　　　　　　　　B. $N_u^普 \leqslant N_u \leqslant 1.5 N_u^普$

    C. $N_u^普 \leqslant N_u \leqslant 1.8 N_u^普$　　　　　　　　D. $N_u^普 \leqslant N_u \leqslant 2.0 N_u^普$

9. 配置了螺旋箍筋或焊接环式箍筋的轴压柱，能按螺旋箍筋柱计算应满足（　　）。

    A. $s \leqslant 80mm$　　　　　　　　　　　B. $s \leqslant 0.20 d_{cor}$

    C. $s \geqslant 40mm$　　　　　　　　　　　D. $s \leqslant 80mm$、$s \leqslant 0.20 d_{cor}$ 和 $s \geqslant 40mm$

10. 柱的长细比 l_0/b 中，l_0 为（　　）。

    A. 柱的实际长度　　　　　　　　　　B. 楼层中一层柱高

    C. 视两端约束情况而定的柱计算长度

11. e_0/h_0 相同的偏压柱，增大 l_0/h 时，则（　　）。

    A. 始终发生材料破坏　　　　　　　　B. 由失稳破坏转为材料破坏

    C. 破坏形态不变　　　　　　　　　　D. 由材料破坏转为失稳破坏

12. 偏心受压柱发生材料破坏时，大小偏心受压界限点（图 5-10 中 B 点）截面（　　）。

    A. A_s 屈服，混凝土未压碎　　　　　　B. A_s 屈服后，受压混凝土破坏

    C. A_s 屈服同时混凝土压碎，A_s' 也屈服　　D. A_s 屈服，A_s' 未屈服

13. 偏心受压构件破坏始于混凝土压碎者为（　　）。

    A. 受压破坏　　　　　　　B. 受拉破坏　　　　C. 界限破坏

14. 钢筋混凝土大偏心受压构件的破坏特征是（　　）。

    A. 远离轴向力一侧的纵向钢筋先受拉屈服，混凝土压碎

    B. 远离轴向力一侧的纵向钢筋应力不定，而另一侧纵向钢筋压屈，混凝土压碎

    C. 靠近轴向力一侧的纵向钢筋和混凝土应力不定，而另一侧纵向钢筋受压屈服，混凝土压碎

    D. 靠近轴向力一侧的纵向钢筋和混凝土先屈服和压碎，另一侧纵向钢筋随后受拉屈服

15. 钢筋混凝土偏心受压构件，其大小偏心受压的根本区别是（　　）。

    A. 截面破坏时，纵向受拉钢筋是否屈服

    B. 截面破坏时，纵向受压钢筋是否屈服

    C. 偏心距的大小

    D. 混凝土是否达到极限压应变

16. 在钢筋混凝土大偏心受压构件的正截面受压承载力计算中，要求受压区计算高度 $x \geqslant 2a_s'$，是为了（　　）。

    A. 保证纵向受压钢筋在构件破坏时达到其抗压强度设计值 f_y'

    B. 保证纵向受拉钢筋屈服

    C. 避免保护层剥落

    D. 保证受压混凝土在构件破坏时能达到极限压应变

17. 何种情况下，令 $x = \xi_b h_0$ 来计算偏心受压构件（　　）。

  A. $A_s \neq A_s'$ 而且均未知的大偏心受压构件

  B. $A_s \neq A_s'$ 而且均未知的小偏心受压构件

  C. $A_s \neq A_s'$ 且 A_s' 已知时的大偏心受压构件

  D. $A_s \neq A_s'$ 且 A_s' 已知时的小偏心受压构件

18. 何种情况下，令 $A_s = \rho_{\min} bh$ 计算偏心受压构件（　　）。

  A. $A_s \neq A_s'$ 且均未知的大偏心受压构件

  B. $A_s \neq A_s'$ 且均未知的小偏心受压构件

  C. $A_s \neq A_s'$ 且已知 A_s' 的大偏心受压构件

  D. $A_s = A_s'$ 的偏心受压构件

19. 何种情况下设计时可用 ξ 判别大小偏心受压构件（　　）。

  A. 对称配筋时   B. 不对称配筋时

  C. 对称与不对称配筋均可

20. 矩形截面对称配筋偏心受压构件，发生界限破坏时（　　）。

  A. N_b 随纵向钢筋配筋率 ρ 的增大而减少

  B. N_b 随纵向钢筋配筋率 ρ 的减小而减少

  C. N_b 与 ρ 无关

21. 对偏心受压短柱，设按结构力学方法算得截面弯矩为 M，而偏心受压构件承载力计算时截面力矩平衡方程中有一力矩 Ne，试指出下列叙述中正确的是（　　）。

  A. $M = Ne$ B. $M = N(e - h/2 + a)$

  C. $M = Ne'$ D. $M = N(e - \xi')$

22. 对下列构件要考虑偏心距增大系数 η 的是（　　）。

  A. $l_0/h > 5$ 的偏压构件   B. 小偏心受压构件

  C. 大偏心受压构件

23. 计算偏心距增大系数时，发现截面应变对曲率修正系数 ζ_1 及长细比对曲率的影响系数 ζ_2 均为 1，则（　　）。

  A. 取 $\eta = 1$ B. 当 $l_0/h > 5$ 时仍要计算 η

  C. 当 $l_0/h > 15$ 时才计算 η

24. 与界限受压区相对高度 ξ_b 有关的因素为（　　）。

  A. 钢筋等级及混凝土等级   B. 钢筋等级

  C. 钢筋等级、混凝土等级及截面尺寸   D. 混凝土等级

25. 当 A_s、A_s' 均未知，且 $\eta e_i > 0.3h_0$ 时，下列哪种情况可能出现受压破坏（　　）。

  A. 设 $x = \xi_b h_0$，求得的 $A_s' < 0$ 时

  B. 设 $x = \xi_b h_0$，求得的 $A_s < 0$ 时

  C. $x < \xi_b h_0$ 时

26. 对称配筋大偏心受压构件的判别条件是（　　）。

  A. $e_i \leqslant 0.3h_0$ B. $\eta e_i > 0.3h_0$

  C. $x \leqslant \xi_b h_0$ D. A_s' 屈服

27. 试决定下面 4 组属大偏心受压时最不利的一组内力组合为（　　）。

A. N_{max}，M_{max} B. N_{max}，M_{min}

C. N_{min}，M_{max} D. N_{min}，M_{min}

28. 试决定下面属小偏心受压时最不利的一组内力（   ）。

A. N_{max}，M_{max} B. N_{max}，M_{min}

C. N_{min}，M_{max} D. N_{min}，M_{min}

29. 大偏心受压构件截面若 A_s 不断增加，可能产生（   ）。

A. 受拉破坏变为受压破坏 B. 受压破坏变为受拉破坏

C. 保持受拉破坏

30. 以下（   ）种情况的矩形截面偏心受压构件的正截面受压承载力计算与双筋矩形截面受弯构件正截面受弯承载力计算是相似的。

A. 非对称配筋小偏心受压构件截面设计时

B. 非对称配筋大偏心受压构件截面设计时

C. 大偏心受压构件截面复核时

D. 小偏心受压构件截面复核时

△31. 有 3 个矩形截面偏心受压柱，均为对称配筋，截面尺寸、混凝土强度等级均相同，均配置 HRB400 纵向钢筋，仅钢筋数量不同，A 柱（4 Φ 16），B 柱（4 Φ 18），C 柱（4 Φ 20），如果绘出其承载力 N-M 关系图（图 5-10），各柱在大小偏心受压交界处的 N 值是（   ）。

A. $N_A > N_B > N_C$ B. $N_A = N_B = N_C$ C. $N_A < N_B < N_C$

32. 上述 3 个偏心受压柱在大小偏心受压交界处的 M 值是（   ）。

A. $M_A > M_B > M_C$ B. $M_A = M_B = M_C$ C. $M_A < M_B < M_C$

33. 轴向压力 N 对构件抗剪承载力 V_u 的影响是（   ）。

A. 构件的抗剪承载力 V_u 随 N 正比提高

B. 不论 N 的大小，均会降低构件的 V_u

C. V_u 随 N 正比提高，但 N 太大时 V_u 不再提高

D. N 大时提高构件 V_u，N 小时降低构件的 V_u

34. 偏心受压构件混凝土受剪承载力提高值取为（   ）。

A. 0.07N B. 0.2N

C. 0.05N D. 0.10N

5.2.2 多项选择题

1. 对大偏心受压构件，当 N 或 M 变化时，对构件安全产生的影响是（   ）。

A. M 不变时，N 越大越危险 B. M 不变时，N 越小越危险

C. N 不变时，M 越大越危险 D. N 不变时，M 越小越危险

2. 对小偏心受压构件，当 N 或 M 变化时，对构件的安全产生的影响是（   ）。

A. M 不变时，N 越大越安全 B. M 不变时，N 越小越安全

C. N 不变时，M 越大越安全 D. N 不变时，M 越小越安全

3. 如图 5-12 所示构件，在轴向力 N 及横向荷载 P 的共同作用下，AB 段已处于大偏心受压的屈服状态（构件尚未破坏），试指出在下列 4 种情况下，哪几种会导致构件破

坏（　　）。

A. 保持 P 不变，减小 N

B. 保持 P 不变，适当增加 N

C. 保持 N 不变，增加 P

D. 保持 N 不变，减小 P

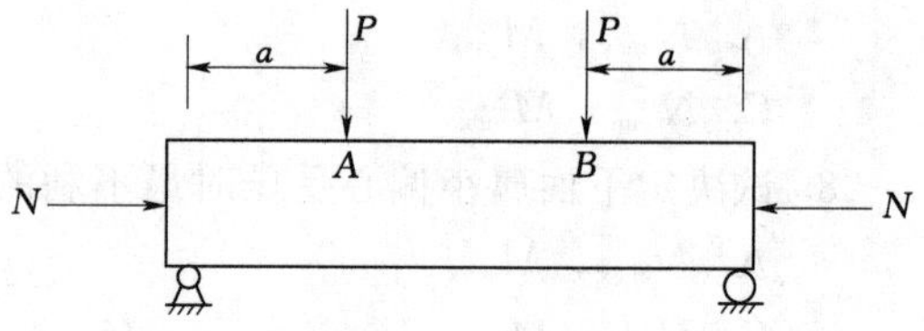

图 5-12　构件受力图

5.2.3　问答题

1. 轴心受压柱混凝土发生徐变后，纵向钢筋与混凝土应力会发生什么变化？为什么轴心受压柱以混凝土承受压力为主，还要规定纵向钢筋最小配筋率？

2. 什么时候要采用螺旋箍筋柱？

3. 配置了螺旋箍筋或焊接环式箍筋的轴压柱，按螺旋箍筋计算应满足什么限制条件？为什么要满足这些限制条件？

4. 什么是附加偏心距？什么是初始偏心距？

△5. 什么叫偏心受压构件的界限破坏？试写出界限受压承载力设计值 N_b 及界限偏心距 e_{ib} 的表达式，这些表达式说明了什么？

6. 试从破坏原因、破坏性质及影响正截面受压承载力的主要因素来分析偏心受压构件的两种破坏特征。当构件的截面、配筋及材料强度给定时，形成两种破坏特征的条件是什么？

△7. 在条件式 ηe_i 小于等于或大于 $0.3h_0$ 中，$0.3h_0$ 是根据什么情况给出的，它的含义是什么？在什么情况下可以用 ηe_i 小于等于或大于 $0.3h_0$ 来判别是哪一种偏心受压？

8. 在偏心受压构件的截面配筋计算中，如 $\eta e_i \leqslant 0.3h_0$，为什么需首先确定距轴力较远一侧的纵向钢筋面积 A_s，而 A_s 的确定为什么与 A_s' 及 ξ 无关？

9. 在计算小偏心受压构件时，若 A_s 和 A_s' 均未知，为什么可按最小配筋率确定 A_s？在什么情况下 A_s 可能超过最小配筋率？如何计算？

10. 设计不对称配筋矩形截面大偏心受压构件，当 A_s 及 A_s' 均未知时，根据什么条件计算 A_s？这时 A_s' 如何计算？当 A_s' 及 A_s 可能出现小于按其最小配筋率确定的钢筋用量或负值时怎样处理？当 A_s' 已知时怎样计算 A_s？

11. 对截面尺寸、配筋（A_s 及 A_s'）及材料强度均给定的非对称配筋矩形截面偏心受压构件，当已知 e_i 需验算正截面受压承载力时，为什么不能用 ηe_i 大于还是小于 $0.3h_0$ 来判别大小偏心受压情况？

12. 为什么偏心受压构件要进行垂直于弯矩作用平面正截面受压承载力的校核？

13. 对称配筋矩形截面偏心受压构件大小偏心受压情况如何判别？

14. 对称配筋矩形截面偏心受压构件的 N_u-M_u 关系曲线是怎样导出的？它可以用来说明哪些问题？

△15. 在不同长细比情况下，偏心受压构件有几种破坏特征？在 N_u-M_u 相关图中是怎样表示的？

16. 对称配筋的矩形截面偏心受压构件，其 N_u-M_u 关系如图 5-13 所示，设 $\eta=1.0$，试分析在截面尺寸、配筋面积和钢材强度均不变情况下，当混凝土强度等级提高时，图中 A、B、C 三点的位置将发生怎样的改变？

17. 某对称配筋的矩形截面钢筋混凝土柱，截面尺寸为 $b \times h = 300\text{mm} \times 400\text{mm}$，$a = a' = 40\text{mm}$，安全等级为二级，混凝土强度等级为 C30，纵向钢筋采用 HRB400，设 $\eta = 1.0$，持久状况下该柱可能有下列两组内力设计值组合，试问应该用哪一组来计算配筋？

① $\begin{cases} N = 1000.0\text{kN} \\ M = 262.0\text{kN} \cdot \text{m} \end{cases}$ ② $\begin{cases} N = 576.0\text{kN} \\ M = 252.0\text{kN} \cdot \text{m} \end{cases}$

如果是下面两组内力设计值组合，应该用哪一组来计算配筋？

① $\begin{cases} N = 1235.0\text{kN} \\ M = 200.0\text{kN} \cdot \text{m} \end{cases}$ ② $\begin{cases} N = 1645.0\text{kN} \\ M = 195.0\text{kN} \cdot \text{m} \end{cases}$

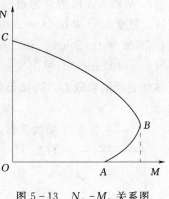

图 5-13 N_u-M_u 关系图

5.3 设 计 计 算

1. 某钢筋混凝土轴心受压柱，安全等级为二级，处于淡水环境水位变动区。柱高 $H = 3.50\text{m}$，一端固定，一端自由。使用期永久荷载标准值产生的轴心压力 $N_{Gk} = 750.0\text{kN}$（包括自重，分项系数 $\gamma_G = 1.20$），可变荷载标准值产生的轴心压力 $N_{Qk} = 1300.0\text{kN}$（分项系数 $\gamma_Q = 1.40$）。混凝土强度等级为 C40，纵向受力钢筋和箍筋均采用 HRB400，试设计柱的截面（绘出截面配筋图，包括纵向钢筋及箍筋）。

2. 某圆形截面钢筋混凝土轴心受压柱，安全等级为二级，处于海水环境水位变动区。柱高度 $H = 7.20\text{m}$，底端固定，顶端为不动铰支座，截面半径 $R = 300\text{mm}$，承受轴心压力设计值 $N = 9805.0\text{kN}$。混凝土强度等级为 C40，纵向钢筋和螺旋箍筋采用 HRB400，试设计该柱（混凝土强度等级和截面尺寸不能改变）。

3. 某矩形截面钢筋混凝土受压柱，安全等级为二级，处于北方海水环境水位变动区。截面尺寸 $b \times h = 400\text{mm} \times 600\text{mm}$，柱高 $H = 4.50\text{m}$，柱下端固定，上端自由。使用期柱底截面的偏心压力设计值 $N = 182.70\text{kN}$，偏心距 $e_0 = 750\text{mm}$。混凝土强度等级为 C35，纵向钢筋和箍筋分别采用 HRB400 和 HPB300，试配置该柱的钢筋（绘出截面配筋图，包括纵筋和箍筋）。

4. 某码头库房矩形截面钢筋混凝土偏心受压柱，安全等级为二级，处于淡水环境水位变动区。截面尺寸 $b \times h = 400\text{mm} \times 600\text{mm}$，柱高为 $H = 6.50\text{m}$，柱底端固定，顶端铰接。使用期柱底端截面的轴力设计值 $N = 1250.0\text{kN}$、弯矩设计值 $M = 510.0\text{kN} \cdot \text{m}$。混凝土强度等级为 C30，纵向钢筋采用 HRB400，试计算纵向受力钢筋截面积，并选配钢筋。

5. 已知条件同计算题 4，并已知 $A'_s = 1964\text{mm}^2$（4 Φ 25），试确定受拉钢筋截面面积 A_s，然后将两题计算所得的 $(A_s + A'_s)$ 值加以比较分析。

6. 某矩形截面钢筋混凝土偏心受压柱，安全等级为二级，处于淡水环境水位变动区，截面尺寸 $b \times h = 400\text{mm} \times 600\text{mm}$。使用期轴向压力设计值 $N = 2640.0\text{kN}$，弯矩设计值 $M = 306.0\text{kN} \cdot \text{m}$，弯矩作用方向计算长度为 $l_0 = 4.0\text{m}$，垂直弯矩方向的计算长度 $l_0 = 2.80\text{m}$。混凝土强度等级为 C30，纵向钢筋采用 HRB400，试求该柱截面所需的纵向钢筋面积 A_s 及 A'_s，并选配钢筋。

7. 某码头库房边柱为钢筋混凝土偏心受压构件，安全等级为二级，处于海水环境大气区。截面尺寸为 $b \times h = 300\text{mm} \times 400\text{mm}$，计算长度 $l_0 = 5.0\text{m}$。持久状况下承受弯矩设计值 $M = 104.0\text{kN} \cdot \text{m}$、压力设计值 $N = 450.0\text{kN}$。柱内配有纵向受压钢筋 2 Φ 16（$A'_s = 402\text{mm}^2$）、纵向受拉钢筋 3 Φ 20（$A_s = 942\text{mm}^2$），混凝土强度等级为 C35，试复核柱截面的承载力是否满足要求？

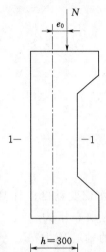

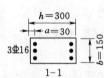

图 5 - 14　试验短柱示意图

8. 某码头栈桥钢筋混凝土排架，安全等级为二级，处于淡水环境大气区（不受水气积聚），柱截面尺寸 $b \times h = 400\text{mm} \times 500\text{mm}$，柱高 $H = 5.0\text{m}$，计算长度 $l_0 = 1.5H$。使用期柱底截面上作用一偏心压力，设计值为 $N = 262.0\text{kN}$，偏心距为 $e_0 = 440\text{mm}$。混凝土强度等级为 C35，纵向钢筋采用 HRB400，由于受风荷载控制，要求采用对称配筋，试配置该柱纵向钢筋。

9. 若上题偏心距不变，$e_0 = 440\text{mm}$，轴力设计值增大到 $N = 805.0\text{kN}$，仍对称配筋，则两侧纵向钢筋需要多少？

10. 若将第 9 题的偏心距缩小一半，$e_0 = 220\text{mm}$；轴力设计值增大一倍，$N = 1610.0\text{kN}$，仍对称配筋，则两侧纵向钢筋需要多少？

11. 某矩形截面钢筋混凝土偏心受压构件，安全等级为二级，处于淡水环境水位变动区。柱的计算长度 $l_0 = 6\text{m}$，截面尺寸 $b \times h = 400\text{mm} \times 500\text{mm}$。在使用阶段轴心压力设计值 $N = 2800.0\text{kN}$、弯矩设计值 $M = 120.0\text{kN} \cdot \text{m}$，混凝土强度等级为 C30，纵向钢筋采用 HRB400，对称配筋，试求该柱纵向钢筋面积。

△12. 有一试验短柱如图 5 - 14 所示，混凝土的实际棱柱体抗压强度 $f_c^0 = 17.10 \text{ N/mm}^2$，轴心受压状态下实际极限压应变 $\varepsilon_{cu}^0 = 0.0022$，偏压受力状态下实际极限压应变 $\varepsilon_{cu}^0 = 0.0035$，钢筋的实际屈服强度 $f_y^0 = f_y'^0 = 415 \text{ N/mm}^2$，实际弹性模量 $E_s^0 = 2.05 \times 10^5 \text{ N/mm}^2$。当变动纵向力 N 的偏心距 e_0 时，柱的承载能力也随之改变，试回答：

(1) 在何种偏心距情况下，试件将有最大的 N，并估算此时的 N 值；

(2) 在何种情况下，试件将有最大的抗弯能力，并估算此时的 N 和 e_0 值。

5.4　参　考　答　案

5.4.1　单项选择题

1. C　2. A　3. A　4. A　5. D　6. B　7. B　8. B　9. D　10. C　11. D　12. C　13. A
14. A　15. A　16. A　17. A　18. B　19. A　20. C　21. B　22. A　23. B　24. A　25. B　26. C
27. C　28. A　29. A　30. B　31. B　32. C　33. C　34. A

5.4.2　多项选择题

1. BC　　2. BD　　3. AC

5.4.3　问答题

1. 如果荷载长期持续作用，混凝土还有徐变发生，此时混凝土与纵向钢筋之间会引起应力的重分配,使混凝土的应力有所减少,而纵向钢筋的应力增大。若纵向受压钢筋配筋过少,则钢筋会提前屈服,所以轴压构件也需规定最小配筋率。

2. 矩形或正方形截面受压柱施工方便,所以轴压构件一般采用截面形状为矩形或正方形截面的普通箍筋柱,只有当轴心受压构件承受很大的轴向压力,而截面尺寸由于建筑上及使用上的要求不能加大,若按普通箍筋柱设计,即使提高混凝土强度等级和增加纵向钢筋用量也不能满足受压承载力要求时,才采用螺旋箍筋柱,其截面形状一般为圆形或多边形。

3. 一个配有螺旋箍筋的圆形轴压柱是否可按螺旋箍筋柱计算,还要看能否满足它的限制条件:

(1) $l_0/d \leqslant 12$。若 $l_0/d > 12$,则认为长细比过大,而过大的长细比会引起较大的二阶弯矩,导致构件在螺旋箍筋或焊接环式箍筋达抗拉设计强度之前已经破坏。

(2) 按螺旋箍筋柱 [教材式 (5-5)] 计算得到受压承载力 N_u 要大于按普通箍筋柱 [教材式 (5-2)] 计算得到的受压承载力 $N_u^{普}$,但不得大于 $1.5N_u^{普}$,即要求 $N_u^{普} < N_u \leqslant 1.5N_u^{普}$,以防止间接钢筋外的保护层过早剥落。

(3) 间接钢筋换算截面面积 A_{ss0} 要大于等于纵向钢筋截面面积的 25%,不然可以认为间接钢筋因配置太少对核心混凝土的约束作用不明显。

(4) 螺旋箍筋的螺距或焊接式箍筋的间距 s 要同时满足 $s \leqslant 80mm$ 和 $s \leqslant 0.20d_{cor}$,以防止箍筋太稀不能对核心混凝土提供有效的约束;同时要求 $s \geqslant 40mm$,以避免因箍筋太密导致保护层混凝土浇筑不密实。

4. 工程中实际存在着荷载位置的不定性、混凝土质量的不均匀性及施工误差,实际偏心距有可能会大于结构分析确定的 $e_0 = M/N$。规范用附加偏心距 e_a 来考虑实际偏心距大于 $e_0 = M/N$ 的可能性。

附加偏心距 e_a 取 20mm 与偏心方向截面尺寸的 1/30 两者中的较大值。

初始偏心距为结构分析确定的偏心距+附加偏心距,即 $e_i = e_0 + e_a$。

5. 大偏心受压破坏和小偏心受压破坏之间,在理论上存在一种"界限破坏"状态,当纵向受拉钢筋屈服的同时,受压区边缘混凝土应变达到极限压应变值。这种特殊状态可作为区分大小偏心受压的界限。

界限破坏时,$\xi = \xi_b$,由轴力的平衡可写出:$N_b = \alpha_1 f_c b \xi_b h_0 + f_y' A_s' - f_y A_s$。

上式说明对给定的截面(截面尺寸、配筋及材料强度),界限受压承载力 N_b 为一定值。当荷载产生的轴向力设计值 $N \geqslant N_b$ 时,为小偏心受压情况,$N < N_b$ 为大偏心受压情况。

界限破坏时,N_b 的偏心距即为界限偏心距 e_{ib},对截面中心取矩可得(图 5-15):

$$N_b e_{ib} = \alpha_1 f_c b \xi_b h_0 \left(\frac{h}{2} - \frac{\xi_b h_0}{2} \right) + f_y' A_s' \left(\frac{h}{2} - a_s' \right) + f_y A_s \left(\frac{h}{2} - a_s \right)$$

将上式除以 N_b,可得

$$e_{ib} = \frac{\alpha_1 f_c b \xi_b h_0 (h - \xi_b h_0) + f_y' A_s' (h - 2a_s') + f_y A_s (h - 2a_s)}{2(\alpha_1 f_c b \xi_b h_0 + f_y' A_s' - f_y A_s)}$$

上式说明:对给定的截面,界限偏心距 e_{ib} 为定值,当 $\eta e_i > e_{ib}$ 时,为大偏心受压情

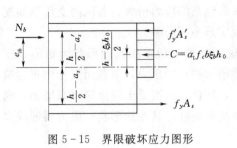

图 5-15　界限破坏应力图形

况；当 $\eta e_i \leqslant e_{ib}$ 时，为小偏心受压情况。

N_b 及 e_{ib} 的表达式同时也说明，对于给定的截面尺寸和材料强度，截面的界限受压承载力及界限偏心距不是常值，而是与纵向受力筋的配筋率有关。当然在对称配筋情况下，由于 $A_s = A'_s$，$f_y = f'_y$，此时，$N_b = \xi_b \alpha_1 f_c b h_0$，所以 N_b 的大小与纵向受力钢筋的配筋率无关。

6. 偏心受压构件从破坏原因、破坏性质及影响构件正截面受压承载力的主要因素来看，可以归结为两类破坏形态：

（1）大偏心受压——构件破坏是由于纵向受拉钢筋首先到达屈服，裂缝开展，最后导致受压区混凝土压坏。破坏前裂缝显著开展，变形增大，具有延性破坏的性质。其正截面受压承载力主要取决于纵向受拉钢筋，形成这种破坏的条件是：初始偏心距 e_i 较大，且纵向受拉钢筋配筋率不太高。

（2）小偏心受压——构件破坏是由于受压区混凝土应变达到其极限压应变，混凝土被压坏，距轴力较远一侧的纵向钢筋，一般均未达到（受拉或受压）屈服。破坏前缺乏明显的预兆，具有脆性破坏的性质。其正截面受压承载力主要取决于压区混凝土及纵向受压钢筋。形成这种破坏的条件是：初始偏心距 e_i 小；或偏心距虽大但纵向受拉钢筋的配筋率过高。

7. $0.3h_0$ 是根据取纵向受压钢筋为最小配筋率（$A'_s = 0.20\% bh$）及纵向受拉钢筋为最小配筋率（$A_s = \rho_{min} bh$）时，对于常用的混凝土和钢筋的强度等级算出的界限偏心距 e_{ib} 的平均值。其含义是在常用的材料强度等级情况下的截面最小界限偏心距 $e_{ib(min)}$，因为当 ρ' 及 ρ 均取最小配筋率时，e_{ib} 为最小值。

当根据给定的截面尺寸，材料强度及内力设计值进行截面配筋计算时，可用 ηe_i 是小于等于还是大于 $0.3h_0$ 作为判别两种偏心受压的条件。当 $\eta e_i > 0.3h_0$ 时，可按大偏心受压情况计算，当 $\eta e_i \leqslant 0.3h_0$ 时，应按小偏心受压情况计算。

8. $\eta e_i \leqslant 0.3h_0$，属小偏心受压情况，这时基本公式中有 A_s、A'_s 及 ξ 三个未知量，故不能求得唯一的解，需给定一个，求其余两个。这时应首先确定 A_s，因为在小偏心破坏（受压破坏）时，距轴力较远一侧的纵向钢筋（A_s），无论受拉或受压应力均很小，其所需钢筋面积由最小配筋率控制，即 $A_s = \rho_{min} bh$。可见，在小偏心受压情况下，A_s 的确定是独立的，与 A'_s 及 ξ 无关。

在 A_s 确定之后，由基本公式可联立求解 ξ 及 A'_s。

9. 小偏心受压时，远离纵向力一侧的纵向钢筋 A_s 无论是受压还是受拉均不会达到屈服强度，因此一般可取 A_s 为按最小配筋率计算出的钢筋面积，由于在未得出计算结果之前无法判断 A_s 是受压还是受拉，故在计算中统一取 $A_s = \rho_{min} bh$。

此外，对小偏心受压构件，当 $N > \alpha_1 f_c bh$ 时，由于偏心距很小，而轴向压力很大，全截面受压，远离轴向压力一侧的纵向钢筋 A_s 如配得太少，该侧混凝土的压应变就有可能先达到极限压应变而破坏。为防止此种情况发生，还应满足对 A'_s 的外力矩小于或等于截面诸力对 A'_s 的抵抗力矩，按此力矩方程可对 A_s 用量进行核算。

$$A_s \geqslant \frac{Ne' - f_c bh\left(h_0' - \dfrac{h}{2}\right)}{f_y'(h_0' - a_s)}$$

式中：$e' = \dfrac{h}{2} - a_s' - (e_0 - e_a)$，$h_0' = h - a_s'$。由于偏心方向与破坏方向相反，取 $e_i = e_0 - e_a$；在计算 e' 时，取 $\eta = 1$。另由于全截面受压，取 $\alpha_1 = 1.0$。此时 A_s 同样要满足 $A_s = \rho_{\min} bh$ 的要求。

10. 当 A_s 及 A_s' 均未知时，有 3 个未知数待定，即 A_s、A_s' 及 ξ，需要补充一个条件才可得到唯一解，通常以 $A_s + A_s'$ 的总用量为最省作为补充条件。与双筋矩形截面受弯构件类似，要使 $A_s + A_s'$ 最小，就应该充分发挥受压混凝土的作用，这个条件可取 $\xi = \xi_b$。

取 $\xi = \xi_b$ 后，可直接由公式得出 A_s'，即

$$A_s' = \frac{Ne - \xi_b(1 - 0.5\xi_b)\alpha_1 f_c bh_0^2}{f_y'(h_0 - a_s')}$$

当 A_s' 为负值，或 $A_s' < \rho_{\min}' bh$ 时，应按最小配筋率配筋（并满足构造要求）。此时，就变成 A_s' 已知的情况。

当 A_s' 已知时，只有 2 个待求未知数 A_s 和 ξ，就可由式（5-7a）和式（5-7b）求得。

11. 当截面纵向钢筋配筋面积（A_s 及 A_s'）给定时，当 $\eta e_i > 0.3h_0$，若 A_s 过大，仍有可能发生小偏心受压破坏。因此，在截面配筋为给定的情况下，不能用 ηe_i 大于还是小于等于 $0.3h_0$ 判别大小偏心受压，而应该用 x 小于等于还是大于 $\xi_b h_0$ 来判断。

12. 当轴向压力设计值 N 较大且垂直于弯矩作用平面的长细比 l_0/b 较大时，则截面的受压承载力有可能由垂直于弯矩作用平面的轴心受压控制。因此，偏心受压构件除应计算弯矩作用平面的受压承载力外，尚应按轴心受压构件验算垂直于弯矩作用平面的受压承载力。此时可不考虑弯矩作用，但应考虑纵向弯曲影响（采用稳定系数 φ 考虑）。在一般情形下，小偏心受压构件需进行验算，对于对称配筋的大偏心受压构件，当 $l_0/b \leqslant 24$ 时，可不进行验算。

13. 可以用两种方法来判别对称配筋矩形截面受压构件的大小偏心情况。

(1) 和非对称配筋的矩形截面偏心受压构件一样，按偏心距大小判断大、小偏心情况，即 $\eta e_0 \geqslant 0.3h_0$ 时按大偏心受压构件计算，$\eta e_0 < 0.3h_0$ 时按小偏小受压构件计算。再在计算过程中用 ξ 和 ξ_b 之间的大小关系进行验证。

(2) 按教材式（5-51）计算出 ξ，然后进行判别。若 $\xi \leqslant \xi_b$，为大偏心受压构件；若 $\xi > \xi_b$，为小偏心受压构件。

第 2 种方法更简单，但有时会出现矛盾。偏心距很小甚至为零时，应为小偏心受压，但若截面尺寸很大且压力很小，由教材式（5-51）计算出的 ξ 可能很小甚至为负值，从而误判为大偏心受压。出现这一矛盾的原因是压力过小不足以使截面发生破坏，而教材式（5-51）中混凝土应力取为其强度，与实际不符。由以上分析也可看出，只有在混凝土不会被压碎时才可能出现误判，因而即使误判也不会影响按最小配筋率配置纵向受力钢筋的结果。

14. 对称配筋矩形截面偏心受压构件，$A_s = A_s'$，$a_s = a_s'$，$f_y = f_y'$。当 $\xi \leqslant \xi_b$ 时为大

偏心受压情况，$\xi=\dfrac{N_u}{\alpha_1 f_c b h_0}$。

对截面中心取矩的力矩平衡关系：

$$M_u=\alpha_1 f_c b\xi h_0\left(\frac{h}{2}-\frac{\xi h_0}{2}\right)+2f_y'A_s'\left(\frac{h}{2}-a_s'\right)$$

将 $\xi=\dfrac{N_u}{\alpha_1 f_c b h_0}$ 代入上式，得

$$M_u=\frac{1}{2}N_u\left(h-\frac{N_u}{\alpha_1 f_c b}\right)+f_y'A_s'(h_0-a_s')$$

由上式可知 N_u-M_u 相关曲线为二次抛物线关系。随 N_u 增大，M_u 增大。当 $N_u=N_b$ 时为界限状态，M_u 达到其最大值 M_b。M_b 与 N_b 的比值即为界限偏心距 e_{ib}。

当 $N_u=0$ 时，$M_u=M_0$，为对称配筋受弯构件的受弯承载力，如图 5-16 所示。

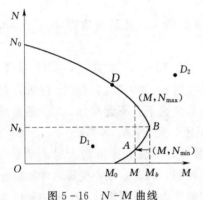

图 5-16　N-M 曲线

当 $\xi>\xi_b$ 时，为小偏心受压情况，将 σ_s 计算公式代入教材式（5-12），可得

$$\xi=\frac{(\xi_b-\beta_1)N_u-\xi_b f_y A_s}{(\xi_b-\beta_1)\alpha_1 f_c b h_0-f_y A_s}$$

将上式代入 M_u 表达式知，N_u-M_u 也是二次函数关系。但与大偏心受压不同的是随 N_u 增大，M_u 减少，当 $M_u=0$ 时，为轴心受压构件的受压承载力 N_0，即偏心受压构件受压承载力的上限。

N_u-M_u 相关曲线说明了以下问题：

（1）图中 N_u-M_u 曲线上任一点 D 的坐标代表了该给定截面（截面尺寸，配筋及材料强度均为已知）到达承载力极限状态时的一种内力组合，若任意点 D_1 位于 N_u-M_u 曲线内侧，说明截面在该点坐标给出的内力设计值组合下未达到承载力极限状态，是安全的；若任意点 D_2 位于曲线的外侧，则表明截面的承载力不足。

（2）当给定轴向压力设计值 N 时，有唯一对应的弯矩设计值 M 使该截面达到承载力极限状态；当给定弯矩设计值 M 时（$M_b>M>M_0$），使该截面达到承载力极限状态的轴向压力设计值有两个（N_{min} 和 N_{max}），N_{min} 对应于大偏心受压情况，N_{max} 对应于小偏心受压情况。

（3）对于大偏心受压破坏，M 一定时，N 越小越危险；N 一定时，M 越大越危险。对于小偏心受压破坏，M 一定时，N 越大越危险；N 一定时，M 越大越危险。

在实际工程中，偏心受压柱的同一截面可能遇到许多种内力组合，有的组合使截面发生大偏心破坏，有的组合又会使截面发生小偏心破坏。在理论上常需要考虑许多列组合作为最不利组合，计算很复杂，这时可利用以上规律选择其中最危险的几种情况进行设计计算，减少计算量。

15. 偏心受压构件有短柱材料破坏、长柱材料破坏和细长柱失稳 3 种破坏特征。在 N_u-M_u 相关图（图 5-17）中，曲线 $ABCDE$ 是指对于给定的偏心受压构件，其正截面

的承载能力 N_u 与 M_u 之间的关系曲线，它说明了正截面的极限轴向压力 N_u 是怎样随偏心距的增大而改变的。

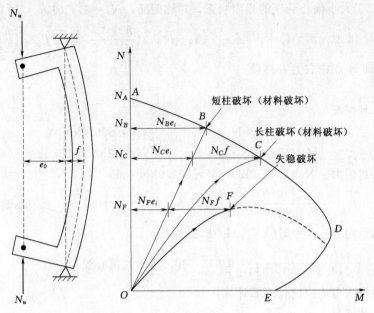

图 5-17 偏心受压构件 N_u-M_u 相关图

直线 OB、曲线 OC 和 OFD 都是指作用在构件上的轴向力 N 与相应的弯矩 M 的关系曲线，它们表示当初始偏心距 e_i 相同时，由于构件长细比大小不同，因而在加载直至破坏的全过程中，N 与 M 是怎样变化的。

直线 OB 表示短柱的情况，其 N 与 M 为线性关系，dN/dM 为常数，当 OB 达到 N_u-M_u 曲线时，柱达到最大承载能力，截面的材料强度也同时耗尽。这种破坏形态称为材料破坏。

曲线 OC 表示一般长柱的情况。随着柱长细比的增大，由侧向变形而引起的附加弯矩的影响已不能忽略。曲线 OC 即为长柱的 N-M 增长曲线，由于侧向挠度 f 随 N 的增大而增大，M 较 N 有更快的增长，N 与 M 不再呈线性关系，dN/dM 为变数并随 N 的增大而逐渐减小，但 dN/dM 仍为正值，即柱在达最大承载能力时，截面的材料强度也同时耗尽。这种柱的破坏形态为受 Nf 影响的材料破坏。对矩形截面，当 $5<l_0/h<30$ 时为长柱。

曲线 OFD 表示长细比很大的细长柱的情况。当荷载达到最大值 N_u 时，侧向变形突然剧增，荷载急剧下降，dN/dM 变为负值。然而在 N_u 时，钢筋和混凝土的应变均未达到极限值。这种最大承载能力发生在材料强度没有耗尽之前的破坏形态，称为失稳破坏。在荷载达到最大值 N_F 后，如能使荷载逐渐降低以保持构件继续变形，则也可能到达材料强度耗尽的 D 点，不过此时的轴向压力 N_D 已小于失稳破坏荷载 N_F。

由此可见，当初始偏心距 e_i 相同时，随着长细比的增大，正截面受压承载能力是在降低的，即 $N_B>N_C>N_F$。

16. 点 A 对应于受弯构件，由于 f_c 提高，M_u 略有增加，所以点 A 稍向右移。

点 C 对应于轴心受压，f_c 提高，N_u 增加，所以点 C 上移。

点 B 对应于大小偏心受压的界限状态，对称配筋，$N_b = \alpha_1 f_c b \xi_b h_0$，所以随着强度等级的提高，$N_b$ 增加。而 $M_b = N_b \cdot e_{ib} = \alpha_1 f_c b \xi_b h_0 \left(\dfrac{h}{2} - \dfrac{\xi_b h_0}{2} \right) + 2 f_y A_s \left(\dfrac{h}{2} - a_s \right)$，所以 M_b 也增加，即 B 点往右上方移动。

17.

（1）第一种情况

$$① \begin{cases} N = 1000.0 \mathrm{kN} \\ M = 262.0 \mathrm{kN \cdot m} \end{cases} \qquad ② \begin{cases} N = 576.0 \mathrm{kN} \\ M = 252.0 \mathrm{kN \cdot m} \end{cases}$$

第①组内力：$N = 1000.0 \mathrm{kN}$，$M = 262.0 \mathrm{kN \cdot m}$

$$\xi = \frac{N}{\alpha_1 f_c b h_0} = \frac{1000.0 \times 10^3}{1.0 \times 14.3 \times 300 \times 360} = 0.648 > \xi_b = 0.518，属于小偏心受压。$$

第②组内力：$N = 576 \mathrm{kN}$，$M = 252 \mathrm{kN \cdot m}$

$$\xi = \frac{576.0 \times 10^3}{1.0 \times 14.3 \times 300 \times 360} = 0.373 < \xi_b，属于大偏心受压$$

因此这两组内力均应进行配筋计算。

（2）第二种情况

$$① \begin{cases} N = 1235.0 \mathrm{kN} \\ M = 200.0 \mathrm{kN \cdot m} \end{cases} \qquad ② \begin{cases} N = 1645.0 \mathrm{kN} \\ M = 195.0 \mathrm{kN \cdot m} \end{cases}$$

第①组内力：$N = 1235.0 \mathrm{kN}$，$M = 200.0 \mathrm{kN \cdot m}$

$$\xi = \frac{1235.0 \times 10^3}{1.0 \times 14.3 \times 300 \times 360} = 0.8 > \xi_b = 0.518，属于小偏心受压。$$

第②组内力：$N = 1645.0 \mathrm{kN}$，$M = 195.0 \mathrm{kN \cdot m}$，肯定也属小偏心受压。

因为两组内力设计值中的弯矩相差不大，且都为小偏心受压，但第②组内力 N 较大，所以应按第②组内力设计值计算配筋。

第6章 钢筋混凝土受拉构件承载力计算

本章介绍矩形截面受拉构件的承载力计算方法。学完本章后，应在掌握受拉构件计算理论（破坏特征、正截面受拉承载力计算基本假定与计算简图、正截面受拉承载力计算公式推导与适用范围、斜截面受剪承载力组成等）的前提下，能对一般的受拉构件进行承载力设计与复核。本章内容有以下几方面：

（1）大、小偏心受拉的界限。

（2）大、小偏心受拉构件正截面受拉破坏特征、承载力计算简图和计算。

（3）偏心受拉构件斜截面受剪承载力计算。

6.1 主 要 知 识 点

6.1.1 大、小偏心受拉构件的破坏特征与分界

受拉构件按正截面受拉破坏的形态可分为大偏心受拉、小偏心受拉和轴心受拉 3 种，其中轴心受拉是小偏心受拉的一个特例。

大偏心受拉破坏：发生于轴向拉力 N 作用于 A_s 合力点的外侧时。由于 N 作用于 A_s 合力点的外侧，截面有压区存在。破坏时，纵向受拉钢筋达到屈服，受压区边缘混凝土达到极限压应变。

小偏心受拉破坏：发生于 N 作用在 A_s 合力点与 A'_s 合力点之间时。破坏时，全截面裂通，纵向受拉钢筋达到屈服。

也就是说，大偏心受拉破坏，$\sigma_s \rightarrow f_y$，$\varepsilon_c = \varepsilon_{cu}$，$\sigma'_s = f'_y$；小偏心受拉破坏，$\sigma_s = f_y$，$\sigma'_s = f_y$，混凝土不受力。

6.1.2 大、小偏心受拉构件的计算简图与基本公式

6.1.2.1 计算简图

大偏心受拉构件的正截面受拉承载力计算的基本假定和受弯构件、偏压构件是相同的，都采用第 3 章提到的 4 个基本假定；对混凝土受压区应力图形的处理也是相同的，都是将实际的曲线型压应力分布图形简化为等效的矩形应力图形，其高度等于按平截面假定所确定的中和轴高度乘以系数 β_1，矩形应力图形的应力值取为 $\alpha_1 f_c$。

由此，根据大偏心受拉破坏时的特征（$\sigma_s \rightarrow f_y$，$\varepsilon_s > \varepsilon_y$，$\varepsilon_c = \varepsilon_{cu}$，$\sigma'_s = f'_y$）给出其正截面受拉承载力计算简图，如图 6-1（a）所示。和受弯构件双筋截面一样，当受压高度 $x < 2a'_s$ 时，$\sigma'_s < f'_y$，这时仍近似地假定纵向受压钢筋和受压混凝土的合力均作用在受压钢筋重心位置上，计算简图如图 6-1（b）所示。

由小偏心受拉破坏时的特征（$\sigma_s = f_y$，$\sigma'_s = f'_y$，混凝土不受力）给出其正截面受拉

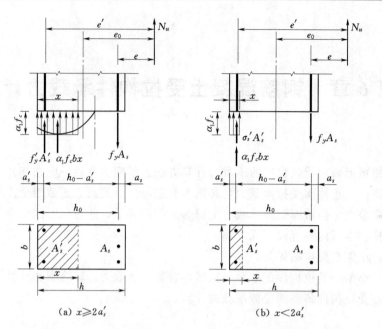

(a) $x \geqslant 2a_s'$　　　　　　　(b) $x < 2a_s'$

图 6-1　大偏心受拉破坏构件正截面受拉承载力计算简图

承载力计算简图,如图 6-2 所示。

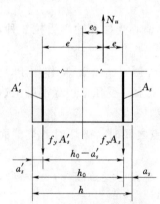

图 6-2　小偏心受拉破坏
构件正截面受压
承载力计算简图

需要注意的是:在偏心受拉构件中,把靠近纵向力一侧的纵向钢筋用 A_s 表示,而把远离纵向力一侧的纵向钢筋,无论其受拉或受压,均用 A_s' 表示,和偏心受压构件正好相反。图中,e' 为轴向拉力作用点至钢筋 A_s' 合力点的距离,$e' = e_0 + \dfrac{h}{2} - a_s'$;$e$ 为轴向拉力作用点至钢筋 A_s 合力点的距离,对大偏心受拉构件 $e = e_0 - \dfrac{h}{2} + a_s$,对小偏心受拉构件 $e = \dfrac{h}{2} - e_0 - a_s$。

6.1.2.2　基本公式

1. 大偏心受拉构件

根据图 6-1 (a) 得

$$N \leqslant N_u = (f_y A_s - \alpha_1 f_c b x - f_y' A_s') \tag{6-1a}$$

$$Ne \leqslant N_u e = \alpha_1 f_c b x \left(h_0 - \frac{x}{2} \right) + f_y' A_s' (h_0 - a_s') \tag{6-1b}$$

公式适用条件有 2 个:$\xi \leqslant \xi_b$ 和 $x \geqslant 2a_s'$,分别为保证破坏时 A_s 和 A_s' 应力达到 f_y 和 f_y'。

当 $x < 2a_s'$ 时,根据图 6-1 (b) 得

$$Ne' \leqslant N_u e' = f_y A_s (h_0 - a_s') \tag{6-2}$$

2. 小偏心受拉构件

根据图 6-2 得

$$\left. \begin{array}{l} Ne' \leqslant N_u e' = f_y A_s (h_0 - a_s') \\ Ne \leqslant N_u e = f_y A_s' (h_0 - a_s') \end{array} \right\} \tag{6-3a}$$

当 $e_0 = 0$ 时，为轴心受拉构件。在轴心受拉构件中，纵向钢筋全截面均匀放置，用 A_s 表示全部钢筋面积，则

$$N = f_y A_s \tag{6-3b}$$

小偏心受拉和轴心受拉构件在承载能力极限状态时，截面已裂穿，没有混凝土参与工作，所以公式中无混凝土作用项。

3. 截面设计与复核

（1）大偏心受拉构件。大偏心受拉构件截面设计与复核的计算步骤与大偏压受压构件相同，只是要注意两者的轴向力 N 方向，以及 A_s 和 A_s' 所表示钢筋的位置是相反的。

（2）小偏心受拉构件。小偏心受拉构件的两个基本公式是独立的，所以截面设计与复核十分简单，但要注意，从图 6-2 看到，当偏心距 e_0 增加时，$f_y A_s$ 增大，而 $f_y' A_s$ 减小，因此，设计时应考虑各自的最不利内力组合分别计算 A_s 及 A_s'。

6.1.3 偏心受拉构件斜截面受剪承载力计算

偏心受拉构件相当于对受弯构件增加了一个轴向拉力 N，拉力的存在会增加斜裂缝开展宽度，这就降低了混凝土的斜截面受剪承载力。根据试验资料，从偏于安全考虑，这个降低值取为 $0.2N$。如此，在原有受弯构件斜截面承载力计算公式减去 $0.2N$，就形成了偏心受拉构件的受剪承载力计算公式。但应注意，由于箍筋的存在，斜截面承载力 $V_u \geqslant \dfrac{1}{\gamma_d} f_{yv} \dfrac{A_{sv}}{s} h_0$。

6.2 综 合 练 习

6.2.1 选择题

1. 偏心受拉构件的斜截面受剪承载力（　　）。

A. 随轴向拉力的增加而减小

B. 随轴向拉力的增加而减小，直至混凝土能承担的剪力为零

C. 小偏拉时随轴向拉力增加而减小

D. 大偏拉时随轴向拉力增加而增加

2. 矩形截面不对称配筋大偏心受拉构件（　　）。

A. 没有受压区，A_s' 不屈服　　　B. 有受压区，但 A_s' 一般不屈服

C. 有受压区，且 A_s' 一般屈服　　D. 没有受压区，A_s' 屈服

3. 矩形截面对称配筋大偏心受拉构件（　　）。

A. A_s' 受压不屈服　　　　　　　B. A_s' 受压屈服

C. A_s' 受拉不屈服　　　　　　　D. A_s' 受拉屈服

4. 矩形截面不对称配筋小偏心受拉构件（　　）。

A. 没有受压区，A_s' 不屈服　　　B. 没有受压区，A_s' 受拉屈服

C. 有受压区，A_s' 受压屈服　　　D. 有受压区，A_s' 不屈服

5. 在小偏心受拉构件设计中，如果遇到若干组不同的内力组台（M、N）时，计算钢筋面积时应该（　　）。

　　A. 按最大 N 与最大 M 的内力组合计算 A_s 和 A_s'

　　B. 按最大 N 与最小 M 的内力组合计算 A_s，而按最大 N 与最大 M 的内力组合计算 A_s'

　　C. 按最大 N 与最小 M 的内力组合计算 A_s 和 A_s'

　　D. 按最大 N 与最大 M 的内力组合计算 A_s，而按最大 N 与最小 M 的内力组合计算 A_s'

6. 在非对称配筋小偏心受拉构件设计中，计算出的纵向钢筋用量为（　　）。

　　A. $A_s < A_s'$　　B. $A_s = A_s'$　　C. $A_s > A_s'$

7. 矩形截面对称配筋小偏心受拉构件（　　）。

　　A. A_s' 受压不屈服　　　　　　B. A_s' 受拉不屈服

　　C. A_s' 受拉屈服　　　　　　　D. A_s' 受压屈服

8. 偏心受拉构件斜截面受剪承载力 $V_u = \dfrac{1}{\gamma_d}\left(\dfrac{1.75}{\lambda+1.5}\beta_h f_t bh_0 + f_{yv}\dfrac{A_{sv}}{s}h_0\right) - 0.2N$，当计算出的 $V_u < \dfrac{1}{\gamma_d}f_{yv}\dfrac{A_{sv}}{s}h_0$ 时（　　）。

　　A. 取 $V_u = \dfrac{1}{\gamma_d}f_{yv}\dfrac{A_{sv}}{s}h_0$　　　　B. 取 $V_u = 0$

　　C. 取 $V_u = \dfrac{1}{\gamma_d}\left(\dfrac{1.75}{\lambda+1.5}\beta_h f_t bh_0\right)$

6.2.2　问答题

1. 试说明为什么大小偏心受拉构件的区分只与轴向力的作用位置有关，而与纵向钢筋配筋率无关？

2. 为什么对称配筋的矩形截面偏心受拉构件，无论大小偏心受拉情况，均可按公式 $Ne' \leqslant f_y A_s(h_0 - a_s')$ 计算？

6.3　设　计　计　算

1. 一偏心受拉构件，安全等级为二级，处于淡水环境大气区（不受水气积聚），截面尺寸 $b \times h = 300\text{mm} \times 500\text{mm}$，持久状况下轴向拉力设计值 $N = 570.0\text{kN}$、弯矩设计值 $M = 82.50\text{kN} \cdot \text{m}$。混凝土强度等级为 C35，纵向钢筋采用 HRB400，求截面纵向钢筋用量。

2. 试计算一偏心受拉构件截面的纵向钢筋用量。该构件截面尺寸 $b \times h = 300\text{mm} \times 400\text{mm}$，安全等级为二级，处于淡水环境大气区（不受水气积聚），运行期轴向拉力设计值 $N = 375.0\text{kN}$、弯矩设计值 $M = 150.0\text{kN} \cdot \text{m}$。混凝土强度等级为 C30，纵向钢筋采用 HRB400。

3. 有一偏心受拉构件，安全等级为二级，处于淡水环境大气区（受水气积聚），净跨

度 $l_n=4.5\text{m}$，截面 $b\times h=250\text{mm}\times400\text{mm}$，运行期轴向拉力设计值 $N=150.0\text{kN}$，在离支座 1.20m 处作用一集中力（设计值）$F=100.0\text{kN}$。混凝土强度等级为 C35，箍筋采用 HPB300 钢筋，试计算该构件的抗剪箍筋。

6.4 参 考 答 案

6.4.1 单项选择题

1.B 2.C 3.A 4.B 5.D 6.C 7.B 8.A

6.4.2 问答题

1. 大小偏心受拉构件的区分，与偏心受压构件不同，它是以到达正截面受拉承载力极限状态时，截面上是否存在有受压区来划分的。当轴拉力 N 作用于 A_s 合力点与 A_s' 合力点之间时，拉区混凝土开裂后，拉力由纵向钢筋 A_s 负担，而 A_s' 合力点位于 N 的外侧，如教材图 6-2 (b) 所示。由力的平衡可知，截面上不可能再存在有受压区，纵向钢筋 A_s' 必然受拉，因此只要 N 作用在 A_s 合力点与 A_s' 合力点之间，均为全截面受拉的小偏心受拉构件，与偏心距大小及纵向钢筋配筋率无关。当拉力 N 作用于 A_s 合力点外侧时，截面部分受拉，部分受压，如教材图 6-2 (a) 所示。拉区混凝土开裂后，由平衡关系可知，无论 A_s 的配筋率多少，截面必须保留有受压区，A_s' 受压，为大偏心受拉构件。

2. 对称配筋矩形截面偏心受拉构件：$A_s=A_s'$，$a_s=a_s'$，且 $h_0=h_0'$，而 $e'>e$。对小偏心受拉构件，受拉承载力设计值 N 可按 $Ne'\leqslant N_ue'=f_yA_s(h_0-a_s')$ 确定；对于大偏心受拉构件，由于是对称配筋，x 肯定小于 $2a_s'$，应取 $x=2a_s'$，对 A_s' 合力点取矩来计算承载力设计值 N。因此，对称配筋矩形截面偏心受拉构件，无论大、小偏心受拉，受拉承载力设计值均可按下列公式计算：

$$Ne'\leqslant f_yA_s(h_0-a_s')$$

第7章 钢筋混凝土受扭构件承载力计算

钢筋混凝土结构构件的扭转可分为平衡扭转和附加扭转（协调扭转）两大类。前者是由荷载直接引起的扭转，其扭矩由静力平衡条件确定，和变形无关；后者是超静定结构中由于变形的协调使构件产生的扭转，其扭矩大小会随着结构的变形而变化，需根据静力平衡条件和变形协调条件求得。

本章介绍的是钢筋混凝土构件发生平衡扭转时的承载力计算理论和计算方法。学完本章后，应在掌握受扭构件计算理论（破坏形态、受扭钢筋的组成、受扭承载力的组成、弯剪扭相关性、承载力计算公式与适用范围）的前提下，能对一般的受扭构件进行承载力设计。本章内容有以下几方面：

(1) 受扭构件的破坏形态与抗扭钢筋的组成。

(2) 开裂扭矩。

(3) 纯扭构件的承载力计算。

(4) 剪、扭承载力相关性与弯、剪、扭共同作用下的承载力计算，以及钢筋的配置。

7.1 主要知识点

7.1.1 抗扭钢筋的组成

抗扭钢筋由抗扭纵筋和抗扭箍筋组成，缺一不可，如图7-1所示。这是由于：受扭构件在裂缝充分发展且钢筋应力接近屈服强度时，截面核心混凝土退出工作，此时它就相当于一个带有多条螺旋形裂缝的混凝土薄壁箱形截面构件。在箱形截面的薄壁上同时配置抗扭纵筋和抗扭箍筋后，就可由薄壁上裂缝间的混凝土为斜压腹杆、箍筋为受拉腹杆、纵筋为受拉弦杆组成一变角空间桁架，来抵抗扭矩。缺了某一种抗扭钢筋，就无法形成空间桁架，构件无法达到内力平衡的状态。

图7-1 抗扭钢筋的组成

由于受扭构件破坏时相当于薄壁箱形截面构件，构件内部的混凝土和钢筋不起作用，因此抗扭钢筋必须放在截面四周。其中，抗扭纵筋应沿截面周边均匀对称布置，截面四角处必须放置；抗扭箍筋必须封闭，每边都能承担拉力，四肢箍筋的中间2肢不起抗扭作用。

显然，当一种抗扭钢筋配得过多时，就会出现一种抗扭钢筋屈服而另一种不能屈服的现象，造成浪费。为了使构件破坏前两种抗扭钢筋都能达到屈服，就要协调两种抗扭钢筋的搭配，规范用受扭的纵向钢筋与箍筋的配筋强度

比 ζ 来协调。

试验结果表明 ζ 值在 0.5~2.0 时，抗扭纵筋和抗扭箍筋均能在构件破坏前屈服，为安全起见，规范规定 ζ 值应符合 0.6≤ζ≤1.7，当 ζ>1.7 时取 ζ=1.7。设计时，通常可取 ζ=1.2（最佳值）。

实际工程中，受扭构件通常还同时受到弯矩和剪力的作用，这时还需配置抵抗弯矩的纵向钢筋和抵抗剪力的腹筋。

7.1.2　矩形截面纯扭构件的破坏形态

钢筋混凝土构件的受扭破坏形态主要与抗扭钢筋的用量有关，可分为下列 4 种：

（1）少筋破坏：发生于抗扭钢筋配置太少时。混凝土一开裂，钢筋即屈服并可能进入强化段，为脆性破坏，与少筋梁类似。工程中不允许发生，设计时是通过验算最小配筋率，即抗扭配筋的下限来防止。

（2）适筋破坏：发生于 2 种抗扭钢筋比例恰当，数量合适时。构件破坏前这两种抗扭钢筋均先后达到屈服强度，最后混凝土被压坏，为延性破坏，类似于适筋梁。是设计受扭构件的依据。

（3）超筋破坏：发生于抗扭钢筋配置过量时。混凝土先被压坏，抗扭钢筋达不到屈服强度，为脆性破坏，和超筋梁类似。工程中不允许发生，设计时是通过校核构件截面尺寸和混凝土强度，即抗扭配筋的上限来防止。

（4）部分超筋破坏：发生于配筋强度比 ζ 取值不当时。破坏时一种抗扭钢筋屈服，另一种不屈服，一般也应避免。

7.1.3　纯扭构件的开裂扭矩

1. 矩形截面纯扭构件的开裂扭矩

开裂扭矩和破坏扭矩是衡量构件抗扭性能的两大指标。受扭构件开裂前钢筋应力很小，可忽略其贡献，近似取素混凝土受扭构件的受扭承载力作为开裂扭矩。

对于弹性体，受纯扭构件矩形截面上的最大剪应力发生在截面长边的中点。当最大剪应力 τ_{max} 引起的主拉应力达到材料的抗拉强度时［图 7-2（a）］，构件开裂，此时的扭矩就为开裂扭矩 T_{cr}。

对于完全塑性材料，只有当截面上所有部位的剪应力均达到最大剪应力 $\tau_{max}=f_t$ 时，构件才达到极限承载力 T_{cu}（也就是它的开裂扭矩），所以 T_{cu} 将大于 T_{cr}。将如图 7-2（b）所

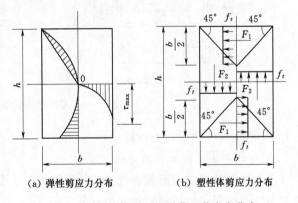

（a）弹性剪应力分布　　（b）塑性体剪应力分布

图 7-2　扭矩作用下矩形截面剪应力分布

示截面 4 部分的剪应力分别合成为 F_1 和 F_2，并计算其所组成的力偶，可求得开裂扭矩 T_{cu} 为

$$T_{cu}=f_t\frac{b^2}{6}(3h-b)=f_t W_t \qquad (7-1)$$

$$W_t = \frac{b^2}{6}(3h - b) \tag{7-2}$$

式中：W_t 为矩形截面受扭塑性抵抗矩。

混凝土实际上为弹塑性材料，其开裂扭矩值应大于弹性体的开裂扭矩，而小于塑性体的开裂扭矩。为简便，规范取钢筋混凝土矩形截面构件的开裂扭矩为塑性体开裂扭矩的 0.7 倍，即

$$T_{cr} = 0.7 f_t W_t \tag{7-3}$$

式中：f_t 为混凝土轴心抗拉强度设计值。

2. T 形、I 形截面与箱形截面纯扭构件的开裂扭矩

对带翼缘的 T 形、I 形截面受扭构件，开裂扭矩计算仍采用式（7-3），关键是如何求截面的受扭塑性抵抗矩 W_t。

求 W_t 时，首先要确定翼缘参与受力的范围，规范规定：伸出腹板能参与受力的翼缘长度不超过翼缘厚度的 3 倍；然后将 T 形、I 形截面在保持腹板完整性的条件下分解成若干个矩形，分别计算其受扭塑性抵抗矩，再累加就可得到全截面的 W_t。

但箱形截面构件的 W_t 应按整体计算，等于矩形截面 $h_h \times b_h$ 的 W_t 减去孔洞矩形截面 $h_w \times (b_h - 2t_w)$ 的 W_t。若还是将箱形截面分成 4 个矩形块，相当于将剪应力流限制在各矩形面积范围内，沿内壁的剪应力方向与实际整体截面的剪应力方向相反［图 7-3（b）］，不符合实际。

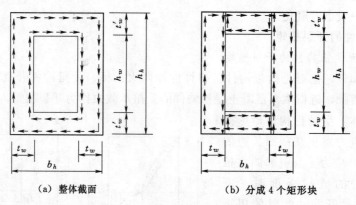

(a) 整体截面　　　　　　　　　　(b) 分成 4 个矩形块

图 7-3　箱形截面的剪应力流

7.1.4　纯扭构件的承载力计算

1. 矩形截面纯扭构件承载力计算

现行规范采用的矩形截面纯扭构件承载力公式是在变角空间桁架模型理论的基础上，通过对试验结果统计的分析得到的，见下式：

$$T \leqslant T_u = T_c + T_s = \frac{1}{\gamma_d}\left(0.35 f_t W_t + 1.2\sqrt{\zeta} f_{yv}\frac{A_{st1}}{s}A_{cor}\right) \tag{7-4}$$

其中：

$$\zeta = \frac{f_y A_{stl} s}{f_{yv} A_{st1} u_{cor}} \tag{7-5}$$

式中：T 为扭矩设计值，为式（2-10a）（持久组合）或式（2-10b）（短暂组合）计算值

与 γ_0 的乘积；γ_0 为结构重要性系数，对于安全等级为一级、二级、三级的结构构件，γ_0 分别取为 1.1、1.0、0.9；γ_d 为结构系数，用于进一步增强受扭承载力计算的可靠性，

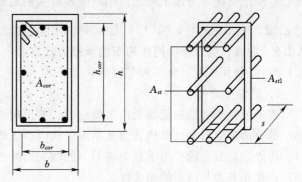

$\gamma_d=1.1$；f_y 为抗扭纵筋的抗拉强度设计值；f_{yv} 为抗扭箍筋的抗拉强度设计值；A_{stl} 为受扭计算中取对称布置的全部抗扭纵筋截面面积；A_{st1} 为受扭计算中沿截面周边配置的抗扭箍筋的单肢截面面积；s 为抗扭箍筋的间距；u_{cor} 为截面核心部分的周长，$u_{cor}=2(b_{cor}+h_{cor})$，其中 b_{cor}、h_{cor} 分别为从箍筋内表面计算的截面核心部分的短边长度和长边长度，如图 7-4 所示；ζ 为受扭的纵向钢筋与箍筋的配筋强度比。

图 7-4 式 (7-4) 和式 (7-5) 的符号图示

从上式看到，纯扭构件的受扭承载力由混凝土受扭承载力 T_c 和抗扭钢筋的受扭承载力 T_s 两项组成。混凝土开裂后，抗扭钢筋的存在使混凝土骨料间能产生咬合作用，所以混凝土仍具有受扭承载力 T_c，但其数值要小于开裂前，规范取开裂扭矩的一半，$T_c=0.5T_{cr}=0.35f_tW_t$。抗扭钢筋的受扭承载力 T_s 决定于抗扭箍筋与抗扭纵筋的用量，以及它们的配筋强度比 ζ。

引入受扭的纵向钢筋与箍筋的配筋强度比 ζ，是为了保证受扭构件破坏时发生适筋破坏，充分发挥抗扭钢筋的作用，抗扭纵筋和抗扭箍筋有合理的最佳搭配。试验结果表明 ζ 值在 0.5~2.0 时，纵筋和箍筋均能在构件破坏前屈服，为安全起见，规范规定 ζ 值应符合 $0.6\leqslant\zeta\leqslant1.7$，当 $\zeta>1.7$ 时取 $\zeta=1.7$。设计时，通常可取 $\zeta=1.2$（最佳值）。

2. T 形、I 形截面纯扭构件承载力计算

对带翼缘的 T 形、I 形截面构件，是将其拆分为若干小块矩形，分别按矩形截面纯扭构件承载力公式 [式 (7-4)] 计算其抗扭钢筋。具体为：

(1) 按求开裂扭矩时一样的方法，将 T 形或 I 形截面分解成若干个小块矩形，计算各小块的受扭塑性抵抗矩 W_i。

(2) 按各小块矩形受扭塑性抵抗矩比值的大小，将扭矩分配到各小块矩形上，即 $T_i=\dfrac{W_i}{\sum W_i}T$。

(3) 按式 (7-4) 计算各小块矩形截面的扭抗钢筋。计算所得的抗扭纵筋应配置在整个截面的外边沿上。

3. 箱形截面纯扭构件承载力计算

对如图 7-3 所示的箱形截面，当具有一定壁厚（$t_w\geqslant0.4b_h$）时，其受扭承载力与实心截面 $h_h\times b_h$ 的基本相同。当壁厚较薄时，其受扭承载力则小于实心截面的受扭承载力，可按下式计算：

$$T\leqslant T_u=T_c+T_s=\frac{1}{\gamma_d}\left(0.35\alpha_h f_t W_t+1.2\sqrt{\zeta}f_{yv}\frac{A_{st1}}{s}A_{cor}\right) \tag{7-6}$$

　　比较式（7-6）和式（7-4）看到，箱形截面受扭承载力计算公式与矩形截面相似，仅在混凝土抗扭项考虑了与截面相对壁厚有关的箱形截面壁厚影响系数 α_h。$\alpha_h = 2.5\dfrac{t_w}{b_h}$，当 $\alpha_h \geqslant 1$ 时，取 $\alpha_h = 1.0$，即 $t_w \geqslant 0.4b_h$ 时其受扭承载力和矩形截面相同。

7.1.5　在弯、剪、扭共同作用下的承载力计算

7.1.5.1　构件在剪、扭作用下的承载力计算

　　1. 剪扭相关性

　　剪力或扭矩都会在截面上产生剪应力。剪扭构件的混凝土既受剪又受扭，这使得截面某一部分的剪应力会比单纯受剪或单纯受扭时产生的剪应力要大，从而使截面更容易于破坏。所以，混凝土的受扭承载力随剪力的增大而减小，受剪承载力也随着扭矩的增加而减小，这便是剪力与扭矩的相关性。

　　无腹筋构件的受扭和受剪承载力的相关关系近似于 1/4 圆，如图 7-5（a）曲线 1 所示，即随着同时作用的扭矩的增大，构件受剪承载力逐渐降低，当扭矩达到构件的受纯扭承载力时，其受剪承载力下降为零；反之亦然。

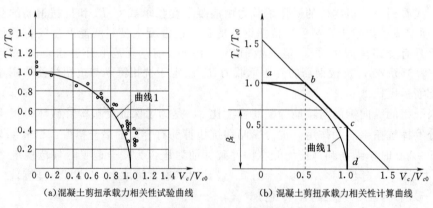

（a）混凝土剪扭承载力相关性试验曲线　　　（b）混凝土剪扭承载力相关性计算曲线

图 7-5　无腹筋构件剪、扭承载力相关图

　　对有腹筋的剪扭构件，假定其在剪、扭作用下，混凝土部分所能承担的扭矩和剪力的相互关系与无腹筋构件一样服从如图 7-5（a）所示曲线 1（1/4 圆）的关系，并取无腹筋构件单独受剪时的受剪承载力 $V_{c0} = 0.7f_tbh_0$，单独受扭时的受扭承载力 $T_{c0} = 0.35f_tW_t$，即分别取 V_{c0} 和 T_{c0} 为抗剪承载力公式中的混凝土作用项和纯扭构件抗扭承载力公式中的混凝土作用项。

　　同时，用 3 条折线（ab、bc、cd）代替曲线 1（1/4 圆），如图 7-5（b）所示，并引入剪扭构件混凝土受扭承载力降低系数 β_t 考虑剪扭的相关性，则剪扭构件中混凝土承担的扭矩和剪力相应为

$$T_c = 0.35\beta_t f_t W_t \tag{7-7a}$$
$$V_c = 0.7(1.5 - \beta_t)f_t bh_0 \tag{7-7b}$$

其中：

$$\beta_t = \frac{1.5}{1 + 0.5\dfrac{V}{T}\dfrac{W_t}{bh_0}} \tag{7-8}$$

式（7-8）是根据 bc 段导出的，因此，β_t 计算值应符合 $0.5 \leqslant \beta_t \leqslant 1.0$ 的要求。当 $\beta_t < 0.5$ 时，取 $\beta_t = 0.5$；当 $\beta_t > 1.0$ 时，取 $\beta_t = 1.0$。

2. 矩形截面构件在剪扭作用下的承载力计算公式

由受弯构件抗剪承载力和纯扭构件受扭承载力的计算公式知，箍筋的受剪承载力 $V_{sv} = f_{yv} \dfrac{A_{sv}}{s} h_0$，抗扭钢筋的受扭承载力 $T_s = 1.2\sqrt{\zeta} f_{yv} \dfrac{A_{st1}}{s} A_{cor}$，则：

一般剪扭构件的受剪承载力和受扭承载力可分别按下列公式计算：

$$V \leqslant V_u = \frac{1}{\gamma_d}\left(0.7(1.5 - \beta_t)f_t b h_0 + f_{yv}\frac{A_{sv}}{s}h_0\right) \tag{7-9a}$$

$$T \leqslant T_u = \frac{1}{\gamma_d}\left(0.35\beta_t f_t W_t + 1.2\sqrt{\zeta} f_{yv}\frac{A_{st1}}{s}A_{cor}\right) \tag{7-9b}$$

其中，β_t 按式（7-8）计算。

集中荷载作用下的独立剪扭构件受扭承载力仍按式（7-9b）计算，受剪承载力和 β_t 分别按式（7-10）、式（7-11）计算：

$$V \leqslant V_u = \frac{1}{\gamma_d}\left(\frac{1.75}{\lambda + 1.5}(1.5 - \beta_t)f_t b h_0 + f_{yv}\frac{A_{sv}}{s}h_0\right) \tag{7-10}$$

$$\beta_t = \frac{1.5}{1 + 0.2(\lambda + 1.5)\dfrac{V}{T}\dfrac{W_t}{b h_0}} \tag{7-11}$$

从式（7-9）和式（7-10）看到，混凝土的承载力考虑了剪扭相关性，但抗扭钢筋和抗剪钢筋的承载力并未考虑剪扭相关性。这是因为：剪扭共同作用时，混凝土既要承担剪力引起的剪应力，又要承担扭矩引起的剪应力，是"一物二用"，所以其抗剪承载力和抗扭承载力都要折减；而抗剪箍筋和抗扭箍筋是分别配置的，抗扭箍筋只用来抗扭，抗剪箍筋只用来抗剪，它们是"一物一用"，所以它们的承载力不用折减。

3. 带翼缘截面构件在剪扭作用下的承载力计算

对带翼缘的 T 形、I 形截面构件，腹板同时考虑受剪和受扭；受压翼缘及受拉翼缘承受的剪力极小，仅考虑扭矩。

4. 箱形截面构件在剪、扭作用下的承载力计算

在剪、扭作用下，箱形截面受扭承载力计算公式仍与矩形截面相似，仅在混凝土抗扭项考虑了与截面相对壁厚有关的箱形截面壁厚影响系数 α_h。

一般箱形截面剪扭构件的受剪承载力按式（7-9a）计算，宽度 b 取箱形截面的侧壁总厚度 $2t_w$；受扭承载力按下式计算：

$$T \leqslant T_u = \frac{1}{\gamma_d}\left(0.35\alpha_h\beta_t f_t W_t + 1.2\sqrt{\zeta} f_{yv}\frac{A_{st1}}{s}A_{cor}\right) \tag{7-12}$$

对于集中荷载作用下的箱形截面剪扭构件，受扭承载力仍采用式（7-12）计算，但受剪承载力计算要考虑剪跨比的影响，采用式（7-10）计算，且 β_t 仍采用式（7-11）计算，但用 $\alpha_h W_t$ 以代替 W_t，仍然是 $\beta_t < 0.5$ 时取 $\beta_t = 0.5$，$\beta_t > 1.0$ 时取 $\beta_t = 1.0$；宽度 b 取箱形截面的侧壁总厚度 $2t_w$；其余符号意义同前。

7.1.5.2　构件在弯、扭作用下的承载力计算

弯、扭共同作用下的受弯和受扭承载力，可分别按受弯构件的正截面受弯承载力和纯扭构件的受扭承载力进行计算，求得的钢筋分别按弯、扭对纵筋和箍筋的构造要求进行配置，位于相同部位处的钢筋可将所需钢筋截面面积叠加后统一配置。即，弯、扭承载力是不相关的，分别计算。

7.1.5.3　构件在弯、剪、扭作用下的承载力计算

采用按受弯和剪扭分别计算，然后进行叠加的近似计算方法。即，纵向钢筋应通过正截面受弯承载力和剪扭构件受扭承载力计算所得的纵向钢筋的总和来进行配置；箍筋按剪扭构件受剪承载力和受扭承载力算得的总箍筋面积进行配置。

在某些情况下，可以忽略剪力和扭矩的作用。规范规定，若满足 $V \leqslant \dfrac{1}{\gamma_d}(0.35 f_t b h_0)$（一般构件）或 $V \leqslant \dfrac{1}{\gamma_d} \dfrac{0.875}{\lambda+1.5} f_t b h_0$（集中荷载独立构件），可不计剪力 V 的影响，只需按受弯构件的正截面受弯和纯扭构件的受扭分别进行承载力计算；若满足 $T \leqslant \dfrac{1}{\gamma_d}(0.175 f_t W_t)$（矩形、T 形与 I 形截面）或 $T \leqslant \dfrac{1}{\gamma_d}(0.175 \alpha_h f_t W_t)$（箱形截面），可不计扭矩 T 的影响，只需按受弯构件的正截面受弯和斜截面受剪分别进行。

7.1.6　在弯、剪、扭共同作用下的钢筋布置

1. 纵向钢筋布置

正截面受弯承载力计算得到的抗弯受拉纵筋 A_s 配置在截面受拉区底边，受压纵筋 A_s' 配置在截面受压区顶面；受扭承载力得到的抗扭纵筋 A_{stl} 则应在截面周边对称均匀布置。如果抗扭纵筋 A_{stl} 准备分 3 层配置，且截面顶面和底面抗扭纵筋都只需 2 根，则每一层的抗扭纵筋截面面积为 $A_{stl}/3$。因此，叠加时，截面底层所需的纵筋为 $A_s + A_{stl}/3$，中间层为 $A_{stl}/3$，顶层为 $A_s' + A_{stl}/3$。钢筋面积叠加后，顶、底层钢筋可统一配置（图 7-6）。

2. 箍筋布置

抗剪所需的抗剪箍筋 A_{sv} 是指同一截面内箍筋各肢的全部截面面积，等于 $n A_{sv1}$，n 为同一截面内箍筋的肢数（可以是 2 肢或 4 肢），A_{sv1} 为单肢箍筋的截面面积；抗扭所需的抗扭箍筋 A_{st1} 则是沿截面周边配置的单肢箍筋截面面积。所以公式求得的 $\dfrac{A_{sv}}{s}$ 和 $\dfrac{A_{st1}}{s}$ 是不能直接相加的，只能以 $\dfrac{A_{sv1}}{s}$ 和 $\dfrac{A_{st1}}{s}$ 相加，然后统一配置在截面的周边。当采用复合箍筋时，位于截面内部的箍筋只能抗剪而不能抗扭（图 7-7）。

最后配置的钢筋应满足纵向钢筋与箍筋的最小配筋率要求，箍筋还应满足第 4 章相应的构造要求。

7.1.7　抗扭配筋的上下限

以上所述都是发生适筋破坏的情况，对于少筋和超筋破坏，规范是通过抗扭配筋的上限和下限来防止的。

1. 抗扭配筋的上限

当截面尺寸过小和混凝土强度过低时，构件将由于混凝土首先被压碎而破坏，即发生

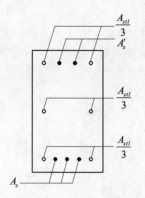

图 7-6 弯、剪、扭构件纵向钢筋配置

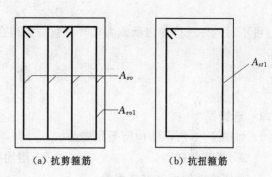

（a）抗剪箍筋　　　　　（b）抗扭箍筋

图 7-7 弯、剪、扭构件的箍筋配置

超筋破坏。为防止这种破坏的发生，必须对截面的最小尺寸和混凝土的最低强度加以限制。

剪扭构件截面尺寸与强度限制条件基本上符合剪、扭叠加的线性关系，因此，规范规定在弯矩、剪力和扭矩共同作用下的矩形、T 形、I 形截面构件，其截面应符合下列要求：

$$\frac{V}{bh_0}+\frac{T}{0.8W_t}\leqslant\frac{1}{\gamma_d}\beta_s\beta_c f_c \tag{7-13}$$

式中：h_w 为截面腹板高度，矩形截面取有效高度 h_0，T 形截面取有效高度减去翼缘高度，I 形和箱形截面取腹板净高；β_s 为系数，$h_w/b\leqslant4$ 或 $h_w/t_w\leqslant4$ 时 $\beta_s=0.25$，$h_w/b\geqslant6$ 或 $h_w/t_w\geqslant6$ 时取 $\beta_s=0.20$，$4<h_w/b<6$ 或 $4<h_w/t_w<6$ 时 β_s 按线性内插法确定；β_c 为混凝土强度影响系数，混凝土强度等级不超过 C50 时取 $\beta_c=1.0$，C80 时 $\beta_c=0.8$，其间 β_c 按线性内插法确定。

β_s 和 β_c 和第 4 章截面尺寸与强度验算公式［式（4-8）］中的含义与取值是相同的。

若不满足式（7-13）条件，则需增大截面尺寸或提高混凝土强度等级。

2. 抗扭配筋的下限

对弯剪扭构件，为防止发生少筋破坏，规范规定箍筋间距不应大于最大箍筋间距（教材表 4-1），且抗扭纵筋和箍筋的配筋率应分别满足下列要求：

（1）抗扭纵筋

$$\rho_{tl}=\frac{A_{stl}}{bh}\geqslant\rho_{tl\min}=\begin{cases}0.30\%（光圆钢筋）\\0.20\%（带肋钢筋）\end{cases} \tag{7-14}$$

式中：ρ_{tl} 为抗扭纵筋的配筋率。

（2）抗扭箍筋

$$\rho_{stv}=\frac{A_{st1}u_{cor}}{bhs}\geqslant\rho_{stv\min}=\begin{cases}0.15\%（光圆钢筋）\\0.10\%（带肋钢筋）\end{cases} \tag{7-15}$$

式中：ρ_{stv} 为抗扭箍筋的体积配筋率。

当采用复合箍筋时，位于截面内部的箍筋不应计入受扭所需的箍筋面积。

当符合下列条件时：

$$\frac{V}{bh_0} + \frac{T}{W_t} \leqslant \frac{1}{\gamma_d}(0.7f_t) \qquad (7-16)$$

可不对构件进行剪扭承载力计算，仅需按构造要求配置钢筋。

7.2　综　合　练　习

7.2.1　选择题

1. 如图 7-8 所示结构所受扭转为（　　）。

    A. 平衡扭转　　　　　　　　　B. 附加扭转

2. 受扭构件的配筋方式可为（　　）。

    A. 仅配置抗扭箍筋　　　　　　B. 仅配置抗扭纵筋

    C. 同时配置抗扭箍筋及抗扭纵筋

3. 剪扭构件的剪扭承载力相关关系影响承载力计算公式中的（　　）。

    A. 混凝土承载力部分，抗扭钢筋部分不受影响

    B. 混凝土和钢筋两部分均受影响

    C. 混凝土和钢筋两部分均不受影响

    D. 钢筋部分受影响，混凝土部分不受影响

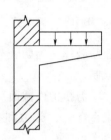

图 7-8　受力示意图

4. 剪扭构件计算时当 $\beta_t = 1.0$ 时（　　）。

    A. 混凝土受扭承载力为纯扭时的 1/2

    B. 混凝土受剪承载力为纯剪时的 1/4

    C. 混凝土受扭承载力与纯扭时相同

    D. 混凝土受剪承载力与纯剪时相同

5. 配筋强度比 ζ 的取值应使（　　）。

    A. $\zeta < 0.6$　　　　　　　　　B. $0.6 \leqslant \zeta \leqslant 1.7$

    C. $\zeta > 1.7$　　　　　　　　　D. 任意选择

6. 抗扭设计要求 $\dfrac{V}{bh_0} + \dfrac{T}{0.8W_t} \leqslant \dfrac{1}{\gamma_d}\beta_s\beta_c f_c$，是为了（　　）。

    A. 防止构件发生少筋破坏

    B. 防止构件发生超筋破坏

    C. 确定是否按最小配筋率配置抗扭钢筋

    D. 确定正常使用极限状态是否满足要求

△7. 变角空间桁架理论认为，矩形截面钢筋混凝土纯扭构件开裂后，斜裂缝与构件纵轴的夹角大小（　　）。

    A. 与构件的混凝土强度等级有关　　B. 与构件配筋强度比有关

    C. 与混凝土的极限压应变大小有关　D. 与钢筋的伸长率有关

8. 剪扭构件计算中，β_t 的取值范围为（　　）。

    A. $\beta_t \leqslant 1.5$　　　　　　　　B. $\beta_t < 0.5$

    C. $0.5 \leqslant \beta_t \leqslant 1.0$　　　　　D. $0 \leqslant \beta_t \leqslant 1.5$

9. 抗扭计算时取 $0.6 \leqslant \zeta \leqslant 1.7$ 是为了（　　）。

A. 不发生少筋破坏

B. 不发生超筋破坏

C. 不发生适筋破坏

D. 破坏时抗扭纵筋和抗扭箍筋均能屈服

7.2.2　问答题

1. 抗扭纵筋和抗扭箍筋是否需要同时配置？它们对于构件的承载力和开裂扭矩有何影响？

2. 钢筋混凝土纯扭构件的破坏形态有哪几类？它们的破坏特点、性质各是怎样的？

3. 钢筋混凝土纯扭构件破坏时，在什么条件下抗扭纵筋和抗扭箍筋都会屈服，然后混凝土才压坏，即产生延性破坏？

△4. 试说明受扭构件承载力计算中参数 ζ 的物理意义？写出它的计算公式？说明它的合理取值范围及含义。

5. 在剪扭构件计算中，为什么要引入系数 β_t？说明它的物理意义和取值范围。

6. 有人说 β_t 为剪扭构件混凝土受扭承载力降低系数，所以如果一钢筋混凝土纯扭构件的抗扭承载力为 100kN·m，当它受剪扭时 $\beta_t = 0.8$，则此时它的抗扭承载力为 80kN·m。这种说法是否正确？

7. 在纯扭构件计算中如何避免超筋破坏和部分超筋破坏？

8. 弯、剪、扭构件的纵向受力钢筋如何确定？一般如何布置？其箍筋面积如何确定？如何布置？

9. 对于纯扭构件的箍筋能否采用四肢箍筋？为什么？

10. 说明规范采用的弯、剪、扭构件的计算方法。

11. T 形和 I 形截面钢筋混凝土纯扭构件的受扭承载力如何计算？

12. 箱形截面与矩形截面纯扭构件的受扭承载力公式有如何区别？

13. 剪扭作用下，一般构件与集中荷载独立构件的抗剪扭承载力公式有如何区别？

7.3 设 计 计 算

1. 某矩形截面钢筋混凝土受扭构件，安全等级为二级，处于淡水环境大气区（受水气积聚），截面尺寸 $b \times h = 600 \times 1200\text{mm}$，持久状况下构件承受的扭矩设计值 $T = 200.0$ kN·m。混凝土强度等级为 C30，纵筋和箍筋分别采用 HRB400 和 HPB300 钢筋，试配置抗扭钢筋，并绘制配筋图。

2. 某矩形截面钢筋混凝土剪扭构件，安全等级为二级，处于淡水环境大气区（受水气积聚），截面尺寸 $b \times h = 600 \times 1200\text{mm}$。持久状况下构件承受扭矩设计值 $T = 150.0\text{kN·m}$、剪力设计值 $V = 650.0\text{kN}$（均布荷载）。混凝土强度等级为 C30，纵筋和箍筋分别采用 HRB400 和 HPB300 钢筋，试计算抗扭纵筋和抗剪扭箍筋，并绘制配筋图。

3. 一均布荷载作用下的钢筋混凝土 T 形截面剪扭构件，安全等级为二级，处于淡水环境大气区（不受水气积聚），$b_f' = 500\text{mm}$，$h_f' = 200\text{mm}$，$b = 200\text{mm}$，$h = 800\text{mm}$。持

久状况下构件承受剪力设计值 $V=80.0\text{kN}$（均布荷载产生）、扭矩设计值 $T=28.0\text{kN}\cdot$ m。混凝土强度等级为 C30，纵筋和箍筋分别采用 HRB400 和 HPB300 钢筋，试设计该构件（配置钢筋并绘制配筋图）。

4. 某矩形截面钢筋混凝土弯剪扭构件，安全等级为二级，处于淡水环境大气区（受水气积聚），截面尺寸 $b\times h=400\times1000\text{mm}$。持久状况下构件承受弯矩设计值 $M=385.0\text{kN}\cdot$ m、剪力设计值 $V=200.0\text{kN}$ 和扭矩设计值 $T=96.0\text{kN}\cdot\text{m}$。混凝土强度等级为 C35，纵筋和箍筋分别采用 HRB400 和 HPB300 钢筋，试设计该构件（配置钢筋并绘制配筋图）。

7.4　参　考　答　案

7.4.1　单项选择题

1. A　2. C　3. A　4. C　5. B　6. B　7. B　8. C　9. D

7.4.2　问答题

1. 必须同时配置。

它们对构件开裂扭矩几乎没有影响，但对构件受扭承载力有重要影响，合理配置的抗扭纵筋与抗扭箍筋能大幅度提高构件的受扭承载力。

2. 有 4 类：

（1）少筋破坏：抗扭钢筋配置过少，混凝土一旦受拉开裂，钢筋即屈服甚至拉断，构件发生脆性破坏；设计必须防止出现这种破坏。

（2）适筋破坏：两种钢筋（抗扭纵筋和抗扭箍筋）配置适量且比例适当，当破坏时两种钢筋均达到屈服强度，构件变形较大；最后混凝土被压坏，构件发生延性破坏。钢筋混凝土受扭构件的承载力计算以该种破坏为依据。

（3）超筋破坏：配筋过量，破坏时钢筋未屈服，混凝土被压坏，构件突然破坏，为脆性破坏，设计时不容许出现这种破坏。

（4）部分超筋破坏：若两种钢筋（抗扭纵筋与抗扭箍筋）中的其中一种配置过多，破坏时有一种钢筋屈服，另一种钢筋未屈服，随后构件因混凝土被压坏而破坏。构件破坏时有一定延性，但部分钢筋未充分利用，设计时最好避免。

3. 两者的配筋强度比 ζ 应在 $0.6\sim1.7$ 之间，同时需满足最小配筋率和截面尺寸与强度的要求。

4. ζ 为受扭纵筋与箍筋的配筋强度比。计算公式为：$\zeta=\dfrac{f_y A_{stl}s}{f_{yv}A_{st1}u_{cor}}$。合理取值范围是：$0.6\leqslant\zeta\leqslant1.7$。合理取值的含义是破坏时抗扭纵筋和抗扭箍筋都能达到屈服强度。

5. 在剪扭构件中，混凝土既要承受剪力产生的剪应力，又要承受扭矩产生的剪应力，这就使得截面某个部分的混凝土承受的剪应力加大。混凝土的受扭承载力随着剪力的增加而减小，受剪承载力随着扭矩的增加而减小，因此必须引入剪扭构件的混凝土受扭承载力降低系数 β_t 来考虑混凝土剪扭承载力的这种相关关系。

β_t 的物理意义就是考虑剪扭共同作用时因为剪力的存在而使混凝土受扭承载力减小的折减系数，一般剪扭构件由教材式（7-30）计算，集中荷载作用下的独立剪扭构件由教材式（7-36）计算，它的取值范围是 $0.5 \leqslant \beta_t \leqslant 1.0$。若 β_t 的计算值小于 0.5，取 0.5；若大于 1.0，取 1.0。

6. 这种说法不正确。因为钢筋混凝土构件受扭承载力包括两部分，一部分是混凝土的受扭承载力 T_c，另一部分为抗扭钢筋的受扭承载力 T_s，β_t 只影响 T_c，而 T_s 不变。假定 $T_c = 30\text{kN·m}$，$T_s = 70\text{kN·m}$，如 $\beta_t = 0.8$，则 $T_u = 0.8T_c + T_s = 94\text{kN·m}$，而不是 80kN·m。

7. 要避免超筋破坏需满足教材式（7-38）要求，即满足：

$$\frac{V}{bh_0} + \frac{T}{0.8W_t} \leqslant \frac{1}{\gamma_d}\beta_s\beta_c f_c$$

如不满足，则增大截面尺寸或提高混凝土强度等级。

要避免部分超筋破坏，则需使配筋强度比 ζ 取值在 0.6~1.7 之间。

8. 先按受弯构件算出纵向受力钢筋面积 A_s 及 A_s'，再按剪扭构件算出所需的抗扭纵筋总面积 A_{stl}。布置纵向钢筋时，A_{stl} 沿截面周边均匀布置，A_s 及 A_s' 则布置构件的底部与顶部（若受拉区在构件底部），然后将相同位置上的钢筋面积叠加，选配钢筋。

按剪扭构件计算抗剪所需单位梁长箍筋单肢面积为 $\frac{A_{sv}}{ns}$，抗扭所需单位梁长抗扭箍筋单肢面积为 A_{st1}/s，则单位梁长所需总箍筋单肢面积为 $\frac{A_{sv1}}{s} = \frac{A_{sv}}{ns} + \frac{A_{st1}}{s}$。按 A_{sv1}/s 来选择箍筋直径和间距。

9. 纯扭构件的箍筋不应采用四肢箍筋，因为抗扭箍筋必须沿截面周边布置才起作用，内部两肢箍筋不起抗扭作用。

10. 规范采用的弯、剪、扭构件计算方法有下列原则：①弯、扭独立；②剪、扭相关；③一定条件下简化。具体的按如下进行：

（1）按教材式（7-38）验算，防止发生超筋破坏。

（2）按教材式（7-39）验算是否需对构件进行剪扭承载力计算。

（3）按教材式（7-40）验算是否可忽略剪力影响。如可忽略，则按受弯构件的正截面受弯和纯扭构件的受扭进行承载力计算。

（4）按教材式（7-41）验算是否可忽略扭矩的影响。如可忽略，则按受弯构件的正截面受弯和斜截面受剪分别进行承载力计算。

（5）如必须按弯、剪、扭构件设计，则按受弯构件正截面计算确定 A_s 和 A_s'，按剪扭构件计算确定 A_{stl}，统一配置纵向受力钢筋〔A_{stl} 沿截面周边均匀布置，A_s 及 A_s' 则布置构件的底部与顶部（若受拉区在构件底部）〕；按剪扭构件确定所需抗剪箍筋和抗扭箍筋，合起来统一配置箍筋。

（6）最后验算最小配筋率的要求。

11. 先把 T 形和 I 形截面在保证腹板完整性的条件下分成若干独立的小矩形，计算各部分的 W_{ti}，总的 $W_t = \sum W_{ti}$，再按 W_{ti} 分配扭矩 T，每部分所承担扭矩为 $T_i = \frac{W_{ti}}{W_t}T$。然后再分别独立进行各小块矩形截面所需抗扭钢筋的计算。

12. 无论是纯扭还是剪扭，箱形截面受扭承载力计算公式与矩形截面相似，仅在混凝土抗扭项考虑了与截面相对壁厚有关的箱形截面壁厚影响系数 α_h。$\alpha_h = 2.5 \dfrac{t_w}{b_h}$（$b_h$ 为箱形截面外形宽度，t_w 为壁厚），当 $\alpha_h \geqslant 1$ 时，取 $\alpha_h = 1.0$，也就是 $t_w \geqslant 0.4 b_h$ 时箱形截面受扭承载力和矩形截面相同。

箱形截面构件的 W_t 应按整体计算，等于 $h_h \times b_h$（h_h 和 b_h 为箱形截面外形高度和宽度）矩形截面的 W_t 减去孔洞矩形截面的 W_t。

13. 只是受剪承载力计算公式不同，受扭承载力计算公式相同。一般构件，受剪承载力按教材式（7-33）和式（7-30）计算，不考虑剪跨比；集中荷载为主的独立构件，受剪承载力按教材式（7-35）和式（7-36）计算，需考虑剪跨比。

第8章　钢筋混凝土构件正常使用极限状态验算

正常使用极限状态验算的一般原则与其实用设计表达式已在第2章中作过阐释，本章介绍它的计算理论和计算公式。学习完本章后，应在掌握正常使用极限状态验算的计算理论（裂缝开裂机理、裂缝宽度影响因素、裂缝控制设计计算原则、裂缝宽度计算公式与适用范围、挠度影响因素、挠度计算方法等）的前提下，能对一般的构件进行正常使用极限状态验算设计。如此，加之前几章学习的知识，应能进行一般构件完整的设计。本章的学习内容有：

(1) 正常使用极限状态验算的任务。

(2) 裂缝成因与分类。

(3) 裂缝开裂机理。

(4) 裂缝宽度影响因素。

(5) 裂缝控制设计计算原则、裂缝宽度计算公式与适用范围、裂缝控制措施。

(6) 挠度验算的思路与刚度计算。

8.1　主　要　知　识　点

8.1.1　正常使用极限状态验算的内容与可靠度要求

1. 正常使用极限状态验算的内容

水运工程正常使用极限状态验算包括预应力混凝土构件的抗裂验算、普通混凝土构件裂缝宽度验算、预应力混凝土构件和普通混凝土构件变形验算3方面的内容，本章只涉及普通混凝土构件的裂缝宽度验算和变形验算，预应力混凝土构件的抗裂验算和变形验算见第10章。

(1) 裂缝宽度验算。使用上要求不允许出现裂缝的构件称抗裂构件，这类构件应进行抗裂验算，以保证正常使用时不出现裂缝；使用上需控制裂缝宽度的构件称限裂构件，应进行裂缝宽度验算，以保证正常使用时裂缝宽度不超过规定的限值。

在水运工程中，预应力混凝土结构构件是要求抗裂的，是抗裂构件；钢筋混凝土结构是允许开裂的，是限裂构件。

(2) 变形验算。使用上需控制变形值的结构构件需要进行变形验算。这也意味着不是所有的结构构件都需要进行变形验算。

需要指出的是，在非正常撞击等偶然荷载和地震荷载作用下，要求混凝土不开裂或裂缝宽度小于一定的限值，是不现实的。因此，偶然荷载和地震荷载作用时，可不进行变形、抗裂、裂缝宽度等正常使用极限状态验算。

2. 正常使用极限状态与承载能力极限状态可靠度要求的区别

承载能力极限状态是已知截面内力，选择构件尺寸、混凝土强度等级、钢筋级别，计算所需的钢筋用量，这时除内力已知外其余都为未知量，故称计算。正常使用极限状态是承载能力极限状态计算后进行的，这时已知截面内力、构件尺寸、混凝土强度等级、钢筋级别和钢筋用量，来验算裂缝宽度是否满足要求（或是否抗裂）、挠度是否满足要求，这时所有的变量都是已知量，故称验算。

承载能力极限状态不满足会造成结构倒塌、人员伤亡，危害性大，故可靠度要求高，所有构件都要进行承载能力极限状态计算。

正常使用是在承载能力得到保证前提下进行的验算，正常使用极限状态不满足，如：裂缝过大，会影响外观，使人心理上产生不安全感，降低耐久性；挠度过大，会影响机器正常使用，但一般不会造成结构倒塌和人员伤亡，危害性较小，所以其可靠度要求小于承载能力极限状态。

表 8-1 列出了承载能力与正常使用极限状态实用表达式中所采用的系数。

表 8-1　　　　承载能力与正常使用极限状态实用表达式中所采用的系数

极限状态	承载能力	正常使用
荷载	设计值	代表值（标准值、频遇值、准永久值）
材料强度	设计值	标准值
结构重要性系数	1.1、1.0、0.90	不出现，相当于取 1.0

从 8-1 看到，在实用表达式中，正常使用极限状态和承载能力极限状态相比，计算抗力时材料强度采用一个比设计值大的标准值，计算出的抗力大；计算荷载效应时荷载采用比设计值小的代表值，且不考虑结构重要性系数，相当于取结构重要性系数为 1.0。也就是，相比于承载能力极限状态，正常使用极限状态取了一个较大的结构抗力和一个较小的荷载效应，以体现其可靠度要求小于承载能力极限状态。

8.1.2　裂缝成因与对策

混凝土结构中存在拉应力是产生裂缝的必要条件。对截面应变梯度为零的轴心受拉构件，当拉应力达到混凝土抗拉强度时，其拉应变也达到极限应变，立即产生裂缝；但对截面应变梯度不为零的受弯、偏心受拉和偏心受压等构件，当主拉应力达到混凝土抗拉强度时，并不立即产生裂缝，只有当拉应变达到混凝土极限拉应变时才出现裂缝。因此，严格来讲，应以拉应变超过极限拉应变来判断裂缝是否开裂。

裂缝分荷载和非荷载因素引起的两类。

8.1.2.1　外力荷载引起的裂缝

为了使钢筋在正常使用时能发挥其作用，除偏心距很小的偏压构件外，构件总是带裂缝工作的。裂缝一般与主拉应力方向大致垂直，且最先在内力最大处产生。如果内力相同，则裂缝首先在混凝土抗拉能力最薄弱处产生。

裂缝可分为正截面裂缝和斜截面裂缝两种。由弯矩、轴心拉力、偏心拉（压）力等引起的与构件轴线垂直的裂缝，称为正截面裂缝或垂直裂缝；由剪力或扭矩引起的与构件轴线斜交的裂缝称为斜截面裂缝或斜裂缝。

荷载引起的裂缝主要靠合理配筋、合理的结构形式与尺寸来解决。如图 8-1 所示的刚架梁,在垂直荷载作用下,梁底中部和梁顶两端会出现裂缝。在梁底和梁顶两端所配的纵向钢筋,一方面为满足其承载力要求,另一方面也是为控制其裂缝宽度。

8.1.2.2 非荷载因素引起的裂缝

钢筋混凝土结构构件除了由外力荷载引起的裂缝外,很多非荷载因素,如温度变化、混凝土收缩、基础不均匀沉降、塑性坍落、冰冻、钢筋锈蚀以及碱-骨料化学反应等都有可能引起裂缝。

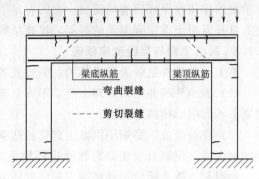

图 8-1 刚架梁在垂直荷载作用下的裂缝

1. 温度裂缝

结构构件会随着温度的变化而产生变形,即热胀冷缩。当冷缩变形受到约束时,就会产生温度应力(拉应力),当温度应力引起的拉应变大于混凝土极限拉应变就会产生裂缝。对大体积混凝土结构而言,温度变化往往是混凝土开裂的主要因素。减小温度应力的方法有:

(1)设置伸缩缝,尽可能地减小约束,大多数混凝土结构设计规范都规定不同结构所允许的伸缩缝最大间距。

(2)对大体混凝土,一是通过分块浇筑、降低混凝土入仓温度、加掺合料降低混凝土绝热温度等温控措施来减小温度应力,防止施工期出现裂缝;二是通过合理配置温度钢筋,来限制使用期温度裂缝的开展。

配置温度钢筋对提高结构抗裂性是有限的,配置温度钢筋的目的不是为了防止温度裂缝出现,而是限制温度裂缝的开展宽度和开展深度。在不配钢筋或配筋过少的混凝土结构中,一旦出现裂缝,则裂缝数目虽不多但往往开展得很宽。布置适量钢筋后,一方面能通过增加裂缝条数使裂缝分散,从而减小裂缝开展宽度;另一方面钢筋承担了混凝土开裂后释放出来的拉力,从而限制裂缝开展深度,减轻危害。

2. 钢筋锈蚀引起的裂缝

混凝土在浇筑初期孔隙水呈碱性,这使钢筋表面生成一层极薄的氧化膜,它能防止钢筋生锈。在使用过程,大气中的二氧化碳或其他酸性气体,渗入到混凝土内,使混凝土的碱度降低,这一过程称为混凝土的碳化。当碳化深度超过混凝土保护层厚度而达到钢筋表层时,钢筋表面的氧化膜就遭到破坏,在同时存在氧气和水分的条件下,钢筋发生电化学反应,开始生锈。

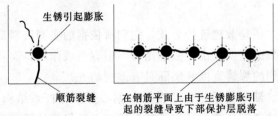

图 8-2 钢筋锈蚀的影响

钢筋生锈后,铁锈的体积大于原钢筋的体积。这种效应可在钢筋周围的混凝土中产生胀拉应力,若混凝土保护层不足以抵抗这种胀拉应力就会沿着钢筋形成一条顺筋裂缝。顺筋裂缝的发生,又进一步促进钢筋锈蚀程度的增加,形成恶性循环,最后导致混凝土保护层剥落，钢筋与混凝土之间的黏结力减弱，甚至钢筋锈断，如图 8-2 所示。这种顺筋裂缝对结构的耐久性影响极大。

防止的措施是提高混凝土的密实度和抗渗性，适当地加大混凝土保护层厚度。因此，保护层的作用除保证钢筋与混凝土之间有足够的黏结力，使钢筋与混凝土共同工作之外，还有延长混凝土碳化到钢筋的时间，提高结构耐久性的作用。

8.1.3　裂缝危害与裂缝宽度限值

绝大多数构件是带裂缝工作的，但过宽的裂缝会产生下列不利影响：

（1）影响外观并使人心理上产生不安全感，但事实上，对于不承受水压的结构，裂缝过宽并不影响结构的承载力。

（2）在裂缝处，缩短了混凝土碳化到达钢筋表面的时间，导致钢筋提早锈蚀，影响结构的耐久性。但调查发现，裂缝处钢筋局部锈蚀对结构耐久性的影响并不如预想的那么大，而混凝土碳化后使钢筋锈蚀引起的顺筋裂缝，对结构耐久性影响则很大。

（3）对承受水压的结构，当水头较大时渗入裂缝的水压会使裂缝进一步扩展，甚至会影响到结构的承载力。

因此，限裂构件应进行裂缝宽度验算，根据使用要求使裂缝宽度小于相应的限值。各国规范规定裂缝宽度限值时，所考虑的影响因素各有侧重，具体规定不完全一致。我国规范是主要根据环境类别来规定最大裂缝宽度限值的，具体规定见教材附录 E 表 E-1。从该表看到，最大裂缝宽度限值，海水环境小于淡水环境，水下环境大于水上环境，这是因为钢筋在海水环境比在淡水环境更容易锈蚀；水下没有氧气，和水上环境相比，钢筋不容易锈蚀。

8.1.4　裂缝宽度计算理论

虽然已有规范不再列入裂缝宽度公式与裂缝宽度限值，而以限裂为目的的构造要求来进行裂缝控制，但到目前为止，国际上绝大多数规范还是列入裂缝宽度公式与裂缝宽度限值，以裂缝宽度计算值小于相应限值来进行裂缝控制。因此，裂缝宽度计算仍是十分重要的。

现有的裂缝宽度公式可以分为两大类。一类是数理统计的经验公式，它通过对大量试验资料的分析，选出影响裂缝宽度的主要参数，进行数理统计后得出，JTS 151—2011 规范采用的裂缝宽度公式属于此类。另一类是半理论半经验公式，它先根据裂缝开展机理的分析，由力学模型出发推导出理论计算公式需考虑的参数，再借助试验或经验确定公式中的系数，2015 年版《混凝土结构设计规范》（GB 50010—2010）、《水工混凝土结构设计规范》（SL 191—2008）和《水工混凝土结构设计规范》（DL/T 5057—2009）的裂缝宽度公式属于此类。

应注意到，无论是半理论半经验公式，还是数理统计公式，它们所依据的实测资料都是在实验室内，由外力荷载作用下测得的裂缝宽度。由于实际结构不但有荷载作用，而且有非荷载因素作用，因此裂缝宽度公式得到的裂缝宽度和实际是有差别的。

还应注意，现有的实测资料是由受弯、轴心受拉、偏心受拉与偏心受压等杆系结构，在荷载作用下的裂缝试验获得的，所以裂缝宽度公式仅适用于杆系结构，且仅能计算荷载作用引起的弯矩、轴心拉力、偏心拉（压）力等产生的垂直裂缝（正截面裂缝）的宽度；

对非杆系结构的裂缝、非荷载因素产生的裂缝，以及杆系结构在荷载作用下产生的斜截面裂缝，裂缝宽度公式是不适用的。

因此，裂缝宽度公式不但计算值和实际有差别，而且应用的范围也是有限的。

在半理论半经验公式中，所依据的理论又可分为3类：黏结滑移理论、无滑移理论和综合理论。

黏结滑移理论认为：

（1）裂缝开展是由于纵向受拉钢筋和混凝土之间不再保持变形协调而出现相对滑移造成的。

（2）在一个裂缝区段（裂缝间距 l_{cr}）内，裂缝宽度 W 等于纵向受拉钢筋伸长与混凝土伸长之差。l_{cr} 越大，W 越大。

（3）l_{cr} 取决于纵向受拉钢筋与混凝土之间的黏结力大小及分布，黏结力越大，l_{cr} 越小。当钢筋面积一定时，直径越小、根数越多，钢筋表面积越大；当钢筋直径一定时，配筋率越大，钢筋表面积越大。钢筋表面积越大，黏结力越大，l_{cr} 越小，W 越小。

因此，影响裂缝宽度的因素除裂缝处纵向受拉钢筋应力 σ_s 外，主要还有纵向受拉钢筋直径 d 与配筋率 ρ 的比值。

（4）混凝土表面的裂缝宽度与内部钢筋表面处是一样的。

第（4）条和事实不符。实际上，钢筋处裂缝宽度小，离开钢筋处裂缝宽度大，如图8-3所示。

无滑移理论认为：

（1）裂缝开展后，混凝土截面在局部范围内不再保持为平面，纵向受拉钢筋与混凝土之间的黏结力不破坏，相对滑移忽略不计。即，钢筋处裂缝宽度为零。

（2）构件表面裂缝宽度是受从纵向受拉钢筋到构件表面的应变梯度控制的，与保护层厚度 c 大小有关，如图8-4所示。

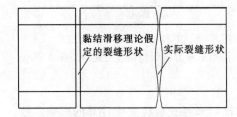
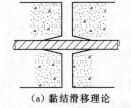
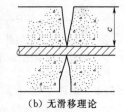

（a）黏结滑移理论　　　　　（b）无滑移理论

图8-3　轴拉构件裂缝形状　　　　图8-4　两种理论的裂缝形状

虽然无滑移理论反映裂缝面上裂缝宽度不相等的事实，但假定钢筋处裂缝宽度等于零，不符合实际。

综合理论是在前两种理论的基础上建立起来的，既考虑了保护层厚度对裂缝宽度 W 的影响，也考虑了纵向受拉钢筋可能出现的滑移，这无疑更为全面一些。目前半经验半理论裂缝宽度公式采用的是综合理论。

8.1.5　裂缝宽度计算影响参数

8.1.5.1　裂缝出现前后的应力状态

取如图8-5所示受弯构件的纯弯段，对裂缝出现前后的应力状态加以讨论。裂缝出现前，拉区纵向钢筋与混凝土共同受力，沿构件长度方向各截面受力相同。在实际构件

图 8-5　受弯构件纯弯段

中，各点混凝土的强度有强有弱，当最薄弱截面的混凝土拉应变达到其极限拉应变时，出现第一条裂缝。

裂缝出现后，裂缝截面混凝土不再承受拉力，转由纵向受拉钢筋承担，裂缝截面纵向受拉钢筋应力突然增大。通过钢筋与混凝土之间的黏结力，钢筋拉力逐渐传给混凝土，距裂缝越远，混凝土承担的拉应力

越大，钢筋拉应力越小，如图 8-6 所示。当距裂缝截面有足够的长度时，混凝土拉应变又超过其极限拉应变，出现新的裂缝。

当荷载超过开裂荷载 50％以上时，裂缝基本出齐，裂缝间距趋于稳定。沿构件长度方向，纵向受拉钢筋与混凝土应力、中和轴位置随裂缝位置呈波浪形起伏，如图 8-7 所示。由于混凝土质量不均，强度有大有小，裂缝间距有疏有密（最大间距可为平均间距的1.3～2 倍），裂缝开展宽度有大有小，实际设计关心的是最大裂缝宽度。只要最大裂缝宽度小于裂缝宽度限值，就认为裂缝验算能满足要求。

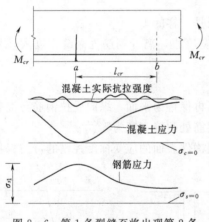

图 8-6　第 1 条裂缝至将出现第 2 条
裂缝间混凝土及钢筋应力分布

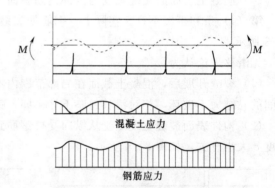

图 8-7　中和轴、纵向受拉钢筋及
混凝土应力随裂缝位置变化的情况

8.1.5.2　裂缝宽度计算的影响参数

下面通过平均裂缝宽度 W_m 和裂缝间距 l_{cr} 的推导来寻找裂缝宽度计算的影响参数。

1. 平均裂缝宽度 W_m

将问题理想化，假定材料强度是均匀的，则一个裂缝面到下一个混凝土达到极限拉应变的截面的长度是相等的，也就是裂缝间距 l_{cr} 是相等的，裂缝宽度也是相等的，这个裂缝宽度称为平均裂缝宽度 W_m。

相邻 2 条裂缝之间的纵向钢筋和混凝土伸长分别等于其裂缝间平均应变 ε_{sm}、ε_{cm} 和裂缝间距 l_{cr} 的乘积，即 $\varepsilon_{sm}l_{cr}$ 和 $\varepsilon_{cm}l_{cr}$。根据黏结滑移理论，平均裂缝宽度 W_m 应等于 2 条相邻裂缝之间的纵向钢筋伸长与混凝土伸长之差，由于混凝土的拉伸变形极小，$\varepsilon_{cm}l_{cr}$ 可以略去不计，则平均裂缝宽度 W_m 为

$$W_m = \varepsilon_{sm}l_{cr} \tag{8-1}$$

为了能用裂缝处的纵向受拉钢筋应力 σ_s 来替代裂缝间钢筋的平均应变 ε_{sm}，引入纵向

受拉钢筋应变不均匀系数 ψ，它定义为纵向受拉钢筋平均应变 ε_{sm} 与裂缝截面钢筋应变 ε_s 的比值，即 $\psi = \varepsilon_{sm}/\varepsilon_s$，如此式（8-1）改写为

$$W_m = \psi \varepsilon_s l_{cr} \qquad (8-2)$$

将 $\varepsilon_s = \sigma_s/E_s$ 代入式（8-2），则

$$W_m = \psi \frac{\sigma_s}{E_s} l_{cr} \qquad (8-3)$$

从式（8-3）看到，平均裂缝宽度 W_m 取决于裂缝截面纵向受拉钢筋应力 σ_s、裂缝间距 l_{cr} 和裂缝间纵向受拉钢筋应变不均匀系数 ψ。

2. 裂缝间距 l_{cr}

通过一轴心受拉构件已开裂截面与即将开裂截面隔离体的受力分析，可得到式（8-4）表示的裂缝间距计算公式，详细的推导可见教材 8.1.5.1 节。

$$l_{cr} = K_1 c + K_2 \frac{d}{\rho_{te}} \qquad (8-4)$$

公式中的 ρ_{te} 为纵向受拉钢筋的有效配筋率，为纵向受拉钢筋面积 A_s 和有效受拉混凝土截面面积 A_{te} 的比值，$\rho_{te} = A_s/A_{te}$。需要注意的是，A_{te} 并不是指全部受拉混凝土的截面面积，因为对于裂缝间距和裂缝宽度而言，钢筋的作用仅仅影响到它周围的有限区域，裂缝出现后只是钢筋周围有限范围内的混凝土受到钢筋的约束，而距钢筋较远的混凝土受钢筋的约束影响很小。到目前为止，对于 A_{te} 尚没有统一的取值方法。

从式（8-4）看到：

（1）l_{cr} 和 d/ρ_{te} 成正比，其原因是 l_{cr} 与黏结力的大小密切相关，已有裂缝面上的纵向钢筋拉力是靠黏结力传递给附近的混凝土，黏结力越大，使附近截面混凝土达到极限拉应变以至开裂所需的黏结力传递长度越短，即 l_{cr} 越小。当 ρ_{te} 一定时，也就是 A_s 一定时，直径 d 越小，钢筋根数越多，表面积越大，黏结力越好。当 d 一定，ρ_{te} 越大，也就是 A_s 越大，则钢筋根数越多，表面积越大，黏结力越大。

（2）l_{cr} 和混凝土保护层厚度 c 成正比，这是因为钢筋周围混凝土拉应力是不均匀的，靠近钢筋处拉应力大，离开钢筋处拉应力小，c 越大，外表面混凝土达到极限拉应变所需黏结力传递长度就越长，即 l_{cr} 将增大。试验证明，当保护层厚度从 15mm 增加到 30mm 时，平均裂缝间距增加 40%。

3. 纵向受拉钢筋应变不均匀系数 ψ

$\psi = \varepsilon_{sm}/\varepsilon_s$，反映了裂缝间受拉混凝土参与工作的程度。$\psi$ 越小混凝土参与承受拉力的程度越大，ψ 越大则反之，$\psi < 1$。若 $\psi = 1$，则表示混凝土脱离工作。

影响 ψ 的因素除纵向受拉钢筋应力外，还与混凝土抗拉强度、纵向受拉钢筋的有效配筋率、钢筋与混凝土的黏结性能、荷载作用的时间和性质等有关。准确地计算 ψ 值是十分复杂的，目前大多是根据试验资料给出半理论半经验的 ψ 值计算公式，如

$$\psi = 1.0 - \frac{\beta f_t}{\sigma_s \rho_{te}} \qquad (8-5)$$

式中：β 为试验常数。

4. 其他影响参数

裂缝宽度计算影响参数除上述的裂缝截面纵向受拉钢筋应力 σ_s、纵向受拉钢筋应变

不均匀系数 ψ、纵向受拉钢筋直径 d 和有效配筋率 ρ_{te} 外，还和纵向受拉钢筋种类、混凝土徐变、构件的受力特征等有关。

1）钢筋种类：影响钢筋与混凝土黏结力大小的因素除钢筋表面积外，还有钢筋表面形状，带肋钢筋的黏结力明显大于光圆钢筋。

2）徐变：混凝土在荷载长期作用下发生徐变，徐变会使构件的变形和裂缝宽度增大。

3）受力特征：对应变梯度不为零的构件，构件表面裂缝张开时，内部纤维会阻止其张开，应变梯度 i 越大的构件，内部附近纤维提供的阻止作用就越大，裂缝宽度就小。在其他变量数值相同的条件下，轴心受拉构件的裂缝宽度最大、其次是偏心受拉构件、受弯构件和偏压构件。

8.1.6　JTS 151—2011 规范裂缝控制验算方法

1. 裂缝控制等级

JTS 151—2011 规范和国内其他混凝土结构设计规范一样，将裂缝宽度控制等级分为下列三级，分别用混凝土应力和裂缝宽度进行控制。

一级——严格要求不出现裂缝的构件，按荷载效应标准组合［教材式（2-24）］进行计算时，构件受拉边缘混凝土不允许产生拉应力。

这意味着构件在正常使用时，始终处于受压状态，构件出现裂缝的概率很小。

海港浪溅区采用钢丝、钢绞线的预应力构件就需一级裂缝控制。这是因为钢丝和钢绞线拉应力水平高、直径细，对氯盐腐蚀非常敏感；在海港浪溅区干湿交替，氯盐含量大，若构件出现裂缝，预应力筋容易发生应力腐蚀。

二级——一般要求不出现裂缝的构件，按荷载效应准永久组合［教材式（2-26）］进行计算时，构件受拉边缘混凝土不应产生拉应力；按荷载效应标准组合［教材式（2-24）］进行计算时允许产生拉应力，但拉应力应满足抗裂应力限值 $\alpha_{ct}\gamma f_{tk}$。

这意味着构件可以处于有限的拉应力状态，在此条件下，构件一般不会出现裂缝，在短期内即使可能出现裂缝，裂缝宽度也较小，不会产生大的危害，因此不必进行裂缝验算。

水运工程中的预应力混凝土构件，除上述须满足一级裂缝控制等级的构件以外，都属于二级裂缝控制。这是因为，预应力筋拉应力水平高，若出现裂缝且裂缝长期张开，预应力筋会发生应力腐蚀。

三级——允许出现裂缝的构件，按荷载效应准永久组合［教材式（2-26）］进行裂缝宽度计算时，其最大裂缝宽度不应超过规定的限值；施工期有必要计算裂缝宽度时，裂缝宽度不宜超过规定的限值。

在水运工程中，由于结构构件尺寸较小，要使裂缝控制达到一级和二级，必须对其施加预应力，即设计成预应力混凝土结构构件。钢筋混凝土结构构件在正常使用时允许带裂缝工作，属于三级控制。而水利水电工程，有些结构构件尺寸是由稳定等要求决定，尺寸较大，即使不施加预应力也能满足抗裂要求。即，在水利水电工程钢筋混凝土结构中，有些是抗裂的，有些是限裂的。

要明白，在正常使用极限状态，荷载效应标准组合得到的内力值最大，频遇组合其次，准永久组合最小。因为一般情况下，可变荷载的组合系数 $\psi_c=0.7$，主导可变荷载的

频遇值系数 $\psi_f=0.7$，准永久值系数 $\psi_q=0.6$，在这 3 个系数中准永久值系数 ψ_q 最小。

2. 裂缝宽度公式

钢筋混凝土矩形、T 形、倒 T 形、I 形和圆形截面的受拉、受弯和偏心受压构件最大裂缝宽度 W_{max} 按式（8-6）计算：

$$W_{max}=\alpha_1\alpha_2\alpha_3\frac{\sigma_s}{E_s}\left(\frac{c+d}{0.30+1.4\rho_{te}}\right) \tag{8-6}$$

各变量的含义及计算方法详见教材 8.1.6.2 节。这里只对前面未出现过的变量加以解释。

（1）α_1 为考虑构件受力特征的系数，偏心受压构件、受弯、偏心受拉构件、轴心受拉构件，分别取 0.95、1.0、1.10 和 1.20。可以看到构件截面的应变梯度越小，α_{cr} 取值越大。也就是在其他变量数值相同的条件下，构件截面应变梯度越小裂缝宽度越大。这是因为：对应变梯度不为零的构件，构件表面裂缝张开时，内部纤维会阻止其张开，应变梯度 i 越大的构件，内部附近纤维提供的阻止作用越大，裂缝宽度就越小。

（2）α_2 为考虑纵向受拉钢筋表面形状的系数。对带肋钢筋，取 $\nu=1.0$；对光圆钢筋，取 $\nu=1.4$。也就是说，在其他变量数值相同的条件下，采用光圆钢筋的裂缝宽度是采用带肋钢筋的 1.4 倍。

（3）α_3 为考虑荷载效应准永久组合或重复荷载影响的系数，取 $\alpha_3=1.5$；对于短暂状况的正常使用极限状态荷载组合，取 $\alpha_3=1.0\sim1.2$；对施工期，取 $\alpha_3=1.0$。其实，α_3 就是用于考虑长期荷载影响的裂缝宽度扩大系数，在其他规范它取为 1.5。在施工期，由于荷载作用历时短，因此取 $\alpha_3=1.0$。

在某些不需考虑徐变影响的情况，如进行短期荷载裂缝宽度试验值与裂缝宽度公式计算值对比时，也要取 $\alpha_3=1.0$。

3. 应用裂缝宽度公式应注意的问题

应用裂缝宽度公式应注意下列几个问题：

（1）公式只能用于常见的梁、柱一类构件，用于厚板已不太合适，更不能用于非杆件体系的块体结构。这是因为，公式中的系数是由受弯、轴心受拉、偏心受拉与偏心受压等杆系结构，在荷载作用下的裂缝试验获得的数据确定的，因而公式只适用于梁、柱一类杆系结构。

（2）从裂缝宽度公式看到，保护层厚度 c 越小，则裂缝宽度计算值 W_{max} 也越小，但决不能用减小保护层厚度的办法来满足裂缝宽度的验算要求，这是因为过薄的保护层厚度将严重影响钢筋混凝土结构构件的耐久性。长期暴露性试验和工程实践证明，垂直于钢筋的横向受力裂缝截面处，钢筋被腐蚀的程度并不像原先认为的那样严重。相反，足够厚的密实的混凝土保护层对防止钢筋锈蚀具有更重要的作用。

（3）裂缝宽度公式计算得到的裂缝宽度是指纵向受拉钢筋重心处侧表面的裂缝宽度。

8.1.7 裂缝控制方法的不完善与裂缝控制措施

1. 裂缝控制方法的不完善

现有的裂缝宽度公式有很大的局限性：

（1）公式仅适用于梁、柱一类的非杆系结构，不适用于非杆件体系结构。

（2）公式仅适用于外荷载产生的正截面裂缝，实际上除正截面裂缝外，还有由于扭矩、剪力引起的斜裂缝，以及温度、干缩、不均匀沉降等作用引起的裂缝。

（3）公式计算值是指纵向受拉钢筋重心处侧表面的裂缝宽度，但人们关心的却是结构顶、底表面的裂缝宽度，有些结构纵向钢筋重心处侧表面的裂缝宽度并无实际的物理意义。

（4）裂缝宽度计算模式的不统一，使得不同规范的裂缝宽度计算值有较大的差异。

因此，现有的裂缝宽度公式的计算值还不能反映工程结构实际的裂缝开展性态。从这个意义上，也可以认为，正常使用极限状态的设计方法尚没有完美解决。

2. 裂缝控制措施

若计算所得的最大裂缝宽度 W_{max} 超过限值时，则可应采取相应措施以减小裂缝宽度。具体措施有：

（1）可改用较小直径的带肋钢筋，增加钢筋根数，以增加钢筋表面积提高黏结力，减小裂缝间距，进而减小裂缝宽度。但应注意在梁、柱类构件中，纵向钢筋配置过密，有时会使混凝土浇筑不密实，反会严重影响耐久性。

（2）适当增加受拉区纵向钢筋截面面积，以降低钢筋应力和提高黏结力。但单纯靠增加受力钢筋用量来减小裂缝宽度的办法是不可取的。

（3）采用结构措施来降低拉应力，减小裂缝宽度。如图 8-8（a）所示搁置在地基上、顶面承受均布荷载的两孔箱形结构，若改成三孔［图 8-8（b）］，就可减小底板和顶板的支承长度，减小弯矩，进而减小裂缝宽度。

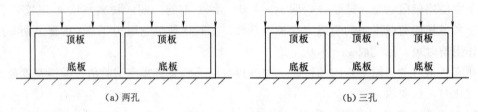

（a）两孔　　　　　　　　　　　　　　　（b）三孔

图 8-8　箱形结构

（4）必要时对结构构件受拉区施加预应力，对于抗裂和限制裂缝宽度而言，最根本的方法是采用预应力混凝土结构。

还应强调的是：①在钢筋混凝土结构中为控制裂缝宽度不能采用高强钢筋。②混凝土保护层越厚，裂缝宽度越大，但不能以减小保护层厚度来减小裂缝宽度。保护层越厚，混凝土碳化时间越大，钢筋不易锈蚀，耐久性越好。

必须再次提及，本章中裂缝宽度验算只涉及荷载作用下的正截面裂缝，而工程上（特别是大体积混凝土结构），许多裂缝都是非荷载因素产生的，主要是温度裂缝和干缩裂缝。防止大体积混凝土温度裂缝和干缩裂缝的设计涉及混凝土拌合料的进仓温度、水泥水化热、混凝土块体的热传导过程、混凝土的收缩、混凝土分块大小、基础对结构的约束、结构间的相互约束、周围介质的温度变化等诸多因素，问题非常复杂。因此，不能简单地以为只要按本章的公式进行了验算就能把裂缝问题解决了。

即便是荷载引起的正截面裂缝，它的发生发展的机理尚未研究得十分清楚，各规范给出的验算公式各不相同，其结果也有较大差异。已满足裂缝宽度验算的构件，在实际上仍可能出现很宽的裂缝；而验算中不满足要求的构件，在实际中可能只出现很细的裂缝。所以要防止裂缝的产生或开展过宽，除了必要的验算外，更重要的是严格选择原材料，优化混凝土级配，特别是认真施工，加强施工过程质量控制，长期保温保湿养护，加上合理的配筋，才是避免发生过大裂缝的关键。

8.1.8 受弯构件变形验算

1. 变形验算的思路

为保证结构的正常使用，需要控制变形的构件应进行变形验算。对于受弯构件，其在荷载效应准永久组合下的最大挠度计算值不应超过教材附录 E 表 E-2 规定的挠度限值。

受弯构件在未裂阶段，由于受拉区出现塑性，弹性模量降低，截面抗弯刚度小于其初始刚度；在裂缝阶段，随裂缝的扩展和受压区混凝土进入非线性，截面惯性矩和弹性模量都要随之降低。因此，无论是抗裂构件还是限裂构件，正常使用时的截面抗弯刚度都小于其初始刚度。

如果能得到钢筋混凝土构件在正常使用时的刚度，则可由材料力学或结构力学公式求出其变形，进而进行变形验算。因而，求变形的问题就变成求刚度的问题。

在长期荷载作用下，混凝土会发生徐变使构件刚度减小、变形增大。变形验算应采用考虑徐变和干缩后的长期刚度，以考虑荷载长期作用影响。长期刚度用 B_l 表示。要求 B_l，首先需求不考虑徐变和干缩的短期刚度 B_s。

2. 短期刚度 B_s

对于抗裂构件，即将开裂时受拉区出现塑性，弹性模量降低，但由于未出现裂缝，截面惯性矩 I_0 并未降低，所以只需将刚度 EI 稍加修正，即可反映不出现裂缝的钢筋混凝土梁刚度的实际情况，其短期刚度可按下式计算：

$$B_s = 0.85 E_c I_0 \tag{8-7}$$

式中：I_0 为换算截面对其重心轴的惯性矩。

对于限裂构件，先根据大量实测挠度的试验数据，由材料力学中梁的挠度计算公式反算出构件的实际抗弯刚度，再以 $\alpha_E \rho$ 为主要参数进行回归分析。为简化计算，取 B_s 与 $\alpha_E \rho$ 为线性关系，得到下式：

$$B_s = (0.025 + 0.28 \alpha_E \rho)(1 + 0.55 \gamma_f' + 0.12 \gamma_f) E_c b h_0^3 \tag{8-8}$$

式中：γ_f'、γ_f 分别为受压和受拉翼缘面积与腹板有效面积的比值，用于考虑受压翼缘和受拉翼缘的作用。

3. 长期刚度 B_l

长期荷载作用下，混凝土徐变使构件的变形随时间增大。混凝土收缩也会引起构件变形的增大，如图 8-9 所示的受弯构件，受压区未配纵向钢筋，混凝土可以较自由地收缩，梁上部的收缩量较大；受拉区混凝土收缩受到纵向钢筋的约束，梁下部的收缩量较小，这使梁产生向下的挠度。另外，受拉区混凝土收缩受到纵向钢筋的约束使混凝土受拉，可能会引起混凝土开裂，使梁的抗弯刚度降低，又使挠度增大。

规范以挠度增大系数 θ 来计算长期刚度。根据国内外对受弯构件长期挠度观测结果，θ 值可按下式计算：

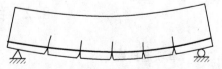

图 8-9 配筋对混凝土收缩的影响

$$\theta = 2.0 - 0.4 \frac{\rho'}{\rho} \tag{8-9}$$

式中：ρ'、ρ 为分别为纵向受压钢筋和受拉钢筋的配筋率，$\rho' = \dfrac{A_s'}{bh_0}$、$\rho = \dfrac{A_s}{bh_0}$。

于是，荷载效应准永久组合并考虑部分荷载长期作用影响的矩形、T 形、倒 T 形及 I 形截面受弯构件抗弯刚度 B_l 可按下式计算：

$$B_l = \frac{B_s}{\theta} \tag{8-10}$$

注意：在式（8-8）和式（8-9）中的配筋率 ρ' 和 ρ 计算时，采用 $\rho' = \dfrac{A_s'}{bh_0}$、$\rho = \dfrac{A_s}{bh_0}$，即分母采用的是 bh_0，不是全截面扣除受压翼缘后的面积 A_ρ。

4. 变形计算时的最小刚度原则

在实际构件中，弯矩沿梁长是变化的，截面抗弯刚度沿梁长也是变化的，如图 8-10 所示。求变形时按理需考虑截面抗弯刚度沿梁长的变化，但按变刚度梁来计算变形过于繁琐。考虑到支座附近弯矩较小的区段虽然抗弯刚度较大，但对全梁的变形的影响不大，同时挠度计算仅考虑弯曲变形的影响，未考虑剪切段内还存在的剪切变形，故对于等截面构件，一般取同号弯矩区段内弯矩最大截面的抗弯刚度作为该区段的刚度，这就是所谓的"最小刚度原则"。

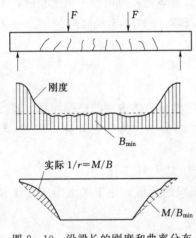

图 8-10　沿梁长的刚度和曲率分布

对于简支梁，按式（8-8）计算刚度时，配筋率 ρ 按跨中最大弯矩截面选取，并将此刚度作为全梁的抗弯刚度；对于带悬挑的简支梁、连续梁或框架梁，则取最大正弯矩截面和最大负弯矩截面的刚度，分别作为相应区段的刚度。当计算跨度内的支座截面刚度不大于跨中截面刚度的 2 倍或不小于跨中截面刚度的 1/2，该跨度也可以按等刚度构件计算，其构件刚度可取跨中最大弯矩截面的刚度。

5. 减小变形的措施

有了截面抗弯刚度后就可以应用材料力学或结构力学结构计算受弯构件变形，要求满足：$f \leqslant [f]$。若不能满足，则表示构件的截面抗弯刚度不足。

增加截面尺寸、提高混凝土强度等级、增加配筋量及选用合理的截面（如 T 形或 I 形等）都可提高构件的刚度，但合理而有效的措施是增大截面的高度。

8.2　综　合　练　习

8.2.1　单项选择题

1. 钢筋混凝土受弯构件，裂缝宽度验算时截面的应力阶段是（　　　）。

    A. 第Ⅱ阶段　　　　　　　　　B. 第Ⅰ阶段末尾

    C. 第Ⅱ阶段开始　　　　　　　D. 第Ⅱ阶段末尾

2. 下列表达中，错误的一项是（　　）。

    A. 规范验算的裂缝宽度是指纵向受拉钢筋重心处构件侧表面的裂缝宽度

    B. 解决混凝土裂缝问题的最根本的措施是施加预应力

    C. 正常使用极限状态裂缝宽度验算应采用荷载的标准组合

    D. 正常使用极限状态裂缝宽度验算应采用荷载的准永久组合

3. 下列表达中正确的一项是（　　）

    A. 同一构件，如果纵向受拉钢筋配筋量太少，就可能出现裂缝，配筋量增多时，裂缝就可能不出现。

    B. 一钢筋混凝土板，为满足限制裂缝宽度的要求，最经济的办法是改配直径较细的带肋钢筋同时还必须提高混凝土的强度等级。

    C. 裂缝控制等级分为三级：一级是严格要求不出现裂缝的构件；二级是一般要求不出现裂缝的构件；三级是允许出现裂缝但应限制裂缝开展宽度的构件。

4. 甲、乙两人设计同一根屋面大梁，甲设计的大梁出现了多条裂缝，最大裂缝宽度约为 0.15mm；乙设计的大梁只出现一条裂缝，但最大裂缝宽度达到 0.43mm。你认为（　　）。

    A. 甲的设计比较差　　　　　　B. 甲的设计比较好

    C. 两人的设计各有优劣　　　　D. 两人的设计都不好

5. 为减小构件的裂缝宽度，当纵向拉钢筋配筋率为一定时，宜选用（　　）。

    A. 大直径钢筋　　　　　　　　B. 带肋钢筋

    C. 光圆钢筋　　　　　　　　　D. 高强钢筋

6. 一钢筋混凝土梁，原设计配置 $4\,\Phi\,20$，能满足承载力、裂缝宽度和挠度要求。现根据等强原则用了 $3\,\Phi\,25$ 替代，那么钢筋代换后（　　）。

    A. 仅需重新验算裂缝宽度，不需验算挠度

    B. 不必验算裂缝宽度，而需重新验算挠度

    C. 两者都必须重新验算

    D. 两者都不必重新验算

7. 若提高 T 形梁的混凝土强度等级，在下列各判断中你认为（　　）是不正确的。

    A. 梁的承载力提高有限　　　　B. 梁的抗裂性有提高

    C. 梁的最大裂缝宽度显著减小　D. 梁的挠度影响不大

8.2.2　多项选择题

1. 为减小裂缝宽度，下列措施中有效的是（　　）。

    A. 增加配筋量　　　　　　　　B. 提高混凝土强度等级

    C. 施加预应力　　　　　　　　D. 采用细的带肋钢筋

    E. 认真保温保湿养护　　　　　F. 在结构表面加配钢筋网片

2. 下列表达中，请把"不正确"的序号填在（　　）内。

    A. 在荷载长期作用下，受弯构件的刚度随时间而降低

  B. 加配纵向受压钢筋 A'_s 可提高受弯构件的抗弯刚度

  C. 增加纵向受拉钢筋用量能有效减小裂缝宽度，因此可通过增加纵向受拉钢筋用量直到满足裂缝宽度的要求

  D. 纵向受拉钢筋应变不均匀系数 ψ 越大，表示裂缝间混凝土参与承受拉力的程度越大

  3. 荷载长期作用下，钢筋混凝土梁的挠度会持续增长，其主要原因是（ ）。

  A. 纵向受拉钢筋产生塑性变形

  B. 受拉区裂缝持续开展和延伸

  C. 受压混凝土产生徐变

  D. 受压区未配纵向钢筋，受压区混凝土可较自由地收缩

  △4. 某处于淡水港水位变动区的钢筋混凝土梁，原设计梁的截面尺寸为 300mm×600mm，混凝土强度等级为 C30，因承载力需配置纵向受拉钢筋 $A_s=1500\text{mm}^2$，实际配置了 5Φ20。经验算，荷载效应标准组合下最大裂缝宽度达到了 0.26mm，为此提出了下列几种修改意见，你认为比较有效的是（ ）。

  A. 把混凝土强度等级提高为 C40　　B. 配筋改为 10Φ14

  C. 把保护层改小为 25mm　　　　　D. 配筋改为 5Φ20

  E. 配筋改为 5Φ22　　　　　　　　F. 把截面尺寸改为 300mm×700mm

8.2.3　问答题

  1. 构件的配筋用量一般均是由承载能力极限状态计算确定的，在哪些情况下，配筋量不再由承载力控制。

  2. 为什么钢筋混凝土构件在荷载作用下一出现裂缝就会有一定宽度。

  △3. 垂直于纵向钢筋的受力裂缝对钢筋混凝土构件的耐久性有什么影响？提高构件耐久性的主要措施是什么？为什么配置高强钢丝的预应力混凝土构件必须抗裂。

  4. 试分析纵向钢筋用量对受弯构件正截面的承载力、裂缝宽度及挠度的影响。

  5. 提高受弯构件刚度的措施有哪些，最有效的措施是什么？

  6. 试描述在钢筋混凝土梁的等弯矩区段内，第一条裂缝出现前后直到第二条裂缝产生，受拉混凝土应力与纵向受拉钢筋应力沿梁轴变化的情况，并画出其应力分布图形。

  7. 试描述钢筋混凝土梁的 $M-f$ 关系曲线，它与弹性匀质梁的 $M-f$ 关系曲线有哪些不同？

  8. JTS 151—2011 规范中，求解短期抗弯刚度 B_s 的公式，即教材式（8-36）中，配筋率 ρ 应该取构件中哪个截面的钢筋用量？如何计算？和验算最小配筋的配筋率计算有什么不同？

  △9. 试分析 JTS 151—2011 规范求解短期刚度 B_s 的公式，在物理概念上有哪些不足之处；在实用计算中又有什么优点？

8.3　设　计　计　算

  1. 某海港码头 T 形截面轨道梁，处于大气区。$b'_f=2000\text{mm}$，$b=500\text{mm}$，$h'_f=$

400mm，$h=1200$mm，混凝土强度等级为 C40，配置钢筋 12 Φ 25，混凝土保护层厚度 $c=55$mm，$a_s=95$mm。承受自重及起重机支腿荷载产生的弯矩准永久值 $M_q=780.0$kN·m，试验算裂缝宽度是否满足要求？

2. 已知某矩形截面偏心受压柱，处于淡水环境水位变动区。计算长度 $l_0=5.20$m，矩形截面尺寸 $b \times h=400$mm×600mm，混凝土强度等级为 C35，对称配筋 4 Φ 20，保护层厚度为 $c=45$mm。承受轴向压力准永久值 $N_q=395.0$kN，偏心距为 $e_0=427$mm，试验算最大裂缝宽度是否满足要求。

3. 已知某 I 形截面简支梁，处于淡水环境大气压（水气积聚）。截面尺寸 $b'_f=b_f=800$mm，$h'_f=h_f=150$mm，$b=200$mm，$h=1200$mm，混凝土强度等级为 C30，受拉区配置钢筋 5 Φ 20，受压区配置钢筋 4 Φ 14，混凝土保护层厚度 $c=45$mm，计算跨度 $l_0=5.80$m。承受均布荷载作用，弯矩准永久值为 $M_k=317.20$kN·m，验算该梁的最大挠度是否满足要求。

8.4 参 考 答 案

8.4.1 单项选择题

1. A 2. C 3. C 4. B 5. B 6. A 7. C

8.4.2 多项选择题

1. ACDEF 2. CD 3. CD 4. EF

8.4.3 问答题

1. 当截面尺寸过大，按承载能力计算得出的纵向受拉钢筋配筋率小于最小配筋率时，配筋量由最小配筋率确定，不再由承载力控制；当按承载力计算得出的配筋量不能满足裂缝宽度验算的要求，必须适当增加配筋量以降低纵向受拉钢筋应力满足裂缝宽度要求时，配筋量也不再由承载力控制。

2. 这是因为在裂缝截面，开裂的混凝土不再承受拉力，原先由混凝土承担的拉力就转移由钢筋承担，所以钢筋的应变有一个突变。加上原来因受拉而张紧的混凝土在裂缝出现瞬间将分别向裂缝两侧回缩，所以裂缝一出现就会有一定的宽度。

3. 垂直于纵向钢筋的受力裂缝虽对钢筋开始锈蚀的时间早迟有一定关系，但其锈蚀只发生在裂缝所在截面的局部范围内，并对整个锈蚀过程的时间影响不大。提高钢筋混凝土结构耐久性主要措施是设法延迟钢筋发生锈蚀的时间。因此，加大混凝土保护层厚度及提高保护层的密实性是提高构件耐久性的主要措施。

对于预应力构件中配置的直径很细的高强钢丝，受力裂缝的影响就不容忽视，因为高强钢丝一旦在裂缝处发生锈蚀，就会导致"应力腐蚀"，极易发生钢筋脆断。因此，这类预应力构件通常不允许发生裂缝。

4. 当受弯构件的截面尺寸和材料强度给定时，其正截面承载力随纵向受拉钢筋配筋率的增大而增大，直到配筋率很大，混凝土先被压坏（超筋破坏）时，承载力保持为定值，与配筋率无关。

正截面裂缝宽度随纵向受拉钢筋配筋率的增大而减小，二者间几乎为线性关系，在设计可适当增加钢筋用量来满足裂缝宽度的要求，但若增加的钢筋面积比承载力要求的多30％仍不能满足裂缝宽度要求时，宜采用其他措施来减小裂缝宽度，如改变结构形式或尺寸，不宜一味靠增大配筋以减小裂缝宽度。

当截面尺寸给定后，构件的刚度也随着纵向受拉钢筋配筋量的增加而有一定程度的增加，但增加的速度比承载力增加的速度要缓慢得多。

5. 增加纵向受拉钢筋配筋量、提高混凝土的强度等级、增多纵向受压钢筋等等都能提高受弯构件的刚度，但最主要的措施是加大截面尺寸（特别是高度）。

6. 在裂缝未出现前，受拉区由纵向钢筋和混凝土共同受力。在等弯矩段，纵向钢筋应力和混凝土应力大体上沿构件轴向均匀分布。

当第一条裂缝出现时，裂缝截面的混凝土不再受力，拉应力降为零；而纵向受拉钢筋应力则有一突增。原来受拉张紧的混凝土一旦开裂，就会向裂缝两边回缩，但因受到钢筋与混凝土之间的黏结作用，混凝土不能一下子自由回缩到完全放松的无应力状态。离开裂缝越远，混凝土保持的拉应力越大。当拉应力产生的拉应变达到混凝土的实际极限拉应变时，又将出现第二条裂缝。

当第二条裂缝出现时，该截面的混凝土应力又下降为零，纵向受拉钢筋应力则又突增，所以，纵向受拉钢筋和混凝土的应力，沿构件纵轴方向，是呈现波浪形起伏的。如教材图 8-6 所示。

7. 因为混凝土具有一定的塑性性质，同时，裂缝的产生与发展，将削弱混凝土截面，使截面的惯性矩不再保持为常值。因此，随着荷载的增加，钢筋混凝土梁的刚度将逐渐降低。其弯矩与挠度关系曲线（M-f 图）如教材图 8-15 所示，它与弹性体的直线不同，大体可分为 3 个阶段：

（1）在裂缝出现前的阶段 I，M-f 曲线与弹性体的直线 OA 非常接近。

（2）裂缝出现后（阶段 II），M-f 曲线出现明显转折，并随着荷载的增加，裂缝不断扩展，截面刚度逐渐降低，M-f 曲线偏离直线的程度也越来越大。

（3）当纵向受拉钢筋屈服时（阶段 III），M-f 曲线又出现第二个转折，此时截面刚度急剧降低，挠度剧增。

8. 求解 B_s 时，公式中的配筋率 ρ 的取值原则是：

（1）对简支梁可取跨内最大弯矩截面的配筋率。

（2）对悬臂梁可取支座截面的配筋率。

（3）对等截面连续梁可取跨中最大弯矩截面和支座截面的配筋率分别计算跨中截面刚度和支座截面刚度。当计算跨度内的支座截面刚度不大于跨中截面刚度的 2 倍或不小于跨中截面刚度的 1/2，该跨度也可以按等刚度构件计算，其构件刚度可取跨中最大弯矩截面的刚度。

这是以弯矩最大的截面的刚度（也是最小刚度）作为构件的刚度，以此刚度计算挠度当然是偏于安全的，计算的结果与实测挠度相差很小。

采用教材式（8-36）和式（8-37）计算短期刚度 B_s 和挠度增大系数 θ 时，采用 $\rho = \dfrac{A_s}{bh_0}$ 计算配筋率；在验算纵向受拉钢筋最小配筋率 $\rho_{\min}$ 时，采用 $\rho = \dfrac{A_s}{A_\rho}$ 计算配筋率，A_ρ 为

全截面扣除受压翼缘后的面积。这是因为，在老规范配筋率按 $\rho = \dfrac{A_s}{bh_0}$ 计算，而教材式 (8-36)和式（8-37）很早就提出了。

9. 规范给出的短期刚度 B_s 公式是一个简化公式，它没有能把正常使用阶段的纵向受拉钢筋应力 σ_s 的大小反映出来，而 σ_s 的大小会影响裂缝开展的程度，当然也影响构件刚度的大小。这是公式的不足之处。在实用上，它的优点是计算十分方便。

第9章 钢筋混凝土肋形结构及刚架结构

本章是在学习前面几章板、梁、柱等基本构件设计计算的基础上，进一步讨论由板、梁、柱组合在一起的肋形结构及刚架结构的受力特点、结构分析、配筋计算和构造要求。本章讨论的受力结构分为两类：一类是由板和梁组成的承受竖向荷载的肋形结构，如高桩码头的上部结构、房屋建筑中的楼面结构，又称梁板结构；另一类是由梁和柱组成的刚架结构，它既承受结构传来的竖向荷载，同时又承受风荷载、撞击力或地震力等水平力的作用，如高桩码头中的桩与横梁、房屋建筑中的框架结构。由水平的肋形结构和竖向的刚架结构就构成了完整的空间建筑结构。本章的学习内容有：

（1）肋形结构中单向板与双向板的判别。

（2）单向板肋形结构的结构布置和计算简图。

（3）单向板肋形结构按弹性理论的内力计算。

（4）单向板肋形结构考虑塑性内力重分布的内力计算。

（5）单向板肋形结构的截面设计和构造要求。

（6）双向板肋形结构的设计。

（7）叠合受弯构件的设计。

（8）钢筋混凝土刚架结构的设计。

（9）钢筋混凝土牛腿设计。

以上各部分内容中，（1）～（7）属于肋形结构的内容，是本章的主要学习内容。学习完这部分内容后，应掌握单向板与双向板肋形结构的判别条件和各自传力方式、单向板与双向板肋形结构的计算简图、单向板肋形结构按弹性和考虑塑性变形内力重分布的内力计算方法以及两者的区别、单向板肋形结构的截面设计、双向板按弹性计算内力的方法等知识，了解单向板肋形结构的构造要求。辅以课程设计训练后，应能完整地进行肋形结构的设计，绘制相应的施工图。

（8）和（9）属于刚架结构计算，可根据教学大纲的要求有选择性地加以学习。

9.1 主 要 知 识 点

9.1.1 单向板与双向板肋形结构的判别与各自的受力特征

1. 肋形结构的概念

肋形结构是由板和支承板的梁所组成的板梁结构，也称梁板结构。屋面和楼面是常见的肋形结构，桥面板和码头面板也是肋形结构。

2. 单向板与双向板肋形结构的受力特征

梁布置不同，板上荷载传给支承梁的途径不同，板的受力情况不同。当长跨跨长 l_2 和短跨跨长 l_1 之比 $l_2/l_1 \geqslant 2$ 时，l_2 方向的板带承担荷载 p_2 只有总荷载 p 的 6% 以下，可不考虑，只需考虑一个方向的受力，空间问题变为平面问题，称为单向板。长边梁称次梁，短边梁称主梁，如图 9-1 所示。沿短跨配置受力钢筋，即受力钢筋垂直于次梁布置；长跨布置分布钢筋，分布钢筋放置在受力钢筋内侧，如图 9-2 所示。

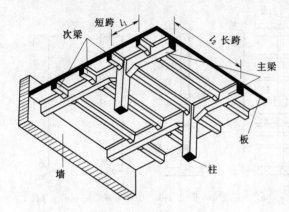

图 9-1　单向板肋形结构

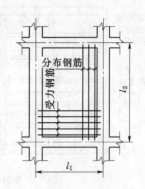

图 9-2　单向板受力钢筋与分布钢筋

在单向板肋形结构中，荷载从板传给次梁，再由次梁传给主梁，主梁传给柱子。单向板计算及构造简单，施工方便。

$l_2/l_1 < 2$ 时，荷载 p 沿两个方向传到四边的支承梁，须进行两个方向的内力计算，称为双向板。这时，不分主梁与次梁，两个方向都要配置受力钢筋。由于沿短跨的弯矩大于沿长跨的弯矩，沿长跨钢筋放置在沿短跨钢筋的内侧，使沿短跨钢筋的力臂大于沿长跨钢筋的力臂。

双向板经济美观，计算、构造及施工较复杂。

3. 单向板与双向板肋形结构的分界

规范规定：

(1) 当 $l_2/l_1 \leqslant 2$ 时，按双向板设计。

(2) 当 $l_2/l_1 \geqslant 3$ 时，按单向板设计。

(3) 当 $2 < l_2/l_1 < 3$ 时，宜按双向板计算；当将其作为沿短跨方向受力的单向板计算时，则沿长跨方向应配置足够数量的构造钢筋。

9.1.2　整体式单向板肋形结构计算简图

9.1.2.1　计算简图的要素

整体式单向板肋形结构是由板、次梁和主梁整体浇筑而成，其设计是通过计算简图将其拆分为板、次梁和主梁（一般情况下为连续板和连续梁）进行内力计算，按受弯构件配筋。

计算简图包括的要素有：梁（板）的跨数、各跨的计算跨度、支座的性质、荷载的形式和大小及作用位置等。

9.1.2.2　支座简化

1. 板的支座简化

沿垂直于次梁方向取 1m 板宽来计算，如图 9-3 (a) 所示。若板周边如果搁置在砖墙上，可认为其垂直位移等于零；砖墙虽然对板有嵌固作用，但不能完全固结板的转角，即板的转角不为零，将其简化铰支座。板的中间支承为次梁，为利用结构力学求解内力，也假定为铰支座，即板简化为以铰为支座的连续板，如图9-3 (c) 所示。

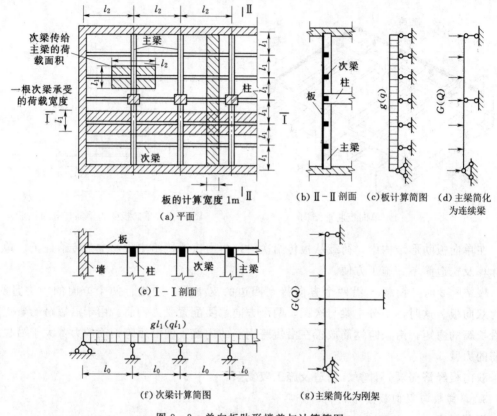

图 9-3　单向板肋形楼盖与计算简图

在现浇混凝土楼盖中，梁和板是整浇在一起的，当板在隔跨活载作用下产生弯曲变形时，将带动作为支座的次梁产生扭转，即次梁对板的转动有约束作用。将中间支座简化为铰支座，忽略了次梁对板转动约束能力，在可变荷载 q 作用时，计算得到的转角 θ 和挠度 f 大于实际的转角 θ' 和挠度 f'，即将板跨中弯矩算大了，如图 9-4 所示。

为了使可变荷载 q 作用下计算得到的转角和挠度和实际相差不多，将可变荷载 q 减小，采用折算荷载进行计算，对于板有

$$\left.\begin{array}{l} g'=g+\dfrac{1}{2}q \\ q'=\dfrac{1}{2}q \end{array}\right\} \tag{9-1}$$

式中：g、q 分别为实际的永久荷载及可变荷载；g'、q' 分别为计算采用的折算永久荷载

166

及折算可变荷载。

从式（9-1）看到，所谓折算荷载是将一部分可变荷载转换成永久荷载来计算。采用折算荷载后，对作用有活载跨，$g'+q'=g+q$，总荷载不变；而只作用有恒载的相邻跨，其折算恒载大于实际恒载，如此就减小了作用有活载跨的跨中弯矩而增大了支座负弯矩，其效果相当于考虑了支座约束，与实际结构的受力状态趋于吻合。

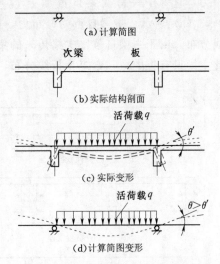

(a)计算简图

次梁　　　　　板

(b)实际结构剖面

活荷载q

θ'

(c)实际变形

活荷载q

$\theta > \theta'$

(d)计算简图变形

图9-4　支座抗扭刚度的影响

2. 次梁的支座简化

和板一样，次梁简化为以铰为支座的连续梁〔图9-3（f）〕。为考虑主梁对次梁的转动约束作用，仍采用折算荷载：

$$\left.\begin{array}{l} g'=g+\dfrac{1}{4}q \\[2mm] q'=\dfrac{3}{4}q \end{array}\right\} \qquad (9-2)$$

3. 主梁的支座简化

主梁的中间支承是柱，当主梁与柱的线刚度之比大于5时，柱对主梁转动约束作用较小，可以忽略，主梁可简化为连续梁〔图9-3（d）〕；否则，柱对主梁的转动约束作用较大，不能忽略，则应把主梁和柱的连接视为刚性连接，按刚架结构设计主梁，如图9-3（g）所示。

为简化，教材是以如图9-3所示的内框架结构举例。在内框架结构中，内部为梁、柱组成为框架，外部砖墙，梁板嵌固于砖墙内，约束较弱。因而可以认为，水平荷载（风载）由外墙承受，内部框架只承受垂直荷载，即内部框架的梁板可按楼盖设计。

由于钢筋混凝土与砖两种材料的弹性模量不同，两者的刚度、变形不协调，内框架结构的整体性与整体刚度都较差，抗震性能差，在我国一些经济发达地区已不允许使用内框架结构，而采用框架结构。

在框架结构中，内部和四周都为梁、柱结构，墙体不承重，仅起围护作用。对于板与次梁，按弹性理论计算时边支座仍可简化为铰支座，但须加强边支座上部钢筋的构造要求，以抵抗实际存在的负弯矩；按塑性理论计算时，边支座的负弯矩可查表得到。对于主梁，工程上直接按框架结构设计，即将主梁与柱作为刚架来设计，这时主梁与柱不但承受垂直荷载，而且承受水平荷载。

9.1.2.3　荷载计算

1. 板上的荷载

取1m板宽（$b=1.0$m）来计算，板上的荷载由板的自重和作用在板上的荷载两部分组成。其中，自重 $g=\gamma h+\gamma_1 h_1+\gamma_2 h_2$，$\gamma$ 和 h、γ_1 和 h_1、γ_2 和 h_2 分别为钢筋混凝土的比重和板厚、磨耗层比重和厚度、粉刷层比重和厚度；作用在板上的荷载，由荷载规范查得。

2. 次梁和主梁上的荷载

次梁上的荷载由次梁自重和板传来的荷载两部分组成。其中，板传来的荷载为短跨长

度 l_1 宽度范围内的板的自重和作用在板上的荷载，如图9-3（a）所示。

主梁上的荷载由主梁自重和次梁传来的荷载两部分组成。其中，次梁传来的荷载为集中力，它等于一跨次梁自重加上 $l_1 \times l_2$ 范围内板的自重和作用在板上的荷载，如图 9-3（a）所示。主梁自重为分布力，如此主梁上荷载既有集中力又有分布力，弯矩为曲线分布。由于主梁自重比次梁传来的集中力小得多，为简化将梁自重也转换成集中力，如此主梁只有集中力，弯矩为折线分布，方便计算。

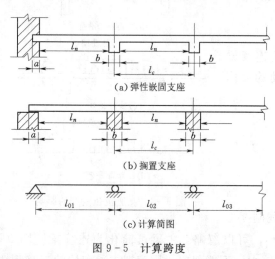

(a) 弹性嵌固支座

(b) 搁置支座

(c) 计算简图

图 9-5 计算跨度

9.1.2.4 计算跨度

由于斜截面破坏不可能在支座内发生，最有可能在支座边发生，所以计算剪力采用净跨 l_n，即支座边到支座边的距离，如图 9-5 所示。

计算弯矩时要考虑支座宽度 b 的影响，采用计算跨度 l_0。内力设计值的计算方法可分为按弹性方法计算和按塑性方法计算两种，它们 l_0 的计算方法有所区别。当按弹性方法计算时，计算跨度 l_0 一般取支座中心线间的距离 l_c；当支座宽度 b 较大时，对于板，当 $b > 0.1 l_c$ 时，取 $l_0 = 1.1 l_n$；对于梁，当 $b > 0.05 l_c$ 时，

取 $l_0 = 1.05 l_n$。按塑性方法计算时，其取值方法可见教材 9.1.2.3 节。

9.1.3 整体式单向板肋形结构按弹性方法计算

9.1.3.1 计算方法分类

整体式单向板肋形结构的内力计算，有按弹性理论计算和考虑塑性变形内力重分布两种。

按弹性理论计算：当连续板梁中任一截面达到承载力就认为结构破坏，钢筋用量大，可靠度高。

考虑塑性变形内力重分布：认为连续板梁变为机动体系后结构才破坏，钢筋用量小，可靠度略低一些，民用建筑一般采用。

9.1.3.2 按弹性理论计算的方法

按弹性理论计算就是把钢筋混凝土梁（板）看作匀质弹性构件，用结构力学的方法进行内力计算。目前，计算连续板梁和刚架内力的有限元程序已非常成熟，能方便地显示内力分布，也已普及，工程上一般采用程序来计算连续板梁和刚架的内力。以往，则多采用查表的方式进行计算。教材附录给出了一些常用简单的表格。

如图 9-6（a）所示一根 3 跨带悬臂、承受均布荷载的连续梁，查表计算其内力时，可分解为图 9-6（b）和图 9-6（c）两根梁，前者可利用端弯矩作用下的内力表（教材附录 G），求得内力；后者可利用均布荷载作用下的内力表（教材附录 F 表 F-2），求得内力；然后叠加。

利用结构力学计算发现，对于超过 5 跨的等刚度连续板梁，中间各跨的内力与第 3 跨的内力接近，且和按 5 跨连续板梁计算得到的第 3 跨内力相近，如图 9-7 所示。因此设

计时可按 5 跨计算，将所有中间跨的内力和配筋都按第 3 跨来处理，既简化了计算，又可得到足够精确的结果。如图 9 - 8（a）所示的 9 跨连续梁，可按如图 9 - 8（b）所示的 5 跨连续梁进行计算，中间支座（D、E）的内力数值取与 C 支座的相同，中间各跨（第 4、第 5 跨）的跨中内力取与第 3 跨的相同，梁的配筋构造则按图 9 - 8（c）确定。

因而，教材附录或其他计算手册上给出的梁（板）的内力系数计算图表，跨数最多为 5 跨。

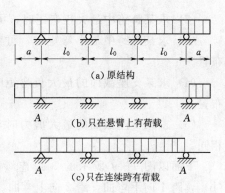

(a) 原结构

(b) 只在悬臂上有荷载

(c) 只在连续跨有荷载

图 9 - 6　两端带悬臂的梁（板）
查表计算内力

9.1.3.3　最不利活载布置的方式与内力包络图

1. 内力包络图的作用

荷载分可变荷载与永久荷载两种，可变荷载可

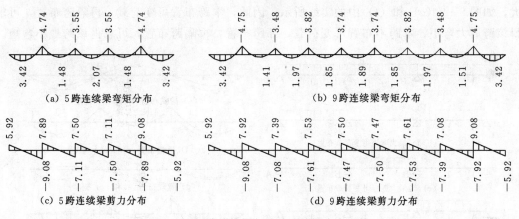

(a) 5 跨连续梁弯矩分布　　　　　　　(b) 9 跨连续梁弯矩分布

(c) 5 跨连续梁剪力分布　　　　　　　(d) 9 跨连续梁剪力分布

图 9 - 7　9 跨连续梁与 5 跨连续梁内力比较

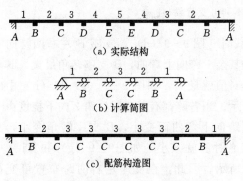

(a) 实际结构

(b) 计算简图

(c) 配筋构造图

图 9 - 8　连续梁（板）的简图

能出现，可能不出现，这种变化影响内力的分布与大小。内力包络图为可能出现的最大内力分布，不论可变荷载如何布置，各截面的内力都不会超出内力包络图。

弯矩包络图用来计算和配置梁的纵向钢筋，主要用于验算斜截面抗弯，即验算弯起钢筋能否满足斜截面受弯承载力要求，以及确定负弯矩区切断钢筋的切断点。剪力包络图用来计算和配置箍筋和弯起钢筋，主要用于确定需要弯起钢筋的排数和根数。

2. 最不利活载布置的方式

为了确定内力包络图首先要确定最不利活载布置，它按下列原则进行：

（1）当承受均布荷载时，假定可变荷载在一跨内整跨布满，不考虑一跨内局部布置的情况。

（2）求某跨跨中最大正弯矩时，可变荷载在本跨布置，然后再隔跨布置。

（3）求某跨跨中最小弯矩时，可变荷载在本跨不布置，在其邻跨布置，然后再隔跨布置。

（4）求某支座截面的最大负弯矩时，可变荷载在该支座左右两跨布置，然后再隔跨布置。

（5）求某支座截面的最大剪力时，可变荷载的布置与求该支座最大负弯矩时的布置相同。

下面以图9-9所示的3跨连续板梁说明：跨1有荷载、跨2无荷载时［图9-9（b）］，跨1向下弯曲，跨2向上弯曲。跨1向下挠度最大，其跨中弯矩也最大；跨2向上挠度最大，其跨中负弯矩绝对值最大，弯矩就最小，如图9-9（e）和（f）中的虚线所示。当各跨都有荷载时［图9-9（a）］，各跨都向下弯曲。跨1向下挠度由于跨2向下的弯曲而减小，其跨中弯矩也减小；跨2跨中负弯矩绝对值减小（或变为正弯矩），弯矩增大，如图9-9（e）和（f）中的实线所示。因此，本跨布置可变荷载，再隔跨布置，可求得该跨最大弯矩；本跨不布置可变荷载，邻跨布置，再隔跨布置，可求得该跨最小弯矩。

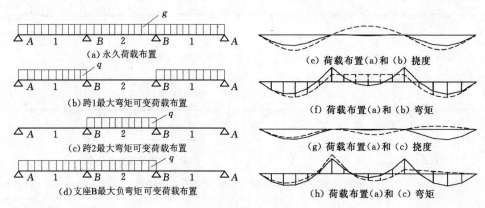

（a）永久荷载布置

（b）跨1最大弯矩可变荷载布置

（c）跨2最大弯矩可变荷载布置

（d）支座B最大负弯矩可变荷载布置

（e）荷载布置(a)和（b）挠度

（f）荷载布置(a)和（b）弯矩

（g）荷载布置(a)和（c）挠度

（h）荷载布置(a)和（c）弯矩

图 9-9　3 跨连续梁最不利可变荷载布置

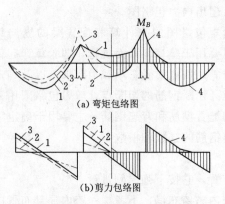

（a）弯矩包络图

（b）剪力包络图

图 9-10　3 跨连续梁内力包络图

当支座 B 左右 2 跨有荷载，其余 1 跨无荷载时［图9-9（d）］，支座 B 左右两跨向下弯曲，其余 1 跨向上弯曲，B 支座转角最大，其负弯矩绝对值就最大，如图9-9（g）和（h）中的虚线所示。当各跨都有荷载时，跨2向下挠度由于附近两跨向下弯曲而变小，B 支座转角变小，其负弯矩绝对值就减小，如图9-9（g）和（h）中的实线所示。因此，在支座左右两跨布置可变荷载、隔跨布置，可求得该支座最大负弯矩。

3. 内力包络图

图9-10给出了3跨连续梁内力包络图，图中曲线1是永久荷载［图9-9（a）］和跨1最大弯矩［图9-9（b）］的组合，曲线2是永久荷载［图9-9（a）］和跨2最大弯矩［图9-9（c）］

的组合，曲线 3 是永久荷载［图 9-9（a）］和 B 支座最大负弯矩［图 9-9（d）］的组合。

从图 9-10 看到，跨 2 跨中弯矩小于跨 1 弯中弯矩。这是因为：跨 1 承受荷载时，跨 1 的向下挠度只受到跨 2 的约束；当跨 2 承受荷载时，跨 2 的向下挠度同时受到两侧邻跨的约束，其挠度小。因而，对于底部受力钢筋用量而言，边跨大于中间跨。

9.1.3.4 削峰处理

当连续梁（板）与支座整体浇筑时（图 9-11），在支座范围内的截面高度很大，梁（板）在支座内破坏的可能性较小，其最危险的截面应在支座边缘处，因此取支座边缘处的弯矩 M 作为配筋计算的依据。

当计算跨度取 $l_0 = l_c$ 时（l_c 为支座中心线间的距离），计算得到的支座弯矩 M_c 为实际结构支座中心线处的弯矩，如图 9-11（a）所示，则支座边缘截面的弯矩的绝对值可近似按下列公式计算：

$$M = |M_c| - |V_0| \frac{b}{2} \tag{9-3}$$

式中：V_0 为支座边缘处的剪力，可近似按单跨简支梁计算，即 $V_0 = \frac{l_n}{2}(g+q)$；b 为支承宽度。

当计算跨度取 $l_0 = 1.05l_n$（梁）或 $l_0 = 1.10l_n$（板）时（l_n 为净跨），计算得到的支座弯矩 M_c 为距实际结构支座边缘 $0.025l_n$ 或 $0.05l_n$ 处的截面弯矩，如图 9-11（b）所示，则支座边缘截面的弯矩的绝对值可近似按下列公式计算：

$$\left.\begin{array}{ll} 板 & M = |M_c| - 0.05l_n|V_0| \\ 梁 & M = |M_c| - 0.025l_n|V_0| \end{array}\right\} \tag{9-4}$$

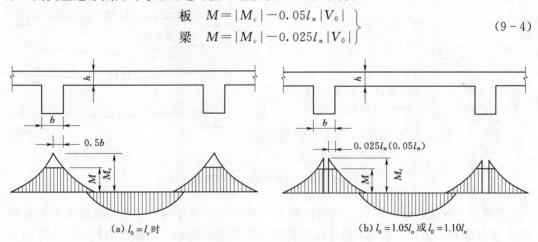

（a）$l_0 = l_c$ 时　　　　　　　　　　　（b）$l_0 = 1.05l_n$ 或 $l_0 = 1.10l_n$

图 9-11　整浇连续梁（板）支座弯矩取值

如果梁（板）直接搁置在支座上时（图 9-12），则不存在上述支座弯矩的削减问题。

9.1.4 整体式单向板肋形结构按塑性方法计算

1. 采用塑性方法计算的好处

连续板梁按弹性方法计算内力时，认为结构中任一截面的内力达到承载力时，就导致整个结构破坏，这对静定结构和脆性材料做成的结构来说，是合理的。但对于钢筋混凝土超静定结构，由于具有一定塑性，当结构中某一截面的内力达到承载力时，结构并不破坏，而是认为该截面只是出现一个塑性铰，结构仍可承担继续增加的荷载，直到塑性铰陆

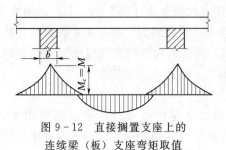

图 9 - 12　直接搁置支座上的
连续梁（板）支座弯矩取值

续出现导致结构变成机动体系而破坏。即，按弹性方法计算钢筋混凝土连续板梁的内力，设计结果偏于安全且有多余的承载力储备；按塑性方法计算钢筋混凝土连续板梁的内力，可省钢材，节约投资，但承载力安全储备低一些。

按塑性方法计算也称考虑内力重分布的方法。

2. 塑性铰的概念

对于适筋破坏的受弯梁，从纵向受拉钢筋开始屈服（点 b）到截面最后破坏（点 c），关系接近水平直线 [图 9 - 13 (a)]。可以认为这个阶段，截面所承受的弯矩基本上等于截面的极限承载力 M_u。纵向受拉钢筋配筋率越高，这个屈服阶段的过程就越短；如果纵向受拉钢筋配筋过多，截面将呈脆性破坏，就没有这个屈服阶段。只要截面中纵向受拉钢筋配筋率不是太高，且不采用高强钢筋，则截面中的纵向受拉钢筋将首先屈服，截面开始进入屈服阶段，梁就会围绕该截面发生相对转动，好像出现了一个铰一样 [图 9 - 13 (b)]，这个铰称为"塑性铰"。从这里也看到，"塑性铰"的出现是有条件的，要求截面纵向受拉钢筋配筋率不能太高，即受压区计算高度 ξ 要小于一定值。

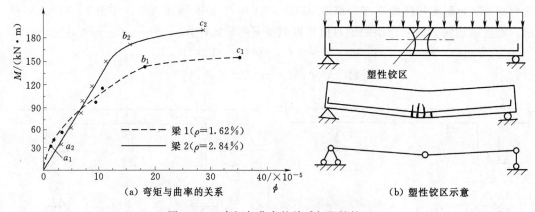

(a) 弯矩与曲率的关系　　　　(b) 塑性铰区示意

图 9 - 13　弯矩与曲率的关系与塑性铰区

塑性铰和理想铰是不同的：理想铰能自由转动但不能传递弯矩；塑性铰能承担弯矩 M_u，但只能在弯矩 M_u 作用下沿弯矩作用方向作有限的转动，不能反向转动，也不能无限制转动，压区混凝土被压碎时转动幅度就达到了限值。

3. 塑性方法的工作原理

下面以承受均布荷载的单跨固端梁的破坏过程，来说明塑性方法的工作原理。

图 9 - 14 (a) 为承受均布荷载的单跨固端梁，长度 $l = 6.0\text{m}$，梁各截面的尺寸及上下纵向钢筋配筋量均相同，所能承受的正负极限弯矩均为 $M_u = 36.0\text{kN} \cdot \text{m}$，即跨中截面和支座截面的极限弯矩都为 $M_u = 36.0\text{kN} \cdot \text{m}$。

当均布荷载 $p_1 = 12.0\text{kN/m}$ 时，由结构力学可得：支座弯矩 $M_A = M_B = 36.0\text{kN} \cdot \text{m}$，跨中弯矩 $M_C = 18.0\text{kN} \cdot \text{m}$，如图 9 - 14 (b) 所示。此时支座截面的弯矩已等于该截面的

极限弯矩 M_u，若按弹性方法设计，认为结构中任一截面的内力达到承载力时就导致整个结构破坏，该梁能够承受的最大均布荷载为 $p_1 = 12.0\mathrm{kN/m}$。但如果截面纵向受拉钢筋配筋率不高能形成塑性铰，则支座截面达到极限弯矩 M_u 后出现塑性铰，两端固结梁变为简支梁，可以继续加载。

当均布荷载再加 $p_2 = 4.0\mathrm{kN/m}$ 的弯矩，则跨中截面弯矩为 36.0kN·m，达到极限弯矩 M_u；支座截面弯矩维持不变（塑性铰一直承担极限弯矩 M_u = 36.0kN·m）。跨中截面达到极限弯矩 M_u 后，在跨中又形成塑性铰，全梁形成机动体系而破坏。如此，这根梁实际上能够承受的极限均布荷载应为 p_1 + $p_2 = 16.0\mathrm{kN/m}$，而不是按弹性方法计算确定的 12.0kN/m。

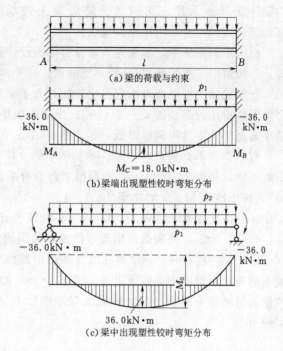

图 9-14 固端梁的塑性内力重分布

由此可见，从支座形成塑性铰到梁变成破坏机构，梁尚有承受 4.0kN/m 均布荷载的潜力。考虑塑性变形的内力计算能充分利用材料的这部分潜力，取得更为经济的效果。

4. 塑性方法的特点

（1）随塑性铰出现结构内力发生重分布。从图 9-14 看到，形成塑性铰前，M_A 与 M_C 之比为 2∶1（36.0kN·m∶18.0kN·m），形成塑性铰后，比值逐渐改变，最后成为 1∶1（36.0kN·m∶36.0kN·m），说明材料的塑性变形引起了结构内力的重分布。所以，这种内力计算方法也称为"考虑塑性变形内力重分布的计算方法"。

（2）塑性铰出现过程中始终遵守力的平衡条件。当均布荷载 $p = p_1 = 12.0\mathrm{kN/m}$ 时，$\frac{1}{2}(M_A + M_B) = 36.0\mathrm{kN \cdot m}$、$M_C = 18.0\mathrm{kN \cdot m}$，按简支梁算得的跨中弯矩为 $M_0 = \frac{1}{8}pl^2 = \frac{1}{8} \times 12.0 \times 6.0^2 = 54.0$（kN·m），即 $M_C + \frac{1}{2}(M_A + M_B) = M_0$。当均布荷载 $p = p_1 + p_2 = 16.0\mathrm{kN \cdot m}$ 时，$\frac{1}{2}(M_A + M_B) = 36.0\mathrm{kN \cdot m}$、$M_C = 36.0\mathrm{kN \cdot m}$，$M_0 = \frac{1}{8}pl^2 = \frac{1}{8} \times 16.0 \times 6.0^2 = 72.0$（kN·m），仍然有 $M_C + \frac{1}{2}(M_A + M_B) = M_0$。这说明，虽然支座截面出现塑性铰后，支座弯矩与跨中弯矩的比例发生改变，但始终遵守力的平衡条件，即跨中弯矩加上两个支座弯矩的平均值始终等于简支梁的跨中弯矩 M_0。

（3）目前，钢筋混凝土超静定结构考虑塑性内力重分布的计算方法有极限平衡法、塑性铰法、弯矩调幅法和非线性全过程计算等等，但只有弯矩调幅法最为简单，为多数国家

的设计规范所采用。我国《钢筋混凝土连续梁和框架考虑内力重分布设计规程》
（CECS51：93）也采用弯矩调幅法。

在弯矩调幅法中，塑性内力重分布可由设计者通过调整控制截面的极限弯矩 M_u 来掌
握，即所谓的"弯矩调幅"，但不能随意。

支座截面的极限弯矩指定得比较低，为了满足力的平衡条件，跨中截面的极限弯矩就
必须调整得比较高 ［图9-15（b）］；反之，如果支座截面的极限弯矩指定得比较高，则
跨中截面的弯矩就可调整得低一些 ［图9-15（c）］。

弯矩调整不是随意的。如若将上例中的支座截面 M_u 下降至 18.0kN·m，极限均布
荷载不变，仍为 16.0kN/m，则根据"跨中弯矩加两支座弯矩的平均值等于简支梁跨中弯
矩"，跨中截面 M_u 应增加至 72.0－18.0＝54.0（kN·m）。当均布荷载加到 p_1＝6.0
kN/m 时，支座弯矩 $M_A = M_B = 18.0$kN·m，跨中弯矩 $M_C = 9.0$kN·m，如图
9-16（b）所示，支座截面出现塑性铰，两端固结梁变为简支梁。当均布荷载再加 p_2＝
10.0kN/m 的增量时，该增量在简支梁跨中截面引起的弯矩增量为 45.0kN·m，再叠加
原来的弯矩，则跨中截面弯矩为 54.0kN·m，如图9-16（c）所示跨中形成塑性铰，结
构变为机动体系而破坏。支座截面弯矩维持不变（塑性铰一直承担极限弯矩 M_u＝18.0
kN·m）。

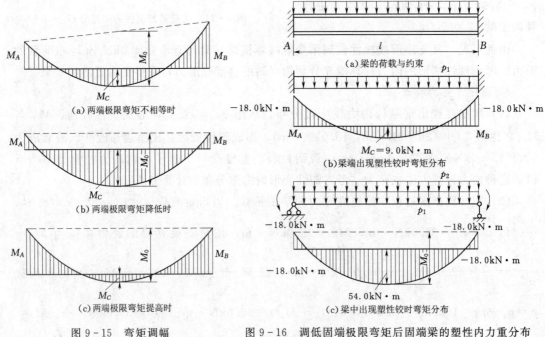

图9-15 弯矩调幅　　　　图9-16 调低固端极限弯矩后固端梁的塑性内力重分布

如图9-16所示固结梁和图9-14所示固结梁相比，支座塑性铰出现得早，简支梁承
担荷载增量大，跨中弯矩也增加，这意味着其挠度与裂缝宽度都会增加。因此，弯矩调整
不是随意的，如果指定的支座弯矩比按弹性方法计算的小得太多，则塑性铰出现太早，内
力重分布的过程太长，塑性铰转动幅度过大，裂缝开展过宽，不能满足正常使用的要求。
甚至还有可能出现截面受压区混凝土被压坏，无法形成完全的塑性内力重分布。所以，弯

矩的调整幅度应有所控制。截面弯矩调整的幅度采用弯矩调幅系数 β 来表示，$\beta=1-M_a/M_e$，其中 M_a、M_e 分别为调幅后的弯矩和按弹性方法计算的弯矩。

5. 采用塑性方法应遵守的原则与要求

采用弯矩调幅法计算连续梁的内力，就是先按弹性计算方法求出弯矩包络图，然后人为地调整某截面的弯矩，再由平衡条件计算其他截面相应的弯矩。由于按弹性计算的结果，一般支座截面负弯矩较大，这就使得支座配筋密集，造成施工不便。所以，一般都是将支座截面的最大负弯矩值调低，即减少支座弯矩，使支座钢筋用量减少，以方便布置支座处钢筋，保证混凝土浇筑质量。需要注意的是，采用塑性方法必须遵守以下原则：

(1) 为保证塑性铰有足够的转动能力，要求：①须限制纵向受拉钢筋配筋率，使调幅截面的相对受压区计算高度满足 $0.10 \leqslant \xi \leqslant 0.35$；②宜采用塑性较好的 HRB400 热轧钢筋；③混凝土强度等级宜在 C20～C45 范围内。

(2) 为防止塑性铰过早出现而使裂缝过宽及变形过大，β 不宜超过 0.25，即调整后的弯矩不宜小于按弹性方法计算的 75%，也就是通常所说的调幅不大于 25%。降低连续板、梁各支座截面弯矩的调幅系数 β 不宜超过 0.20。

(3) 为保证结构在形成机构前能达到设计要求的承载力，弯矩调幅后的板、梁各跨两支座弯矩平均值的绝对值与跨中弯矩之和，不应小于按简支梁计算的跨中最大弯矩 M_0 的 1.02 倍。这是因为在连续梁中，一跨两端负弯矩一般不相等，在均布荷载作用下，其跨中最大弯矩不在跨中间截面，所以用跨中弯矩进行控制时应将其增大，乘以 1.02 的增大系数。

同时，各控制截面的弯矩值不宜小于 $M_0/3$。

(4) 为了保证结构在实现弯矩调幅所要求的内力重分布之前不发生剪切破坏，箍筋用量要加强。

6. 塑性方法不宜应用的范围

考虑塑性变形内力重分布方法设计的结构，承载力储备比弹性设计方法低、钢筋应力高，裂缝宽度及变形大。因此，下列结构不宜采用：

(1) 直接承受动力荷载的结构。

(2) 使用阶段不允许有裂缝产生或对裂缝开展及变形有严格要求的结构。

(3) 侵蚀环境中的结构对裂缝开展有严格要求，不宜采用。

(4) 要求有较高承载力储备的结构。

为此一般只有房屋建筑中的连续板梁才用此方法，而对于裂缝控制要求较严、承载力储备较高的连续板梁仍宜按弹性方法进行设计。

9.1.5 单向板肋形结构中连续板的配筋设计

9.1.5.1 配筋原则

(1) 根据各跨中和支座最大弯矩计算钢筋用量，切断与弯起钢筋的位置理论上要通过抵抗弯矩图确定与校核，但按如图 9-17 所示的构造要求弯起或切断钢筋，则可不画抵抗弯矩图。

(2) 一般厚度的连续板剪力由混凝土承受，不设腹筋，也就是说在一般厚度的连续板

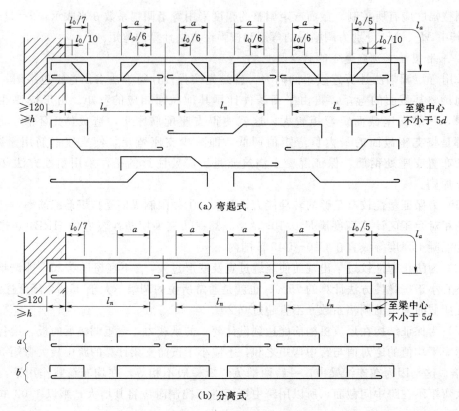

图 9-17　连续单向板典型配筋

中满足 $V \leqslant 0.7bh_0f_t/\gamma_d$。

（3）纵向受力钢筋垂直于次梁放置，平行于次梁布置分布钢筋，分布钢筋放置在受力钢筋的内侧，如图 9-2 所示。

在墙支承处、与主梁交界处要布置板面构造钢筋，以抵抗计算时忽略的内力。

9.1.5.2　两种配筋形式

连续板的配筋有弯起式和分离式两种。

1. 弯起式

（1）先配跨中板底钢筋，然后将跨中板底钢筋的 1/2～2/3 弯起伸入支座，去承担支座负弯矩，若由相邻两跨弯起的钢筋仍不足以抵抗支座截面的负弯矩，则再加短钢筋。钢筋起弯点位置与切断点位置按构造要求确定，如图 9-17（a）所示。

（2）钢筋间距相等或成倍数，以保证支座负弯矩区钢筋间距协调。

（3）可采用两种直径相差 2mm 的钢筋。

（4）弯起角一般30°，板厚≥120mm 时可取45°。弯起钢筋的目的是为了抵抗支座负弯矩，而不是为抵抗剪力，剪力由混凝土承担。

2. 分离式

（1）跨中板底和支座板面钢筋分别配置，全部采用直钢筋。支座板顶钢筋切断点位置按构造要求确定，板底直筋可连续几跨不切断，也可每跨都断开，如图 9-17（b）所示。

(2) 可采用两种直径相差 2mm 的钢筋。

(3) 板底与板面钢筋间距要协调，相等或成倍数。

9.1.5.3 板中钢筋的要求

(1) 受力钢筋常用直径为 6mm、8mm、10mm、12mm。为了施工中不易被踩下，板面钢筋直径一般不宜少于 8mm，当板较薄时端部可做直角弯钩，抵至板底。当板厚不大于 150mm 时，受力钢筋的间距不宜大于 200mm；板厚大于 150mm 时，受力钢筋的间距不宜大于 1.5 倍板厚和 250mm。

(2) 分布钢筋直径不宜小于 6mm，间距不宜大于 250mm，即每米不少于 4 根，具体要求和用量与受力钢筋用量、荷载形式（集中或分布）有关。

(3) 在板与砖墙或边梁嵌固处，由于墙体的约束作用在支承处会产生一定的负弯矩，板与主梁梁肋、边梁梁肋连接处实际上也会产生一定的负弯矩，但计算时按简支处理，应在这些位置配置板面构造钢筋（附加短钢筋），如图 9-18 和图 9-19 所示。

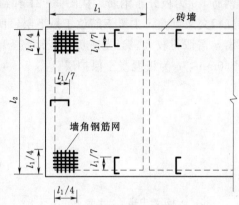

图 9-18 嵌固于墙内的板边及板角处的配筋构造

板中钢筋详细的构造要求可见教材 9.4.1 节或规范。

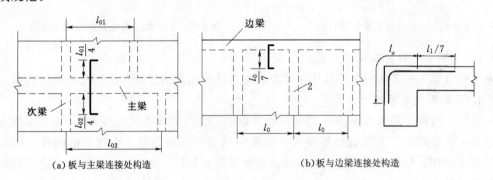

(a) 板与主梁连接处构造　　(b) 板与边梁连接处构造

图 9-19 板与主梁、边梁连接处的附加钢筋

9.1.6 单向板肋形结构中连续梁的配筋设计

9.1.6.1 配筋原则

(1) 先配各跨中底面纵向钢筋，弯起部分底面纵向钢筋伸入支座，以满足斜截面承载力要求和承担支座负弯矩。弯起钢筋不满足支座正截面承载力需要时，另加直钢筋。

(2) 先配箍筋，再弯起钢筋，若弯起钢筋不满足斜截面承载力时，另加斜筋或吊筋。

(3) 若需弯起钢筋抗剪，钢筋弯起位置、根数和排数根据抗剪要求确定，画抵抗弯矩图校核其正截面和斜截面受弯承载力能否满足；支座顶面纵向钢筋的切断位置由抵抗弯矩图确定，次梁也经常按典型配筋图规定的构造要求确定。

(4) 端支座计算不需弯筋时，仍应弯起部分钢筋，伸至支座顶面，承担可能存在的负弯矩。伸入支座内的跨中纵向钢筋不少于 2 根。

（5）整体式肋形结构的次梁和主梁是以板为翼缘的连续 T 形梁，在支座处，板处于受拉状态，按矩形截面计算；在跨中，板处于受压状态，按 T 形截面计算，如图 9-20 所示。

（6）在图 9-21 中，1 为主梁底部纵向钢筋，由跨中最大弯矩按 T 形截面计算得到；2 为主梁顶部纵向钢筋，由主梁支座最大负弯矩按矩形截面计算得到；3 为次梁顶部纵向钢筋，由次梁支座最大负弯矩按矩形截面计算得到；4 为板顶支座受力钢筋，5 为板底受力钢筋，6 为板分布钢筋。从图 9-21 看到，在主梁支座截面，板、次梁及主梁的支座钢筋互相交叉重叠，主梁钢筋位于最下层，所以主梁支座截面的受力钢筋合力点至受压边缘距离 a 需取得较大。当支座负弯矩钢筋为单排时可取 $a=c+40\text{mm}$，当为双排时可取 $a=c+60\text{mm}$，c 为板混凝土保护层。

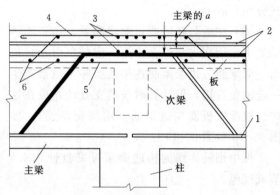

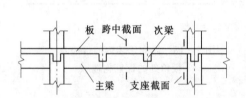

图 9-20　次梁与主梁计算截面　　　　　图 9-21　主梁支座处钢筋相交示意图

9.1.6.2　配筋过程与抵抗弯矩图

下面以图 9-22 所示 3 跨连续主梁来说明连续梁的配筋过程与抵抗弯矩图的绘制。

1. 正截面受弯承载力计算

由第 1 跨跨中最大弯矩按 T 形截面计算得第 1 跨跨中截面梁底面钢筋 5 ⌀ 22，由第 2 跨跨中最大弯矩按 T 形截面计算得第 2 跨跨中截面梁底面钢筋 4 ⌀ 20，由削峰后的支座最大负弯矩按矩形截面计算得支座截面梁顶面钢筋 2 ⌀ 22+2 ⌀ 20+2 ⌀ 18，这些截面配筋都为适筋，即 $\xi \leqslant \xi_b$。

2. 斜截面受剪承载力计算

先进行截面与强度验算，防止斜压破坏。然后配箍筋，要求箍筋间距小于最大箍筋间距 $s \leqslant s_{\max}$，以防止箍筋过稀；若 $V > 0.7 f_t b h_0 / \gamma_d$ 还要求配箍率大于最小配箍率 $\rho_{sv} \geqslant \rho_{sv\min}$，以防止箍筋过少。

若配置箍筋后还不能满足抗剪要求，则弯起钢筋抗剪。由于次梁传给主梁为集中力，主梁自重也简化为集中在次梁位置上的集中力，因此次梁之间的剪力相等。弯起 3 排钢筋，直到第 3 排弯起钢筋下弯点过了次梁的中心线，这时第 3 排弯起钢筋下弯点截面的剪力设计值已小于混凝土与箍筋能承担的剪力。在弯起过程中，要求：第 1 排弯起钢筋的上弯点距支座边缘距离 $s_1 \leqslant s_{\max}$；后一排弯起钢筋的上弯点距前一排弯筋下弯点距离 $s \leqslant s_{\max}$，如图 9-22 所示。

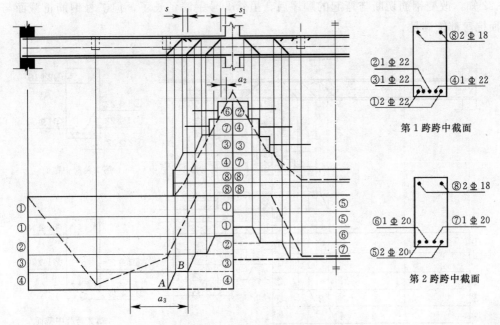

图 9-22　3 跨主梁配筋与 M_R 图

（3）斜截面抗弯验算。以上弯起钢筋的位置与数量都是由斜截面抗剪要求决定的。钢筋弯起抗剪后还能不能抗弯？这需要通过画 M_R 图来验算；在负弯矩区，纵向钢筋在什么位置可以切断？也需通过 M_R 图确定。下面介绍 M_R 图的作法。

1）给钢筋编号，尺寸、形状相同的钢筋编一个号，如①、⑤、⑧号钢筋，都有两根。

2）计算纵向钢筋实际能承担的弯矩，并分配给每号钢筋。对正弯矩区，直钢筋放在最上层；最后弯起的钢筋放在最下层；对负弯矩区，则相反。

3）考虑弯起钢筋弯起过程中的抗弯作用，假定弯起钢筋过了截面中心线后才不承担弯矩。如④号钢筋点 A 对应其起弯点，弯矩为零点点 B 对应该截面中心线与④号钢筋的交点。

4）若各截面荷载产生弯矩均小于抵抗弯矩，则正截面受弯承载力满足要求。

5）为保证斜截面抗弯，对弯起钢筋要求：$a \geqslant 0.5h_0$，a 为弯起钢筋充分利用点到起弯点的距离。如图 9-22 中的 a_3 就为③号钢筋在正弯矩区中的 a，显然 $a_3 \geqslant 0.5h_0$，说明③号钢筋在正弯矩区能承担弯矩；a_2 为②号钢筋在负弯矩区中的 a，$a_2 < 0.5h_0$，说明②号钢筋在负弯矩区不能承担弯矩，因此②号钢筋在负弯矩区左侧的 M_R 图中未出现。

对切断钢筋，要求：实际切断点至充分利用点的距离大于 $1.2l_a + h_0$，至理论切断点的距离大于 $20d$，l_a 为最小锚固长度。

6）正弯矩区纵向受拉钢筋可以弯起，但不能切断，未弯起的纵向钢筋伸入支座，并满足锚固长度，且至少要有 2 根。负弯矩区纵向受拉钢筋可以切断，并尽可能早地切断，以节约钢筋。当过早切断钢筋引起正截面抗弯不能满足要求时，可调整钢筋弯起和切断的顺序。如，在负弯矩右侧，连续切断 3 根钢筋引起⑦号钢筋不能满足正截面抗弯要求（图 9-22），则可先弯⑦号钢筋再切断③号钢筋，如图 9-23 所示。比较图 9-23 和图

9-22知，改变钢筋切断与弯起的顺序后，虽然③号钢筋延长了，但⑦号钢筋正截面与斜截面抗弯都能满足。

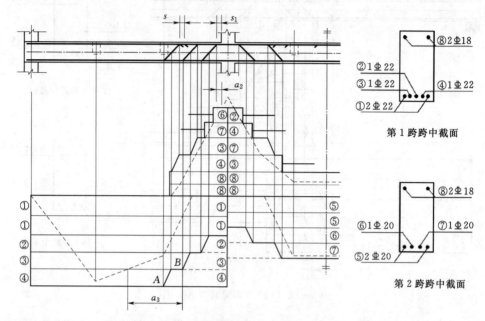

图 9-23　改变切断钢筋顺序后的 3 跨主梁 M_R 图

3. 附加钢筋计算

次梁传给主梁的力不是作用在梁顶，而是作用在次梁与主梁交界的两侧，该力可导致主梁中下部发生斜裂缝。为限制此斜裂缝开展，防止斜裂缝引起的局部破坏，需配附加钢筋。附加钢筋有附加箍筋和附加吊筋两种，如图 9-24 所示。

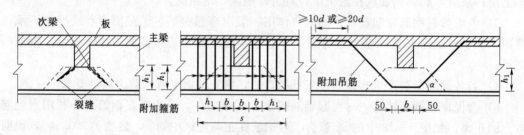

图 9-24　主、次梁交接处的附加箍筋或吊筋

附加钢筋布置在 $s = 2h_1 + 3b$ 的范围，关键要使附加箍筋或吊筋的斜段穿过斜裂缝，起到限制裂缝开展的作用。因此，规范规定附加吊筋下弯点至次梁的距离为 50mm。

附加钢筋所需面积为 $A_{sv} \geqslant \dfrac{F}{f_{yv}\sin\alpha}$，其中 F 为由次梁传给主梁的集中力设计值，为作用在次梁上的荷载设计值（$l_1 \times l_2$ 范围内板自重和板上荷载，再加上一根次梁自重）对主梁产生的集中力与 γ_0 的乘积；α 为附加箍加或吊筋与梁轴线的夹角，采用附加箍筋时 α 取90°，采用吊筋时 α 取和弯起钢筋的角度相同。需要注意的是，采用附加吊筋时，是附加吊筋的左右两边钢筋共同承担集中力 F，因此要用 $A_{sv}/2$ 来选择附加吊筋的直径和根数。

9.1.7 双向板肋形结构的设计

1. 双向板试验结果

选取四边的简支正方形和长方形板进行试验，板顶作用均布荷载。对正方形板，因跨中两个方向的弯矩相等，主弯矩方向与沿对角线方向一致，第一批裂缝出现在板底面的中间部分，随后沿着对角线的方向朝四角扩展 [图 9-25 (a)]。对于长方形板，因 $p_1 > p_2$ [图 2-26 (a)]，短跨跨中的弯矩大于长跨跨中的弯矩，第一批裂缝出现在板底面中间部分，且平行于长边方向，随着荷载继续增加，这些裂缝逐渐延长，然后沿 45°方向朝四角扩展 [图 9-26 (b)]。

(a) 板底　　　　(b) 板顶

图 9-25　正方形双向板的破坏形态

无论是正方形板还是长方形板，接近破坏时，板顶四角出现与对角线垂直裂缝，如图 9-25 (b) 和图 9-26 (c) 所示。这种裂缝的出现，促使板底面对角线方向的裂缝进一步扩展。最后跨中受力筋屈服，板破坏。

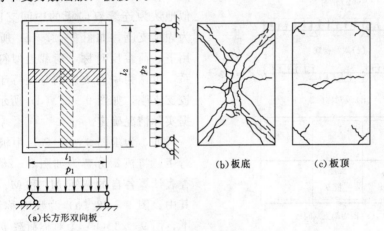

(b) 板底　　　　(c) 板顶

(a) 长方形双向板

图 9-26　长方形双向板的破坏形态

2. 配筋方式

理论上来说，钢筋应垂直于裂缝的方向配置，但施工困难。试验表明，钢筋布置方向对破坏荷载无显著影响。平行于板边配筋，施工方便，因此工程上板的配筋多平行板边布置。

简支正方形或矩形板，荷载作用下四角翘起。板传给四边支座的压力中部大，两端小。这说明板中间弯矩大，钢筋应多配；两边弯矩小，钢筋可以少配。因此，双向板分板条配筋，中间板条配筋多，两边板条配筋少。

9.1.8 双向板内力计算与配筋

9.1.8.1 双向板内力计算

双向板的内力计算也有按弹性方法和考虑塑性变形内力重分布方法两种，按弹性方法计算双向板的内力是根据弹性薄板小挠度理论的假定进行的。在工程设计中，大多根据板的荷载及支承情况利用计算机程序或已制成的表格进行计算。教材中只介绍了按弹性方法查表计算内力的情况。

　　实际工程多为连续板。连续板的内力计算方法是：将连续板简化为单块板计算，对单块板则根据弹性薄板小挠度理论得到均载下的计算表格（教材附录 K），查表计算内力。和单向板一样，双向板也要根据跨中最大弯矩求得板底钢筋，支座最大负弯矩求得支座板顶钢筋。计算跨中最大弯矩和支座最大负弯矩时，连续板简化为单块板的方法是不同的。

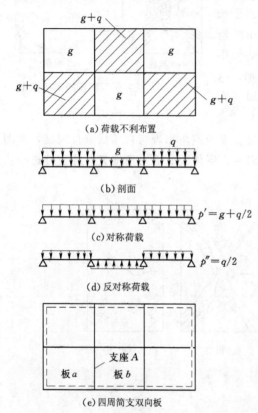

图 9-27　连续双向板简化为单块板计算

1. 跨中最大弯矩

　　（1）最不利荷载布置。求跨中最大弯矩最不利荷载布置是：永久荷载 g 满板布置，该板布置可变荷载 q，再隔板布置。如图 9-27（a）所示荷载布置，可求得有阴影板的跨中最大弯矩。

　　（2）支座简化。最不利荷载布置可简化为满布的 p' 和一上一下作用的 p''，$p'=g+q/2$，$p''=q/2$。在 p' 作用下，荷载正对称，可近似地认为连续双向板的中间支座转角为零，为固结支座，如图 9-27（c）所示；在 p'' 作用下，荷载反对称，荷载近似符合反对称关系，可认为中间支座的弯矩等于零，简化为铰支支座，如图 9-27（d）所示。边支座根据实际情况确定。

　　如，为求图 9-27（e）中板 a 跨中最大弯矩，将板 a 分解为如图 9-28 所示两块板查表计算各自的弯矩 M_x 和 M_y，然后相加。其中，图 9-28（a）为反对称荷载 p'' 作用下，图 9-28（b）为对称荷载 p' 作用下。

2. 支座中点最大弯矩

　　求连续双向板的支座中间弯矩时，可将全部荷载 $p=g+q$ 布满各跨来计算，并近似认为板的中间支座都是固定支座。如要求图 9-27（e）中支座 A 中点最大弯矩时，可按如图 9-29 所示分别求板 a 和板 b 在支座 A 上中点最大弯矩 M_x^0，然后平均。

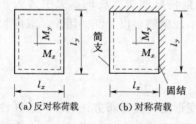

图 9-28　板 a 跨中最大弯矩查表计算

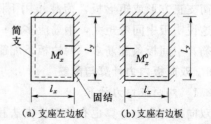

图 9-29　支座 A 跨中最大弯矩查表计算

9.1.8.2 配筋要点

（1）对于周边与梁整体连结的双向板，由于在两个方向受到支承构件的变形约束，整块板内存在穹顶作用，使板内弯矩大大减小，因而其弯矩设计值可折减，具体规定可见教材 9.5.3 节。

（2）短跨方向弯矩大，顺短跨方向钢筋放在外侧；长跨方向弯矩小，顺长跨方向钢筋放在内侧。

（3）板底钢筋配置时，在两个方向各划分为三个板带，两个方向边缘板带的宽度均为 $l_1/4$。中间板带按跨中最大弯矩配筋，边缘板带单位宽度内钢筋用量为中间板带的 1/2，且每米宽度不少于 3 根。

板顶钢筋配置时，按支座最大弯矩求得的钢筋沿板边均布，不得分板带减少。

双向板配筋形式仍有弯起式和分离式两种，但采用弯起式配筋，设计与施工复杂，工程中一般采用分离配筋。周边简支的双向板，需在支座处加短钢筋，以承担可能产生的负弯矩。

9.1.9 叠合受弯构件设计要点

1. 叠合受弯构件分类和受力特点

叠合构件是指分两次浇筑完成的构件，在码头中较为常见。叠合构件属于整体装配式构件，其优点是施工时预制板可作为现浇混凝土的底模，节约了模板。

若预制件的厚度较小（小于叠合构件厚度的 0.4 倍），就不足以承担施工期叠合层的自重以及施工荷载，需要在其下方设置支撑，待叠合层达到一定强度可与预制件共同受力时，再拆除支撑。如此，施工期荷载由支撑承担，拆除支撑后叠合构件才承担外力作用，即其受力是一次完成的，称为一阶段受力叠合构件。

若预制件的厚度较大，施工阶段可不设置支撑。这种情况下，叠合层凝结前，简支的预制件承受叠合层自重和施工期荷载，运行期则由叠合构件承受荷载，即构件会处于两种不同的受力状态，称为二阶段受力叠合构件。

对二阶段受力叠合构件，预制构件在第一阶段就已承受荷载，钢筋已处于一定的应力水平。在第二阶段，在运行期荷载作用下，钢筋应力明显大于承受相同荷载的普通受弯构件，这种现象称为"钢筋应力超前"。钢筋应力超前会引起相对较宽的裂缝和较大的变形，但对截面承载力并无影响。

2. 叠合受弯构件的内力计算

对一阶段受力叠合构件，除需验算叠合面受剪承载力外，其设计内容和设计方法与普通受弯构件相同。

对二阶受力叠合构件，正截面和斜截面承载力计算公式与方法和普通受弯构件相同，但需按两个受力阶段分别进行计算。在这两个阶段中，构件承受的荷载效应分别按以下方法计算。

（1）一阶段。预制构件为简支构件，承受叠合层混凝土的自重和施工可变荷载，其弯矩、剪力效应分别由永久荷载效应（M_{1G} 和 V_{1G}）和可变荷载效应（M_{1Q} 和 V_{1Q}）叠加得到。

（2）二阶段。叠合层混凝土达到一定强度后，叠合构件形成连续受弯构件。此时，除叠合构件自重（引起 M_{1G} 和 V_{1G}）外，构件还承受使用阶段的可变荷载（引起 M_{2Q} 和 V_{2Q}）。需注意的是，构件自重在一阶段就已作用于简支的预制板，仅在跨中引起正弯矩，因而在计算支座负弯矩时，没有 M_{1G} 这一项。

3. 叠合受弯构件的设计内容

叠合构件中新、老混凝土通过叠合面结合在一起共同受力，若叠合面强度不足，会导致预制件和叠合层分离，引起构件破坏，因而，设计叠合构件时，除正截面和斜承载力计算之外，还应进行叠合层承载力的计算。

验算裂缝宽度时，方法和普通受弯构件相似，需注意钢筋应力应由两个阶段荷载作用下分别引起的钢筋应力累加得到，而且不可过高。

9.1.10　刚架配筋计算要点

9.1.10.1　计算简图

整体式刚架结构中，纵梁、横梁与柱整体相连，为空间结构。但当两个方向刚度相差较大时，为了设计的方便，可忽略刚度较小方向的整体影响，而把结构偏于安全地当作一系列平面刚架进行分析。图 9-30 所示厂房就可简化成由主梁、柱组成的平面刚架。

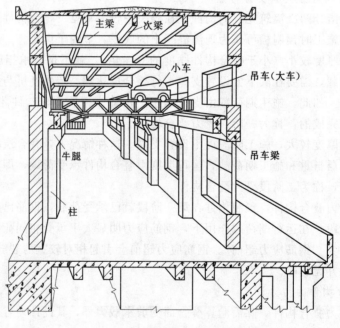

图 9-30　厂房

平面刚架的计算简图一般应反映下列主要因素：刚架的跨度和高度、节点和支承的形式，各构件的截面尺寸或惯性矩，荷载的形式、数值和作用位置。

超静定结构，内力与惯性矩有关。当计算时假定的惯性矩与实际采用的惯性矩变化超过 3 倍时，需重新计算内力。

图 9-31 为桥面的承重刚架。刚架的轴线采用构件截面重心的连线，立柱和横梁均为刚性连接，柱子和基础整体浇筑，可看作为固端支承；如果刚架横梁两端设有支托，但其

支座截面和跨中截面的高度比值 $h_c/h_0<1.6$ 或截面惯性矩比值 $I_c/I<4$ 时，可不考虑支托的影响，而按等截面横梁刚架计算。

荷载的形式、数值和作用位置根据实际资料确定。如果上部结构传来的荷载主要是集中荷载，横梁和柱自重可转化为节点上的集中力。如图 9-31 中上柱 1/2 长度和下柱 1/2 长度、中横梁 1/2 长度上的自重（图中阴影部分）可简化为作用在点 B 上的垂直集中力；上柱 1/2 长度和下柱 1/2 长度（$a-a$ 截面至 $b-b$ 截面范围内）上的风压可简化为作用在点 A 上的水平集中力。

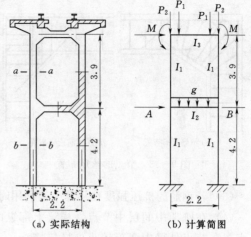

(a) 实际结构　　　　(b) 计算简图

图 9-31　工作桥承重刚架的计算简图

9.1.10.2　配筋计算

在刚架上作用有荷载有永久荷载和可变荷载，设计时要考虑最不利荷载组合。

横梁的轴向力 N，一般都很小，可以忽略不计，按受弯构件进行配筋计算。当轴向力 N 不能忽略时，则应按偏心受拉或偏心受压构件进行计算。柱按偏心受压构件进行计算。在不同的荷载组合下，同一截面可能出现不同的内力，应按可能出现的最不利荷载组合进行计算。

9.1.10.3　构造要求

1. 节点构造

若弯矩较大，则应将内折角做成斜坡状的支托 [图 9-32（a）]。转角处有支托时，横梁底面和立柱内侧的钢筋不应内折 [图 9-32（b）]，而应沿斜面另加直钢筋 [图 9-32（c）]。另加的直钢筋沿支托表面放置，其直径和根数不宜少于横梁伸入节点内的下部钢筋的直径和根数。

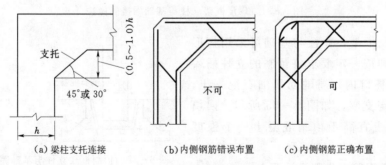

(a) 梁柱支托连接　　　(b) 内侧钢筋错误布置　　　(c) 内侧钢筋正确布置

图 9-32　转角处的支托

转角处有支托时，节点的箍筋可作扇形布置如图 9-33（a）所示，也可按图 9-33（b）布置。节点处的箍筋要适当加密，以便能牢固地扎结钢筋，同时提高刚架节点的延性。

节点处纵向钢筋的锚固构造要求见教材 9.8.2.1 节。纵向钢筋锚固总的原则如下：

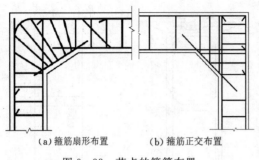

(a) 箍筋扇形布置　　(b) 箍筋正交布置

图 9-33　节点的箍筋布置

（1）若钢筋的抗拉强度在计算中被利用时，其锚固长度不应小于最小锚固长度 l_a。若直线锚固不能满足 l_a 要求时，可采用在钢筋端部加机械锚头或90°弯折的锚固方式［教材图 9-44 和图 9-47］。

（2）若钢筋的抗拉强度时计算中不利用时，其伸入节点的锚固长度 l_{as}：带肋钢筋不小于 $12d$，光面钢筋不小于 $15d$，d 为下部纵向钢筋直径。

（3）若钢筋的抗压强度在计算中被利用时，其伸入节点的锚固长度 l_{as} 应不小于 $0.7l_a$。

（4）在刚架中间层中节点，横梁上部纵向钢筋应贯穿节点，横梁下部纵向钢筋宜贯穿节点，在节点外梁中弯矩较小处搭接接头。

2. 立柱与基础的连接构造

刚架立柱与基础的连接有现浇和杯口连接两种。在地基上现浇框架时，从基础内伸出插筋与柱内钢筋相连接，然后浇筑柱子的混凝土。插筋的直径、根数、间距应与柱内纵筋相同。插筋一般均应伸至基础底部［图 9-34（a）］。当基础高度较大时，也可仅将柱子四角处的插筋伸至基础底部，而其余插筋只伸至基础顶面以下，满足锚固长度的要求即可［图 9-34（b）］。

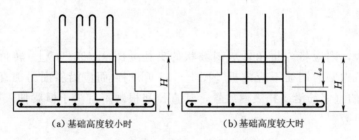

(a) 基础高度较小时　　　　　(b) 基础高度较大时

图 9-34　现浇框架立柱与基础固接的做法

对于预制框架，立柱与基础可采用杯形基础连接，即按一定要求将预制的立柱插入基础预留的杯口内，周围回填细石混凝土，即可形成固定支座，如图 9-35 所示。回填细石的混凝土宜高于预制混凝土一个强度等级。

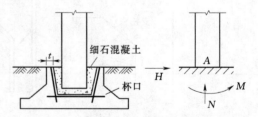

图 9-35　预制框架立柱与基础固接的做法

9.1.11　钢筋混凝土牛腿设计要点

9.1.11.1　试验结果

牛腿是在柱中伸出短悬臂构件，以支承吊车梁，如图 9-36 所示。剪跨比 a/h_0 对牛腿的破坏影响最大，a/h_0 比值越大牛腿承载力越低。随着 a/h_0 的不同，牛腿大致发生以下两种破坏情况：

（1）当 $a/h_0 \geqslant 0.2$ 时，首先出现裂缝①，然后出现裂缝②，在裂缝②的外侧，形成明显的压力带，如图 9-36 (a) 所示。当在压力带上产生许多相互贯通的斜裂缝，或突然出现一条与斜裂缝②大致平行的斜裂缝③时，就预示着牛腿即将破坏。斜裂缝出现后，牛腿可看作是一个以纵向钢筋为拉杆，斜向受压混凝土为压杆的三角桁架［图 9-36 (b)］。破坏时，纵向钢筋受拉屈服，混凝土斜向受压破坏。

(2) 当 $a/h_0 < 0.2$ 时，一般发生沿加载板内侧接近垂直截面的剪切破坏，其特征是在牛腿与下柱交接面上出现一系列短斜裂缝，最后牛腿沿此截面剪切破坏［图 9-36 (c)］。这时牛腿内纵向钢筋应力相对较低。

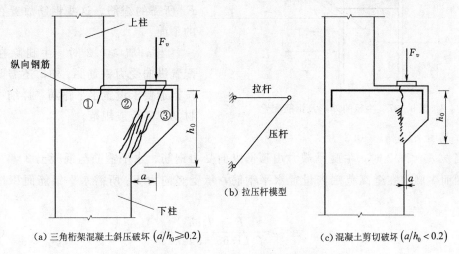

(a) 三角桁架混凝土斜压破坏 $(a/h_0 \geqslant 0.2)$ (c) 混凝土剪切破坏 $(a/h_0 < 0.2)$

图 9-36 牛腿的破坏现象

9.1.11.2 牛腿截面尺寸的确定

牛腿需控制裂缝宽度，但牛腿是非杆系结构，裂缝宽度无法用裂缝宽度公式计算，这时用控制牛腿尺寸的方法来限制裂缝开展，即牛腿截面尺寸要满足下式：

$$F_{vk} \leqslant \beta \left(1 - 0.5 \frac{F_{hk}}{F_{vk}}\right) \frac{f_{tk} b h_0}{0.5 + \dfrac{a}{h_0}} \tag{9-5}$$

式中：F_{vk}、F_{hk} 分别为按荷载标准值计算得出的作用于牛腿顶面的竖向力和水平拉力；f_{tk} 为混凝土抗拉强度标准值。

由于该式的作用是为控制牛腿的裂缝宽度，所以荷载与强度都采用标准值。

为满足混凝土局部承压的要求，牛腿尺寸除满足上式外，还需满足：

(1) 牛腿外边缘高度 $h_1 \geqslant h/3$，且不应小于 200mm；吊车梁外边缘至牛腿外缘的距离不应小于 100mm，如图 9-37 所示。

(2) 牛腿顶面在竖向力设计值 F_v 作用下，其局部受压应力不应超过 $0.90 f_c$，否则应采取加大受压面积、提高混凝土强度等级或配置钢筋网片等有效措施。

9.1.11.3 牛腿的配筋计算与构造

牛腿的破坏形态有两种，两种配筋方法也有两种。

1. 剪跨比 $a/h_0 \geqslant 0.2$

这种破坏在斜裂缝出现后，牛腿可近似看作是以纵筋为水平拉杆，以混凝土为斜压杆

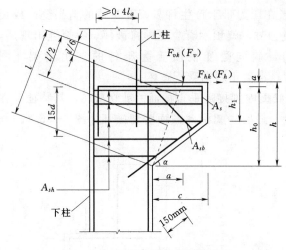

图 9-37　牛腿的外形及钢筋配置

的三角形桁架，纵向钢筋用量按下式计算：

$$A_s \geqslant \frac{F_v a}{0.85 f_y h_0} + 1.2 \frac{F_h}{f_y} \qquad (9-6)$$

纵向受力钢筋 A_s 由 2 部分组成，式中右边第一项为承受竖向力 F_v 所需的受拉钢筋，第二项为承受水平拉力 F_h 所需的锚筋。这些钢筋放置在牛腿的顶面。

当 $a/h_0 \geqslant 0.2$ 时，牛腿除在顶面配置纵向受力钢筋 A_s 外，还需要另外按构造要求设置水平箍筋，详细可见教材 9.9.3 节或规范。

2. 剪跨比 $a/h_0 < 0.2$

当 $a/h_0 < 0.2$ 时，牛腿承载力由顶部纵向受力钢筋、水平箍筋与混凝土 3 者共同提供，因而牛腿应在全高范围内设置水平钢筋，承受竖向力 F_v 所需水平钢筋面积按下式计算：

$$A_{sh} \geqslant \frac{F_v - f_t b h_0}{f_y (1.65 - 3a/h_0)} \qquad (9-7)$$

配筋时，应将 A_{sh} 的 $60\% \sim 40\%$（剪跨比较大时取大值，较小时取小值）作为牛腿顶部纵向受拉钢筋，集中配置在牛腿顶面；其余的则作为水平箍筋均匀配置在牛腿全高范围内。注意：式（9-7）得到 A_{sh} 是指牛腿上的全部水平钢筋，包括牛腿顶部和中下部的钢筋。

当牛腿顶面作用有水平拉力 F_h 时，则顶部受力钢筋还应包括承受水平拉力所需的锚筋在内，锚筋的截面面积按 $1.2F_h/f_y$ 计算，和 $a/h_0 \geqslant 0.2$ 时相同。

9.2　综　合　练　习

9.2.1　单项选择题

1. 对于四边均有支承的板，当梁格布置使板的长、短跨之比（　　）时，则板上荷载绝大部分沿短跨 l_1 方向传到次梁上，因此，可仅考虑板在短跨方向受力，故称为单向板。

　　A. $l_2/l_1 < 2$ 　　　　　　　　　　B. $l_2/l_1 \geqslant 3$

　　C. $l_2/l_1 \geqslant 2$ 　　　　　　　　　　D. $l_2/l_1 < 3$

2. 弹性方法设计的连续梁、板各跨跨度不等，但跨度相差不超过 10% 时，仍作为等跨计算，这时，当计算支座截面弯矩时，则应按（　　）计算。

　　A. 相邻两跨计算跨度的最大值　　B. 两邻两跨计算跨度的最小值

　　C. 相邻两跨计算跨度的平均值　　D. 无法确定

3. 关于折算荷载的叙述，哪一项不正确（　　）。

　　A. 为了考虑支座抵抗转动的影响，采用增大恒载和相应减少活荷载的办法来处理

B. 对于板其折算荷载取：折算恒载 $g'=g+q/2$，折算活载 $q'=q/2$

C. 对于次梁其折算荷载取：折算恒载 $g'=g+q/4$，折算活载 $q'=3q/4$

D. 对于主梁其折算荷载按次梁的折算荷载采用

4. 关于塑性铰，下面叙述正确的是（ ）。

A. 塑性铰不能传递任何弯矩而能任意方向转动

B. 塑性铰转动开始于混凝土开裂

C. 塑性铰处弯矩不等于 0 而等于该截面的受弯承载力 M_u

D. 塑性铰与理想铰基本相同

5. 对于"n"次超静定的钢筋混凝土多跨连续梁，出现（ ）个塑性铰后，结构成为机动可变体系而破坏。

A. $n-1$　　　　B. n　　　　C. $n-2$　　　　D. $n+1$

6. 连续梁、板按塑性内力重分布方法计算内力时，截面的相对受压区高度应满足（ ）。

A. $0.10 \leqslant \xi \leqslant \xi_b$　　　　　　　B. $0.10 \leqslant \xi \leqslant 0.35$

C. $\xi > \xi_b$　　　　　　　　　　D. $\xi > 0.35$

7. 为防止塑性铰过早出现而使裂缝过宽，应控制弯矩调幅值，在一般情况下不超过按弹性理论计算所得弯矩值的（ ）。

A. 30%　　　　B. 25%　　　　C. 0%　　　　D. 15%

8. 用弯矩调幅法计算，调整后每个跨度两端支座弯矩 M_A、M_B 与调整后跨中弯矩 M_C，应满足（ ）。

A. $\dfrac{M_A+M_B}{2}+M_C \geqslant \dfrac{M_0}{2}$　　　　B. $\dfrac{|M_A|+|M_B|}{2}+M_C \geqslant \dfrac{M_0}{2}$

C. $\dfrac{|M_A|+|M_B|}{2}+M_C \geqslant 1.02M_0$　　D. $\dfrac{|M_A|+|M_B|}{2}+M_C \geqslant 1.02M$

9. 弯矩调幅后，各控制截面的弯矩值不宜小于（ ），M_0 为按简支梁计算的跨中最大弯矩，以保证结构在形成机构前能达到设计要求的承载力。

A. $2M_0/3$　　　B. $M_0/4$　　　C. $M_0/3$　　　D. M_0

10. 连续单向板按考虑塑性内力重分布计算时，求跨中弯矩 M_2 的弯矩系数 α_{mp} 为（ ）。

A. 1/11　　　B. 1/12　　　C. 1/14　　　D. 1/16

11. 在一般肋形结构中，楼面板的最小厚度 h 可取为（ ）

A. $\geqslant 50$mm　B. $\geqslant 60$mm　C. $\geqslant 120$mm　D. 没有限制

12. 对于板内受力钢筋的间距，下面哪条是错误的（ ）。

A. 间距 $s \geqslant 70$mm

B. 当板厚 $h \leqslant 150$mm 时，间距不应大于 200mm

C. 当板厚 $h \leqslant 150$mm 时，间距不应大于 250mm

D. 当板厚 $h > 1500$mm 时，间距不应大于 250mm

13. 对于连续板受力钢筋，下面哪条是错误的（ ）？

A. 连续板受力钢筋的弯起和截断，一般可不按弯矩包络图确定

B. 连续板跨中承受正弯矩的钢筋可在距离支座 $l_n/6$ 处切断，或在 $l_n/10$ 处弯起

C. 连续板支座附近承受负弯矩的钢筋，可在距支座边缘不少于 $l_n/4$ 或 $l_n/3$ 的距离处切断

D. 连续板中受力钢筋的配置，可采用弯起式或分离式

14. 对嵌固在承重砖墙内的现浇板，在板面（板的上部）应配置构造钢筋，下面哪条是错误的（　　）。

A. 钢筋间距不大于 200mm，直径不小于 8mm 的构造钢筋，其伸出墙边的长度不应小于 $l_1/7$（l_1 为板的短边计算跨度）

B. 对两边均嵌固在墙内的板角部分，应双向配置上述构造钢筋，其伸出墙边的长度不应于 $l_1/4$

C. 沿板的受力方向配置的板面构造钢筋，其截面面积不宜小于该方向跨中受力钢筋截面面积的 2/3

D. 沿板的受力方向配置的板面构造钢筋，其截面面积不宜小于该方向跨中受力钢筋截面面积的 1/3

15. 当现浇板的受力钢筋与梁的肋部平行时，应沿梁肋方向配置板面附加钢筋，下面哪条是错误的（　　）。

A. 板面附加钢筋间距不大于 200mm 且与梁肋垂直

B. 构造钢筋的直径不应小于 8mm

C. 单位长度的总截面面积不应小于板中单位长度内受力钢筋截面面积的 1/2

D. 伸入板中的长度从肋边缘算起每边不小于板计算跨度的 1/4

16. 在单向板肋形楼盖设计中，对于次梁的计算和构造，下面叙述中哪一个不正确（　　）。

A. 承受正弯矩的跨中截面，按 T 形截面考虑

B. 承受负弯矩的支座截面，T 形翼缘位于受拉区，则应按宽度等于梁宽 b 的矩形截面计算

C. 次梁可按塑性内力重分布方法进行内力计算

D. 次梁的高跨比 $h/l = 1/8 \sim 1/4$，一般不必进行使用阶段的挠度验算

9.2.2　多项选择题

1. 单向板肋梁楼盖按弹性理论计算时，关于计算简图的支座情况，下面哪些说法是正确的（　　）。

A. 计算时对于板和次梁不论其支座是墙还是梁，将其支座均视为铰支座

B. 对于两边支座为砖墙，中间支座为钢筋混凝土柱的主梁，若 $i_梁/i_柱 > 5$ 时，可将主梁视作以柱为铰支座的连续梁进行内力分析，否则应按框架横梁计算内力

C. 当连续梁、板各跨跨度不等，如相邻计算跨度相差不超过 20%，可作为等跨计算

D. 当连续梁板跨度不等时，计算各跨跨中截面弯矩时，应按各自跨度计算；当计算支座截面弯矩时，则应按相邻两跨计算跨度的最大值计算

2. 单向板肋梁楼盖按弹性理论计算时，连续梁、板的跨数应按( )确定。

   A. 对于各跨荷载相同，其跨数超过 5 跨的等跨等刚度连续梁、板将所有中间跨均以第 3 跨来代替

   B. 对于超过 5 跨的多跨连续梁、板，可按 5 跨来计算其内力

   C. 当梁板跨数少于 5 跨时，按 5 跨来计算内力

   D. 当梁板跨数少于 5 跨时，按实际跨数计算

3. 钢筋混凝土超静定结构内力重分布的说法哪些是正确的( )。

   A. 对于 n 次超静定钢筋混凝土多跨连续梁，出现 $n+1$ 个塑性铰后成为机动可变体系而破坏

   B. 钢筋混凝土超静定结构中某一截面的"屈服"，并不是结构的破坏，其中还有强度储备可以利用

   C. 超静定结构的内力重分布贯穿于裂缝产生到结构破坏的整个过程

   D. 从开裂到第一个塑性铰出现这个阶段的内力重分布幅度较大

4. 塑性铰的转动限度主要取决于( )。

   A. 纵向受拉钢筋的种类   B. 纵向受拉钢筋配筋率

   C. 混凝土的极限压缩变形   D. 截面的尺寸

5. 对弯矩进行调整时，应遵循的原则是( )。

   A. 纵向受拉钢筋宜采用具有较好塑性的 HPB300 和 HRB400 热轧钢筋

   B. 控制弯矩调幅值，截面的弯矩调幅系数 β 不宜超过 0.25

   C. 截面相对受压区高度 $\xi = x/h_0 \leq \xi_b$

   D. 调整后每个跨度两端支座弯矩 M_A、M_B 绝对值的平均值与调整后的跨中弯矩 M_C 之和，应不小于简支梁计算的跨中弯矩 M_0 的 1/2

6. 对下列结构在进行承载力计算时，不应考虑内力塑性重分布，而按弹性理论方法计算其内力( )。

   A. 处于侵蚀环境中的结构

   B. 直接承受动荷载作用的结构

   C. 使用阶段允许出现裂缝的构件

   D. 要求有较高安全储备的结构

9.2.3 问答题

1. 钢筋混凝土楼盖结构有哪几种类型？说明它们各自受力特点。

2. 什么叫单向板？什么叫双向板？它们是如何划分的？它们的受力情况有何主要区别？

3. 单向板肋形楼盖结构设计的一般步骤是什么？

4. 试说明单向板肋形楼盖的传力途径。

5. 整浇单向板肋形楼盖中的板、次梁和主梁，当其内力按弹性理论计算时，如何确定其计算简图？

6. 为什么连续板梁内力计算时要进行荷载最不利布置？

7. 连续板梁活荷载最不利布置的原则是什么？

8. 什么是连续梁的内力包络图？

9. 单向板肋形楼盖按弹性方法计算内力时，梁板的计算简图和实际结构有无差别？为使计算能更与实际相一致，在内力计算中如何加以调整？

10. 什么叫"塑性铰"？钢筋混凝土中的塑性铰与力学中的"理想铰"有何异同？

11. 什么叫"塑性内力重分布"？"塑性铰"与"内力重分布"有何关系？

12. 什么叫"弯矩调幅"？采用弯矩调幅法计算钢筋混凝土连续梁的内力时，为什么要控制"弯矩调幅"？

13. 采用弯矩调幅法计算钢筋混凝土连续梁的内力时，为什么要限制截面受压区高度？

14. 确定弯矩调幅时应考虑哪些原则？

15. 试说明塑性内力重分布计算方法的特点及其适用范围。

16. 单向板有哪些构造钢筋？为什么要配置这些钢筋？

17. 主梁的计算和配筋构造与次梁相比较有些什么特点？

18. 为什么在计算整浇连续板梁的支座截面钢筋时，应取支座边缘处的弯矩？

19. 在主梁设计中，为什么在主次梁相交处需设置附加吊筋或附加箍筋？

20. 如何计算连续双向板的跨中最大弯矩和支座中点最大弯矩？

9.3　设　计　计　算

1. 图 9-38 为钢筋混凝土 3 跨连续板的计算简图。板承受的恒载设计值 $g=4.0\text{kN/m}$，活荷载设计值 $q=6.0\text{kN/m}$。试利用内力计算表，计算该连续板各支座和跨中截面的最大弯矩值。

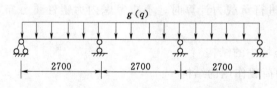

图 9-38　3 跨连续板计算简图

2. 图 9-39 为钢筋混凝土 3 跨连续主梁的计算简图。主梁承受的恒载设计值 $G=12.0\text{kN}$，活荷载设计值 $Q=100.0\text{kN}$。试利用内力影响线系数表（教材附录 H），计算该梁各支座和集中荷载作用处的截面最不利内力值。

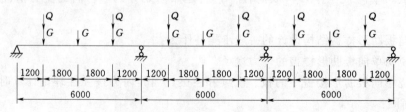

图 9-39　3 跨连续梁的计算简图

3. 两端带悬臂的两跨连续板的计算简图如图 9－40 所示。板承受的恒载设计值 $g＝4.0\text{kN/m}$，活荷载设计值 $q＝7.50\text{kN/m}$。试利用内力计算表，计算该连续板各支座和跨中截面的最大弯矩值。

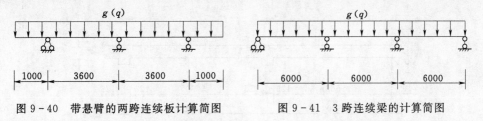

图 9－40　带悬臂的两跨连续板计算简图　　　　图 9－41　3 跨连续梁的计算简图

4. 图 9－41 为钢筋混凝土 3 跨连续梁的计算简图，该梁承受恒载设计值 $g＝8.0\text{kN/m}$，活荷载设计值 $q＝15.0\text{kN/m}$。试作该梁的内力包络图（梁的净跨取 $l_n＝5.70\text{m}$）。

5. 图 9－42 为钢筋混凝土 3 跨连续主梁的计算简图。图中恒载设计值 $G＝40.0\text{kN}$，活荷载设计值 $Q＝100.0\text{kN}$。试作该主梁的内力包络图（梁的净跨取 $l_n＝6.70\text{m}$）。

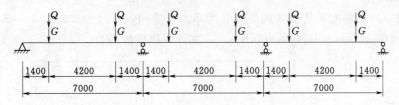

图 9－42　3 跨连续主梁的计算简图

6. 图 9－43 为钢筋混凝土两跨连续梁，截面尺寸 $b×h＝250\text{mm}×500\text{mm}$，材料选用 C30 混凝土和 HRB400 钢筋，混凝土保护层厚度为 40mm。支座和跨中截面按 $x＝0.35h_0$ 配置等量的钢筋。试计算该梁在即将形成破坏机构时的极限荷载 $P_{\max}$ 的数值。计算时不考虑梁自重，并假定此梁抗剪承载力足够。

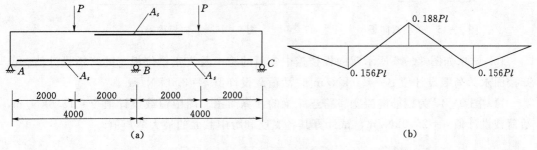

图 9－43　两跨连续梁

提示：应用考虑塑性变形内力重分布的基本原理计算。已知两跨连续梁在跨中集中荷载作用下，按弹性方法计算的弯矩图如图 9－43（b）所示。

7. 某钢筋混凝土 4 跨连续次梁的支承情况及几何尺寸如图 9－44 所示，安全等级为二级。现浇板厚 120mm，板跨（即次梁的间距）为 2.50m；次梁的截面尺寸 $b×h＝200\text{mm}×450\text{mm}$，主梁的截面尺寸 $b×h＝250\text{mm}×600\text{mm}$。次梁承受均布恒载标准值

$g_k = 8.50 \text{kN/m}$（含自重），活荷载标准值 $q_k = 10.50 \text{kN/m}$。混凝土强度等级为 C30，纵向受力钢筋采用 HRB400 钢筋（混凝土保护层厚度取 40mm），其他钢筋采用 HPB300 钢筋，试设计该次梁，并作配筋详图。

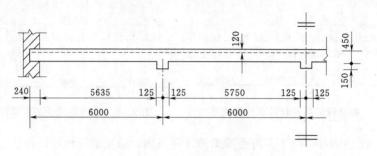

图 9-44　4 跨连续次梁

8. 试用考虑塑性变形内力重分布方法设计计算题 7 的次梁，并将计算结果进行比较，可得出什么结论。

9. 单块双向板的支承情况如图 9-45 所示，计算跨度：$l_x = 2.4 \text{m}$，$l_y = 3.0 \text{m}$。作用于板上的均布荷载 $p = g + q = 6.80 \text{kN/m}^2$，试计算该板的内力。

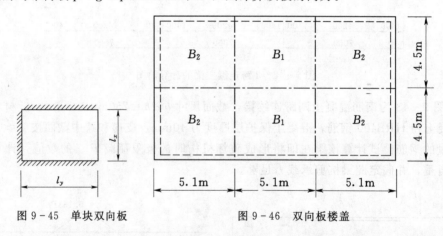

图 9-45　单块双向板　　　　　图 9-46　双向板楼盖

10. 试求如图 9-46 所示双向板楼盖中各板的跨中及支座单位板宽的弯矩设计值。已知楼面永久荷载设计值 $g = 4.0 \text{kN/m}^2$，活荷载设计值 $q = 8.0 \text{kN/m}^2$。

11. 图 9-47 为钢筋混凝土 4 跨连续梁的计算简图。图中恒载设计值 $g = 15.0 \text{kN/m}$，活荷载设计值 $q = 25.0 \text{kN/m}$，试计算其各支座和跨中截面的最大弯矩值。

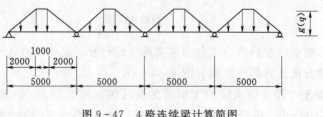

图 9-47　4 跨连续梁计算简图

12. 图 9-48 为钢筋混凝土 3 跨连续梁的计算简图。图中恒载设计值 $g=15.0\text{kN/m}$，活荷载设计值 $q=25.0\text{kN/m}$。试计算各支座及跨中截面的最不利内力。

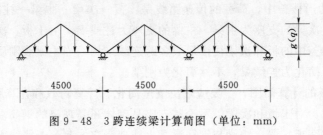

图 9-48　3 跨连续梁计算简图（单位：mm）

9.4 参 考 答 案

9.4.1　单项选择题

1. B　2. C　3. D　4. C　5. D　6. B　7. B　8. C　9. C　10. D　11. C　12. C　13. B
14. C　15. C　16. D

9.4.2　多项选择题

1. AB　2. ABD　3. ABC　4. ABC　5. AB　6. ABD

9.4.3　问答题

1. 钢筋混凝土楼盖结构按其施工方法可分现浇整体式、装配式、装配整体式 3 种型式。

（1）现浇整体式混凝土梁、板结构具有整体刚性好、抗震性强，防水性能好等优点，缺点是模板用量较多、现场工作量大，且工期较长。

（2）装配式混凝土楼盖，楼板采用混凝土预制构件，便于工业化生产，有节约劳动力、加快施工速度等优点，但结构整体性、抗震性、防水性较差。

（3）装配整体式混凝土楼盖的整体性比装配式楼盖好，又较整体现浇式节省模板和支撑。但这种楼盖要二次浇灌混凝土，有时还需增加焊接工作量，故对施工进度和造价都带来一些不利影响。

2. 在设计中仅考虑在短边方向的受弯，对于长向的受弯只作局部的构造处理，这种板叫做"单向板"；在设计中必须考虑长向与短向两向受弯的板叫做"双向板"。对于四边均有支承的板，当梁格布置使板的长、短跨之比 $l_2/l_1 \geqslant 3$ 时，则板上荷载绝大部分沿短跨 l_1 方向传到次梁上，因此，可仅考虑板在短跨方向受力，故称为单向板；当梁格布置使板的长、短跨之比 $l_2/l_1 \leqslant 2$ 时，则板上荷载将沿两个方向传到四边的支承梁上，计算时应考虑两个方向受力，故这种板称为双向板。当 $2<l_2/l_1<3$ 时，宜按双向板计算；当将其作为沿短跨方向受力的单向板计算时，则应沿长跨方向配置足够数量的构造钢筋。

3. 单向板肋形楼盖的设计步骤一般如下：

（1）选择结构布置方案。

（2）确定结构计算简图并进行荷载计算。

（3）板、次梁、主梁分别进行内力计算。

（4）板、次梁、主梁分别进行截面配筋计算。

（5）根据计算和构造要求绘制楼盖结构施工图。

4. 在单向板肋形楼盖中，荷载的传递路线是：板→次梁→主梁→柱或墙，也就是说，板的支座为次梁，次梁的支座为主梁，主梁的支座为柱或墙。由于板、次梁和主梁整体浇筑在一起，因此楼盖中的板和次梁往往形成多跨连续结构；当主梁线刚度与柱线刚度之比大于等于 5 时，可简化为连续梁，不然简化为刚架。

5. 连续梁、板的计算简图，主要应解决支座简化、计算跨数和计算跨度 3 个问题。

（1）支座简化：对于板和次梁，不论其支座是砌体还是现浇的钢筋混凝土梁，均可简化以铰为支座的连续板、梁。主梁与钢筋混凝土柱现浇在一起，若梁线刚度比柱线刚度大很多（大于等于 5），仍可将主梁简化为以铰为支座的连续梁进行计算，否则应按刚架结构设计。

（2）计算跨数：对于等刚度、等跨度的连续梁、板，当实际跨数超过 5 跨时，可简化为 5 跨计算，即所有中间跨的内力和配筋均按第 3 跨处理；当梁、板的跨数少于 5 跨时，则按实际跨数计算。

（3）计算跨度：计算弯矩用的计算跨度 l_0，一般取支座中心线间的距离 l_c；当支座宽度 b 较大时，按下列数值采用：

板：当 $b>0.1l_c$ 时，取 $l_0=1.1l_n$。

梁：当 $b>0.05l_c$ 时，取 $l_0=1.05l_n$。

其中：l_n 为净跨度；b 为支座宽度。

计算剪力时，计算跨度取为 l_n。

6. 最不利荷载布置目的是为了求板梁截面的最不利内力。在楼盖的荷载中，永久荷载是一直存在的不变荷载，楼面活荷载则是可变的，它有可能出现，也有可能不出现，或仅在连续板梁的某几跨出现。对单跨板梁，很明显活荷载全跨布满时板梁的内力（M 和 V）最大。然而对于多跨连续板梁，并不是活荷载在所有跨同时布满时板梁的内力最不利，而是当某些跨布满活荷载时引起梁上某一个或几个截面出现最大内力，而在另一组活荷载分布时，另一个或几个截面的受力最不利。通常在连续板梁设计时，需要计算各跨跨间可能产生的最大正弯矩，在支座处可能产生的最大负弯矩及最大剪力。因此需要研究活荷载如何布置将使连续板梁的这些控制截面出现最不利内力的一般规律。

7. 活荷载最不利布置的原则如下：

（1）求某跨跨中截面最大正弯矩时，应该在本跨内布置活荷载，然后隔跨布置。

（2）求某跨跨中截面最小正弯矩（或最大负弯矩）时，本跨不布置活荷载，而在相邻跨布置活荷载，然后隔跨布置。

（3）求某一支座截面最大负弯矩时，应在该支座左右两跨布置活荷载，然后隔跨布置。

（4）求某支座左、右边的最大剪力时，活荷载布置与该支座截面最大负弯矩时的布置相同。

8. 将恒载在各截面上产生的内力叠加上各相应截面最不利活荷载所产生的内力，便得出各截面的 M 和 V 图；最后将各种活荷载不利布置的弯矩图、剪力图叠画在同一张坐标图上，则这一内力叠加图的最外轮廓线就代表了任意截面在任意活荷载布置下可能出现的最大内力。最外轮廓所围的内力图称为内力包络图。弯矩包络图用来计算和配置梁的各截面的纵向钢筋，主要是为了有切断和弯起钢筋时验算正截面和斜截面受弯承载力，画材料抵抗图 M_R 用；剪力包络图则用来计算和配置箍筋及弯起钢筋。

9. 在进行连续板梁内力计算时，一般假设板梁的支座为铰接，没有考虑次梁对板，主梁对次梁转动的约束作用，这样确定的板、次梁计算简图和实际结构是有差别的。为了考虑支座转动约束对板、次梁内力的影响，目前一般采用增大恒载和相应减小活荷载的办法来处理，即以折算荷载来代替实际计算荷载。

主梁是以梁柱线刚度比来判别简化为连续梁还是刚架计算，因此主梁荷载不进行折算。

10. 当适筋受弯构件截面相对受压区计算高度 ξ 小于一定值后，其 M - φ 曲线上会出现一段接近水平的延长段。该延长段表示在 M 增加极少的情况下，截面相对转角剧增，截面产生很大的转动，好像出现一个铰一样，称之为"塑性铰"。它可以在弯矩几乎不增加的情况下继续转动。

塑性铰与结构力学中的理想铰两者有以下 3 点主要区别：

(1) 理想铰不能承受任何弯矩，塑性铰则能承受定值的弯矩 M_u。

(2) 理想铰在两个方向都可产生无限的转动，而塑性铰却是单向铰，只能沿弯矩 M_u 作用方向作有限的转动。

(3) 理想铰集中于一点，塑性铰则是有一定长度的。

11. 钢筋混凝土连续梁板是超静定结构，在其加载的全过程中，由于材料的非弹性性质的发展，各截面间内力的分布规律会发生变化，这种情况称为内力重分布。钢筋混凝土超静定结构中，每形成一个塑性铰，就相当于减少一次超静定次数，内力发生一次较大的重分布。塑性铰的形成会改变结构的传力性能，所以超静定结构的内力重分布很大程度上来自于塑性铰形成到结构破坏这个阶段。

12. 所谓弯矩调幅法，是调整（一般降低）按弹性理论计算得到的某些截面的最大弯矩值。然后，按调整后的内力进行截面设计和配筋构造，是一种实用的设计方法。控制弯矩调幅值，在一般情况下不超过按弹性理论计算所得弯矩值的 25%；降低连续板、梁各支座截面弯矩的调幅系数 β 不宜超过 0.20。因为调幅过大，则塑性铰出现得比较早，塑性铰产生很大的转动，会使裂缝开展过宽，挠度过大而影响使用。

13. 为了使塑性内力重分布过程得以充分发挥，必须保证在调幅截面形成的塑性铰具有足够的转动能力。其塑性铰的转动能力主要与纵向受拉钢筋配筋率有关，而配筋率可由混凝土的受压区高度来反映。截面相对受压区高度 ξ 越大，截面塑性铰转动能力就越小，因而要求调幅截面的相对受压区高度 $\xi = x/h_0 \leqslant 0.35$，但为避免少筋破坏，$\xi$ 不能过小，要求 $\xi \geqslant 0.10$。

14. 对弯矩进行调幅时，应遵循以下几个原则：

(1) 为保证先形成的塑性铰具有足够的转动能力，必须限制截面的纵向受拉钢筋配筋率，即要求调幅截面的相对受压区高度满足 $0.10 \leqslant \xi \leqslant 0.35$。同时宜采用塑性较好的 HRB400 热轧钢筋，混凝土强度等级宜在 C20~C45 范围内。

（2）为防止塑性铰过早出现而使裂缝过宽，截面的弯矩调幅系数 β 不宜超过 0.25，即调整后的截面弯矩不宜小于按弹性方法计算所得弯矩的 75%。降低连续板、梁各支座截面弯矩的调幅系数 β 不宜超过 0.20。

（3）弯矩调幅后，板、梁各跨两支座弯矩平均值的绝对值与跨中弯矩之和，不应小于按简支梁计算的跨中最大弯矩 M_0 的 1.02 倍，各控制截面的弯矩值不宜小于 $M_0/3$，以保证结构在形成机构前能达到设计要求的承载力。

（4）为了保证结构在实现弯矩调幅所要求的内力重分布之前不发生剪切破坏，连续梁在下列区段内应将计算得到的箍筋用量增大 20%：对集中荷载，取支座边至最近集中荷载之间的区段；对均布荷载，取支座边至距支座边 $1.05h_0$ 的区段，其中 h_0 为梁的有效高度。此外，还要求配箍率 $\rho_{sv} \geqslant 0.3f_t/f_{yv}$，其中 f_t 为混凝土轴心抗拉强度设计值，f_{yv} 为箍筋抗拉强度设计值。

15. 采用内力重分布的计算方法，可以使结构内力分析和截面的承载力计算协调一致，更符合实际地估算构件的承载力和使用阶段的变形及裂缝宽度；调低支座弯矩，尤其是第二支座的弯矩调低后，支座负弯矩钢筋将减少，这对保证支座截面的混凝土浇捣质量非常有利。而且，在设计中考虑塑性内力重分布的方法，由于利用了塑性铰出现后的强度储备，也比用弹性方法设计节省材料，具有很多合理性和优越性，但也不可避免地会导致在正常使用状态下构件的变形较大，钢筋应力较高、裂缝宽度也较宽。因此对下列结构在承载力计算时，不应考虑塑性内力重分布，而应按弹性理论方法计算其内力：

（1）直接承受动力荷载和重复荷载的结构。

（2）在使用阶段不允许有裂缝产生或对裂缝开展及变形有严格要求的结构。

（3）处于侵蚀环境中的结构。

（4）预应力结构和二次受力的叠合结构。

（5）要求有较高安全储备的结构。

16.（1）分布钢筋：单向板除在受力方向配置受力钢筋外，还要在垂直于受力钢筋的长跨方向配置分布钢筋，其作用是：抵抗混凝土收缩和温度变化所引起的内力；浇捣混凝土时，固定受力钢筋的位置；将板上作用的局部荷载分散在较大宽度上，以使更多的受力钢筋参与工作；对四边支承的单向板，可承受在计算中没有考虑的长跨方向上实际存在的弯矩。

（2）嵌入墙内或与边梁整浇板的板面附加钢筋：嵌固在承重墙内或与边梁整浇的板，由于砖墙和边梁的约束作用，板在墙边或梁边会产生一定的负弯矩，因此会在墙边或梁边沿支承方向板面上产生裂缝；对两边嵌固在墙内的板角处，除因传递荷载使板两向受力而引起负弯矩外，还由于收缩和温度影响而产生板角拉应力，引起板面产生与边缘成 45°的斜裂缝。为了防止上述裂缝，对嵌固在承重砖墙内或与边梁整浇的板，在板面（板的上部）应配置构造钢筋。

（3）垂直于主梁的板面附加钢筋：在单向板中，虽然板上荷载基本上沿短跨方向传给次梁，但在主梁附近，部分荷载将由板直接传给主梁，而在主梁边缘附近沿长跨方向产生负弯矩，因此需在板与主梁相接处沿与主梁垂直方向的板面配置附加钢筋。

（4）在温度、收缩应力较大的现浇板区域内，布置必要的构造钢筋，在板未配筋表面应布置温度收缩钢筋。

(5) 因使用要求开设一些孔洞的板，这些孔洞削弱了板的整体作用，因此在洞口周围应布置钢筋予以加强。

17. (1) 主梁除自重和直接作用在主梁上的荷载外，主要承受由次梁传来的集中荷载，为简化计算，可将主梁的自重折算成集中荷载计算。

(2) 截面设计时与次梁相同，跨中正弯矩按 T 形截面计算，支座负弯矩则按矩形截面计算。

(3) 主梁是比较重要的构件，要求在使用荷载作用下，挠度及裂缝开展不宜过大。

(4) 在主梁支座处，次梁与主梁支座负弯矩钢筋相互交叉，通常次梁负弯矩钢筋放在主梁负弯矩钢筋上面，因此计算主梁支座负弯矩钢筋时，其截面有效高度取：单层钢筋时，$h_0 = (h - 40 - c)$ mm；双层钢筋时，$h_0 = (h - 60 - c)$ mm，c 为板混凝土保护层厚度。

18. 按弹性理论计算连续板梁的内力时，若板梁与支座整浇，其计算跨度一般取支座中心线间的距离，因而其支座最大负弯矩将发生在支座中心处，但该处截面尺寸较大，而支座边界处虽然弯矩减小，但截面高度却较支座中心要小得多，危险截面是在支座边缘处，故实际在计算连续板梁的支座截面钢筋时应取支座边缘处的弯矩。

如果板、梁直接搁置在墩墙上时，则不存在上述支座弯矩削减的问题。

19. 在次梁与主梁相交处，次梁传来的集中荷载通过其受压区的剪切传至主梁的腹中部分。此集中荷载将产生与梁轴垂直的局部应力，荷载作用点以上为拉应力，荷载作用点以下则为压应力，此局部应力在荷载两侧 0.5～0.65 倍梁高范围内逐渐消失，由该局部应力产生的主拉应力将在梁腹引起斜裂缝，为防止这种斜裂缝引起的局部破坏，应在主梁承受次梁传来的集中力处设置附加横向钢筋（箍筋或吊筋），将上述的集中荷载有效地传递到主梁的上部受压区域，限制斜裂缝的开展。

20. 承受均布荷载的连续双向板，可简化为单块双向板，利用附录 K 表格进行计算。其跨中及支座弯矩可按如下简化方式计算：

(1) 求跨中最大弯矩。与单向板肋形楼盖相似，应考虑活荷载的最不利布置。当求某跨跨中最大弯矩时，应在该区格布置活载，然后在其左右前后每隔一区格布置活载，通常称为棋盘形荷载布置，如图 9-49 (a) 所示。图 9-49 (b) 表示 1-1 剖面中第 2 跨、第 4 跨区格产生最大跨中弯矩时的最不利荷载布置。

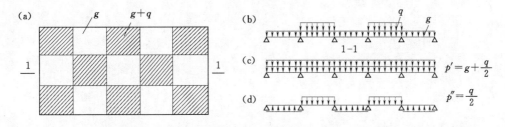

图 9-49 双向板跨中弯矩的最不利活荷载布置

为了能利用单跨双向板的计算表格，可将如图 9-49 (b) 所示的最不利荷载布置情况，分解为布满各跨的荷载（为对称荷载）$p' = g + q/2$ [图 9-49 (c)] 和向下作用与向上作用逐跨交替布置的荷载（为反对称荷载）$p'' = \pm q/2$［图 9 - 49（d）］。图 9 - 49（c）和（d）叠加与（b）等效。

在对称荷载 p' 作用下，板在中间支座处基本上没有转动，可近似地认为板的中间支座均为固定支座；在反对称荷载 p'' 作用下，支座弯矩很小，基本上等于零，可近似地认为板的中间支座均为简支；边支座则按实际情况考虑。最后，将上述两种情况求得的弯矩相叠加，便可得到在活荷载最不利布置下板的跨中最大弯矩。

（2）求支座最大弯矩。近似地假定全板各区格均满布（$g + q$）时求得的支座弯矩即为支座最大弯矩。这样，所有中间支座均可视为固定支座，边支座则按实际情况考虑，然后可利用单块板弯矩系数求得支座弯矩。若相邻两块板的支座情况不同（如一个是四边固定，另一个是三边固定一边简支的板）或计算跨度不相等时，则支座弯矩可取两边板计算结果的平均值。

第10章 预应力混凝土结构

本章介绍预应力混凝土结构构件的设计计算方法。由前面的学习可以知道，钢筋混凝土构件一般是带裂缝工作的，为了控制裂缝宽度小于裂缝宽度限值，钢筋混凝土构件就不能采用高强度钢筋。采用预应力混凝土，不仅能提高结构构件的抗裂性能或减小裂缝宽度，而且能采用高强度钢筋及高强度混凝土，节约钢材，减轻结构构件自重，适应大跨度、重荷载大结构的需要。因此，预应力混凝土结构构件应用是比较广泛的。本章的学习内容有：

(1) 预应力混凝土的基本概念。

(2) 张拉控制应力及预应力损失值的确定。

(3) 预应力混凝土轴心受拉构件应力分析及设计。

(4) 预应力混凝土受弯构件应力分析及设计。

(5) 预应力混凝土构件的一般构造要求。

学习完本章后要达到下列要求：

(1) 掌握预应力混凝土的基本概念与分类、预应力施加方法、张拉控制应力的确定以及各项预应力损失的计算与组合。

(2) 能进行预应力混凝土轴心受拉构件各阶段下的应力分析，推导相应的公式；能进行预应力混凝土轴心受拉构件的设计。

(3) 理解预应力混凝土受弯构件在各阶段下的应力状态变化过程。

(4) 能推导预应力混凝土受弯构件使用阶段正截面承载力计算公式，理解其斜截面承载力的组成。

(5) 理解预应力混凝土受弯构件使用阶段正常使用极限状态验算和施工阶段验算的相关公式。

(6) 了解针对预应力混凝土构件提出的预应力筋张拉与锚固、配筋种类与数量、钢筋布置形式与放置位置等方面的一些构造要求。

(7) 掌握先张法和后张法预应力混凝土构件的区别，以及预应力混凝土构件与钢筋混凝土构件的区别。

10.1 主 要 知 识 点

10.1.1 预应力的基本概念与预应力的建立方式

10.1.1.1 预应力混凝土的基本概念

1. 预应力混凝土定义

所谓预应力混凝土结构是在外荷载作用之前，先对使用荷载作用下的受拉混凝土预加压力，使其产生压应力，以抵消使用荷载所引起的部分或全部拉应力的结构构件。

如图 10-1（b）所示的 2 点加载简支梁，如果在使用荷载作用以前，先对梁施加一对偏心压力 N，使梁下缘产生预压应力 [图 10-1（a）]，这样就能抵消或减小了使用荷载在梁下缘引起的拉应力 [图 10-1（c）]，裂缝就能延缓或不致发生，即使发生了，裂缝宽度也不会开展过宽。

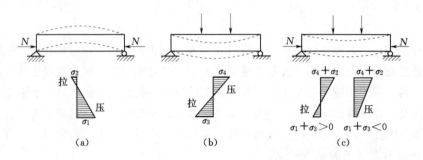

图 10-1　预应力简支梁的基本受力原理

由于预应力结构在施工期混凝土就处于有应力状态，因此其设计除与混凝土结构一样，需进行使用阶段的承载力计算与正常使用验算外，还需验算施工阶段（制作、运输、安装）混凝土强度和抗裂性能。

2. 预应力混凝土的作用

预应力混凝土的作用有两个：一是提高抗裂度或减小裂缝宽度，使大跨结构成为可能；二是可利用高强钢筋、节约钢材。

（1）提高抗裂度或减小裂缝宽度，使大跨结构成为可能。混凝土容易开裂，配筋适中的钢筋混凝土一般会出现裂缝。只要裂缝宽度小于规定的限值（0.20~0.40mm），不影响结构的使用和耐久性。

若构件需严格限制裂缝宽度或不允许出现裂缝，如高压输水管道为小偏心受拉构件，一旦出现裂缝就会渗水，采用钢筋混凝土结构有时不能满足要求，这时就需应用预应力混凝土结构。对于大跨结构或承受较重荷载的结构，若采用钢筋混凝土结构，有可能裂缝宽度和挠度不能满足要求，这时也需要采用预应力结构。

预应力结构通过施加预压力来抵消荷载引起的拉应力，从而提高抗裂度或减小裂缝宽度，提高刚度，使大跨混凝土结构和承受大荷载的混凝土结构成为可能。

（2）可利用高强钢筋、节约钢材。钢筋混凝土正常使用时控制裂缝宽度小于 0.20~0.40mm，钢筋应力在 $200N/mm^2$ 左右，高强度钢筋无法使用。预应力混凝土能使用高强钢筋，或者说预应力混凝土为建立有效的预应力必须使用高强钢筋，从而节约钢材30%~50%。但预应力混凝土增加了张拉、锚具等，造价增加。

3. 预应力混凝土的优缺点

预应力混凝土的优点除前面已经提到的，能提高构件抗裂度或减小裂缝宽度，能利用高强钢筋、节约钢材外，还有下列其他优点：

（1）为和高强钢筋相配套，预应力混凝土采用高强混凝土，使截面减小、自重减轻，能建大跨结构。如体育场看台、高架桥、大型渡槽等。

（2）施工期建立预应力时构件有反拱，使用期混凝土不开裂，提高了构件刚度，使构件挠度减小。

但也有如下缺点：

（1）预应力混凝土施工工序多，如预应力筋的张拉与锚固、预应力筋与混凝土之间的灌浆等。

（2）锚具和预应力筋等材料贵。

（3）受力筋全部采用预应力筋的构件，预应力过大使开裂荷载与破坏荷载接近，破坏前无明显预兆。

（4）某些结构如大跨桥梁容易产生过大反拱，影响正常使用。

4. 预应力混凝土的分类

根据不同的指标，如截面应力状态、预应力度、裂缝控制等级、预应力筋与混凝土之间有无黏结等，预应力混凝土有不同的分类方法。

（1）根据截面应力状态分，可分为全预应力混凝土、有限预应力混凝土、部分预应力混凝土 3 种。

1）全预应力混凝土：荷载效应标准组合下，截面不出现拉应力。

2）有限预应力混凝土：荷载效应标准组合下截面拉应力不超过混凝土规定的拉应力限值，荷载效应准永久组合下截面不出现拉应力。

3）部分预应力混凝土：允许出现裂缝，但最大裂缝宽度不超过允许的限值。

（2）根据预应力度 δ 分，可分为 $\delta \geqslant 1$、$\delta < 1$ 两种。所谓预应力度是控制截面上消压内力和使用荷载下的内力之比。

1）当 $\delta \geqslant 1$，消压内力大于使用荷载，截面不出现拉应力，相当于全预应力混凝土。

2）当 $0 < \delta < 1$，消压内力小于使用荷载，截面出现拉应力，有可能开裂，有可能不开裂，相当于有限预应力混凝土和部分预应力混凝土。

（3）根据裂缝控制等级分，可分为 3 个级别。在我国，预应力混凝土是根据裂缝控制等级来分类设计的，规范规定预应力混凝土设计时应根据环境类别选用不同的裂缝控制等级。

1）一级：严格要求不出现裂缝的构件，要求构件受拉边缘混凝土不应产生拉应力，相当于全预应力混凝土。

2）二级：一般要求不出现裂缝的构件，要求构件受拉边缘混凝土的拉应力不超过拉应力限值，相当于有限预应力混凝土。

3）三级：允许出现裂缝的构件，要求裂缝宽度不超过限值，相当于部分预应力混凝土。

在我国常将有限预应力混凝土和部分预应力混凝土归为一类，称为部分预应力混凝土。因此，上述一级控制的预应力混凝土结构也常称为全预应力混凝土结构，二级与三级控制的也常称为部分预应力混凝土结构。

由于海港结构处于接触氯盐的海水环境下，一旦混凝土开裂预应力筋更容易锈蚀，因此，在水运工程中，预应力混凝土结构至少要二级裂缝控制。也就是说，在水运工程中，预应力混凝土结构都是要求抗裂的，只分成一级裂缝控制和二级裂缝控制 2 种，不像其他行业分成一级、二级、三级 3 种裂缝控制等级，允许某些预应力混凝土构件开裂。

预应力度不是越高越好。二级、三级和一级相比，可减少预应力筋数量，降低造价，减少过大的反拱，特别是可增加结构的延性。

（4）按预应力筋与混凝土的黏结状况分，可分为有黏结预应力混凝土和无黏结预应力混凝土 2 种。

1）有黏结预应力混凝土：预应力筋与周围的混凝土有可靠的黏结强度，使得预应力筋与混凝土在荷载作用下有相同的变形。先张法和灌浆的后张法都是有黏结预应力混凝土。

2）无黏结预应力混凝土：预应力筋与混凝土之间没有黏结。无黏结预应力混凝土施工非常方便，已广泛应用于高层建筑的楼板，但水运和水工钢筋混凝土规范不提倡采用。这是因为，在高应力状态下，预应力筋只要有微小缺陷就会断裂。若预应力筋与混凝土之间没有黏结，预应力筋只要有一处出现断裂，该预应力筋就完全失效，而水运、水利水电工程承受水压的结构开裂后预应力筋容易出现锈蚀，产生缺陷。

10.1.1.2　施加预应力的方法

预应力混凝土结构一般通过张拉预应力筋来建立其预应力。根据张拉预应力筋与混凝土浇筑的先后关系，建立预应力的方法分为先张法与后张法两类。顾名思义，先张法拉预应力筋在浇筑混凝土之前，后张法则反之。

1. 先张法

在专门的台座上或钢模上张拉预应力筋，并用夹具将张拉好的预应力筋临时固定在台座或钢模的传力架上。等混凝土养护到设计强度等级的 75% 以上（保证预应力筋与混凝土之间具有足够的黏结力）时，切断或放松预应力筋（简称放张）。原处于高应力状态下的预应力筋放松后，发生弹性回缩，与预应力筋黏结在一起的混凝土也一起变形，混凝土就受到预压力，形成预应力混凝土构件。

2. 后张法

后张法不需要专门台座，可以在现场制作，因此多用于大型构件。浇筑混凝土时，在预应力筋的设计位置上预留出孔道，等混凝土养护到设计强度等级的 75% 以上时，将预应力筋穿入孔道。利用穿心千斤顶张拉预应力筋，其反作用力就作用在构件上，张拉预应力筋的同时混凝土被压缩。张拉完毕后，这时混凝土变形已完成，再用锚具将预应力筋锚固在构件的两端。若是有黏结预应力混凝土，则对孔道内灌浆。

从上面看到，先张法与后张法的区别，除张拉预应力筋与浇筑混凝土的先后顺序不同外，还有以下两点主要的不同：

（1）它们的预应力传递方式是不同的，先张法靠预应力筋与混凝土之间的黏结力传递预应力，而后张法靠构件两端锚具传递预应力。

（2）后张法在张拉预应力的同时，混凝土就受到预压应力，弹性压缩变化已完成，比先张法少了一个放松预应力筋引起的弹性回缩，所以后张法的预应力损失小于先张法。

10.1.2　张拉控制应力

张拉控制应力是指张拉预应力筋时预应力筋达到的最大应力值，是构件受荷前预应力筋经受的最大应力，以 σ_{con} 表示。

当预应力筋用量一定时，σ_{con} 越高，对混凝土的预压作用越大，构件抗裂性越好。但 σ_{con} 过高，由于钢筋强度的离散性，操作中的可能超张拉，张拉时可使钢筋屈服，产生塑性变形，反而达不到预期效果，也易发生安全事故。故应规定其最大取值，见表 10-1。

表 10-1 张拉控制应力限值 $[\sigma_{con}]$

项次	预应力筋种类	张 拉 方 法	
		先张法	后张法
1	消除应力钢丝、钢绞线	$0.75 f_{ptk}$	$0.75 f_{ptk}$
2	钢棒、螺纹钢筋	$0.70 f_{ptk}$	$0.65 f_{ptk}$
3	冷拉热轧钢筋	$0.90 f_{pyk}$	—

从表 10-1 看到，$[\sigma_{con}]$ 规定有两个特点：

(1) σ_{con} 是以预应力筋的强度标准值 f_{ptk} 和 f_{pyk} 给出的，这是因为张拉预应力筋时仅涉及材料本身，与构件设计无关。要知道，强度设计值只用于承载能力极限状态，是为保证承载能力极限状态的可靠度设置的。f_{ptk} 和 f_{pyk} 的下标 p 表示预应力，t 表示极限抗拉强度（硬钢），y 表示屈服抗拉强度（软钢），k 表示标准值；f_{ptk} 表示采用硬钢的预应力筋强度标准值，f_{pyk} 表示采用软钢的预应力筋强度标准值。

(2) σ_{con} 还与张拉方式有关。对某一些预应力筋，先张法 σ_{con} 较后张法大，这是因为先张法比后张法多了一个放松预应力筋引起的弹性回缩，当 σ_{con} 相等时，先张法构件所建立的预应力值比后张法为小。要使先张法建立的预应力值和后张法相近，先张法的 σ_{con} 需取得大一些。

另外，在某些情况下表 10-1 所列数值可提高 $0.05 f_{ptk}$ 或 $0.05 f_{pyk}$；σ_{con} 应不小于 $0.4 f_{ptk}$ 或 $0.5 f_{pyk}$，以充分发挥预应力筋的强度。

还注意到在表 10-1 中，冷拉热轧钢筋 f_{pyk} 前的系数是 0.9，钢棒、螺纹钢筋 f_{ptk} 前的系数是 0.7，这是因为冷拉热轧钢筋是软钢，采用的是 f_{pyk}；钢棒、螺纹钢筋是硬钢，采用的是 f_{ptk}。钢筋的极限强度大于屈服强度。

10.1.3 预应力损失

10.1.3.1 预应力损失的定义

预应力筋在张拉时所建立的预拉应力，会由于张拉工艺和材料特性（混凝土徐变、钢筋松弛）等种种原因而降低，这种应力降低现象称为预应力损失。只有最终稳定的应力才对构件产生实际的预应力效果，因此如何减小和正确计算预应力损失是设计和施工中的关键问题。

预应力损失与张拉工艺、构件制作、配筋方式和材料特性有关。各影响因素相互制约，确切确定预应力损失十分困难，现行规范以各因素单独造成的预应力损失之和近似作为总的预应力损失。各因素单独造成的预应力损失分为 6 种，它们有些是先张法和后张法构件都有的，有的只存在于先张法构件，有的只存在于后张法构件。

10.1.3.2 各种预应力损失的计算与减小方法

1. 张拉端锚具变形和钢筋内缩引起的预应力损失 σ_{l1}

除去加力装置后，预应力筋会在锚具、夹具中产生滑移，锚具、夹具受挤压后会产生压缩变形，这些因素产生的预应力损失称为 σ_{l1}，先张法和后张法构件都有这种损失。

由于锚固端的锚具在张拉过程中已经被挤紧，σ_{l1} 只考虑张拉端。为减小 σ_{l1}，应尽量减少垫层块数。

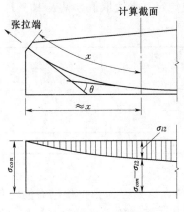

图 10-2　曲线配筋预应力构件 σ_{l2} 示意图

2. 预应力筋与孔道壁之间摩擦引起的预应力损失 σ_{l2}

后张法构件在张拉预应力筋时，由于预应力筋与孔道壁之间的摩擦作用，使张拉端到锚固端的实际预拉应力值逐渐减小，减小的应力值即为 σ_{l2}，如图 10-2 所示。

σ_{l2} 存在于后张法构件或预应力筋折线布置的先张法构件中，它由两部分组成：

（1）预留孔道中心与预应力筋中心偏差引起的摩擦力。受混凝土震捣的影响，直线预留孔道总会发生偏移，不再保持直线，引起孔壁与预应力筋的摩擦，如图 10-3（a）所示。

（2）曲线配筋时，预应力筋对孔壁的径向压力引起的摩阻力，如图 10-3（b）所示。

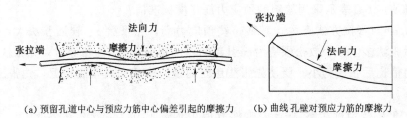

（a）预留孔道中心与预应力筋中心偏差引起的摩擦力　　（b）曲线孔壁对预应力筋的摩擦力

图 10-3　σ_{l2} 组成示意图

σ_{l2} 的大小随计算截面离张拉端的孔道长度 x、预应力筋张拉端与计算截面曲线孔道部分切线的夹角 θ、预应力筋与孔道摩擦系数 κ 和 μ 的增大而增大，而摩擦系数 κ 和 μ 与孔道成孔的方式有关。

减小摩擦损失的办法有：

（1）两端张拉。比较图 10-4（a）和图 10-4（b）可知，两端张拉比一端张拉可减小 1/2 摩擦损失值，所以当构件长度超过 18m 或曲线式配筋时常采用两端张拉的施工方法。

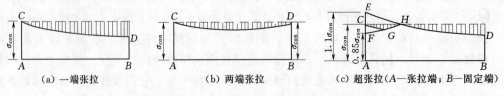

（a）一端张拉　　　　　　　（b）两端张拉　　　　　　（c）超张拉（A—张拉端；B—固定端）

图 10-4　一端张拉、两端张拉及超张拉时曲线预应力筋的应力分布

（2）超张拉。如图 10-4（c）所示，张拉顺序为：$0 \rightarrow 1.1\sigma_{con} \xrightarrow{\text{停 2min}} 0.85\sigma_{con} \xrightarrow{\text{停 2min}}$

σ_{con}。当张拉端的张拉应力从 0 超张拉至 $1.1\sigma_{con}$（A 点到 E 点）时，预应力沿 EHD 分布，比较图 10-4（a）和图 10-4（c）的阴影部分可知，这时超张拉锚固端的 σ_{l2} 小于正

常张拉时的 σ_{l2}。当张拉应力从 $1.1\sigma_{con}$ 降到 $0.85\sigma_{con}$（E 点到 F 点）时，由于孔道与预应力筋之间产生反向摩擦，预应力将沿 $FGHD$ 分布。当张拉应力再次张拉至 σ_{con} 时，预应力沿 $CGHD$ 分布，比较图 10-4（a）和图 10-4（c）的阴影部分可知，超张拉 σ_{l2} 的分布比正常张拉更均匀，且数值减小。

3. 预应力筋与台座之间的温差引起的预应力损失 σ_{l3}

σ_{l3} 只存在于采用蒸汽养护的先张法构件中。在养护的升温阶段，混凝土尚未结硬，台座长度不变，预应力筋因温度升高而伸长，预应力筋的拉紧程度变松，应力减少，这减小的应力值就为预应力损失 σ_{l3}。

如果采用钢模制作构件，并将钢模与构件一同整体放入蒸汽室（或池）养护，则不存在温差引起的预应力损失。

为了减少 σ_{l3}，可采用二次升温加热的养护制度。先在略高于常温下养护，待混凝土达到一定强度后再逐渐升高温度养护。由于混凝土结硬前温度升高不多，预应力筋受热伸长很小，故预应力损失较小；混凝土初凝后再次升温，此时因预应力筋与混凝土两者的热膨胀系数相近，即使温度较高也不会引起应力损失。

4. 预应力筋应力松弛引起的预应力损失 σ_{l4}

当钢筋长度保持不变时，则应力会随时间增长而降低，这种现象称为钢筋的松弛，这减小的应力值就为预应力损失 σ_{l4}，先张法和后张法构件都有这种损失。σ_{l4} 与下列因素有关：

（1）初始应力：张拉控制应力 σ_{con} 高，松弛损失就大，损失发生的速度也快。

（2）钢筋种类：钢棒的应力松弛值比钢丝、钢绞线的小。

（3）时间：预应力筋张拉后 1h 及 24h 时的松弛损失分别约占总松弛损失的 50% 和 80%。

（4）温度：温度高松弛损失大。

可采用超张拉的方式来减小 σ_{l4}，它可比正常张拉减小（2%～10%）σ_{con} 的松弛损失。这是因为初始应力越大，松弛损失发生的速度越快。在高应力状态下短时间所产生的松弛损失，可达到在低应力状态下需经过较长时间才能完成的松弛数值，经过超张拉部分松弛已经完成。

5. 混凝土收缩和徐变引起的预应力损失 σ_{l5}

预应力混凝土构件因混凝土收缩和徐变长度将缩短，预应力筋也随之回缩，预应力减小，这减小的应力值就为预应力损失 σ_{l5}，先张法和后张法构件都有这种损失。

由于徐变与混凝土龄期以及所受应力大小有关，因此 σ_{l5} 和施加预应力时的混凝土立方体抗压强度 f'_{cu} 成反比，与预应力筋位置的混凝土法向应力 σ_{pc} 成正比。当 σ_{pc} 与 f'_{cu} 比值过大时，混凝土会发生非线性徐变，因此过大的预加应力和放张时过低的混凝土抗压强度均是不妥的。

由于后张法构件在张拉预应力筋前混凝土的部分收缩已经完成，因此后张法构件的 σ_{l5} 比先张法构件要小。JTS 151—2011 规范通过 σ_{l5} 计算公式中参数取值的不同来反映这一区别。

σ_{l5} 很大，约占全部预应力损失的 40%～50%，所以应当重视采取各种有效措施减少混凝土的收缩和徐变。为了减小 σ_{l5}，可采用高强度等级水泥，减少水泥用量，降低水胶比，振捣密实，加强养护，并应控制 $\sigma_{pc}/f'_{cu}<0.5$。

环境越干燥 σ_{l5}、σ'_{l5} 越大，JTS 151—2011 规范规定，对处于干燥环境下的结构，σ_{l5}、σ'_{l5} 计算值应增加 $20\% \sim 30\%$；对处于高湿度环境下的结构，σ_{l5}、σ'_{l5} 计算值可降低 50%。

6. 螺旋式预应力筋挤压混凝土引起的预应力损失 σ_{l6}

环形结构构件的混凝土被螺旋式预应力筋箍紧，混凝土受预应力筋的挤压会发生局部压陷，构件直径将减少，使得预应力筋回缩，预应力减小，这减小的应力值就为预应力损失 σ_{l6}。

σ_{l6} 只在存在于后张法的环形结构构件中，它的大小与构件直径有关，构件直径越小，压陷变形的影响越大，预应力损失也就越大。当结构直径大于 3m 时，损失就可不计；当结构直径不大于 3m 时，σ_{l6} 可取为 $\sigma_{l6}=30\mathrm{N/mm^2}$。

10.1.3.3　第一批和第二批预应力损失

上述 6 项预应力损失并不是同时出现，为以后应力分析的方便，将预应力损失分成两批。通常将在混凝土预压完成前（先张法指放张前，后张法指卸去千斤顶前）出现的损失称为第一批应力损失，用 $\sigma_{lⅠ}$ 表示；混凝土预压完成后出现的损失称为第二批应力损失，用 $\sigma_{lⅡ}$ 表示。总的损失 $\sigma_l=\sigma_{lⅠ}+\sigma_{lⅡ}$。

以先张法为例，张拉预应力筋至张拉控制应力 σ_{con}，然后用夹具将预应力筋锚固在台座上，这时预应力筋发生内缩，夹具发生变形，σ_{l1} 出现。由于要等混凝土强度达到 75% 设计强度等级才能放松预应力筋，而预应力筋松弛 1d 可发生 80%，因此 σ_{l4} 已大部分出现。若需区分 σ_{l4} 在第一批和第二批损失中所占的比例，可按实际情况确定，一般将 σ_{l4} 归到第一批。若采用蒸汽养护，则有 σ_{l3}。因此，$\sigma_{lⅠ}=\sigma_{l1}+\sigma_{l3}+\sigma_{l4}$。放张后，混凝土受到预压应力，发生徐变，$\sigma_{l5}$ 产生。因此，$\sigma_{lⅡ}=\sigma_{l5}$。

当先张法构件采用折线形预应力筋时，由于转向装置处发生摩擦，故在损失值中应计入 σ_{l2}，其值可按实际情况确定。各批预应力损失的组合见表 10 - 2。

表 10 - 2　　　　　　　　　　　　各阶段预应力损失值的组合

项次	预应力损失值的组合	先张法构件	后张法构件
1	混凝土预压完成前（第一批）的损失	$\sigma_{l1}+\sigma_{l2}+\sigma_{l3}+\sigma_{l4}$	$\sigma_{l1}+\sigma_{l2}$
2	混凝土预压完成后（第二批）的损失	σ_{l5}	$\sigma_{l4}+\sigma_{l5}+\sigma_{l6}$

考虑到预应力损失的计算值与实际值可能有误差，为确保构件的安全，按上述各项损失计算得出的总损失值 σ_l 小于下列数值时，则按下列数值采用：先张法构件，$100\mathrm{N/mm^2}$；后张法构件，$80\mathrm{N/mm^2}$。

这里看到，先张法构件的预应力损失要大于后张法构件。

10.1.4　先张法预应力混凝土轴心受拉构件的应力分析

10.1.4.1　构件应力分析的目的

要设计预应力构件，首先要了解预应力构件的应力变化过程，只有了解预应力构件在开裂前、即将开裂时、开裂后、破坏时各阶段的应力状态，才能列出抗裂、裂缝宽度验算公式，以及承载力计算公式。

在实际工程中，预应力混凝土轴心受拉构件是很少见的，教学上介绍轴心受拉构件是为介绍受弯构件做准备的。这是因为轴心受拉构件相对比较简单，容易理解，方便初学者建立相关的概念。预应力混凝土构件应力分析时公式和符号较多，似乎有些难度，但只要遵循以下 3 点就很容易理解和掌握。

（1）混凝土开裂前，若钢筋与混凝土之间有黏结，由于混凝土与钢筋应变相同，则钢筋应力的变化是混凝土应力变化 σ_{pc} 的 α_E 倍（$\alpha_E \sigma_{pc}$），钢筋面积可折算成 α_E 倍 A_s 的混凝土面积，其中 α_E 为钢筋与混凝土弹性模量比。

（2）轴心受拉构件混凝土开裂后，对于裂缝面，混凝土应力为零，和消压状态相比，所增加的轴力全由钢筋承担，因此预应力筋与非预应力筋应力的变化为 $\Delta N/(A_s + A_p)$，其中 ΔN 为当前轴力与消压轴力之间的增量，A_p 和 A_s 分别为预应力筋与非预应力筋的截面面积。

（3）轴心受拉构件破坏时，预应力筋与非预应力筋都达到了相应的强度。

先张法构件从张拉钢筋开始到构件破坏，分施工和使用 2 个阶段，每个阶段又各包含 3 个状态。

10.1.4.2 施工阶段的应力分析

1. 应力状态 1——预应力筋放张前

张拉预应力筋到张拉控制应力 σ_{con}，将预应力筋锚固台座上 [图 10-5（a）]，然后浇筑混凝土 [图 10-5（b）]。这时，由于锚具变形和预应力筋内缩产生预应力损失 σ_{l1}，预应力筋松弛产生预应力损失 σ_{l4}，若采用蒸汽养护则产生预应力损失 σ_{l3}，即产生了第一批应力损失 $\sigma_{lⅠ} = \sigma_{l1} + \sigma_{l3} + \sigma_{l4}$，预应力筋应力

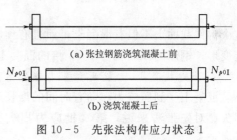

（a）张拉钢筋浇筑混凝土前

（b）浇筑混凝土后

图 10-5 先张法构件应力状态 1
——预应力筋放张前

由张拉控制应力 σ_{con} 减小到 $\sigma_{p0Ⅰ} = \sigma_{con} - \sigma_{lⅠ}$，混凝土应力和非预应力筋的应力均为零。预应力筋产生的轴力为 $N_{p0Ⅰ} = \sigma_{p0Ⅰ}A_p = (\sigma_{con} - \sigma_{lⅠ})A_p$，作用在台座上，如图 10-5（b）所示。即，这时的应力状态为

混凝土：$\quad\quad\quad\quad\quad\quad \sigma_{c0} = 0$

预应力筋：$\quad\quad\quad\quad\quad \sigma_{p0Ⅰ} = \sigma_{con} - \sigma_{lⅠ}$（受拉为正）

非预应力筋：$\quad\quad\quad\quad \sigma_{s0} = 0$

2. 应力状态 2——预应力筋放张后

从台座（或钢模）上放松预应力筋，工程上称"放张"，张紧的预应力筋就要回缩，由于先张法中预应力筋与混凝土之间有黏结，非预应力筋也与混凝土之间有黏结，因此混凝土与非预应力筋也一起回缩，且回缩的应变相同，混凝土受到预压应力 $\sigma_{pcⅠ}$，预应力筋和非预应力筋受到预压应力 $\alpha_E \sigma_{pcⅠ}$，则这时的应力状态为

混凝土：$\quad\quad\quad \sigma_{pcⅠ}$（受压为正）

预应力筋：$\quad\quad\quad \sigma_{peⅠ} = \sigma_{p0Ⅰ} - \alpha_E \sigma_{pcⅠ} = \sigma_{con} - \sigma_{lⅠ} - \alpha_E \sigma_{pcⅠ}$（受拉为正）

非预应力筋：$\quad\quad \sigma_{sⅠ} = \alpha_E \sigma_{pcⅠ}$（受压为正）

混凝土的预压应力 $\sigma_{pcⅠ}$ 可由截面内力平衡条件求得，在一个截面内，内力平衡，拉力与压力相等，预应力筋承受拉力，非预应力筋和混凝土承受压力，因而有

$$\sigma_{pe\,I} A_p = \sigma_{pc\,I} A_c + \sigma_{s\,I} A_s$$

$$(\sigma_{con} - \sigma_{l\,I} - \alpha_E \sigma_{pc\,I}) A_p = \sigma_{pc\,I} A_c + \alpha_E \sigma_{pc\,I} A_s$$

得
$$\sigma_{pc\,I} = \frac{(\sigma_{con} - \sigma_{l\,I}) A_p}{A_c + \alpha_E A_s + \alpha_E A_p} \tag{10-1a}$$

在上式分母中，$\alpha_E A_s$ 和 $\alpha_E A_p$ 相当于将钢筋面积折算成 α_E 倍的混凝土面积，也就是在混凝土在开裂前，钢筋的作用相当于 α_E 倍的混凝土。将 $A_c + \alpha_E A_s + \alpha_E A_p$ 写成 A_0，A_0 称为换算截面面积，因而式（10-1a）可写为

$$\sigma_{pc\,I} = \frac{(\sigma_{con} - \sigma_{l\,I}) A_p}{A_0} \tag{10-1b}$$

注意到，式（10-1）中分子就为放张前的预应力筋的轴力 $N_{p0\,I} = (\sigma_{con} - \sigma_{l\,I}) A_p$，因而式（10-1）也可理解为：放张后，原来作用在台座上预应力筋轴力 $N_{p0\,I}$ 就作用在构件截面上，使构件产生压应力，该压应力就等于轴力 $N_{p0\,I}$ 与构件截面面积的比值，如图 10-6 所示。在

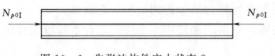

图 10-6　先张法构件应力状态 2——
预应力筋放张后

这个构件截面上不但有混凝土，而且有预应力筋和非预应力筋，且它们之间有黏结力，一起变形，钢筋的作用相当于 α_E 倍的混凝土，由此截面的面积为换算面积 A_0。

3. 应力状态 3——全部预应力损失出现

混凝土受到压应力，随着时间的增长又发生收缩和徐变，使预应力筋产生第二批应力损失。对先张法来说，第二批应力损失为 $\sigma_{l\,II} = \sigma_{l5}$。此时，总的应力损失为 $\sigma_l = \sigma_{l\,I} + \sigma_{l\,II}$。

混凝土发生收缩和徐变后，构件缩短，预应力筋应力降低，相应的混凝土预压应力也降低为 $\sigma_{pc\,II}$。在 $\sigma_{pc\,II}$ 作用下，混凝土产生瞬时压应变 $\sigma_{pc\,II}/E_c$ 和徐变 σ_{l5}/E_s。瞬时压应变 $\sigma_{pc\,II}/E_c$ 使得预应力筋和非预应力筋产生 $\alpha_E \sigma_{pc\,II}$ 的压应力，徐变 σ_{l5}/E_s 使得预应力筋和非预应力筋产生 σ_{l5} 的压应力，则这时的应力状态为

混凝土：　　　　　　$\sigma_{pc\,II}$（受压为正）

预应力筋：　　　　　$\sigma_{pe\,II} = \sigma_{con} - \sigma_l - \alpha_E \sigma_{pc\,II}$（受拉为正）

非预应力筋：　　　　$\sigma_{s\,II} = \alpha_E \sigma_{pc\,II} + \sigma_{l5}$（受压为正）

其中，徐变使得预应力筋产生的 σ_{l5} 压应力包括在总应力损失 σ_l 中。

同样可由截面内力平衡条件，有

$$\sigma_{pe\,II} A_p = \sigma_{pc\,II} A_c + \sigma_{s\,II} A_s$$

$$(\sigma_{con} - \sigma_l - \alpha_E \sigma_{pc\,II}) A_p = \sigma_{pc\,II} A_c + (\alpha_E \sigma_{pc\,II} + \sigma_{l5}) A_s$$

得：
$$\sigma_{pc\,II} = \frac{(\sigma_{con} - \sigma_l) A_p - \sigma_{l5} A_s}{A_0} = \frac{N_{p0\,II}}{A_0} \tag{10-2}$$

式中：$N_{p0\,II}$ 为预应力损失全部出现后，混凝土预压应力为零时（预应力筋合力点处）的预应力筋与非预应力筋的合力。

式（10-2）同样也可理解为放张后，将钢筋回弹力 $N_{p0\,II}$ 看成为外力（轴向压力），作用在整个构件的换算截面 A_0 上，由此截面混凝土产生的压应力为 $\sigma_{pc\,II}$。可以想象，当

外力为 $N_{p0\text{II}}$ 时，构件上的应力为零。

$\sigma_{pe\text{II}}$ 为全部预应力损失完成后，预应力筋的有效预拉应力，其中符号下标中的"p"表示预应力，"e"表示有效，"II"表示第二批（所有的）预应力损失出现。$\sigma_{pc\text{II}}$ 为在混凝土中所建立的"有效预压应力"，其中符号下标中的"c"表示混凝土，其他和 $\sigma_{pe\text{II}}$ 相同。$\sigma_{pc\text{II}}$ 值越大，构件抗裂性能越好。

由上可知，在外荷载作用以前，预应力混凝土中的钢筋及混凝土应力都不等于零，混凝土受到很大的压应力，而钢筋受到很大拉应力，这是预应力混凝土与钢筋混凝土本质的区别。

10.1.4.3 使用阶段的应力分析

1. 应力状态 4——消压状态

构件受到外荷载（轴向拉力 N）作用后，截面上的压应力逐渐减小，如图 10-7 所示。当 N 产生的拉应力正好抵消截面上混凝土的预压应力 $\sigma_{pc\text{II}}$ 时，混凝土应力为零，该状态称为消压状态，此时的轴向拉力 N 也称为消压轴力 N_0。这时混凝土由 $\sigma_{pc\text{II}}$ 压应力变为零，相当于增加了 $\sigma_{pc\text{II}}$ 的拉应力，则预应力筋和非预应力筋产生了 $\alpha_E\sigma_{pc\text{II}}$ 的拉应力，这时的应力状态为

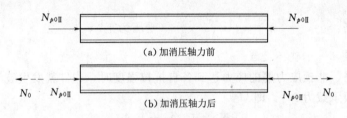

图 10-7 先张法使用阶段

混凝土：　　　　0

预应力筋：　　　$\sigma_{p0}=\sigma_{con}-\sigma_l-\alpha_E\sigma_{pc\text{II}}+\alpha_E\sigma_{pc\text{II}}=\sigma_{con}-\sigma_l$（受拉为正）

非预应力筋：　　$\sigma_{s0}=\alpha_E\sigma_{pc\text{II}}+\sigma_{l5}-\alpha_E\sigma_{pc\text{II}}=\sigma_{l5}$（受压为正）

而这时的轴力，也就是消压轴力 N_0，等于截面的内力。由于混凝土应力等于零，则截面内力就为预应力筋的拉力减去非预应力筋的压力，则

$$N_0=(\sigma_{con}-\sigma_l)A_p-\sigma_{l5}A_s \qquad (10-3a)$$

由于在 N_0 作用，混凝土增加了 $\sigma_{pc\text{II}}$ 的拉应力，即组合截面 A_0 增加了 $\sigma_{pc\text{II}}$ 的拉应力，因而 N_0 也可以写为

$$N_0=\sigma_{pc\text{II}}A_0 \qquad (10-3b)$$

消压状态是预应力混凝土轴心受拉构件中，混凝土应力将由压应力转为拉应力的一个标志。如果 $N<N_0$ 则构件的混凝土处于受压状态；若 $N>N_0$ 则混凝土将出现拉应力，以后拉应力的增量就和钢筋混凝土轴心受拉构件受外荷载后产生的拉应力增量一样。

2. 应力状态 5——即将开裂与开裂状态

(1) 即将开裂时。随着荷载进一步增加，混凝土应力从零（消压状态）逐渐增加，当达到混凝土轴心抗拉强度标准值 f_{tk} 时，构件即将开裂，因而开裂荷载 N_{cr} 就为在消压轴

力 N_0 的基础上增加 $f_{tk}A_0$，即

$$N_{cr} = N_0 + f_{tk}A_0 = (\sigma_{con} - \sigma_l)A_p - \sigma_{l5}A_s + f_{tk}A_0 \qquad (10-4a)$$

也可写成：

$$N_{cr} = (\sigma_{pc\,\mathrm{II}} + f_{tk})A_0 \qquad (10-4b)$$

由上式可见，预应力混凝土构件的抗裂能力由于多了 N_0 这一项而比钢筋混凝土构件大大提高。

这时的应力状态为

混凝土：　　　　　　　　f_{tk} （受拉为正）

预应力筋：　　　　　　　$\sigma_p = \sigma_{con} - \sigma_l + \alpha_E f_{tk}$ （受拉为正）

非预应力筋：　　　　　　$\sigma_s = \sigma_{l5} - \alpha_E f_{tk}$ （受压为正）

（2）开裂后。开裂后，和消压状态相比，裂缝截面的混凝土应力都为零，但轴力增加了 $N-N_0$，该轴力增量由预应力筋和非预应力筋承担，则它们的应力增量为 $(N-N_0)/(A_p+A_s)$。这时裂缝截面的应力状态为

混凝土：　　　　　　　　0

预应力筋：　　　　　　　$\sigma_p = \sigma_{con} - \sigma_l + \dfrac{N-N_0}{A_p + A_s}$ （受拉为正）

非预应力筋：　　　　　　$\sigma_s = \sigma_{l5} - \dfrac{N-N_0}{A_p + A_s}$ （受压为正）

3. 应力状态 6——破坏状态

当预应力筋、非预应力筋的应力达到各自抗拉强度时，构件就发生破坏。此时的外荷载为构件的极限承载力 N_u，即

$$N_u = f_{py}A_p + f_y A_s \qquad (10-5)$$

10.1.5　后张法预应力混凝土轴心受拉构件的应力分析

后张法构件的应力分布除施工阶段因张拉工艺与先张法不同而有所区别外，使用阶段、破坏阶段的应力分布均与先张法相同，它仍可分施工和使用 2 个阶段，但只有 5 个应力状态。

10.1.5.1　施工阶段的应力分析

1. 应力状态 1——第一批预应力损失出现

后张法构件在张拉预应力同时，混凝土就受到预压应力，弹性压缩变化已完成。和先张法相比，少了预应力筋放张前这一应力状态，因此它的应力状态 1 就相当于先张法的应力状态 2。

在应力状态 1，第一批预应力损失出现，这时的应力状态为

混凝土：　　　　　　　　$\sigma_{pc\,\mathrm{I}}$ （受压为正）

预应力筋：　　　　　　　$\sigma_{pe\,\mathrm{I}} = \sigma_{con} - \sigma_{l\,\mathrm{I}}$ （受拉为正）

非预应力筋：　　　　　　$\sigma_{s\,\mathrm{I}} = \alpha_E \sigma_{pc\,\mathrm{I}}$ （受压为正）

同样由力的平衡有

$$\sigma_{pe\,\mathrm{I}} A_p = \sigma_{pc\,\mathrm{I}} A_c + \sigma_{s\,\mathrm{I}} A_s$$

$$(\sigma_{con} - \sigma_{l\,\mathrm{I}})A_p = \sigma_{pc\,\mathrm{I}} A_c + \alpha_E \sigma_{pc\,\mathrm{I}} A_s$$

得　　　　　$$\sigma_{pc\,\mathrm{I}} = \frac{(\sigma_{con} - \sigma_{l\,\mathrm{I}})A_p}{A_c + \alpha_E A_s} = \frac{(\sigma_{con} - \sigma_{l\,\mathrm{I}})A_p}{A_n} \qquad (10-6)$$

2. 应力状态 2——第二批预应力损失出现

第二批预应力损失出现后，相应的混凝土预压应力降低为 $\sigma_{pcⅡ}$，这时的应力状态为

混凝土： $\sigma_{pcⅡ}$ （受压为正）

预应力筋： $\sigma_{peⅡ}=\sigma_{con}-\sigma_l$ （受拉为正）

非预应力筋： $\sigma_{sⅡ}=\alpha_E\sigma_{pcⅡ}+\sigma_{l5}$ （受压为正）

同样可由截面内力平衡条件，有

$$\sigma_{peⅡ}A_p=\sigma_{pcⅡ}A_c+\sigma_{sⅡ}A_s$$

$$(\sigma_{con}-\sigma_l)A_p=\sigma_{pcⅡ}A_c+(\alpha_E\sigma_{pcⅡ}+\sigma_{l5})A_s$$

得 $$\sigma_{pcⅡ}=\frac{(\sigma_{con}-\sigma_l)A_p-\sigma_{l5}A_s}{A_c+\alpha_EA_s}=\frac{(\sigma_{con}-\sigma_l)A_p-\sigma_{l5}A_s}{A_n} \tag{10-7}$$

比较式（10-6）和式（10-1）、式（10-7）和式（10-2）知，两式的分子相同，分母不同，后张法比先张法少了 α_EA_p。其原因是后张法构件比先张法少了一个放松预应力筋时的回缩，使预应力筋应力少减 $\alpha_E\sigma_{pc}$。也可以理解为在施工阶段，先张法中的预应力筋和非预应力筋都与混凝土有黏结，协同变形，故预应力筋和非预应力筋都可以折算成 α_EA_p 和 α_EA_s 的混凝土，故用折算面积 $A_0=A_c+\alpha_EA_s+\alpha_EA_p$。在后张法中，非预应力筋与混凝土有黏结，可以折算成 α_EA_s；预应力筋和混凝土无黏结，不能折算成 α_EA_p 的混凝土，故用净面积 $A_n=A_c+\alpha_EA_s$。

10.1.5.2　使用阶段的应力分析

在使用阶段，预应力孔道已灌浆，预应力筋与混凝土已有黏结。和先张法构件一样，后张法构件在使用阶段仍可分消压状态、即将开裂与开裂状态、破坏状态 3 个应力状态，其分析方法也与先张法构件一样，这里不再一一介绍。表 10-3 给出了先张法构件与后张法构件各应力状态的相关公式。

比较表 10-3 所列公式知，后张法和先张法构件的非预应力筋应力和破坏轴力的表达式是相同的，但施工期的混凝土应力、预应力筋应力、消压轴力和开裂轴力不同：① $\sigma_{pcⅠ}$ 和 $\sigma_{pcⅡ}$ 计算式的分母，后张法构件比先张法构件少加了 α_EA_p；②预应力筋应力，后张法构件比先张法构件多加了 $\alpha_E\sigma_{pc}$；③消压轴力和开裂轴力，后张法构件比先张法构件多加了 $\alpha_E\sigma_{pcⅡ}A_p$。其原因是后张法构件比先张法少了一个放松预应力筋时的回缩，使预应力筋应力少减小 $\alpha_E\sigma_{pc}$。

表 10-3　　　　　　　　　　先张法与后张法轴拉构件各应力状态

阶段	先张法构件			后张法构件	
	应力状态	应力与轴力		应力状态	应力与轴力
施工阶段	1	$\sigma_{c0}=0$ $\sigma_{p0Ⅰ}=\sigma_{con}-\sigma_{lⅠ}$ $\sigma_{s0}=0$			
	2	$\sigma_{pcⅠ}=\dfrac{(\sigma_{con}-\sigma_{lⅠ})A_p}{A_c+\alpha_EA_s+\alpha_EA_p}$ $\sigma_{peⅠ}=\sigma_{con}-\sigma_{lⅠ}-\alpha_E\sigma_{pcⅠ}$ $\sigma_{sⅠ}=\alpha_E\sigma_{pcⅠ}$		1	$\sigma_{pcⅠ}=\dfrac{(\sigma_{con}-\sigma_{lⅠ})A_p}{A_c+\alpha_EA_s}$ $\sigma_{peⅠ}=\sigma_{con}-\sigma_{lⅠ}$ $\sigma_{sⅠ}=\alpha_E\sigma_{pcⅠ}$

阶段	先张法构件		后张法构件	
	应力状态	应力与轴力	应力状态	应力与轴力
施工阶段	3	$\sigma_{pcII}=\dfrac{(\sigma_{con}-\sigma_l)A_p-\sigma_{l5}A_s}{A_c+\alpha_E A_s+\alpha_E A_p}$ $\sigma_{peII}=\sigma_{con}-\sigma_l-\alpha_E\sigma_{pcII}$ $\sigma_{sII}=\alpha_E\sigma_{pcII}+\sigma_{l5}$	2	$\sigma_{pcII}=\dfrac{(\sigma_{con}-\sigma_l)A_p-\sigma_{l5}A_s}{A_c+\alpha_E A_s}$ $\sigma_{peII}=\sigma_{con}-\sigma_l$ $\sigma_{sII}=\alpha_E\sigma_{pcII}+\sigma_{l5}$
使用阶段	4	$\sigma_{c0}=0$ $\sigma_{p0}=\sigma_{con}-\sigma_l$ $\sigma_{s0}=\sigma_{l5}$ $N_0=(\sigma_{con}-\sigma_l)A_p-\sigma_{l5}A_s$	3	$\sigma_{c0}=0$ $\sigma_{p0}=\sigma_{con}-\sigma_l+\alpha_E\sigma_{pcII}$ $\sigma_{s0}=\sigma_{l5}$ $N_0=(\sigma_{con}-\sigma_l+\alpha_E\sigma_{pcII})A_p-\sigma_{l5}A_s$
	5-1	$\sigma_c=f_{tk}$ $\sigma_p=\sigma_{con}-\sigma_l+\alpha_E f_{tk}$ $\sigma_s=\sigma_{l5}-\alpha_E f_{tk}$ $N_{cr}=(\sigma_{con}-\sigma_l)A_p-\sigma_{l5}A_s+f_{tk}A_0$		$\sigma_c=f_{tk}$ $\sigma_p=\sigma_{con}-\sigma_l+\alpha_E\sigma_{pcII}+\alpha_E f_{tk}$ $\sigma_s=\sigma_{l5}-\alpha_E f_{tk}$ $N_{cr}=(\sigma_{con}-\sigma_l+\alpha_E\sigma_{pcII})A_p-\sigma_{l5}A_s+f_{tk}A_0$
	5-2	$\sigma_c=0$ $\sigma_p=\sigma_{con}-\sigma_l+\dfrac{N-N_0}{A_p+A_s}$ $\sigma_s=\sigma_{l5}-\dfrac{N-N_0}{A_p+A_s}$	4	$\sigma_c=0$ $\sigma_p=\sigma_{con}-\sigma_l+\alpha_E\sigma_{pcII}+\dfrac{N-N_0}{A_p+A_s}$ $\sigma_s=\sigma_{l5}-\dfrac{N-N_0}{A_p+A_s}$
	6	$\sigma_s=f_y$ $\sigma_p=f_{py}$ $N_u=f_{py}A_p+f_yA_s$	5	$\sigma_s=f_y$ $\sigma_p=f_{py}$ $N_u=f_{py}A_p+f_yA_s$

10.1.6 预应力混凝土构件与钢筋混凝土构件受力性能比较

预应力混凝土构件与钢筋混凝土构件受力性能有如下异同：

（1）受外荷载以前，钢筋混凝土构件中的钢筋和混凝土的应力全为零，而预应力混凝土构件中的预应力筋和混凝土的应力则处于高应力状态之中。

（2）若两类构件采用相同的材料，则它们的承载力是相同的，但钢筋混凝土构件不能采用高强钢筋，否则构件就会在不大的拉力下因裂缝过宽而不满足正常使用极限状态的要求，只有采用预应力才能发挥高强钢筋的作用。

（3）由于预应力混凝土构件存在着消压轴力，使得它的开裂轴力大大提高，远大于钢筋混凝土构件的开裂轴力。

预应力混凝土构件的开裂荷载与破坏荷载比值可达 0.9 以上，这既是它的优点也是它的缺点。优点是抗裂性能好，缺点是开裂荷载与破坏荷载过于接近后，构件一开裂就会破坏，破坏呈脆性。

钢筋混凝土构件的开裂荷载与破坏荷载比值在 0.10～0.15 左右，这既是它的缺点也是它的优点。缺点是抗裂性能差，优点是开裂到破坏有很长的过程，破坏呈延性。

（4）混凝土开裂前钢筋应力变化较小，预应力构件开裂内力大，因而更适合于受疲劳荷载作用下的构件，例如吊车梁、铁路桥、公路桥等。

10.1.7 预应力混凝土轴心受拉构件使用阶段的设计

预应力混凝土轴心受拉构件的设计，包括使用阶段承载力计算、裂缝控制验算，以及施工阶段的验算。在使用阶段设计时，首先要进行承载能力极限状态的计算，然后进行正常使用极限状态验算。

1. 承载力计算

在承载能力极限状态，轴拉构件整个截面开裂，混凝土不承担拉力，预应力筋和非预应力筋都达到了强度设计值，则承载力计算表达式：

$$N \leqslant N_u = f_{py}A_p + f_yA_s \tag{10-8}$$

式中 N 的取值与计算方法与钢筋混凝土构件相同。

2. 裂缝控制验算

预应力构件按所处环境类别和使用要求，应有不同的裂缝控制要求。由于海港结构处于海水环境下，一旦混凝土开裂预应力筋容易发生应力锈蚀，因此在水运工程中预应力混凝土结构，都是要求抗裂的。JTS 151—2011 规范将预应力混凝土构件划分为一级和二级两个裂缝控制等级进行验算。

（1）一级——严格要求不出现裂缝的构件，要求荷载效应标准组合下的构件受拉边缘混凝土应力满足下列要求：

$$\sigma_{ck} - \sigma_{pcII} \leqslant 0 \tag{10-9}$$

（2）二级——一般要求不出现裂缝的构件，要求荷载效应标准组合下的构件受拉边缘混凝土应力满足下列要求：

$$\sigma_{ck} - \sigma_{pcII} \leqslant \alpha_{ct}f_{tk} \tag{10-10a}$$

α_{ct} 取值和构件采用的预应力筋种类、构件所处的部位有关。就钢筋种类而言，冷拉 HRB400 的抗拉强度远低于钢丝、钢绞线和螺纹钢筋的抗拉强度，它的 α_{ct} 取值大于钢丝、钢绞线和螺纹钢筋；就所处部位而言，在海港浪溅区，盐雾环境且干湿交替，钢筋最容易锈蚀，α_{ct} 取值最小。

在荷载效应准永久组合下，要求构件受拉边缘混凝土不出现拉应力，即满足下列要求：

$$\sigma_{cq} - \sigma_{pcII} \leqslant 0 \tag{10-10b}$$

式中：$\sigma_{ck} = \dfrac{N_k}{A_0}$、$\sigma_{cq} = \dfrac{N_q}{A_0}$，$N_k$、$N_q$ 的计算方法与钢筋混凝土构件相同；$A_0 = A_c + \alpha_E A_p + \alpha_E A_s$，对有黏结预应力混凝土构件，在使用阶段后张法构件的预应力孔道已经灌浆，预应力筋与混凝土之间已有黏结，所以无论先张法还是后张法构件都用 A_0。

σ_{pcII} 的计算，先张法构件与后张法构件是不同的：

先张法构件：$\sigma_{pcII} = \dfrac{(\sigma_{con} - \sigma_l)A_p - \sigma_{l5}A_s}{A_c + \alpha_E A_s + \alpha_E A_p} = \dfrac{(\sigma_{con} - \sigma_l)A_p - \sigma_{l5}A_s}{A_0}$

后张法构件：$\sigma_{pcII} = \dfrac{(\sigma_{con} - \sigma_l)A_p - \sigma_{l5}A_s}{A_c + \alpha_E A_s} = \dfrac{(\sigma_{con} - \sigma_l)A_p - \sigma_{l5}A_s}{A_n}$。

除水运工程外，其他行业的某些预应力构件允许开裂，需验算裂缝宽度，要求 $W_{max} \leqslant [W_{max}]$，这时就要计算最大裂缝宽度。

预应力混凝土轴心受拉构件在加外荷载前，截面受到 σ_{pcII} 压应力 [图 10-8 (a)]。随外荷载 N 的增大，N 产生的拉应力逐渐抵消混凝土中的预压应力，当 N 达到了消压轴力 N_0 时，混凝土应力为零 [图 10-8 (b)]，这时的混凝土应力状态相当于受载之前的钢筋混凝土轴心受拉构件。当 $N > N_0$ 时，$(N - N_0)$ 使混凝土产生拉应力 [图 10-8 (c)]，此时构件是否开裂，开裂后裂缝宽度有多大取决于 $(N - N_0)$。因此，对于允许出现裂缝的轴心受拉构件，其裂缝宽度可参照钢筋混凝土构件的有关公式，只要取钢筋的应力

$$\sigma_{sk} = \frac{N_q - N_0}{A_p + A_s} \text{ 即可。}$$

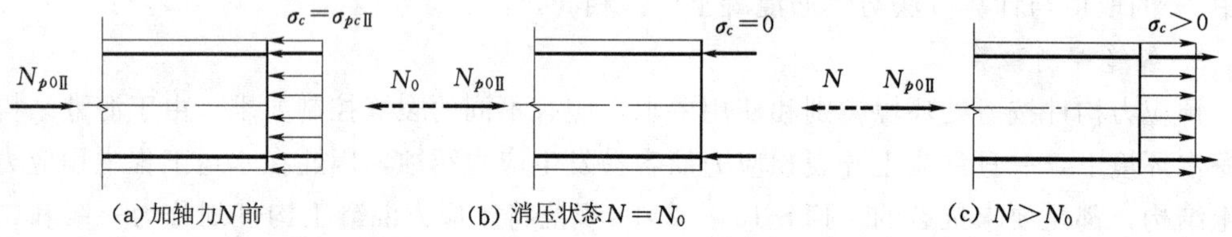

图 10-8 预应力轴心受拉构件使用期应力变化

10.1.8 预应力混凝土轴心受拉构件施工阶段的验算

当先张法构件放张预应力筋或后张法构件张拉预应力筋完毕时，混凝土将受到最大的预压应力 σ_{cc}，而这时混凝土强度通常仅达到设计强度的 75%，构件承载力是否足够，应予验算。预应力混凝土施工阶段的验算包括张拉（或放张）预应力筋时构件的承载力验算与后张法构件端部锚固区局部受压的计算，若预应力筋采用高强钢丝还需验算预应力筋的应力。

10.1.8.1 张拉（或放张）预应力筋时构件的承载力验算

为了保证在张拉（或放张）预应力筋时混凝土不被压碎，混凝土的预压应力应符合下列条件：

$$\sigma_{cc} \leqslant 0.85 f'_{ck} \tag{10-11}$$

式中：f'_{ck} 为张拉（或放张）预应力筋当时的混凝土轴心抗压强度标准值；σ_{cc} 为施工期混凝土受到的最大预压应力。

先张法构件仅按第一批损失出现后计算 σ_{cc}，$\sigma_{cc} = \dfrac{(\sigma_{con} - \sigma_{l1}) A_p}{A_0}$；后张法构件按张拉预应力筋完毕未及时锚固考虑，即不考虑预应力损失值计算 σ_{cc}，$\sigma_{cc} = \dfrac{\sigma_{con} A_p}{A_n}$。注意，此时后张法构件的预应力孔道尚未灌浆，用 A_n 计算。

10.1.8.2 后张法构件端部局部受压承载力计算

后张法构件端部在锚具的局部挤压下，端部锚具下的混凝土处于高应力状态下的 3 向受力情况，混凝土截面又被预留孔道削弱较多，混凝土强度又未达到设计强度，因此存在着局部受压承载力是否满足要求的问题，需要进行局部受压承载力计算。

通常需在局部受压区内配置如图 10-9 所示的方格网式或螺旋式间接钢筋，以约束混凝土的横向变形，从而提高局部受压承载力。

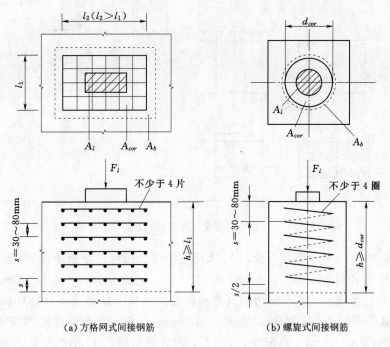

图 10-9　局部受压区间接钢筋配筋图

1. 局部受压承载力计算公式所需的变量

下面以教材中［例10-1］为例来介绍局部受压承载力计算公式所需的各个变量。［例10-1］为预应力混凝土屋架下弦杆，如图10-10所示。

（1）A_l、A_b 与 β_l。A_l 为混凝土局部受压面积；A_b 为局部受压时的计算底面积，由图10-11按与 A_l 面积同心、对称的原则取用。

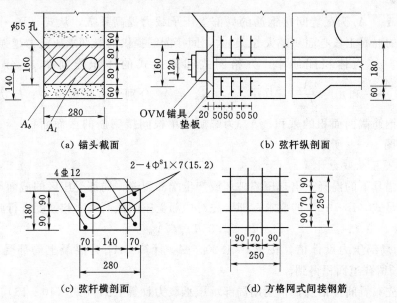

图 10-10　屋架下弦（单位：mm）

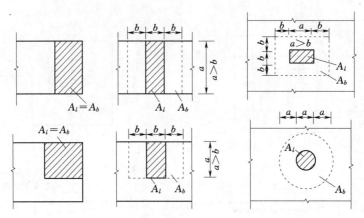

图 10-11　确定局部受压计算底面积 A_b 示意图

对于如图 10-10 所示屋架下弦，A_l 按应力沿锚具边缘在垫板中以 45°角扩散后传到混凝土的受压面积计算，即 $A_l = 280 \times (120 + 20 + 20)\,\text{mm}^2$，其中 280mm 为梁宽，120mm 为锚具边缘高度，20mm 为锚具垫板厚度。锚具下局部受压计算底面积 A_b 的高度按图 10-11 可取 A_l 高度的 3 倍（3×160mm），但 A_l 下边缘距离梁下边缘只有 60mm，所以只能取 60mm，再按与 A_l 同心、对称的原则，A_b 的高度取为 $60 + A_l$ 的高度 $+60$(mm)，则 $A_b = 280 \times (160 + 2 \times 60) = 78400$(mm^2)。

$\beta_l = \sqrt{A_b/A_l}$ 为混凝土局部受压时的强度提高系数，从式（10-13）看到，计算底面积越大 β_l 越大，混凝土提供的局部承压能力越强。

（2）A_{cor} 与 β_{cor}。A_{cor} 为钢筋网以内的混凝土核心面积，其重心应与 A_l 的重心相重合，$A_{cor} \leqslant A_b$。在图 10-10 中，$A_{cor} = 250 \times 250\,\text{mm}^2$，其中 250mm 为钢筋网最外边两根钢筋的距离。

$\beta_{cor} = \sqrt{A_{cor}/A_l}$ 为配置间接钢筋的局部受压承载力提高系数，从式（10-13）看到，钢筋网以内的混凝土核心面积越大 β_{cor} 越大，间接配筋提供的局部承压能力越强。

（3）ρ_v。ρ_v 为体积配筋率，方格网式和螺旋式的体积配筋率 ρ_v 分别为 $\rho_v = \dfrac{n_1 A_{s1} l_1 + n_2 A_{s2} l_2}{A_{cor} s}$ 和 $\rho_v = \dfrac{4 A_{ss1}}{d_{cor} s}$。其中，$n_1 A_{s1}$、$n_2 A_{s2}$ 分别为方格网沿 l_1、l_2 方向的钢筋根数与单根钢筋截面面积的乘积；A_{ss1} 为螺旋式单根间接钢筋的截面面积；s、d_{cor}、l_1、l_2 的意义如图 10-9 所示。

2. 局部受压承载力计算

为防止锚具下的混凝土出现压陷破坏或产生端部裂缝，局部受压区的截面尺寸与混凝土强度要满足式（10-12）的要求，即要先对局部受压区截面尺寸和强度进行验算。

$$F_l \leqslant 1.35 \beta_c \beta_l f_c A_{ln} \qquad (10-12)$$

式中：F_l 为局部压力设计值，按 $F_l = 1.20 \sigma_{con} A_p$ 计算；A_{ln} 为混凝土局部受压净面积，由 A_l 扣除预留孔道面积得到。

一般是先布置间接钢筋，再运用局部承压承载力计算公式［式（10-13）］验算所布置的间接钢筋能否满足局部承压的要求。布置间接钢筋时，要满足间接钢筋布置范围 h、片数（圈数）、片与片（圈与圈）的间距等构造要求，如图 10-9 所示。若采用钢筋网时，钢筋网两个方向上单位长度内的钢筋截面面积比不宜大于 1.5。

$$F_l \leqslant 0.9(\beta_c\beta_l f_c + 2\alpha\rho_v\beta_{cor}f_y)A_{ln} \tag{10-13}$$

10.1.8.3　高强钢丝应力验算

预应力筋采用高强钢丝时，为防止应力腐蚀，JTS 151—2011 规范要求，在构件自重及施工期荷载短暂组合作用下，钢丝或钢绞线的应力不应超过 $0.55f_{ptk}$。

10.1.9　开裂内力计算

由于预应力受弯构件应力分析和设计时要计算开裂弯矩，因此教材首先以钢筋混凝土构件以例，介绍受弯构件的开裂弯矩计算方法，顺便了解偏拉、偏压构件的开裂内力计算方法。

10.1.9.1　各构件混凝土即将开裂时截面实际应力图形

受弯构件截面上只作用有弯矩，偏心受拉构件同时作用有轴向拉力与弯矩，偏压构件同时作用有轴向压力与弯矩，它们的共同特点是截面上应变梯度不为零，应力分布不均匀，图 10-12 给出了各构件即将开裂时截面实际应力图形。

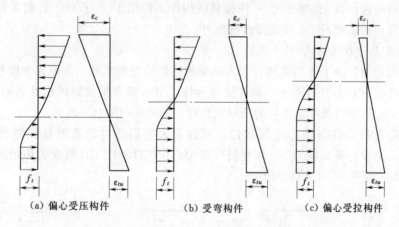

（a）偏心受压构件　　　　（b）受弯构件　　　　（c）偏心受拉构件

图 10-12　偏心受压、受弯和偏心受拉构件即将开裂时应力与应变分布

在即将开裂时，各构件截面应变分布符合平截面假定，受拉区边缘混凝土应变达到极限拉应变 ε_{tu}；混凝土应力在受压区呈线性分布，在受拉区呈非线性分布，大部分拉应力达到 f_t。由于轴向压力的存在，偏心受压构件的受压区高度大于受弯构件；而轴向拉力的存在，偏心受拉构件的受压区高度小于受弯构件。

10.1.9.2　各构件抗裂验算截面应力图形

理论上，可对截面实际应力分布作适当简化后利用平衡方程得到抗裂验算公式。如对受弯构件，可将截面实际应力分布［图 8-12（b）］简化为：受拉区近似假定为梯形，塑化区占受拉区高度的一半，混凝土受压区应力图形假定为三角形，如图 8-13 所示。按图 8-13 的应力图形，利用平截面假定和力的平衡条件，可求出混凝土边缘压应力 σ_c 与受压区高度 x_{cr}。确定了 σ_c 和 x_{cr} 后就可求得 F_{c1}、F_{c2} 和 F_{c3}，再由 F_{c1}、F_{c2} 和 F_{c3} 对中和轴取矩得到开裂弯矩 M_{cr}，但该方法过于繁杂。

更方便的是采用材料力学求解，但材料力学只适用于均质、线性材料，为此先做下列两方面工作：

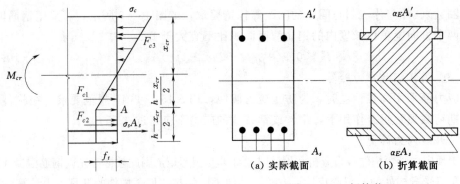

图 10-13 受弯构件正截面即将
开裂时假定的应力图形

(a) 实际截面　　　（b）折算截面

图 10-14　折算截面

1. 截面材料均质化

利用混凝土开裂前钢筋面积可折算成同位置上 α_E 倍混凝土面积的概念，将钢筋与混凝土两种材料的构件转化成混凝土一种材料的构件，如图 10-14 所示。利用材料力学公式，可求折算截面的面积 A_0 和截面抵抗矩 W_0。

2. 截面应力分布线性化

根据开裂内力保持不变的原则，引入截面抵抗矩的塑性系数，将原先非线性分布的应力图形变为线性分布的应力图形。如对受弯构件，引入截面抵抗矩的塑性系数 γ_m，在保持开裂弯矩 M_{cr} 不变的条件下将应力图形线性化，如图8-15（a）所示。

对于偏心受拉构件与偏心受压构件，同样引入它们各自的截面抵抗矩的塑性系数 $\gamma_{偏拉}$ 和 $\gamma_{偏压}$，在保持开裂轴力 N_{cr} 和开裂弯矩 M_{cr} 不变的条件下，将应力图形线性化，如图10-15（b）和图 10-15（c）所示。

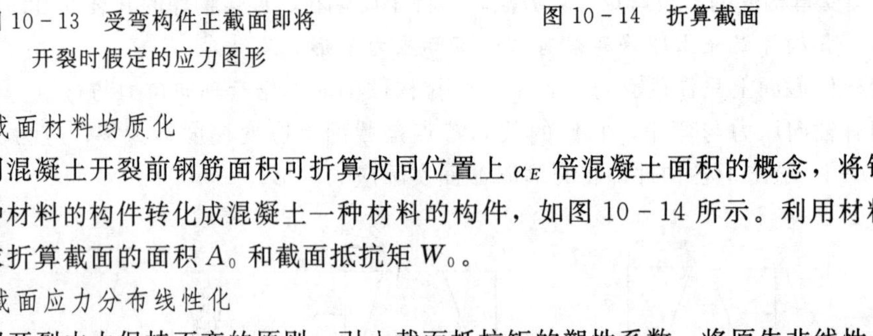

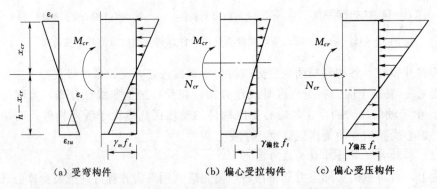

（a）受弯构件　　　（b）偏心受拉构件　　　（c）偏心受压构件

图 10-15　受弯、偏心受压与偏心受拉构件抗裂验算截面应力图形

10.1.9.3　平衡方程

由按材料力学可知，受弯构件截面受拉边缘最大拉应力为弯矩 M 与截面抵抗矩 W 的比值，偏拉构件为弯矩 M 引起的拉应力与轴向拉力 N 引起的拉应力之和，偏压构件截面为弯矩 M 引起的拉应力与轴向压力 N 引起的压应力之差，即

受弯构件：
$$\sigma = \frac{M}{W}$$

偏拉构件： $$\sigma = \frac{M}{W} + \frac{N}{A}$$

偏压构件： $$\sigma = \frac{M}{W} - \frac{N}{A}$$

对于钢筋混凝土构件，考虑钢筋的作用，截面面积为换算截面面积 A_0，截面抵抗矩为换算截面的截面抵抗矩 W_0，则截面即将开裂时，在开裂内力作用下，受弯构件、偏拉构件和偏压构件截面受拉边缘最大拉应力分别为 $\gamma_m f_t$、$\gamma_{偏拉} f_t$ 和 $\gamma_{偏压} f_t$，即

受弯构件： $$\sigma = \frac{M_{cr}}{W_0} = \gamma_m f_t$$

偏拉构件： $$\sigma = \frac{M_{cr}}{W_0} + \frac{N_{cr}}{A_0} = \gamma_{偏拉} f_t$$

偏压构件： $$\sigma = \frac{M_{cr}}{W_0} - \frac{N_{cr}}{A_0} = \gamma_{偏压} f_t$$

因此，只要已知 γ_m、$\gamma_{偏拉}$、$\gamma_{偏压}$ 就可以求受弯、偏拉、偏压构件的开裂内力。

10.1.9.4 截面抵抗矩的塑性系数

1. 受弯构件

受弯构件的截面抵抗矩的塑性系数 γ_m 值与假定的受拉区应力图形有关，通过理论推导可得到各种截面的 γ_m 值，见教材附录 E 表 E-3。从表附录 E 表 E-3 看到，$\gamma_m > 1$。

γ_m 值还与截面高度 h 有关。根据 h 值的不同，对 γ_m 值进行修正，乘以考虑截面高度影响的修正系数，修正系数不大于 1.1。

2. 偏心受拉构件

有了 γ_m 之后，偏心受拉构件的塑性系数 $\gamma_{偏拉}$ 可以用 γ_m 来表示。因此，先来讨论塑性系数 γ 与截面应变梯度 i 的关系。截面应变梯度 i 是指应变随截面高度的变化率。轴心受拉构件截面上的应力和应变均匀分布，应变随截面高度的变化率为零，即应变梯度 $i_{轴拉} = 0$，若要对其引入塑性系数 $\gamma_{轴拉}$，则 $\gamma_{轴拉} = 1$；受弯构件应变梯度 $i_{受弯} = \frac{\varepsilon_{tu} + \varepsilon_{c1}}{h} > 0$ [图 8-16（a）]，塑性系数 $\gamma_m > 1$。这说明，应变梯度 i 越大，塑性系数越大。

下面根据图 10-16 来比较偏心受拉构件与受弯构件应变梯度的大小。偏心受拉构件在 M_{cr} 和 N_{cr} 同时作用下，截面受拉边缘混凝土应变达到 ε_{tu}，即将开裂 [图 10-16（b）]。假设 M_{cr} 单独作用下，受拉边缘拉应变为 $\varepsilon_{tu}/2$，则受压边缘压应变为受弯构件的一半 $\varepsilon_{c1}/2$ [图 10-16（c）]；再在 N_{cr} 作用下，受拉边缘拉应变增加了 $\varepsilon_{tu}/2$，达到了 ε_{tu}，这时受压边缘压应变 $\varepsilon_{c2} = \frac{\varepsilon_{c1}}{2} - \frac{\varepsilon_{tu}}{2}$ [图 10-16（d）]，显然 $\varepsilon_{c2} < \varepsilon_{c1}$。比较偏心受拉和受弯构件的应变梯度 $i_{偏拉} = \frac{\varepsilon_{tu} + \varepsilon_{c2}}{h}$ 和 $i_{受弯} = \frac{\varepsilon_{tu} + \varepsilon_{c1}}{h}$，可发现 $i_{偏拉} < i_{受弯}$，但 $i_{偏拉} > 0$，因此，$1 < \gamma_{偏拉} < \gamma_m$。

近似地认为 $\gamma_{偏拉}$ 是随截面的平均拉应力 σ_m 的大小，按线性规律在 1 与 γ_m 之间变化。再利用受弯构件的平均拉应力 $\sigma_m = 0$、$\gamma_{偏拉} = \gamma_m$ 和轴心受拉构件的平均拉应力 $\sigma_m = f_{tk}$、$\gamma_{偏拉} = 1$，有

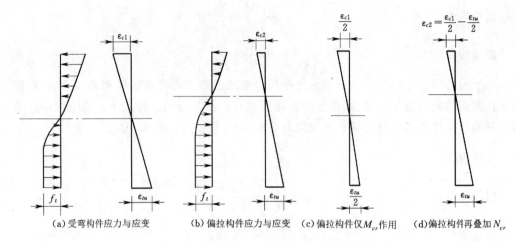

（a）受弯构件应力与应变　　（b）偏拉构件应力与应变　（c）偏拉构件仅 M_{cr} 作用　（d）偏拉构件再叠加 N_{cr}

图 10 - 16　受弯与偏心受拉构件的应变梯度

$$\gamma_{偏拉} = \gamma_m - (\gamma_m - 1)\frac{\sigma_m}{f_{tk}} \qquad (10-14)$$

3. 偏心受压构件

偏拉构件是在受弯构件上加上轴向拉力，$\gamma_{偏拉}$ 小于 γ_m，而偏压构件是在受弯构件上加上轴向压力，自然 $\gamma_{偏压}$ 大于 γ_m。用小值 γ_m 取代大值 $\gamma_{偏压}$ 来求开裂内力，求得的开裂内力会偏小，偏于安全。为简化计算，$\gamma_{偏压}$ 可取与受弯构件相同的数值，即取：

$$\gamma_{偏压} = \gamma_m \qquad (10-15)$$

10.1.10　预应力混凝土受弯构的截面形式与钢筋布置

预应力混凝土受弯构的截面形式与钢筋布置有以下特点：

（1）在预应力混凝土受弯构件中，为充分发挥预应力筋抗弯的作用，预应力筋的重心布置在靠近梁的底部（即偏心布置）。如此，施工期张拉（或放张）预应力筋引起的压力对构件截面是偏心受压作用，因此，截面上的混凝土不仅有预压应力（在梁底部），而且有可能有预拉应力（在梁顶部，又称预拉区）。

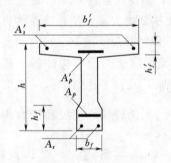

图 10 - 17　预应力混凝土受弯
构件的截面与配筋示意图

（2）预应力混凝土受弯构件的截面经常设计成上翼缘宽度大、下翼缘宽度小的不对称 I 形截面，如图 10 - 17 所示，以充分发挥预应力筋对梁底受拉区混凝土的预压作用，以及减小梁顶混凝土的拉应力。

（3）对施工阶段要求在预拉区不能开裂的构件，通常还需在梁上部设置预应力筋 A_p'，以防止张拉（或放张）预应力筋时截面上部开裂。

（4）在梁的受拉区和受压区常设置非预应力筋 A_s 和 A_s'，以适当减少预应力筋的数量，增加构件的延性，满足施工、运输和吊装各阶段的受力及控制裂缝宽度的需要。

10.1.11　预应力混凝土受弯构件应力分析

预应力混凝土受弯构件各阶段的应力变化规律基本与轴心受拉构件所述类同，也分施工和使用 2 个阶段，每个阶段的应力状态个数也相同；应力分析的方法相同，也是采用材料力学方法推导公式，但因受力方式不同，因而也有它自己的特点。

预应力混凝土受弯构件为偏心受力构件，在应力公式推导时不但要考虑轴力，还要考虑偏心力引起的弯矩，下面以图 10-18 所示的先张法构件来说明。

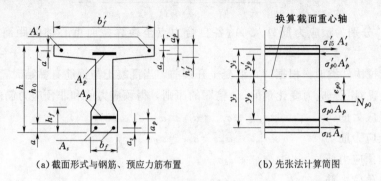

(a) 截面形式与钢筋、预应力筋布置　　　(b) 先张法计算简图

图 10-18　先张法 I 形截面预应力混凝土构件计算简图

10.1.11.1　施工阶段

1. 应力状态 1——预应力筋放张前

张拉预应力筋到张拉控制应力 σ_{con}，将预应力筋锚固台座上 [图 10-19 (a)]，然后浇筑混凝土 [图 10-19 (b)]，出现第一批预应力损失。预应力筋的张拉力分别为 $(\sigma_{con} - \sigma_{l\mathrm{I}})A_p$ 及 $(\sigma'_{con} - \sigma'_{l\mathrm{I}})A'_p$，合力为 $N_{p0\mathrm{I}} = (\sigma_{con} - \sigma_{l\mathrm{I}})A_p + (\sigma'_{con} - \sigma'_{l\mathrm{I}})A'_p$，由台座（或钢模）支承平衡，混凝土应力为零。

2. 应力状态 2——预应力筋放张后

放张预应力筋后，$N_{p0\mathrm{I}}$ 反过来作用在混凝土截面上，使混凝土产生法向应力。和轴心受拉构件类似，可把 $N_{p0\mathrm{I}}$ 视为外力（偏心压力），作用在换算截面 A_0 上，如图 10-20 所示，按偏心受压公式计算截面上各点的混凝土法向预应力：

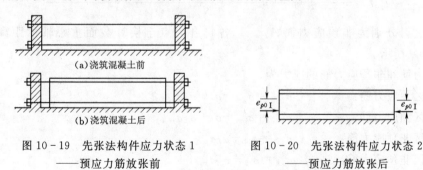

图 10-19　先张法构件应力状态 1　　　图 10-20　先张法构件应力状态 2
　　　——预应力筋放张前　　　　　　　　　——预应力筋放张后

$$\left.\begin{array}{l} \sigma_{pc\mathrm{I}} \\ \sigma'_{pc\mathrm{I}} \end{array}\right\} = \frac{N_{p0\mathrm{I}}}{A_0} \pm \frac{N_{p0\mathrm{I}} e_{p0\mathrm{I}}}{I_0} y_0 \qquad (10-16)$$

式中：A_0 为换算截面面积，$A_0 = A_c + \alpha_E A_p + \alpha_E A_s + \alpha_E A'_p + \alpha_E A'_s$，不同品种钢筋应分别取用不同的弹性模量计算 α_E 值；I_0 为换算截面 A_0 的惯性矩；$e_{p0\mathrm{I}}$ 为预应力筋合力至换算截面重心轴的距离；y_0 为换算截面重心轴至所计算纤维层的距离。

偏心距 $e_{p0\mathrm{I}}$ 可由受拉区和受压区预应力筋 A_p、A'_p 各自合力对换算截面重心轴取矩得到：

$$N_{p0\mathrm{I}}e_{p0\mathrm{I}} = (\sigma_{con}-\sigma_{l\mathrm{I}})A_py_p - (\sigma'_{con}-\sigma'_{l\mathrm{I}})A'_py'_p$$

$$e_{p0\mathrm{I}} = \frac{(\sigma_{con}-\sigma_{l\mathrm{I}})A_py_p - (\sigma'_{con}-\sigma'_{l\mathrm{I}})A'_py'_p}{N_{p0\mathrm{I}}}$$

式中：y_p、y'_p 分别为预应力筋 A_p、A'_p 各自合力点至换算截面重心轴的距离，如图 10 - 18（b）所示。

和轴心受拉构件类似，根据"在混凝土开裂前，当混凝土与钢筋有黏结时，钢筋应力的变化量是同位置混凝土应力变化量的 α_E 倍"的原则，得预应力筋和非预应力筋的应力为

受拉区预应力筋：$\quad \sigma_{pe\mathrm{I}} = \sigma_{con}-\sigma_{l\mathrm{I}}-\alpha_E\sigma_{pc\mathrm{I}p}$

受压区预应力筋：$\quad \sigma'_{pe\mathrm{I}} = \sigma'_{con}-\sigma'_{l\mathrm{I}}-\alpha_E\sigma'_{pc\mathrm{I}p}$

受拉区非预应力筋：$\quad \sigma_{s\mathrm{I}} = \alpha_E\sigma_{pc\mathrm{I}s}$

受压区非预应力筋：$\quad \sigma'_{s\mathrm{I}} = \alpha_E\sigma'_{pc\mathrm{I}s}$

上列式中，$\sigma_{pc\mathrm{I}p}$、$\sigma'_{pc\mathrm{I}p}$ 和 $\sigma_{pc\mathrm{I}s}$、$\sigma'_{pc\mathrm{I}s}$ 的下标 p、s 分别表示该应力位于预应力筋、非预应力筋的重心处，下标 I 表示第一批预应力损失出现。即，$\sigma_{pc\mathrm{I}p}$、$\sigma'_{pc\mathrm{I}p}$ 和 $\sigma_{pc\mathrm{I}s}$、$\sigma'_{pc\mathrm{I}s}$ 分别表示第一批预应力损失出现后 A_p、A'_p 和 A_s、A'_s 重心处混凝土法向预应力值。

3. 应力状态 3——全部应力损失出现

全部应力损失出现后，由轴心受拉构件 $N_{p0\mathrm{II}} = (\sigma_{con}-\sigma_l)A_p-\sigma_{l5}A_s$ 知，受弯构件的预应力筋和非预应力筋的合力 $N_{p0\mathrm{II}} = (\sigma_{con}-\sigma_l)A_p+(\sigma'_{con}-\sigma'_l)A'_p-\sigma_{l5}A_s-\sigma'_{l5}A'_s$，此时截面各点的混凝土法向预应力为

$$\begin{matrix}\sigma_{pc\mathrm{II}}\\\sigma'_{pc\mathrm{II}}\end{matrix} = \frac{N_{p0\mathrm{II}}}{A_0} \pm \frac{N_{p0\mathrm{II}}e_{p0\mathrm{II}}}{I_0}y_0 \qquad (10-17)$$

偏心距 $e_{p0\mathrm{II}}$ 可按下式求得

$$e_{p0\mathrm{II}} = \frac{(\sigma_{con}-\sigma_l)A_py_p - (\sigma'_{con}-\sigma'_l)A'_py'_p - \sigma_{l5}A_sy_s + \sigma'_{l5}A'_sy'_s}{N_{p0\mathrm{II}}}$$

式中：y_s、y'_s 分别为非预应力筋 A_s、A'_s 各自合力点至换算截面重心轴的距离，如图 10 - 18（b）所示。

预应力筋和非预应力筋的应力为

受拉区预应力筋：$\quad \sigma_{pe\mathrm{II}} = \sigma_{con}-\sigma_l-\alpha_E\sigma_{pc\mathrm{II}p}$

受压区预应力筋：$\quad \sigma'_{pe\mathrm{II}} = \sigma'_{con}-\sigma'_l-\alpha_E\sigma'_{pc\mathrm{II}p}$

受拉区非预应力筋：$\quad \sigma_{s\mathrm{II}} = \sigma_{l5}+\alpha_E\sigma_{pc\mathrm{II}s}$

受压区非预应力筋：$\quad \sigma'_{s\mathrm{II}} = \sigma'_{l5}+\alpha_E\sigma'_{pc\mathrm{II}s}$

10.1.11.2　使用阶段

1. 应力状态 4——消压状态

在消压弯矩 M_0 作用下，截面下边缘拉应力刚好抵消下边缘混凝土的预压应力，如图 10 - 21 所示，即

$$\frac{M_0}{W_0} - \sigma_{pc\mathrm{II}} = 0$$

所以 $$M_0 = \sigma_{pc\,II} W_0 \tag{10-18}$$

式中：W_0 为换算截面对受拉边缘弹性抵抗矩。

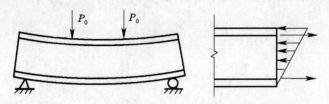

图 10-21　先张法构件应力状态 4——消压状态

与轴心受拉构件不同的是，消压弯矩 M_0 仅使受拉边缘处的混凝土应力为零，截面上其他部位的应力均不为零。

此时预应力筋 A_p 的拉应力 σ_{p0} 由 $\sigma_{pe\,II}$ 增加 $\alpha_E M_0 y_p / I_0$，A_p' 的拉应力 σ_{p0}' 由 $\sigma_{pe\,II}'$ 减少 $\alpha_E M_0 y_p' / I_0$，即

$$\sigma_{p0} = \sigma_{pe\,II} + \alpha_E \frac{M_0}{I_0} y_p = \sigma_{con} - \sigma_l - \alpha_E \sigma_{pc\,II\,p} + \alpha_E \frac{M_0}{I_0} y_p \approx \sigma_{con} - \sigma_l$$

$$\sigma_{p0}' = \sigma_{pe\,II}' - \alpha_E \frac{M_0}{I_0} y_p' = \sigma_{con}' - \sigma_l' - \alpha_E \sigma_{pc\,II\,p}' - \alpha_E \frac{M_0}{I_0} y_p'$$

相应的非预应力筋 A_s 的压应力 σ_{s0} 则由 $\sigma_{s\,II}$ 减少 $\alpha_E M_0 y_s / I_0$，A_s' 的压应力 σ_{s0}' 由 $\sigma_{s\,II}'$ 增加 $\alpha_E M_0 y_s' / I_0$。

2. 应力状态 5——即将开裂

如外荷载继续增加，$M > M_0$，则截面下边缘混凝土的应力将转化为受拉，当受拉区边缘混凝土拉应变达到混凝土极限拉应变时，混凝土即将出现裂缝，如图 10-22 所示，此时截面上受到的弯矩即为开裂弯矩 M_{cr}：

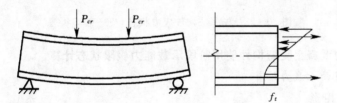

图 10-22　先张法构件应力状态 5——即将开裂状态

$$M_{cr} = M_0 + \gamma_m f_{tk} W_0 = (\sigma_{pc\,II} + \gamma_m f_{tk}) W_0 \tag{10-19a}$$

也可用应力表示为

$$\sigma_{cr} = \sigma_{pc\,II} + \gamma_m f_{tk} \tag{10-19b}$$

式中：γ_m 为受弯构件的截面抵抗矩的塑性系数，和钢筋混凝土构件一样取用。

在消压状态下，荷载产生的弯矩为 M_0，此时梁受拉边缘应变为零，即将开裂时，梁受拉边缘应变从零增加到极限拉应变 ε_{tu}，由钢筋混凝土受弯构件知，这时荷载产生的弯矩增加了 $\gamma_m f_{tk} W_0$，因此有式（10-19a）。

在裂缝即将出现的瞬间，受拉区预应力筋 A_p 的拉应力由 σ_{p0} 增加 $\alpha_E \gamma_m f_{tk}$（近似），即

$$\sigma_{pcr} \approx \sigma_{p0} + \alpha_E \gamma_m f_{tk} = \sigma_{con} - \sigma_l + \alpha_E \gamma_m f_{tk}$$

而受压区预应力筋 A'_p 的拉应力则由 σ'_{p0} 减少 $\alpha_E \dfrac{M_{cr} - M_0}{I_0} y'_p$，即

$$\sigma'_{pcr} = \sigma'_{p0} - \alpha_E \frac{M_{cr} - M_0}{I_0} y'_p$$

$$= \sigma'_{con} - \sigma'_l - \alpha_E \sigma'_{pc\,II\,p} + \alpha_E \frac{M_0}{I_0} y'_p - \alpha_E \frac{M_{cr} - M_0}{I_0} y'_p$$

$$= \sigma'_{con} - \sigma'_l - \alpha_E \sigma'_{pc\,II\,p} - \alpha_E \frac{M_{cr}}{I_0} y'_p$$

此时，相应的非预应力筋 A_s 的压应力 σ_{scr} 则由 σ_{s0} 减少 $\alpha_E \gamma_m f_{tk}$，A'_s 的压应力 σ'_{scr} 由 σ'_{s0} 增加 $\alpha_E \dfrac{M_{cr} - M_0}{I_0} y'_s$。

3. 应力状态 6——破坏状态

当外荷载继续增大至 M 大于 M_{cr} 时，受拉区就出现裂缝，裂缝截面受拉混凝土退出工作，全部拉力由纵向受拉钢筋承担。当外荷载增大至构件破坏时，截面受拉区预应力筋 A_p 和非预应力筋 A_s 的应力先达到屈服强度 f_{py} 和 f_y，然后受压区边缘混凝土应变达到极限压应变致使混凝土被压碎，构件达到极限承载力，如图 10-23 所示。此时，受压区非预应力筋 A'_s 的应力可达到受压屈服强度 f'_y；预应力筋 A'_p 的应力 σ'_p 可能是拉应力，也可能是压应力，但不可能达到受压屈服强度 f'_{py}。

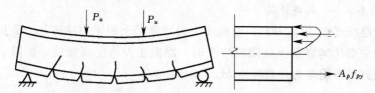

图 10-23　先张法构件应力状态 6——破坏状态

10.1.12　预应力混凝土受弯构件使用阶段承载能力极限状态计算

10.1.12.1　正截面承载力计算

1. 计算应力图形

要进行正截面承载力计算，首先要已知破坏时预应力筋与非预应力筋的应力、受压区混凝土应力图形，以及如何引入基本假定得到计算应力图形与相对界限受压区计算高度 ξ_b。

（1）破坏时的应力状态。前面已经提到，预应力混凝土受弯构件正截面破坏过程为：截面受拉区预应力筋 A_p 和非预应力筋 A_s 的应力先达到屈服强度 f_{py} 和 f_y，然后受压区边缘混凝土应变达到极限压应变致使混凝土被压碎，受压区非预应力筋 A'_s 的应力达到受压屈服强度 f'_y，但预应力筋 A'_p 不可能达到受压屈服强度 f'_{py}。

（2）基本假定。预应力混凝土受弯构件正截面承载力计算的基本假定与钢筋混凝土受弯构件相同，仍有 4 个假定，即平截面假定、不计受拉区混凝土工作、钢筋与混凝土应力-应变曲线采用规定的曲线等。和钢筋混凝土受弯构件一样，混凝土受压区应力图形仍等效为矩形，矩形应力图中的应力取为混凝土轴心抗压强度 $\alpha_1 f_c$，且受压区计算高度 x

为受压区实际高度 x_0 的 β_1 倍，即 $x = \beta_1 x_0$，如图 10 - 24 所示。

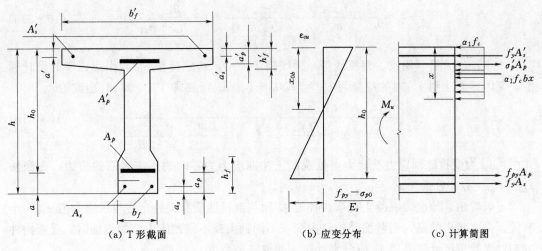

(a) T形截面　　　　　　　(b) 应变分布　　　　　　(c) 计算简图

图 10 - 24　界限受压区高度及计算应力图形

（3）破坏时受压区预应力筋 A'_p 的应力 σ'_p。构件未受到荷载作用前，受压区预应力筋 A'_p 已有拉应变为 $\sigma'_{pe\,II}/E_s$，A'_p 处混凝土压应变为 $\sigma'_{pc\,II\,p}/E_c$。构件破坏时，受压区边缘混凝土应变达到极限压应变 ε_{cu} 时，若满足 $x > 2a'$ 条件，A'_p 处混凝土压应变可按 $\varepsilon'_c = 0.002$ 取值。那么，从加载前至构件破坏时，A'_p 处混凝土压应变的增量为 $\left(\varepsilon'_c - \dfrac{\sigma'_{pc\,II\,p}}{E_c}\right)$。由于 A'_p 和混凝土变形一致，也产生 $\left(\varepsilon'_c - \dfrac{\sigma'_{pc\,II\,p}}{E_c}\right)$ 的压应变，则受压区预应力筋 A'_p 在构件破坏时的应变为 $\varepsilon'_p = \dfrac{\sigma'_{pe\,II}}{E_s} - \left(\varepsilon'_c - \dfrac{\sigma'_{pc\,II\,p}}{E_c}\right)$，所以对先张法构件有

$$
\begin{aligned}
\sigma'_p = \varepsilon'_p E_s &= \sigma'_{pe\,II} + \alpha_E \sigma'_{pc\,II\,p} - \varepsilon'_c E_s \\
&= \sigma'_{con} - \sigma'_l - \alpha_E \sigma'_{pc\,II\,p} + \alpha_E \sigma'_{pc\,II\,p} - \varepsilon'_c E_s \\
&= \sigma'_{con} - \sigma'_l - \varepsilon'_c E_s
\end{aligned}
$$

而 $\varepsilon'_c E_s$ 即为预应力筋的抗压强度设计值 f'_{py}，因此可得

$$
\sigma'_p = \sigma'_{con} - \sigma'_l - f'_{py} \tag{10 - 20a}
$$

同样，对后法构件有

$$
\sigma'_p = \sigma'_{con} - \sigma'_l + \alpha_E \sigma'_{pc\,II\,p} - f'_{py} \tag{10 - 20b}
$$

由于 $\sigma'_{con} - \sigma'_l$ 和 $\alpha_E \sigma'_{pc\,II\,p}$ 为拉应力，所以 σ'_p 在构件破坏时可以为拉应力，也可以是压应力（但一定比 f'_{py} 要小）。若构件破坏时 σ'_p 仍为拉应力，相当于在混凝土受压区放置了受拉钢筋，这会使构件截面的承载力有所降低。同时，对受压区钢筋施加预应力也减弱了使用阶段的截面抗裂性。因此，A'_p 只是为了要保证在预压时构件上边缘不发生裂缝才配置的。

（4）相对界限受压区计算高度 ξ_b。当受拉区预应力筋 A_p 的合力点处混凝土法向应力为零时，预应力筋中已存在拉应力 σ_{p0}，相应的应变为 $\varepsilon_{p0} = \sigma_{p0}/E_s$。$A_p$ 合力点处的混凝土应力从零到构件破坏，预应力筋的应力增加了 $(f_{py} - \sigma_{p0})$，相应的应变增量为 $(f_{py} - \sigma_{p0})/E_s$。当发生界限破坏时，在 A_p 的应力达到 f_{py} 的同时受压区边缘混凝土应变也同

时达到极限压应变 ε_{cu}。根据平截面假定，由如图 10-24（b）所示几何关系，可写出：

$$\xi_b = \frac{x_b}{h_0} = \frac{\beta_1 x_{0b}}{h_0} = \frac{\beta_1 \varepsilon_{cu}}{\varepsilon_{cu} + \dfrac{f_{py} - \sigma_{p0}}{E_s}} = \frac{\beta_1}{1 + \dfrac{f_{py} - \sigma_{p0}}{\varepsilon_{cu} E_s}} \tag{10-21a}$$

由于预应力筋（钢丝、钢绞线等）为硬钢，采用"协定流限"$\sigma_{0.2}$ 作为强度的设计标准，又因钢筋达到 $\sigma_{0.2}$ 时的应变为 $\varepsilon_{py} = 0.002 + f_{py}/E_s$，故式（10-21a）应改为

$$\xi_b = \frac{\beta_1 \varepsilon_{cu}}{\varepsilon_{cu} + \left(0.002 + \dfrac{f_{py} - \sigma_{p0}}{E_s}\right)} = \frac{\beta_1}{1 + \dfrac{0.002}{\varepsilon_{cu}} + \dfrac{f_{py} - \sigma_{p0}}{\varepsilon_{cu} E_s}} \tag{10-21b}$$

式中：σ_{p0} 为受拉区预应力筋合力点处混凝土法向应力为零时的预应力筋的应力，先张法 $\sigma_{p0} = \sigma_{con} - \sigma_l$，后张法 $\sigma_{p0} = \sigma_{con} - \sigma_l + \alpha_E \sigma_{pc\,II\,p}$。

可以看出，预应力混凝土受弯构件的 ξ_b 除与钢材性质有关外，还与预应力值 σ_{p0} 大小有关。需要指出的是，当截面受拉区内配有不同种类或不同预应力值的钢筋时，受弯构件的相对界受压区计算高度 ξ_b 应分别计算，并取其最小值。

2. 正截面承载力计算公式

预应力混凝土 I 字形截面受弯构件的计算方法，和钢筋混凝土 T 形截面的计算方法相同，首先应判别属于哪一类 T 形截面；然后再按第一类 T 形截面公式或第二类 T 形截面公式进行计算，并满足适筋构件的条件。

（1）判别 T 形截面的类别。和钢筋混凝土 T 形截面一样，取 $x = h_f'$ 列平衡方程，有

$$M_u = \alpha_1 f_c b_f' h_f' \left(h_0 - \frac{h_f'}{2}\right) + f_y' A_s'(h_0 - a_s') - (\sigma_{p0}' - f_{py}')A_p'(h_0 - a_p')$$

$$f_y A_s + f_{py} A_p = \alpha_1 f_c b_f' h_f' + f_y' A_s' - (\sigma_{p0}' - f_{py}')A_p'$$

因此若满足下列两式，说明 $x \leqslant h_f'$，属于第一种 T 形截面；反之属于第二种 T 形截面。

$$M \leqslant \alpha_1 f_c b_f' h_f' \left(h_0 - \frac{h_f'}{2}\right) + f_y' A_s'(h_0 - a_s') - (\sigma_{p0}' - f_{py}')A_p'(h_0 - a_p') \tag{10-22}$$

$$f_y A_s + f_{py} A_p \leqslant \alpha_1 f_c b_f' h_f' + f_y' A_s' - (\sigma_{p0}' - f_{py}')A_p' \tag{10-23}$$

（2）第一类 T 形截面承载力计算公式。当满足式（10-22）或式（10-23），即受压区计算高度 $x \leqslant h_f'$ 时，按宽度为 b_f' 的矩形截面计算，承载力计算公式为

$$M \leqslant \alpha_1 f_c b_f' x \left(h_0 - \frac{x}{2}\right) + f_y' A_s'(h_0 - a_s') - (\sigma_{p0}' - f_{py}')A_p'(h_0 - a_p') \tag{10-24}$$

$$\alpha_1 f_c b_f' x = f_y A_s - f_y' A_s' + f_{py} A_p + (\sigma_{p0}' - f_{py}')A_p' \tag{10-25}$$

（3）第二类 T 形截面承载力计算公式。当不满足式（10-22）、式（10-23），即受压区高度 $x > h_f'$ 时，承载力计算公式为

$$M \leqslant \alpha_1 f_c bx \left(h_0 - \frac{x}{2}\right) + \alpha_1 f_c (b_f' - b) h_f' \left(h_0 - \frac{h_f'}{2}\right) + f_y' A_s'(h_0 - a_s') - (\sigma_{p0}' - f_{py}')A_p'(h_0 - a_p')$$

$$\tag{10-26}$$

$$\alpha_1 f_c [bx + (b_f' - b)h_f'] = f_y A_s - f_y' A_s' + f_{py} A_p + (\sigma_{p0}' - f_{py}')A_p' \tag{10-27}$$

（4）适用条件。为保证适筋破坏和受压区钢筋处混凝土应变不小于 $\varepsilon_c' = 0.002$，受压区计算高度 x 应符合下列要求：

$$x \leqslant \xi_b h_0 \tag{10-28}$$

$$x \geqslant 2a' \tag{10-29}$$

式中：a' 为受压区纵向钢筋合力点（包括预应力筋与非预应力筋）至受压区边缘的距离。

当受压区预应力筋的应力 σ'_p 为拉应力或 $A'_p = 0$ 时，式（10-29）应改为 $x \geqslant 2a'_s$。

当不满足式（10-29）时，和钢筋混凝土构件一样，假定受压钢筋和受压混凝土的合力点均在受压钢筋重心位置上，并对受压钢筋重心取矩得到承载力计算公式：

$$M \leqslant f_{py}A_p(h - a_p - a'_s) + f_yA_s(h - a_s - a'_s) + (\sigma'_{p0} - f'_{py})A'_p(a'_p - a'_s) \tag{10-30}$$

10.1.12.2 斜截面承载力计算

试验表明，混凝土的预压应力可使斜裂缝的出现推迟，骨料咬合力增强，裂缝开展延缓，混凝土剪压区高度加大，这些都使构件的斜截面承载力提高。预应力混凝土受弯构件斜截面承载力计算公式，是在钢筋混凝土受弯构件斜截面承载力计算公式的基础上，考虑了：①预压应力对抗剪能力的提高，该值等于 $V_p = 0.05N_{p0}$；②曲线预应力筋的抗剪作用 $0.8f_yA_{pb}\sin\alpha_p$。因而有

$$V \leqslant \frac{1}{\gamma_d}(V_{cs} + V_p + 0.8f_yA_{sb}\sin\alpha_s + 0.8f_yA_{pb}\sin\alpha_p) \tag{10-31}$$

$$V_p = 0.05N_{p0} \tag{10-32}$$

式中：A_{pb} 为同一弯起平面的预应力弯起钢筋的截面面积；α_p 为斜截面处预应力弯起筋的切线与构件纵向轴线的夹角；N_{p0} 为计算截面上混凝土法向预应力为零时的预应力筋和非预应力筋的合力，$N_{p0} = \sigma_{p0}A_p + \sigma'_{p0}A'_p - \sigma_{l5}A_s - \sigma'_{l5}A'_s$，当 $N_{p0} > 0.3f_cA_0$ 时，取 $N_{p0} = 0.3f_cA_0$，计算 N_{p0} 时不考虑预应力弯起筋的作用。

还需注意，当先张法预应力混凝土受弯构件采用刻痕钢丝或钢绞线作为预应力筋时，由于在构件端部预应力筋和混凝土的有效预应力值均为零，需要通过一段 l_{tr} 长度上黏结应力的积累以后，应力才由零逐步分别达到 σ_{pe} 和 σ_{pc}，因此计算 N_{p0} 时应考虑端部存在预应力传递长度 l_{tr} 的影响。

10.1.13 预应力混凝土受弯构件使用阶段抗裂验算

1. 验算标准

JTS 151—2011 规范要求所有预应力混凝土构件都满足抗裂要求，将其划分为一级和二级两个裂缝控制等级进行验算。

对一级和二级裂缝控制的预应力混凝土受弯构件，应进行正截面和斜截面抗裂验算。

（1）一级——严格要求不出现裂缝的构件。在荷载效应标准组合下应满足下列条件：

$$\sigma_{ck} - \sigma_{pcII} \leqslant 0 \text{（正截面）} \tag{10-33}$$

$$\sigma_{tp} \leqslant 0.85f_{tk} \text{（斜截面）} \tag{10-34}$$

（2）二级——一般要求不出现裂缝的构件。在荷载效应标准组合下应满足下列条件：

$$\sigma_{ck} - \sigma_{pcII} \leqslant \alpha_{ct}\gamma_m f_{tk} \text{（正截面）} \tag{10-35a}$$

$$\sigma_{tp} \leqslant 0.95f_{tk} \text{（斜截面）} \tag{10-36}$$

在荷载效应准永久组合下应满足下列条件：

$$\sigma_{cq} - \sigma_{pcII} \leqslant 0 \tag{10-35b}$$

为了避免在双向受力时由于过大的压应力导致混凝土抗拉强度过多的降低和裂缝过早

出现，对以上两类构件要求在荷载效应标准组合下应满足下列条件：

$$\sigma_{cp} \leqslant 0.60 f_{ck} \tag{10-37}$$

式中：σ_{ck}、σ_{cq} 分别为荷载效应标准组合和准永久组合下构件抗裂验算边缘的混凝土法向应力；γ_m 为截面抵抗矩的塑性系数，取值和钢筋混凝土受弯构件相同；$\sigma_{pcⅡ}$ 为扣除全部预应力损失后在抗裂验算边缘的混凝土预压应力；σ_{tp}、σ_{cp} 分别为荷载效应标准组合下混凝土的主拉应力和主压应力。

除水运工程外，其他行业的有些预应力构件允许开裂，需验算裂缝宽度，即要求满足：

$$W_{\max} \leqslant [W_{\max}] \tag{10-38}$$

2. 混凝土应力计算

对先张法预应力混凝土受弯构件：

$$\sigma_{pcⅡ} = \frac{N_{p0Ⅱ}}{A_0} + \frac{N_{p0Ⅱ} e_{p0Ⅱ}}{I_0} y_0 \tag{10-39a}$$

对后张法预应力混凝土受弯构件：

$$\sigma_{pcⅡ} = \frac{N_{p0Ⅱ}}{A_n} + \frac{N_{p0Ⅱ} e_{p0Ⅱ}}{I_n} y_0 \tag{10-39b}$$

其中

$$N_{p0Ⅱ} = (\sigma_{con} - \sigma_l) A_p + (\sigma'_{con} - \sigma'_l) A'_p - \sigma_{l5} A_s - \sigma'_{l5} A'_s$$

$$e_{p0Ⅱ} = \frac{(\sigma_{con} - \sigma_l) A_p y_p - (\sigma'_{con} - \sigma') A'_p y'_p - \sigma_{l5} A_s y_s + \sigma'_{l5} A'_s y'_s}{N_{p0Ⅱ}}$$

在式（10-39）中，A_0 与 A_n、I_0 和 I_n 的区别是，前者包含了预应力筋的折算面积，后者则没有包含。

需要注意，对受弯构件，在施工阶段预拉区（即构件顶部）出现裂缝的区段，会降低使用阶段正截面的抗裂能力。因此，在验算时，式（10-39）计算得到的 $\sigma_{pcⅡ}$ 和式（10-35a）中的 $\alpha_{ct} \gamma_m f_{tk}$ 应乘以系数 0.9。

还应当指出，对先张法预应力混凝土构件，在验算构件端部预应力传递长度 l_{tr} 范围内的正截面及斜截面抗裂时，也应考虑 l_{tr} 范围内实际预应力值的降低。

由于斜裂缝出现以前，构件基本上还处于弹性阶段工作，主拉应力 σ_{tp} 和主压应力 σ_{cp} 可用材料力学公式计算。

3. 裂缝宽度计算

仍可参照钢筋混凝土构件的有关公式，但有关系数按预应力构件取用。σ_{sk} 取 N_{p0} 和外弯矩 M_k 共同作用下受拉区钢筋的应力增加量。

10.1.14　预应力混凝土受弯构件使用阶段挠度计算

预应力混凝土受弯构件使用阶段的挠度是由两部分组成：①外荷载产生的挠度；②预压应力引起的反拱值。两者可以互相抵消，故预应力混凝土构件的挠度比钢筋混凝土构件小得多。

1. 外荷载作用下产生的挠度 f_{1k}

计算外荷载作用下产生的挠度，仍可利用材料力学的公式进行计算：

$$f_{1q} = S \frac{M_q l_0^2}{B_l} \tag{10-40}$$

式中：B_l 仍按本教材第 8 章式（8-31）、式（8-37）、式（8-38）计算，但需注意式中的换算截面对其重心轴的惯性矩 I_0 应包括预应力钢筋面积 A_p 和 A_p'。

2. 预应力产生的反拱值 f_2

计算预压应力引起的反拱值，可按偏心受压构件的挠度公式计算。考虑到预压应力这一因素是长期存在的，所以反拱值可取为 $2f_2$。

对永久荷载所占比例较小的构件，应考虑反拱过大对使用上的不利影响。

10.1.15 预应力混凝土受弯构件施工阶段验算

预应力混凝土受弯构件的施工阶段是指构件制作、运输和吊装阶段。施工阶段验算包括混凝土法向应力的验算、后张法构件锚固端局部受压承载力计算与高强钢丝应力验算。后张法构件锚固端局部受压承载力计算和轴心受拉构件相同，可参见 10.1.8 节；高强钢丝应力验算也和轴心受拉构件类似，只需将轴力引起的钢筋应力改为弯矩引起的钢筋应力即可，这里只介绍混凝土法向预应力的验算。

预应力混凝土受弯构件在制作时，混凝土受到偏心的预压力，使构件处于偏心受压状态［图 10-25 （a）］，构件的下边缘受压，上边缘可能受拉，这就使预应力混凝土受弯构件在施工阶段所形成的预压区和预拉区位置正好与使用阶段的受拉区和受压区相反。在运输、吊装时［图 10-25 （b）］，自重及施工荷载在吊点截面产生负弯矩［图 10-25 （d）］，与预压力产生的负弯矩方向相同［图 10-25 （c）］，使吊点截面成为最不利的受力截面。因此，预应力混凝土受弯构件必须进行施工阶段混凝土法向应力的验算，并控制验算截面边缘的应力值不超过规范规定的允许值。一般是在求得截面应力值后，按是否允许施工阶段出现裂缝而分为两类，分别对混凝土应力进行控制，具体规定可见教材 10.7.3 节。

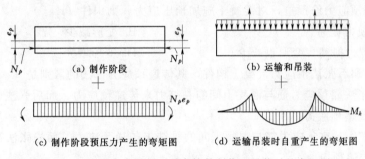

图 10-25 预应力混凝土受弯构件制作、吊装时的弯矩图

10.2 综 合 练 习

10.2.1 选择题

1. 当先张法构件和后张法构件采用相同钢种的预应力筋时，先张法构件预应力筋的张拉控制应力取值应（   ）。

    A. 等于后张法的   B. 大于后张法的   C. 小于后张法的

2. 若先张法构件和后张法构件的预应力筋采用相同的张拉控制应力，则（   ）。

    A. 在先张法构件中建立的预应力值较大

    B. 在后张法构件中建立的预应力值较大

    C. 在两种构件中建立的预应力值相同

3. 以下有关预应力混凝土的表述，哪一项是不正确的：（　　）。

　　A. 预应力筋的张拉控制应力允许值 $[\sigma_{con}]$ 以其强度设计值给出

　　B. 由于后张法的张拉控制应力是已扣除构件混凝土弹性压缩后的钢筋应力，故后张法构件的 $[\sigma_{con}]$ 取值应适当低于先张法构件

　　C. 为了部分抵消由于应力松弛、摩擦、钢筋分批张拉以及预应力筋与张拉台座之间的温差因素产生的预应力损失，规范规定的 $[\sigma_{con}]$ 取值尚可适当提高

4. 张拉控制应力允许值 $[\sigma_{con}]$ 不宜取得过低，否则会因各种应力损失使预应力筋的回弹力减小，不能充分利用预应力筋的强度。因此，预应力筋的 σ_{con} 应不小于（　　）。

　　A. $0.45 f_{ptk}$　　　　　　B. $0.50 f_{ptk}$　　　　　　C. $0.55 f_{ptk}$　　　　　　D. $0.40 f_{ptk}$

5. 减少由于锚具变形和预应力筋回缩引起的预应力损失的措施不正确的是：（　　）。

　　A. 尽量少用垫板

　　B. 选择锚具变形小的或使预应力筋内缩小的锚具

　　C. 增加台座长度

　　D. 在钢模上张拉预应力筋

6. 减少由于混凝土收缩、徐变引起的预应力损失的措施不正确的是（　　）。

　　A. 提高水胶比、增加水泥用量

　　B. 采用高标号水泥、减少水泥用量、降低水胶比

　　C. 振捣密实、加强养护

　　D. 控制混凝土的压应力 σ_{pc}、σ'_{pc} 值不超过 $0.5 f'_{cu}$

7. 通过对预应力筋预拉，对混凝土施加预压应力，则构件（　　）。

　　A. 承载力提高　　　　　　　　　　　　B. 变形减少

　　C. 承载力提高、变形也减少　　　　　　D. 变形增大

8. 先张法和后张法预应力混凝土构件，其传递预应力方法的区别是（　　）。

　　A. 先张法靠预应力筋与混凝土间的黏结力来传递预应力，而后张法则靠工作锚具来传递预应力

　　B. 后张法是靠预应力筋与混凝土间的黏结来传递预应力，而先张法则靠工作锚具来传递预应力

　　C. 先张法依靠传力架传递预应力，而后张法则靠千斤顶来传递预应力

9. 配置非预应力筋的先张法预应力混凝土轴心受拉构件，完成第二批预应力损失之后，在混凝土中建立的有效预压应力 σ_{pcII} 为（　　）。

　　A. $\dfrac{(\sigma_{con}-\sigma_l)A_p-\sigma_{l5}A_s}{A_0}$　　　　　　　　B. $\dfrac{(\sigma_{con}-\sigma_l)A_p}{A_0}$

　　C. $\dfrac{(\sigma_{con}-\sigma_l-\alpha_E\sigma_{pcII})}{A_0}$

10. 配置非预应力筋的先张法预应力混凝土轴心受拉构件，在外荷载作用下，当截面上混凝土应力为零时，所施加的轴向拉力 N 为（　　）。

　　A. $(\sigma_{con}-\sigma_l-\alpha_E\sigma_{pcII})A_p$　　　　　　　　B. $(\sigma_{con}-\sigma_l)A_p$

　　C. $(\sigma_{con}-\sigma_l)A_p-\sigma_{l5}A_s$

11. 先张法预应力混凝土轴心受拉构件，当加荷至构件上裂缝即将出现时，预应力筋的拉应力 σ_p 为（　　）。

  A. $\sigma_{con}-\sigma_l+\alpha_E f_{tk}$ B. $\sigma_{con}-\sigma_l-\alpha_E \sigma_{pcII}+\alpha_E f_{tk}$

  C. $\sigma_{con}-\sigma_l+2\alpha_E f_{tk}$ D. $\sigma_{con}-\sigma_l-\alpha_E f_{tk}$

12. 在先张法预应力混凝土轴心受拉构件中，混凝土受到的最大预压应力是发生在（　　）。

  A. 第一批预应力损失出现时   B. 预应力损失全部出现时

  C. 放松预应力筋混凝土受到预压时   D. 预应力筋应力达到控制应力时

13. 对后张法预应力混凝土轴心受拉构件，混凝土受到的最大预压应力是发生在（　　）。

  A. 张拉预应力筋达到控制应力时   B. 第一批损失出现后

  C. 第二批损失出现后

14. 配置非预应力筋的后张法预应力混凝土轴心受拉构件在施工阶段全部预应力损失出现后，预应力筋的合力 N_{pII} 为（　　）。

  A. $(\sigma_{con}-\sigma_l)A_p-\sigma_{l5}A_s$ B. $\sigma_{pcII}A_0$

  C. $\sigma_{pcII}A_n$ D. $(\sigma_{con}-\sigma_l)A_p$

15. 当后张法预应力混凝土轴心受拉构件加荷至混凝土应力为零时，所施加的外荷载 N_{p0} 为（　　）。

  A. $(\sigma_{con}-\sigma_l+\alpha_E \sigma_{pcII})A_p$ B. $(\sigma_{con}-\sigma_l+\alpha_E \sigma_{pcII})A_p-\sigma_{l5}A_s$

  C. $(\sigma_{con}-\sigma_l)A_p-\sigma_{l5}A_s$ D. $\sigma_{pcII}A_0$

16. 当先张法和后张法预应力混凝土轴心受拉构件施工阶段预应力损失全部出现后，在计算混凝土受到的有效预压应力 σ_{pcII} 时，所用表达式不完全相同的原因是（　　）。

  A. 因为此时后张法构件尚未对孔道进行灌浆，需扣除预留孔道面积所致

  B. 因为后张法构件混凝土受到预压应力 σ_{pcII} 时，预应力筋的应力不减少 $\alpha_E \sigma_{pcII}$ 这一项所致

  C. 因为后张法构件此时虽对孔道进行了灌浆，但认为预应力筋与混凝土尚未完全黏结在一起，不能共同变形所致

  D. 因为后张法构件与先张法构件的预应力损失组合不同所致

17. 钢筋施加预应力对于预应力混凝土受弯构件正截面开裂弯矩和破坏弯矩的影响是（　　）。

  A. 受拉钢筋施加预应力会提高开裂弯矩和破坏弯矩，而受压钢筋施加预应力则将降低开裂弯矩和破坏弯矩

  B. 受拉钢筋和受压钢筋施加预应力都会提高开裂弯矩和破坏弯矩，其中前者的效果更好些

  C. 受拉钢筋施加预应力会提高开裂弯矩，但不影响破坏弯矩；受压钢筋施加预应力将降低开裂弯矩和破坏弯矩

18. 两个轴心受拉构件，其截面形状、大小、配筋数量及材料强度完全相同，但一个为预应力混凝土构件，一个为钢筋混凝土构件，则（　　）。

A. 预应力混凝土构件比钢筋混凝土构件的承载力大

B. 预应力混凝土构件比钢筋混凝土构件的承载力小

C. 预应力混凝土构件与钢筋混凝土构件的承载力相等

19. 条件相同的钢筋混凝土轴心受拉构件和预应力混凝土轴心受拉构件相比较（　　）。

　　A. 前者的承载能力高于后者

　　B. 前者的抗裂度比后者差

　　C. 前者的承载力和抗裂度均低于后者

　　D. 前者与后者的承载力和抗裂度均相同

20. 所谓"一般要求不出现裂缝"的预应力混凝土受弯构件，在荷载效应标准组合下（　　）。

　　A. 允许存在拉应力　　　B. 拉应力小于 0　　　C. 拉应力为 0

21. "严格要求不出现裂缝"的预应力混凝土受弯构件，在荷载效应标准组合下，正截面抗裂验算应满足（　　）。

A. $\sigma_{ck} - \sigma_{pc\,\mathrm{II}} \leqslant \alpha_{ct}\gamma_m f_{tk}$　　　　　　B. $\sigma_{ck} - \sigma_{pc\,\mathrm{II}} \leqslant 0$

C. $\sigma_{ck} - \sigma_{pc\,\mathrm{II}} \leqslant f_{tk}$　　　　　　　　D. $\sigma_{ck} - \sigma_{pc\,\mathrm{II}} \leqslant \gamma_m f_{tk}$

22. 在预应力混凝土受弯构件使用阶段的受压区布置预应力筋 A'_p 的目的是（　　）。

　　A. 为了防止施工阶段预拉区发生裂缝

　　B. 为了增加构件的受弯承载能力

　　C. 为了减少受压区高度，保证受拉区钢筋应力能达到其强度设计值

　　D. 为了增加构件使用阶段的抗裂性

23. "严格要求不出现裂缝"的预应力混凝土受弯构件，在荷载效应标准组合下，斜截面抗裂验算应满足（　　）。

A. $\sigma_{tp} \leqslant 0.85 f_{tk}$　　　　　　　B. $\sigma_{tp} \leqslant 0.95 f_{tk}$

C. $\sigma_{tp} \leqslant 0.75 f_{tk}$　　　　　　　D. $\sigma_{tp} \leqslant 0.65 f_{tk}$

24. 验算后张法预应力混凝土轴心受拉构件端部局部承压时，局部压力设计值 F_l 取为（　　）。

A. $1.20\sigma_{con}A_p$　　　　　B. $\sigma_{con}A_p$　　　　　C. $1.05\sigma_{con}A_p$

25. 关于先张法构件预应力筋的预应力传递长度 l_{tr}，下列叙述哪一个不正确（　　）。

　　A. 预应力传递长度 l_{tr} 与放张时预应力筋的有效预应力成正比

　　B. 预应力传递长度 l_{tr} 与预应力筋表面形状有关

　　C. 预应力传递长度 l_{tr} 与预应力筋的公称直径成反比

　　D. 对先张法预应力混凝土构件端部进行斜截面受剪承载力计算以及正截面、斜截面抗裂验算时，应考虑预应力筋在其预应力传递长度 l_{tr} 范围内实际应力值的变化

10.2.2　问答题

1. 什么是预应力混凝土？为什么要对构件施加预应力？为什么预应力混凝土中必须采用高强度钢筋及高强度等级混凝土？

2. 预应力混凝土结构的主要优缺点是什么？

3. 什么是部分预应力混凝土？它的优点是什么？

4. 什么是无黏结预应力混凝土？它的主要受力特征是什么？

5. 什么是先张法和后张法预应力混凝土？它们的主要区别是什么？其特点及适用的范围如何？

6. 预应力混凝土结构对材料的性能分别有哪些要求？为什么？

7. 什么是张拉控制应力 σ_{con}？为什么要规定张拉控制应力的上、下限值？σ_{con} 与哪些因素有关？

8. 哪些原因会引起预应力损失？分别采取什么措施可以减少这些损失？对先张法、后张法预应力构件通常分别发生的是哪几种预应力损失？

9. 先张法、后张法构件的第一批预应力损失 σ_{lI} 及第二批预应力损失 σ_{lII} 分别是如何组合的？

10. 先张法预应力混凝土轴心受拉构件在施工阶段，当混凝土受到预压应力作用后，为什么预应力筋的拉应力除因预应力损失而降低之外，还将进一步减少？

11. 什么是混凝土的有效预压应力？先、后张法的混凝土有效预压应力 σ_{pcII} 值是否一样？

12. 填写表 10-4 配有预应力筋和非预应力筋的先张法轴心受拉构件应力分析中的截面应力图形以及预应力筋、混凝土、非预应力筋的应力值。

表 10-4   先张法预应力轴心受拉构件的应力分析

		应 力 状 态	应 力 图 形
施工阶段	1	张拉好预应力筋，浇筑混凝土，进行养护，第一批预应力损失出现	
	2	从台座上放松预应力筋，混凝土受到破坏	$\sigma_{pcI} = (\sigma_{con} - \sigma_{lI})A_p/A_0$ $(\sigma_{con} - \sigma_{lI} - \alpha_E\sigma_{pcI})A_p$ $\alpha_E\sigma_{pcI}A_s$
	3	预应力损失全部出现	
使用阶段	4	加载至混凝土应力为零	$N_0 = N_{p0II}$
	5	裂缝即将出现	$N = N_{cr}$
		开裂后	$N_{cr} < N < N_u$
	6	破坏时	$N = N_u$

235

13. 什么是预应力构件的换算截面面积 A_0 和净截面面积 A_n？为什么计算先张法预应力轴心受拉构件在施工阶段的混凝土预压应力时用 A_0，而计算后张法轴心受拉构件在相应阶段的混凝土预压应力时用 A_n？为什么后张法预应力轴心受拉构件在计算外荷载产生的应力时又改用 A_0？

14. 在受弯构件截面受压区配置预应力筋对正截面受弯承载力有何影响？受拉区和受压区设置非预应力筋的作用是什么？

15. 预应力混凝土受弯构件和钢筋混凝土受弯构件，在计算相对界限受压区计算高度 ξ_b 时，为什么不同？

16. 预应力受弯构件正截受弯承载力计算的基本公式的适用条件是什么？为何要规定这样的适用条件？

17. 为什么预应力受弯构件的斜截面受剪承载力比钢筋混凝土受弯构件的高？什么情况下不考虑因预应力而提高的受剪承载力 V_p？

18. 什么情况下应考虑预应力筋在其预应力传递长度 l_{tr} 范围内实际应力值的变化影响？这种应力的变化如何取值？

19. 预应力混凝土构件正截面抗裂验算是以哪一应力状态为依据？试用计算式比较说明预应力混凝土构件的抗裂度比钢筋混凝土构件高。

20. 预应力曲线（弯起）钢筋的作用是什么？

21. 计算预应力混凝土受弯构件由预应力引起的反拱和因外荷载产生的挠度时，是否采用同样的截面刚度？为什么？

22. 为什么要对预应力混凝土受弯构件施工阶段的混凝土法向应力进行验算？一般应取何处作为计算截面？为什么此时采用第一批损失出现后的混凝土法向应力 $\sigma_{pc\,I}$（$\sigma'_{pc\,I}$），而不采用全部损失出现后的 $\sigma_{pc\,II}$（$\sigma'_{pc\,II}$）？

23. 为什么要对后张法构件的端部进行局部受压承载力计算？

24. 为什么要对构件的端部局部加强？其构造措施有哪些？

25. 学完本章内容之后，你认为预应力混凝土与钢筋混凝土之间的主要异同点是什么？

10.3 设 计 计 算

1. 某 24m 预应力混凝土轴心受拉构件，截面尺寸 $b \times h = 240\text{mm} \times 240\text{mm}$。先张法直线一端张拉，台座张拉距离 25.0m，采用消除应力钢丝 $12\,\Phi^\text{H}9$（$f_{ptk} = 1570\text{N/mm}^2$）和钢丝束镦头锚具（张拉端锚具变形和钢筋内缩值 $a = 5.0\text{mm}$），张拉控制应力 $\sigma_{con} = 0.75 f_{ptk}$；混凝土强度等级为 C50，混凝土加热养护时，受张拉的预应力筋和承受拉力的设备之间的温差为 20℃。混凝土达到 80% 设计强度时，放松预应力筋，试求各项预应力损失及总预应力损失。

2. 已知一预应力混凝土先张法轴心受拉构件，安全等级为二级，截面尺寸 280mm×220mm。预应力筋采用 $f_{ptk} = 1570\text{N/mm}^2$ 的消除应力钢丝 $16\,\Phi^\text{H}7$，$\sigma_{con} = 0.75 f_{ptk}$，预应力总损失值为 $\sigma_l = 151\text{N/mm}^2$；混凝土强度等级为 C60。永久荷载标准值 $N_{Gk} =$

300.0kN（分项系数 $\gamma_G = 1.20$），可变荷载标准值 $N_{Qk} = 100.0$kN（分项系数 $\gamma_Q = 1.40$），试求：

（1）开裂荷载 N_{cr} 是多少？

（2）验算使用阶段承载力是否满足要求？

3. 已知 24.0m 预应力混凝土屋架下弦拉杆，如图 10-26 所示。混凝土强度等级为 C60，截面尺寸 $b \times h = 280\text{mm} \times 180\text{mm}$。每个孔道布置 4 束 $\Phi^s 1 \times 7$，$d = 12.7$mm 的低松弛钢绞线（$f_{ptk} = 1860\text{N/mm}^2$）；非预应力筋采用 4 ⚈ 12。采用后张法一端张拉预应力筋，张拉控制应力 $\sigma_{con} = 0.75 f_{ptk}$，孔道直径 45mm，采用夹片式锚具，预埋波纹管成型，混凝土强度达到设计强度的 80% 时施加预应力。试计算：

（1）净截面面积 A_n、换算截面面积 A_0。

（2）预应力的总损失值。

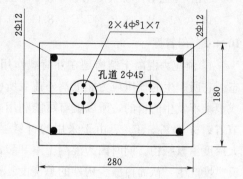

图 10-26 屋架下弦拉杆（单位：mm）

4. 截面尺寸、配筋及材料强度同题 3。该构件为安全等级为二级，处于淡水环境大气区（不受水气积聚）。该构件永久荷载作用下的轴力标准值为 $N_{Gk} = 705.0$kN，可变荷载作用下的轴力标准值为 $N_{Qk} = 285.0$ kN 时，可变荷载的准永久值系数 $\psi_q = 0.6$，试验算此构件正截面的裂缝控制等级。

5. 某海港高桩码头后方桩台面板为先张法预应力矩形板，安全等级为二级，处于大气环境。该板长 6.70m，净跨 6.30m，设计板宽 2.0m，板厚 500mm，面板上表面铺设 10.0mm 耐磨层（容重 $\gamma = 24.0\text{kN/m}^3$）。

混凝土强度等级为 C40；板底纵向受拉钢筋采用消除应力钢丝（$f_{ptk} = 1570\text{N/mm}^2$），28 $\Phi^H 9$ @70；板顶纵向受压钢筋采用 HRB400，14 ⚈ 10@140；横向构造钢筋采用 HPB300，34 Φ 8@200。

预应力筋张拉控制应力取 $\sigma_{con} = 0.60 f_{ptk}$；台座张拉距离 7.20m，一端张拉，采用筒式夹具，螺母后加 2 块垫片；采用钢模浇筑，钢模与构件一同进入养护池养护。放张时及施工阶段验算中混凝土实际强度取 $f'_{cu} = 0.75 f_{cu}$。

在使用期，该面板承受均布可变荷载 $q_k = 30.0\text{kN/m}^2$（荷载分项系数 $\gamma_Q = 1.40$，准永久值系数 $\psi_q = 0.6$）。试验算该面板在使用期的正截面受弯承载力和正截面裂缝控制等级。

表 10-5 内 力 标 准 值

荷载类型	最大弯矩（Ⅱ-Ⅱ）	受剪危险截面（Ⅰ-Ⅰ）	
	$M_{k\max}$/(kN·m)	M_k/(kN·m)	V_k/kN
自重	175	50	50
楼面活荷载	1630	550	600

10.4　参　考　答　案

10.4.1　选择题

1. B　2. B　3. A　4. D　5. D　6. A　7. B　8. A　9. A　10. C　11. A　12. C　13. A
14. A　15. B　16. B　17. C　18. C　19. B　20. A　21. B　22. A　23. A　24. A　25. C

10.4.2　问答题

1. 预应力混凝土结构是在外荷载作用之前，先对混凝土预加压力，造成人为的应力状态。它所产生的预压应力能抵消外荷载所引起的部分或全部拉应力，达到能使裂缝推迟出现或根本不发生的目的，所以就有可能利用高强度钢材。预应力混凝土与钢筋混凝土比较，可节省钢材 30%～50%。由于采用的材料强度高，可使截面减小、自重减轻，就有可能建造大跨度承重结构。同时因为混凝土不开裂，也就提高了构件的刚度，在预加偏心压力时又有反拱度产生，从而可减少构件的总挠度。预应力混凝土可根本解决裂缝问题，对有抗渗防漏要求的结构的尤有意义。

混凝土预压应力的大小，取决于预应力筋张拉应力的大小。由于构件在制作过程中会出现各种预应力损失，如果不采用高强度钢筋，就无法克服由于各种因素造成的预应力损失，也就不能有效地建立预应力。同时，只有高强度混凝土才能有效地承受巨大的预压应力并减小构件截面尺寸和减轻自重。特别是先张法构件，黏结强度一般是随混凝土强度等级的提高而增加。

2. 预应力混凝土结构具有下列优点：

（1）不会过早地出现裂缝，抗裂性高，甚至可保证使用荷载下不出现裂缝，从根本上解决了裂缝问题。

（2）合理有效地利用高强度钢材和混凝土，从而节约钢材、减轻结构自重。它比钢筋混凝土结构一般可节约钢材 30%～50%，减轻结构自重达 30% 左右，特别在大跨度承重结构中更为经济。

（3）由于混凝土不开裂或较迟开裂，故结构的刚度大，在预加应力时又产生反拱，因而结构的总挠度较小。

（4）扩大了钢筋混凝土结构的应用范围。由于强度高、截面小、自重轻，能建造大跨度承重结构或桥梁；由于抗裂性能好，可建造储水结构和其他不渗漏结构；此外，抗裂性能好对于处在侵蚀性环境中的结构也是一大优点。

（5）由于使用荷载下不裂或裂缝处于闭合状态，提高了结构的耐久性。

（6）疲劳性能好。因为结构预先造成了人为应力状态，减小了重复荷载下钢筋应力的变化幅度，所以可提高结构承受重复荷载的能力。

（7）预加应力还可作为结构的一种拼装手段和加固措施。

由于预应力混凝土结构具有上述一系列优点，所以它成为土木、水运和水利水电工程中应用较广的一种结构。

预应力混凝土结构的主要缺点是：

(1) 设计计算较复杂。

(2) 施工工艺复杂，对材料、设备和技术水平等的要求都比较高。

(3) 预应力混凝土结构的单位造价也比较高。

(4) 与混凝土结构相比，预应力混凝土结构的延性要差一些。

3. 部分预应力混凝土是相对于全预应力混凝土而言的，它的定义是：在全部使用荷载作用下，允许受拉边的混凝土产生拉应力甚至出现宽度不大的裂缝的中等或低预应力度的混凝土结构。

可以看出，部分预应力混凝土是介于全预应力混凝土和钢筋混凝土之间的一种预应力混凝土。部分预应力混凝土有如下的一些优点：

(1) 由于部分预应力混凝土所施加的预应力比较小，可较全预应力混凝土减少预应力筋数量，或可用一部分中强度的非预应力筋来代替高强度的预应力筋（混合配筋），这将使总造价降低。

(2) 部分预应力混凝土可以减少过大的反拱。

(3) 从抗震的观点来说，全预应力混凝土的延性较差，而部分预应力混凝土的延性比较好。由于部分预应力混凝土有这些特点，近年来受到普遍重视。

4. 无黏结预应力混凝土是指预应力筋沿其全长与混凝土接触表面之间不存在黏结作用，两者产生相对滑移。由于预应力筋外部有塑料套管或塑料包膜（内涂防腐和润滑用的油脂），所以不需在制作构件时预留孔道和灌浆，只要将它如同普通钢筋一样放入模板即可浇筑混凝土，而且张拉工序简单，因此施工非常方便。无黏结预应力混凝土的主要受力特征是：无黏结预应力筋和混凝土之间能发生纵向的相对滑动；无黏结预应力筋中的应力沿构件长度近似相等（如忽略摩阻力影响，则可认为是相等的）；其应变增量等于沿无黏结预应力筋全长周围混凝土应变变化的平均值。试验表明，无黏结预应力筋的钢材强度不能充分发挥，破坏时钢筋拉应力仅为有黏结预应力筋的 $70\%\sim90\%$。无黏结预应力混凝土结构设计时，为了综合考虑对其结构性能的要求，必须配置一定数量的有黏结的非预应力筋。也就是说，无黏结预应力钢筋更适合于采用混合配筋的部分预应力混凝土。

5. 先张法是浇筑混凝土之前在台座上张拉预应力筋，而后张法是在获得足够强度的混凝土结构构件上张拉预应力筋。可见，两者不仅在张拉预应力筋的先后程序上不同，而且张拉的台座也不一样，后者是把构件本身作为台座的。

在先张法中，首先将预应力筋张拉到需要的程度，并临时锚固于台座上，然后浇灌混凝土，待混凝土达到一定的强度之后（约为混凝土设计强度的 $75\%\sim100\%$），放松预应力筋。这时形成的预应力筋和混凝土之间的黏结约束着预应力筋的回缩，因而，混凝土得到了预压应力。

在后张法中，首先浇筑混凝土构件，同时在构件中预留孔道，在混凝土到达规定的设计强度之后，通过孔道穿入要张拉的预应力筋，然后利用构件本身作台座张拉预应力筋。在张拉的同时，混凝土受到压缩。张拉完毕后，构件两端都用锚具锚固住预应力筋，最后向孔道内压力灌浆。

主要区别：

（1）施工工艺不同：先张法在浇灌混凝土之前张拉预应力筋，而后张法是在混凝土结硬后在构件上张拉预应力筋。

（2）预应力传递方式不同：先张法中，预应力是靠预应力筋与混凝土间的黏结力传递的；后张法是通过构件两端的锚具传递预应力。

特点及适用范围：先张法的生产工艺比较简单，质量较易保证，不需要永久性的工作锚具，生产成本较低，台座越长，一次生产构件的数量就越多，适合工厂化成批生产中、小型预应力构件。但需要台座设备，第一次投资费用较大，且只能固定在一处，不能移动。后张法不需要台座，比较灵活，构件可在现场施工，也可在工厂预制，但由于构件是一个个地进行张拉，工序较复杂，又需安装永久性的工作锚具，耗钢量大，成本较高。所以后张法适用于运输不便、现场成型的大型预应力混凝土构件。

6. 在预应力混凝土构件中对预应力筋有下列一些要求：

（1）强度要高。预应力筋的张拉应力在构件的整个制作和使用过程中会出现各种预应力损失。这些损失的总和有时可达到 $200N/mm^2$ 以上，如果所用的预应力筋强度不高，那么张拉时所建立的应力甚至会损失殆尽。

（2）与混凝土要有较好的黏结力。特别是在先张法中，预应力筋与混凝土之间必须有较高的黏结自锚强度。对一些高强度的光面钢丝就要经过"刻痕""压波"或"扭结"，使它形成刻痕钢丝、波形钢丝及扭结钢丝，增加黏结力。

（3）要有足够的塑性和良好的加工性能。钢材强度越高，其塑性（拉断时的延伸率）越低。钢筋塑性太低时，特别当处于低温和冲击荷载条件下，就有可能发生脆性断裂。良好的加工性能是指焊接性能好，以及采用镦头锚板时，钢筋头部镦粗后不影响原有的力学性能等。

在预应力混凝土构件中，对混凝土有下列一些要求：

（1）强度要高，以与高强度钢筋相适应，保证钢筋充分发挥作用，并能有效地减小构件截面尺寸和减轻自重。

（2）收缩、徐变要小，以减少预应力损失。

（3）快硬、早强，使能尽早施加预应力，加快施工进度，提高设备利用率。

预应力构件的混凝土强度等级不应低于 C30；如采用钢丝、钢绞线作为预应力筋时，则不宜低于 C40。

7. 张拉控制应力是指张拉筋时预应力筋达到的最大应力值，也就是张拉设备（如千斤顶）所控制的张拉力除以预应力筋面积所得的应力值，以 σ_{con} 表示。

设计预应力混凝土构件时，为了充分发挥预应力的优点，张拉控制应力宜尽可能地定得高一些，使混凝土获得较高的预压应力，以提高构件的抗裂性。但是，张拉控制应力也不能定得过高。定得过高，会有以下缺点：

（1）当预应力筋用量一定时，σ_{con} 过高，则构件出现裂缝时的承载力与破坏时的承载力有时可能会很接近，即意味着构件在裂缝出现后不久就失去承载能力，这是不希望发生的。

（2）σ_{con} 过高，还可能发生危险。这是因为：一方面为了减少一部分预应力损失，张拉操作时往往要实行超张拉；另一方面预应力筋的实际强度并非每根相同，如果把 σ_{con} 定得过高,很可能在超张拉过程中会有个别预应力筋达到屈服强度,甚至发生断裂,发生事故。因此,张拉控制应力 σ_{con} 应定得适当,以留有余地。

从经济方面考虑,张拉控制应力应有下限值。否则,若张拉控制应力过低,则张拉的预应力被各项预应力损失所抵消,达不到预期的抗裂效果。因此规范规定,预应力筋的张拉控制应力值 σ_{con} 不应小于 $0.4f_{ptk}$ 或 $0.5f_{pyk}$。

应该指出,对同一钢种,先张法的预应力筋张拉控制应力 σ_{con} 较后张法大一些。这是由于在先张法中,当从台座上放松预应力筋使混凝土受到预压时,预应力筋随着混凝土的压缩而回缩,因此在混凝土受到预压应力时,预应力筋的预拉应力已经小于控制应力 σ_{con} 了。而对后张法来说,在张拉预应力筋的同时,混凝土即受挤压,当预应力筋张拉达到控制应力时,混凝土的弹性压缩也已经完成,不必考虑由于混凝土的弹性压缩而引起预应力筋应力值的降低。所以,当控制应力 σ_{con} 相等时,后张法构件所建立的预应力值比先张法为大。

8. 引起预应力损失的原因,也就是预应力分类,有:

(1) 张拉端锚具变形和预应力筋内缩引起的预应力损失 σ_{l1}。不论先张法还是后张法施工,张拉端锚、夹具对构件或台座施加挤压力是通过钢筋回缩带动锚、夹具来实现的。由于预应力筋回弹方向与张拉时拉伸方向相反,因此,只要一卸去千斤顶后就会因预应力筋在锚、夹具中的滑移(内缩)和锚、夹具受挤压后的压缩变形(包括接触面间的空隙)以及采用垫板时垫板间缝隙的挤紧,使得原来拉紧的预应力筋发生内缩。钢筋内缩,应力就会有所降低。由此造成的预应力损失称为 σ_{l1}。

由于锚固端的锚具在张拉过程中已经被挤紧,所以这种损失仅发生在张拉端。

减少此项损失的措施有:

1) 选择锚具变形小或使预应力筋内缩小的锚具、夹具,尽量少用垫板,因为每增加一块垫板,张拉端锚具变形和预应力筋内缩值就将增加 1mm。

2) 增加台座长度,因为 σ_{l1} 与台座长度 l 成反比。

(2) 预应力筋与孔道壁之间摩擦引起的预应力损失 σ_{l2}。后张法构件在张拉预应力筋时由于钢筋与孔道壁之间的摩擦作用,使张拉端到锚固端的实际预拉应力值逐渐减小,减小的应力值即为 σ_{l2}。摩擦损失包括两部分:由预留孔道中心与预应力筋(束)中心的偏差引起上述两种不同材料间的摩擦阻力;曲线配筋时由预应力筋对孔道壁的径向压力引起的摩阻力。

减少此项损失的措施有:

1) 对于较长的构件可在两端进行张拉,则计算中的孔道长度可减少一半。

2) 采用超张拉。

(3) 预应力筋与台座之间的温差引起的预应力损失 σ_{l3}。对于先张法构件,预应力筋在常温下张拉并锚固在台座上,为了缩短生产周期,浇筑混凝土后常进行蒸汽养护。在养护的升温阶段,台座长度不变,预应力筋因温度升高而伸长,因而预应力筋的部分弹性变形就转化为温度变形,预应力筋的拉紧程度就有所变松,张拉应力就有所减少,形成的预应力损失即为 σ_{l3}。在降温时,混凝土与预应力筋已黏结成整体,能够一起回缩,由于这两种材料温度膨胀系数相近,相应的应力就不再变化。

减少此项损失的措施有：

1）采用二次升温养护。先在略高于常温下养护，待混凝土达到一定强度后再逐渐升高温度养护。由于混凝土未结硬前温度升高不多，预应力筋受热伸长很小，故预应力损失较小，而混凝土初凝后的再次升温，此时因预应力筋与混凝土两者的热膨胀系数相近，故即使温度较高也不会引起应力损失。

2）在钢模上张拉预应力筋。由于预应力筋是锚固在钢模上的，升温时两者温度相同，受热伸长也相同，可以不考虑此项损失。

（4）预应力筋应力松弛引起的预应力损失 σ_{l4}。钢筋在高应力作用下，变形具有随时间而增长的特性。当钢筋长度保持不变（由于先张法台座或后张法构件长度不变）时，则应力会随时间增长而降低，这种现象称为钢筋的松弛。钢筋应力松弛使预应力值降低，造成的预应力损失称为 σ_{l4}。

减少此项损失的措施有：

1）超张拉。

2）采用低松弛损失的钢材。

（5）混凝土收缩和徐变引起的预应力损失 σ_{l5}。预应力构件由于在混凝土收缩（混凝土结硬过程中体积随时间增加而减小）和徐变（在预应力筋回弹压力的持久作用下，混凝土压应变随时间增加而增加）的综合影响下长度缩短，使预应力筋也随之回缩，从而引起预应力损失。混凝土的收缩和徐变引起预应力损失的现象是类似的，为了简化计算，将此两项预应力损失合并考虑，即为 σ_{l5}。

减少此项损失的措施有：

1）采用高强度等级水泥，减少水泥用量，降低水胶比。

2）振捣密实，加强养护。

3）控制混凝土的预压应力 σ_{pc}、σ'_{pc} 值不超过 $0.5f'_{cu}$，f'_{cu} 为施加预应力时的混凝土立方体抗压强度。

（6）螺旋式预应力筋挤压混凝土引起的预应力损失 σ_{l6}。环形结构构件的混凝土被螺旋式预应力筋箍紧，混凝土受预应力筋的挤压会发生局部压陷，构件直径将减少，使得预应力筋回缩，引起的预应力损失称为 σ_{l6}。环形构件直径越小，压陷变形的影响越大，预应力损失也就越大。当结构直径大于 3m 时，损失就可不计。

先张法预应力构件通常发生的应力损失为：锚具变形与预应力筋内缩损失 σ_{l1}；折线配筋时孔道摩擦损失 σ_{l2}；温差损失 σ_{l3}；钢筋的松弛损失 σ_{l4}；混凝土的收缩和徐变损失 σ_{l5}。

后张法构件发生的应力损失包括：锚具变形与预应力筋内缩损失 σ_{l1}；孔道摩擦损失 σ_{l2}；钢筋的松弛损失 σ_{l4}；混凝土的收缩和徐变损失 σ_{l5}；用螺旋式预应力筋作配筋的环形构件，当直径 $D \leqslant 3m$ 时，因混凝土局部挤压而引起的损失 σ_{l6}。

9. 各项预应力损失并不同时发生，而是按不同张拉方式分阶段发生的。通常把在混凝土预压完成前出现的损失称为第一批预应力损失 σ_{lI}（先张法指放张前，后张法指卸去千斤顶前的损失），混凝土预压完成后出现的损失称为第二批预应力损失 σ_{lII}，总的损失 $\sigma_l = \sigma_{lI} + \sigma_{lII}$。各批的预应力损失的组合见表 10-6。

表 10 - 6 各阶段预应力损失值的组合

项次	预应力损失值的组合	先张法构件	后张法构件
1	混凝土预压完成前（第一批）的损失	$\sigma_{l1}+\sigma_{l2}+\sigma_{l3}+\sigma_{l4}$	$\sigma_{l1}+\sigma_{l2}$
2	混凝土预压完成后（第二批）的损失	σ_{l5}	$\sigma_{l4}+\sigma_{l5}+\sigma_{l6}$

注 先张法构件第一批损失值计入 σ_{l2} 是指有折线式配筋的情况。

10. 从台座（或钢模）上放松预应力筋（即放张），混凝土受到预应力筋回弹力的挤压而产生预压应力。混凝土受压后产生压缩变形 $\sigma_{pcⅠ}/E_c$。钢筋因与混凝土黏结在一起也随之回缩同样数值。按弹性压缩应变协调关系可得到非预应力筋和预应力筋均产生压应力 $\alpha_E\sigma_{pcⅠ}$（$\varepsilon_c E_s=\sigma_{pcⅠ}E_s/E_c=\alpha_E\sigma_{pcⅠ}$；$\alpha_E=E_s/E_c$，称为换算比，即钢筋与混凝土两者弹性模量之比）。所以，预应力筋的拉应力将进一步减少 $\alpha_E\sigma_{pcⅠ}$。混凝土受压缩后，随着时间的增长又发生收缩和徐变，使预应力筋产生了第二批应力损失，在预应力损失全部出现后，预应力筋的拉应力又进一步减少 $\alpha_E\sigma_{pcⅡ}$。

11. 完成全部预应力损失后混凝土所受预压应力，称为混凝土有效预应力。

在施工阶段，$\sigma_{pcⅡ}$ 的计算公式，先张法和后张法的形式基本相同，只是预应力损失 σ_l 的具体计算值不同；同时在计算公式中，先张法构件用换算截面面积 A_0，而后张法构件用净截面面积 A_n。如果采用相同的 σ_{con}，其他条件也相同时，由于 $A_0>A_n$，则后张法构件的有效预压应力值 $\sigma_{pcⅡ}$ 要高些。

12. 具体见表 10 - 7。

13. A_n 为构件截面中不包括预应力筋截面面积在内的净截面面积。当配有非预应力筋时，则 A_n 中应包括非预应力筋的换算截面面积，即 $A_n=A_c+\alpha_E A_s$，此式中 $A_c=A-A_s-A_{孔道}$。A_0 为构件的换算截面面积，即构件净截面面积加上预应力筋的换算截面面积，$A_0=A_n+\alpha_E A_p$。

表 10 - 7 问 答 是 12 答 案

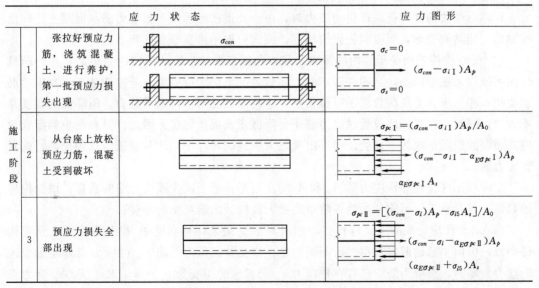

续表

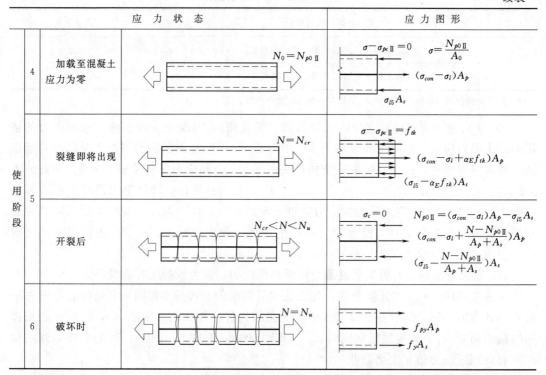

		应　力　状　态	应　力　图　形
使用阶段	4	加载至混凝土应力为零 $N_0 = N_{p0\,II}$	$\sigma - \sigma_{pc\,II} = 0$ $\quad \sigma = \dfrac{N_{p0\,II}}{A_0}$ $(\sigma_{con} - \sigma_l)A_p$ $\sigma_{l5}A_s$
	5	裂缝即将出现 $N = N_{cr}$	$\sigma - \sigma_{pc\,II} = f_{tk}$ $(\sigma_{con} - \sigma_l + \alpha_E f_{tk})A_p$ $(\sigma_{l5} - \alpha_E f_{tk})A_s$
		开裂后 $N_{cr} < N < N_u$	$\sigma_c = 0$ $\quad N_{p0\,II} = (\sigma_{con} - \sigma_l)A_p - \sigma_{l5}A_s$ $\left(\sigma_{con} - \sigma_l + \dfrac{N - N_{p0\,II}}{A_p + A_s}\right)A_p$ $\left(\sigma_{l5} - \dfrac{N - N_{p0\,II}}{A_p + A_s}\right)A_s$
	6	破坏时 $N = N_u$	$f_{py}A_p$ $f_y A_s$

由混凝土预压应力 σ_{pc} 公式推导过程可知，先张法构件在预压前（放松预应力筋前）混凝土与预应力筋已产生黏结，在预压过程中预应力筋与混凝土同时发生压应变，共同承受预压力，因此，应将预应力筋换算成混凝土，用 A_0 计算施工过程各阶段的混凝土预压应力 σ_{pc}。对于后张法构件，由于构件预压时，混凝土与预应力筋无黏结。在张拉（预压）过程中，仅由混凝土以及非预应力筋承受预压力。因此，对后张法构件采用净截面面积 A_n 计算施工阶段的混凝土预压应力 σ_{pc}。

计算后张法构件外荷载产生的应力时，由于孔道已经灌浆，预应力筋与混凝土之间已有黏结，能共同变形，所以与先张法相同，截面应取用换算截面面积 A_0。

14. 受弯构件截面受压区内的预应力筋，在施工张拉阶段的预拉应力很高，在外荷载作用下拉应力逐渐减小，当构件破坏时，多数情况下仍为拉应力。若构件破坏时预应力筋仍受拉，相当于在受压区放置了受拉钢筋，这将降低受弯构件的承载力，但降低的幅度是不大的。同时，在受压区设置预应力筋还会降低正截面抗裂度。因此，只有在单侧配置预应力筋可能引起预拉区（即受压区）出现过大裂缝的构件中，才对受压区（预拉区）配置预应力筋。

受拉、压区设置非预应力筋 A_s 和 A_s' 的作用是：适当减少预应力筋的数量；增加构件的延性；满足施工、运输和吊装各阶段的受力及控制裂缝宽度的需要。

15. 对于预应力混凝土受弯构件，相对界限受压区计算高度 ξ_b 和钢筋混凝土受弯构件类似，仍由平截面假定求得。所不同的是，当受拉区预应力筋 A_p 的合力点处混凝土法向应力为零时，预应力筋中已存在拉应力 σ_{p0}，相应的应变为 $\varepsilon_{p0} = \sigma_{p0}/E_s$。从 A_p 合力点处的混凝土应力为零到界限破坏，预应力筋的应力增加了 $f_{py}-\sigma_{p0}$，相应的应变增量为 $(f_{py}-\sigma_{p0})/E_s$。在 A_p 的应力达到 f_{py} 时，受压区边缘混凝土应变也同时达到极限压应变 ε_{cu}。根据平截面假定，由应变图形的几何关系，可写出：

$$\xi_b=\frac{\beta_1}{1+\dfrac{f_{py}-\sigma_{p0}}{\varepsilon_{cu}E_s}}$$

可以看出，与钢筋混凝土受弯构件明显不同的是，预应力构件的 ξ_b 除与钢材性质有关外，还与预应力值 σ_{p0} 大小有关。

对无明显屈服点钢筋，因钢筋达到"协定流限" $\sigma_{0.2}$ 时的应变为 $\varepsilon_{py}=0.002+f_{py}/E_s$。故上式应改为

$$\xi_b=\frac{\beta_1}{1+\dfrac{0.002}{\varepsilon_{cu}}+\dfrac{f_{py}-\sigma_{p0}}{\varepsilon_{cu}E_s}}$$

16. 预应力受弯构件正截面受弯承载力计算的基本公式的适用条件是：$x\leqslant\xi_bh_0$，$x\geqslant 2a'$。前一条件是防止发生超筋破坏，因为超筋破坏时受压区混凝土在受拉区预应力筋的应力达到屈服强度之前就先被压碎使构件破坏，与钢筋混凝土受弯构件同样属于脆性破坏，所以在设计中应当避免。后一条件是可以保证当加荷至受压区边缘混凝土应变达到极限压应变 ε_{cu} 时，受压区钢筋处混凝土的压应变可达到 $\varepsilon_c'=0.002$。

17. 由于混凝土的预压应力和剪应力的复合作用可使斜裂缝的出现推迟，骨料咬合力增强，裂缝开展延缓，剪压区混凝土高度加大。因此，预应力混凝土构件斜截面受剪承载力比钢筋混凝土构件要高。与钢筋混凝土梁斜截面受剪承载力计算公式相比较，增加了两项：一是由预压应力所提高的受剪承载力 V_p；二是由预应力曲线（弯起）钢筋所提供的受剪承载力 V_{pb}。公式中其他各项均与钢筋混凝土梁斜截面受剪承载力的计算公式相同。

当 N_{p0} 引起的截面弯矩与外荷载产生的弯矩方向相同时，取 $V_p=0$。除水运规范外，其他行业规范允许预应力构件出现裂缝。若预应力构件出现裂缝，也应取 $V_p=0$。

18. 先张法预应力混凝土受弯构件如采用刻痕钢丝或钢绞线作为预应力筋并对端部进行斜截面受剪承载力计算以及正截面、斜截面抗裂验算时，应计入预应力筋在其预应力传递长度 l_{tr} 范围内实际应力值的变化。按照黏结滑移关系，在构件端部，预应力筋和混凝土的有效预应力值均为零。通过一段 l_{tr} 长度上黏结应力的积累以后两者应变相等时，应力才由零逐步分别达到 σ_{pe} 和 σ_{pc}（如采用骤然放松的张拉工艺，则 l_{tr} 应由端部 $0.25l_{tr}$ 处开始算起）。为计算方便，在传递长度 l_{tr} 范围内假定应力为线性变化，则在距构件端部 $x\leqslant l_{tr}$ 处，预应力筋和混凝土的实际应力分别为 $\sigma_{pex}=(x/l_{tr})\sigma_{pe}$ 和 $\sigma_{pcx}=(x/l_{tr})\sigma_{pc}$。因此，在 l_{tr} 范围内求得的 V_p 值要降低。预应力筋的预应力传递长度 l_{tr} 值与预应力筋的公称直径、放张时预应力筋的有效预应力等有关，可按教材式（10-119）计算。

19. 预应力混凝土构件正截面抗裂度验算以使用阶段加荷至构件即将出现裂缝这一应力状态作为依据。

预应力轴拉构件的开裂轴向力为 $N_{cr}=(\sigma_{pc\rm{II}}+f_{tk})A_0$，受弯构件开裂弯矩为 $M_{cr}=(\sigma_{pc\rm{II}}+\gamma_m f_{tk})W_0$，由于预压应力 $\sigma_{pc\rm{II}}$ 的作用（$\sigma_{pc\rm{II}}$ 比 f_{tk} 大得多），使预应力混凝土

构件的 N_{cr}、M_{cr} 比钢筋混凝土的 N_{cr}、M_{cr} 得多,这就是预应力混凝土构件抗裂性能高的原因所在。

20. 对于简支梁,通常在支座截面附近的剪力是很大的,而弯起预应力筋的竖向分量将大大有助于提高梁的斜截面抗裂性和受剪承载力,也可减小反拱值。另一方面,在支座附近弯矩很小,因此,没有必要都把预应力筋全部配置在梁的下边缘。弯起后,有利于解决局部承压问题,也有利于梁端锚具的布置。所以,预应力弯起钢筋的作用是多方面的。

21. 两者采用不同的刚度,因为两种情况下的构件截面应力阶段和受力状态是不同的。在计算预应力引起的反拱时,可认为构件受压混凝土处于弹性阶段,且预拉区没有开裂,因此,构件的截面刚度可取用弹性刚度 $E_c I_0$。而在计算外载作用下产生的挠度时,应考虑混凝土的塑性影响,对于允许出现裂缝的构件则还应考虑裂缝引起的刚度降低。

此外,在计算反拱时,应考虑预应力的长期作用,取用反拱的长期增长系数 2.0。

22. 预应力受弯构件在制作时,混凝土受到偏心的预压力,使构件处于偏心受压状态,构件的下边缘受压,上边缘受拉。在运输、吊装时自重及施工荷载在吊点截面产生负弯矩与预压力产生的负弯矩方向相同,使吊点截面成为最不利的受力截面。因此,预应力混凝土受弯构件必须取吊点截面作为计算截面进行施工阶段混凝土法向应力的验算,并控制验算截面边缘的应力值不超过规范规定的允许值。

由于构件在制作、运输和吊装阶段,只出现了第一批预应力损失,第二批预应力损失还未出现,所以在验算时应采用第一批预应力损失出现后的混凝土法向应力 $\sigma_{pcI}(\sigma'_{pcI})$。

23. 后张法构件混凝土的预压应力是由预应力筋回缩时通过锚具对构件端部混凝土施加局部挤压力来建立并维持的。由于构件端部钢筋比较集中,混凝土截面又被预留孔道削弱较多,张拉时挤压力很大,张拉时混凝土强度又较低。同时,端部锚具下的混凝土处于三向高应力状态,不仅纵向有较大压应力 σ_z,而且在径向、环向还产生拉应力 σ_r、σ_θ,所以验算构件端部局部受压承载力极为重要。工程中常因疏忽而导致不该发生的事故。

24. 先张法:先张法预应力混凝土构件的预应力是靠预应力筋和混凝土之间的黏结力来传递的,在传递长度 l_{tr} 范围内,应保证预应力筋与混凝土之间有可靠的黏结力,所以端部应当局部加强。加强措施:

(1) 对单根预应力筋(如板肋配筋),其端部宜设置长度不小于 150mm 且不小于 4 圈的螺旋钢筋。

(2) 对分散布置的预应力筋,在构件端部 10d(d 为预应力筋直径)范围内,应设置 3～5 片钢筋网。

(3) 对采用钢丝配筋的薄板,在板端 100mm 范围内应适当加密横向钢筋。

后张法:后张法构件的预压力是通过锚具经垫板传给混凝土的,由于预压力往往很大,而锚具下的垫板与混凝土的传力接触面积往往很小,因此锚具下的混凝土将承受较大的局部压力。在局部压力作用下,构件端部会产生裂缝,甚至会发生因混凝土局部受压强度不足而破坏,所以端部要局部加强。加强措施:

(1) 构件端部尺寸应考虑锚具的布置、张拉设备的尺寸和局部受压的要求,在必要时应适当加大。

(2) 在预应力筋锚具下及张拉设备的支撑部位应埋设钢垫板,并应按局部受压承载力计算的要求配置间接钢筋和附加钢筋。

（3）对外露金属锚具应采取涂刷油漆、砂浆封闭等防锈措施。

25.（1）采用的材料不同。因为预应力筋传给混凝土较高的预压应力，所以用于预应力混凝土结构中的混凝土强度等级必须比钢筋混凝土结构中的高；同时，为了克服预期的预应力损失，产生较高的预应力效果，预应力筋的预加应力需要达到相当高的程度，因此，用于钢筋混凝土中的软钢或中等强度的钢筋将不适合于预加应力，用于预应力混凝土中的钢筋最好是高强钢丝和钢绞线。

（2）使用荷载下的工作性能不同。预应力程度较高的预应力混凝土结构，在使用荷载作用下通常是不开裂的结构。即使在偶然超载时有裂缝出现，但是只要卸去一部分荷载，裂缝就会闭合。因而，它的性能接近匀质弹性材料。而钢筋混凝土结构在使用荷载下的性能基本上是非线性的。

（3）使用荷载下的挠度不同。预应力混凝土结构由于裂缝出现很迟或较迟，因而它的刚度较大；同时，预加应力会使结构产生反拱，因而它的挠度很小。而钢筋混凝土结构中的裂缝出现早，刚度降低多，所以，挠度较大。

（4）使用阶段内力臂不同。在预应力混凝土和钢筋混凝土结构的使用阶段，在如何抵抗外荷载方面也有重要的差别：在出现裂缝的钢筋混凝土梁中，随着外荷载的增加，钢筋应力增长，而内力臂的变化较小，即抵抗弯矩的增大主要靠钢筋应力的增长。在预应力混凝土梁中则不同。随外载的增加，受拉的预应力筋与受压的混凝土之间的内力臂明显增大，而预应力筋的应力增长速度却相对较小，因为外载作用前已有较高的预拉应力。因而，预应力混凝土梁在使用荷载下即使出现裂缝，其裂缝开展宽度也较小。

（5）正截面承载力相同。一旦预应力被克服之后，预应力混凝土和钢筋混凝土之间没有本质的不同。因而，无论是拉杆的受拉承载力，或是梁的受弯承载力，预应力混凝土与钢筋混凝土两者是相同的。

（6）斜截面承载力不同。梁的受剪承载力两者不同，预应力混凝土梁的受剪承载力比钢筋混凝土梁的高。因而，预应力混凝土梁的腹板可做得较薄，从而可减轻自重。

第 11 章　JTS 151 规范与我国其他规范设计表达式的比较

　　各个国家经济发展水平不同，工程实践传统也不同，因此各国的混凝土设计规范不尽相同。即使在同一国家，各行业有其行业自身的特点，因此各行业有自己的混凝土设计规范，这些规范之间也有一定差别。但混凝土结构又是一门以实验为基础，利用力学知识研究钢筋混凝土及预应力混凝土结构的科学。因此，各国之间、各行业之间的混凝土结构设计规范有共同的基础，它们之间的共性是主要的，差异是次要的。

　　2015 年版《混凝土结构设计规范》（GB 50010—2010）［以下简称为 GB 50010—2010（2015 版）］由住房和城乡建设部发布实施，是我国混凝土结构设计的国家标准，适用于房屋和一般构筑物的钢筋混凝土、预应力混凝土等结构的设计。该规范反映了我国当时在混凝土结构设计方面的最新研究成果和工程实践经验，与相关的标准、规范进行了合理的分工和衔接，在我国混凝土结构设计中发挥了重要的技术支撑作用。

　　《水工混凝土结构设计规范》（DL/T 5057—2009）（以下简称为 DL/T 5057—2009）由国家能源局发布实施，该规范总结和吸纳了我国当时最新的水利工程混凝土结构设计的实践经验，结合我国水利工程建设的现状和发展需要编制而成，主要用于水利水电工程混凝土结构设计。

　　本章首先简要介绍 GB 50010—2010（2015 版）和 DL/T 5057—2009 的实用设计表达式，比较这两本规范和 JTS 151—2011 规范在实用设计表达式上的异同；然后以受弯构件为例说明这两本规范的抗力计算方法，并与 JTS 151—2011 规范比较。之所以选择这两本规范和 JTS 151—2011 规范进行比较，是因为：GB 50010—2010（2015 版）是我国混凝土结构设计的国家标准，而 DL/T 5057—2009 规范服务的水利水电工程和水运行业相近。

　　通过本章学习，同学们会发现虽然各规范之间有所差异，但它们的计算原则、所依据的混凝土结构基础知识和解决问题思路是相同的，只要通过一本规范的学习掌握了这些基础知识，其他规范通过自学就能很快掌握和应用。

11.1　GB 50010—2010（2015 版）规范与 JTS 151—2011 规范的对比

11.1.1　实用设计表达式

　　目前我国所有混凝土结构设计规范都采用极限状态设计法，以实用设计表达式进行设计，因此实用设计表达式是混凝土设计规范的基础。本节首先介绍 GB 50010—2010

（2015 版）规范的实用设计表达式❶，再比较它与 JTS 151—2011 规范的区别。

通过教材第 2 章 JTS 151—2011 规范计算原则的学习，我们已知道水运混凝土结构设计分为持久、短暂、地震、偶然 4 种设计状况。持久状况是指结构在长期运行过程中出现的设计状况；短暂状况是指结构在施工、安装、检修期出现的设计状况或在运行期短暂出现的设计状况；地震状况是指结构遭遇地震时的状况，在抗震设防地区的结构必须考虑地震状况；偶然状况是结构在运行过程中出现的概率很小且持续时间极短的设计状况，如非正常撞击、火灾、爆炸等。对于持久、短暂和地震 3 种设计状况都应进行承载能力极限状态设计，有特殊要求时还需对偶然状况进行承载能力极限状态设计或防护设计。对持久状态尚应进行正常使用极限状态验算，对短暂状态可根据需要进行正常使用极限状态验算，对地震、偶然状况一般不进行正常使用极限状态验算。

建筑混凝土结构设计，也分为持久、短暂、地震和偶然 4 种设计状况，且定义和 JTS 151—2011 规范相同。对持久状况，应进行承载能力极限状态计算和正常作用极限状态验算；对短暂状况，应进行承载能力极限状态计算，且根据需要进行正常作用极限状态验算；对有抗震设防要求的结构，应进行地震状况下的承载能力极限状态设计；对于可能遭遇偶然作用且倒塌后可能引起后果的重要结构，宜进行该状况的承载能力极限状态设计，防止结构连续倒塌。因此，对各种设计状态的设计要求，两本规范也相同。

11.1.1.1　承载能力极限状态设计表达式

1. JTS 151—2011 规范

对于承载能力极限状态，JTS 151—2011 规范采用的是以 3 个分项系数表达的实用设计表达式，如式（11-1）所示，这 3 个系数分别是结构重要性系数 γ_0、荷载分项系数 γ_G 和 γ_Q、材料分项系数 γ_c 和 γ_s。

$$\gamma_0 S_d \leqslant R(f_c, f_y, a_k) \tag{11-1}$$

对持久和短暂设计状况，荷载效应应分别采用持久组合和短暂组合，设计值表达式为

持久组合：
$$S_d = \sum_{i \geqslant 1} \gamma_{Gi} S_{Gik} + \gamma_p S_p + \gamma_{Q1} S_{Q1k} + \sum_{j>1} \gamma_{Qj} \psi_{cj} S_{Qjk} \tag{11-2}$$

短暂组合：
$$S_d = \sum_{i \geqslant 1} \gamma_{Gi} S_{Gik} + \gamma_p S_p + \sum_{j \geqslant 1} \gamma_{Qj} S_{Qjk} \tag{11-3}$$

JTS 151—2011 规范只规定了持久状况和短暂状况的设计方法，地震状况的设计方法由《水运工程抗震设计规范》（JTS 146—2012）规定，偶然状况目前尚未无成熟的计算方法。

在上述表达式中，γ_{Gi}、γ_{Q1} 和 γ_{Qj} 分别为第 i 个永久荷载、主导可变荷载、第 j 个非主导可变荷载的荷载分项系数；S_{Gik}、S_{Q1k} 和 S_{Qjk} 为上述 3 种荷载标准值产生的荷载效应；ψ_{cj} 为第 j 个可变荷载的组合系数，一般取 $\psi_{cj} = 0.7$，对经常以界值出现的有界荷载取 $\psi_{cj} = 1.0$。

---

❶　以往，所有规范将极限状态分为承载能力和正常使用两种极限状态。目前，《建筑结构可靠性设计统一标准》（GB 50068—2018）将耐久性极限状态从正常使用极限状态中分列出来，将极限状态分为承载能力、正常使用和耐久性 3 种极限状态。但由于《混凝土结构设计规范》（GB 50010）尚未修订，本章仍以 GB 50010—2010（2015 版）规定的承载能力和正常使用两种极限状态进行比较。

2. GB 50010—2010（2015 版）

在 GB 50010—2010（2015 版）规范中，对持久、短暂和地震设计状况，承载能力极限状态实用设计表达式为

$$\gamma_0 S \leq R(f_c, f_y, a_k \cdots)/\gamma_{Rd} \tag{11-4}$$

对持久状况和短暂状况，荷载效应按基本组合计算。在建筑行业，荷载效应的计算表达式并不在 GB 50010—2010（2015 版）规范规定，而是由《建筑结构可靠性设计统一标准》（GB 50068—2018）、《建筑结构荷载规范》和《建筑抗震设计规范》规定。根据 GB 50009—2012，基本组合进一步划分为由可变荷载效应控制的组合和由永久荷载效应控制的组合，设计时取两者的最不利值[❶]。

由可变荷载效应控制的组合：

$$S = \gamma_G S_{Gk} + \gamma_{Q1} S_{Q1k} + \sum_{i=2}^{n} \gamma_{Qi} \psi_{ci} S_{Qik} \tag{11-5}$$

由永久荷载效应控制的组合：

$$S = \gamma_G S_{Gk} + \sum_{i=1}^{n} \gamma_{Qi} \psi_{ci} S_{Qik} \tag{11-6}$$

在式（11-4）～式（11-6）中，包含了结构重要性系数 γ_0、荷载分项系数 γ_G 和 γ_Q、材料分项系数 γ_s 和 γ_c 三个分项系数。此外，γ_{Rd} 为结构构件的抗力模型不定性系数，静力设计时 γ_{Rd} 取 1.0，对不确定性较大的结构构件根据具体情况取大于 1.0 数值，抗震设计时用抗震承载力调整系数 γ_{RE} 代替；S_{Q1k}、ψ_{ci} 仍为主导可变荷载标准值产生的荷载效应和可变荷载的组合值系数。

对地震状况，荷载效应采用地震组合。根据 2016 年版《建筑抗震设计规范》（GB 50011—2010），有

$$S = \gamma_G S_{GE} + \gamma_{Eh} S_{Ehk} + \gamma_{Ev} S_{Evk} + \psi_w \gamma_w S_{wk} \tag{11-7}$$

式中：S_{GE} 为重力荷载代表值的效应；S_{Ehk}、S_{Evk} 分别为水平、竖向地震作用标准值的效应；γ_{Eh}、γ_{Ev} 分别为水平、竖向地震作用分项系数；S_{wk} 为风荷载标准值的效应；ψ_w、γ_w 分别为风荷载组合值系数和分项系数，一般情况下 $\psi_w = 0$，风荷载起控制作用的建筑应取 $\psi_w = 0.2$。

对偶然作用下的结构进行承载能力极限状态设计时，作用效应 S 按偶然组合计算：

$$S = S_{Gk} + S_A + \psi_{f1} S_{Q1k} + \sum_{i=2}^{n} \psi_{qi} S_{Qik} \tag{11-8}$$

式中：S_A 为偶然荷载标准值算得的荷载效应；ψ_{f1} 为第 1 个可变荷载的频遇值系数；ψ_{qi} 为可变荷载的准永久值系数。

GB 50010—2010（2015 版）规范也没有给出偶然状况的设计方法，只给出了一些设

---

❶ 《建筑结构可靠性设计统一标准》（GB 50068—2018）已不再区分这两种情况，统一取 $\gamma_G = 1.30$、$\gamma_Q = 1.50$。《建筑结构荷载规范》（GB 50009）尚未修订，鉴于本章只是进行不同行业混凝土设计规范的比较，故仍选择和 JTS 151—2011 规范发布时间相近的 GB 50009—2012 进行比较。

计原则，同时由于 JTS 151—2011 规范未给出地震状况的设计方法，所以这里只比较 2 本规范对持久、短暂设计状况的规定。

比较式（11-1）～式（11-3）和式（11-4）～式（11-6）知，两本规范承载能力极限状态实用设计表达式的基本思路是一致的，只是在分项系数及取值方面有所不同，下面来比较两本规范各分项系数取值和荷载效应组合的异同。

（1）结构重要性系数 γ_0 取值相同。对于安全等级为一级、二级、三级的结构构件，其结构重要性系数 γ_0，JTS 151—2011 规范分别取为 1.1、1.0、0.9；GB 50010—2010（2015版）规范分别取不小于 1.1、1.0、0.9。对应于一级、二级、三级的结构构件，两本规范列出的 γ_0 是相同的，但说法不一样，JTS 151—2011 规范给出的"1.1、1.0、0.9"是定值，而 GB 50010—2010（2015版）给出的"1.1、1.0、0.9"是最小值。这意味着在遇到新型结构缺乏成熟设计经验时，或结构受力较为复杂、施工特别困难时，或荷载标准值较难正确确定时，以及失事后较难修复或会引起巨大次生灾害后果时的等情况，GB 50010—2010（2015版）允许提高结构重要性系数 γ_0，这更为合理。

（2）材料分项系数 γ_c 和 γ_s 取值相同。混凝土材料分项系数 γ_c，两本规范都取为 1.40。钢筋材料分项系数 γ_s，两本规范取值相同。对延性较好的热轧钢筋，除 HRB500 需适当提高安全储备，材料分项系数 γ_s 取为 1.15 外，其余都取为 1.10；对延性较差的预应力用高强钢筋（钢丝、钢绞线等），γ_s 取为 1.20。同时由于两本规范强度标准值相同，所以除 HRB500 的抗压强度设计值外，强度设计值也相同。HRB500 的抗压强度设计值，GB 50010—2010（2015版）取为 435N/mm²，JTS 151—2011 规范取为 400 N/mm²。这是由于钢筋的抗压强度设计值 f'_y 不但决定于钢筋的抗拉强度设计值 f_y，而且还受限于由混凝土的极限压应变 ε_{cu} 与钢筋弹性模量 E_s 的乘积，JTS 151—2011 规范对 ε_{cu} 取值更为严格。

（3）荷载分项系数 γ_G 和 γ_Q 取值有所不同。《建筑结构荷载规范》（GB 50009—2012）的 γ_G 在式（11-5）中取 1.20，在式（11-6）中取 1.35；对标准值大于 4.0kN/m² 的工业结构可变荷载 γ_Q 取 1.30，其他可变荷载 γ_Q 取 1.40。JTS 151—2011 规范中，除土压力 γ_G 取 1.35 外，一般情况取 $\gamma_G = 1.20$，但同时规定以结构自重、固定设备重、土重为主时，γ_G 应增大为不小于 1.30，这对应于式（11-6）中 γ_G 的取值；γ_Q 一般均取 1.40，但船舶撞击力、水流力等变异性大的可变荷载 γ_Q 一般均取 1.50。也就是说总体上，两本规范荷载分项系数取值相同，$\gamma_G = 1.20$，$\gamma_Q = 1.40$，但对个别荷载取值不同。

（4）荷载效应组合有所不同。《建筑结构荷载规范》（GB 50009—2012）将持久状况与短暂状况都归于基本荷载组合，采用相同的荷载效应计算代表式。但以永久荷载是否起控制作用分为 2 种：当永久荷载不起控制作用时，除主导可变荷载外，其余可变荷载都采用组合值 $\psi_{cj}Q_{jk}$；当永久荷载起控制作用时，可变荷载都采用组合值 $\psi_{cj}Q_{jk}$，但将永久荷载分项系数 γ_G 从 1.20 提高到 1.35。

JTS 151—2011 规范中，持久组合与短暂状况采用不同的荷载效应计算代表式。在持久组合中，除主导可变荷载外，其余可变荷载都采用组合值 $\psi_{cj}Q_{jk}$；在短暂组合中，所有可变荷载都采用组合值 $\psi_{cj}Q_{jk}$，且荷载分项系数可减 0.1 取用。以反映短暂组合由于持续时间短，所采用的可靠度可以降低。同时，为考虑永久荷载起控制作用的工况，规定若荷载以结构自重、固定设备重、土重等为主时，这些荷载的分项系数 γ_G 应增大，应不小于 1.30。

尽管两本规范都采用组合值 $\psi_{cj}Q_{jk}$，但组合系数 ψ_{cj} 取值是不同的。《建筑结构荷载规范》（GB 50009—2012）中，虽然大多数荷载的 ψ_c 取为 0.7，但也有一部分荷载的 ψ_c 大于 0.7；JTS 151—2011 规范中，一般可变荷载取 $\psi_{cj}=0.7$，经常以界值出现的有界荷载取 $\psi_{cj}=1.0$。

11.1.1.2　正常使用极限状态设计表达式

1. JTS 151—2011 规范

在 JTS 151—2011 规范中，正常使用极限状态的设计表达式为

$$S_d(G_k,Q_k,f_k,a_k) \leqslant C \tag{11-9}$$

式中：S_d 为正常使用极限状态荷载效应组合值；C 为结构或结构构件达到正常使用要求的规定限值。

S_d 分为下列标准组合、频遇组合、准永久组合 3 种荷载效应组合。

标准组合：

$$S_d = \sum_{i \geqslant 1} S_{Gik} + S_p + S_{Q1k} + \sum_{j>1} \psi_{cj} S_{Qjk} \tag{11-10}$$

频遇组合：

$$S_d = \sum_{i \geqslant 1} S_{Gik} + S_p + \psi_f S_{Q1k} + \sum_{j>1} \psi_{qj} S_{Qjk} \tag{11-11}$$

准永久组合：

$$S_d = \sum_{i \geqslant 1} S_{Gik} + S_p + \sum_{j \geqslant 1} \psi_{qj} S_{Qjk} \tag{11-12}$$

在所有组合中，永久荷载都采用标准值 S_{Gik}，而可变荷载在不同组合中采用不同的值。在标准组合中，主导可变荷载用标准值 S_{Q1k}，其他可变荷载用组合值 $\psi_{cj}S_{Qjk}$；在频遇组合中，主导可变荷载用频遇值 $\psi_f S_{Q1k}$，其他可变荷载用准永久值 $\psi_{qj}S_{Qjk}$；在准永久组合，可变荷载用准永久值 $\psi_{qj}S_{Qjk}$。

2. GB 50010—2010（2015 版）规范

在 GB 50010—2010（2015 版）规范中，正常使用极限状态的设计表达式为

$$S(G_k,Q_k,f_k,a_k) \leqslant C \tag{11-13}$$

式中：S 为正常使用极限状态荷载组合的效应设计值；C 为结构或结构构件达到正常使用要求的规定限值。

《建筑结构荷载规范》（GB 50009—2012）将 S 也分为下列标准组合、频遇组合和准永久组合。

标准组合：

$$S_d = \sum_{i \geqslant 1} S_{Gik} + S_{Q1k} + \sum_{j>1} \psi_{cj} S_{Qjk} \tag{11-14}$$

频遇组合：

$$S = \sum_{i \geqslant 1} S_{Gik} + \psi_{f1} S_{Q1k} + \sum_{j>1} \psi_{qj} S_{Qjk} \tag{11-15}$$

准永久组合：

$$S = \sum_{i \geqslant 1} S_{Gik} + \sum_{j \geqslant 1} \psi_{qj} S_{Qjk} \tag{11-16}$$

比较式（11-10）～式（11-12）和式（11-14）～式（11-16）知，2 本规范正常使用极限状态实用设计表达式是一致的，只是在可变荷载频遇值系数和准永久值系数取值有所不同。

《建筑结构荷载规范》（GB 50009—2012）规定了每一种可变荷载的 ψ_q 和 ψ_f 值，JTS 151—2011 规范则取固定的 ψ_q 和 ψ_f 值。在 JTS 151—2011 规范中，一般取 $\psi_q=0.6$，但对经常以界值出现的有界荷载取 $\psi_q=1.0$；而 $\psi_f=0.7$。

11.1.2 承载能力极限状态计算

以上讨论了 JTS 151—2011 和 GB 50010—2010（2015 版）两本规范在设计表达式及荷载效应 S 计算方面的异同点，下面以钢筋混凝土矩形截面受弯构件为例，来讨论承载能力极限状态计算时构件承载力，即实用表达式右边项 R 计算的异同。

11.1.2.1 正截面受弯承载力计算

在计算构件正截面承载力时，两本规范的基本假定相同，即都采用下列 4 个假定，而且所采用的混凝土和钢筋的应力应变曲线也是相同的。

（1）平截面假定。

（2）不考虑受拉区混凝土的工作。

（3）受压区混凝土的应力应变关系采用理想化的曲线（图 11-1）。

（4）钢筋应力取钢筋应变与弹性模量的乘积，但不超过强度设计值，受拉钢筋极限拉应变取为 0.01。

同时都将非线性分布的混凝土受压区应力图形，简化为等效的矩形应力图形来计算混凝土的合力，而且两本规范采用的等效矩形应力图形也是相同的，高度和应力强度分别都为 $\beta_1 x_0$、$\alpha_1 f_c$。α_1 和 β_1 取值都为：强度等级不超过 C50 的混凝土，$\alpha_1=1.0$、$\beta_1=0.8$；C80 混凝土，$\alpha_1=0.94$、$\beta_1=0.74$；其间，线性插值。

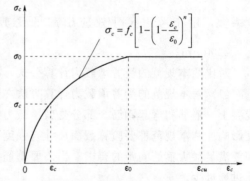

图 11-1 JTS 151—2011 规范和 GB 50010—2010（2015 版）规范采用的混凝土 σ_c-ε_c 曲线

由于两本规范受弯构件正截面承载力计算的计算简图相同，因此承载力计算公式和适用范围也相同，都为

$$M \leqslant M_u = \alpha_1 f_c b x \left(h_0 - \frac{x}{2}\right) + f_y' A_s'(h_0 - a_s') \qquad (11-17)$$

$$\alpha_1 f_c b x = f_y A_s - f_y' A_s' \qquad (11-18)$$

为了保证构件适筋破坏，基本公式应满足下列两个适用条件：

$$x \leqslant \xi_b h_0 \qquad (11-19)$$

$$\rho \geqslant \rho_{\min} \qquad (11-20)$$

此外，为了保证受压钢筋的应力达到抗压强度设计值，还应满足下式：

$$x \geqslant 2a_s' \qquad (11-21)$$

11.1.2.2　斜截面受剪承载力计算

1. GB 50010—2010（2015 版）规范

对于一般受弯构件：

$$V \leqslant V_u = 0.7 f_t b h_0 + f_{yv} \frac{A_{sv}}{s} h_0 + 0.8 f_y A_{sb} \sin\alpha \qquad (11-22)$$

对于承受集中荷载为主的独立梁：

$$V \leqslant V_u = \frac{1.75}{\lambda+1.0} f_t b h_0 + f_{yv} \frac{A_{sv}}{s} h_0 + 0.8 f_y A_{sb} \sin\alpha \qquad (11-23)$$

式中：λ 为剪跨比，取值在 $1.5 \sim 3.0$ 之间，当 $\lambda < 1.5$ 取 $\lambda = 1.5$，当 $\lambda > 3.0$ 取 $\lambda = 3.0$。

2. JTS 151—2011 规范

对于一般受弯构件：

$$V \leqslant V_u = \frac{1}{\gamma_d} \left(0.7 \beta_h f_t b h_0 + f_{yv} \frac{A_{sv}}{s} h_0 + 0.8 f_y A_{sb} \sin\alpha_s \right) \qquad (11-24)$$

对于集中荷载为主的矩形截面独立梁：

$$V \leqslant V_u = \frac{1}{\gamma_d} \left(\frac{1.75}{\lambda+1.5} \beta_h f_t b h_0 + f_{yv} \frac{A_{sv}}{s} h_0 + 0.8 f_y A_{sb} \sin\alpha_s \right) \qquad (11-25)$$

式中：γ_d 为结构系数，取 1.1，用于进一步增强受剪承载力计算的可靠性；β_h 为截面高度系数，用于考虑尺寸效应引起的受剪承载力的降低，$\beta_h = \left(\dfrac{800}{h_0} \right)^{1/4}$，$800\mathrm{mm} \leqslant h_0 < 2000\mathrm{mm}$。

对比两本规范的受剪承载力计算公式，可见：

（1）两本规范的受剪承载力计算方法在原则上是一致的，受剪承载力计算公式都是由混凝土、箍筋和弯起钢筋 3 部分受剪承载力组成，且都认为混凝土和箍筋的受剪承载力相互影响。两本规范都要验算截面尺寸与强度，以防止发生斜压破坏。箍筋和弯起钢筋间距都要满足最大箍筋间距的要求；当需要箍筋抗剪时，配箍率要大于最小配箍率，以防止腹筋过稀过少。

（2）对于箍筋和弯起钢筋受剪承载力，两本规范相同，都为 $f_{yv} \dfrac{A_{sv}}{s} h_0$ 和 $0.8 f_y A_{sb} \sin\alpha_s$。

（3）对于混凝土受剪承载力，JTS 151—2011 规范考虑了因尺寸效应引起的受剪承载力的降低，GB 50010—2010（2015 版）规范没有考虑，这也许是因为在民用建筑中受弯构件尺寸不大。

（4）两本规范最大的区别是，JTS 151—2011 规范引入了结构系数 γ_d，用于进一步增强受剪承载力计算的可靠性，所以在同样的荷载、尺寸和材料条件下，JTS 151—2011 规范要求的腹筋用量要大于 GB 50010—2010（2015 版）规范。

11.1.3　正常使用极限状态验算

11.1.3.1　裂缝控制等级

两本规范裂缝控制等级都分为三级，但其规定有所不同。

1. GB 50010—2010（2015 版）

在 GB 50010—2010（2015 版）规范中，将裂缝宽度控制等级分为下列三级，分别用混凝土应力和裂缝宽度进行控制。

一级——严格要求不出现裂缝的构件，按荷载效应标准组合进行计算时，构件受拉边缘混凝土不应产生拉应力，即应满足：

$$\sigma_{ck} - \sigma_{pc} \leqslant 0 \tag{11-26}$$

二级——一般要求不出现裂缝的构件，按荷载效应标准组合进行计算时，构件受拉边缘混凝土允许产生拉应力，但要求满足：

$$\sigma_{ck} - \sigma_{pc} \leqslant f_{tk} \tag{11-27}$$

三级——允许出现裂缝的构件，钢筋混凝土构件的最大裂缝宽度可按荷载效应准永久组合并考虑长期荷载影响计算，预应力混凝土构件的最大裂缝宽度按荷载效应标准组合并考虑长期荷载影响计算。要求最大裂缝宽度满足：

$$w_{max} \leqslant w_{lim} \tag{11-28}$$

对于环境类别为二 a 的预应力混凝土构件尚应按荷载效应准永久组合进行计算，此时构件受拉边缘混凝土允许产生拉应力，但要求满足：

$$\sigma_{cq} - \sigma_{pc} \leqslant f_{tk} \tag{11-29}$$

式中：σ_{ck}、σ_{cq} 分别为荷载效应标准组合和准永久组合下，构件抗裂验算边缘混凝土最大拉应力；σ_{pc} 为构件抗裂验算边缘混凝土有效预压应力；w_{lim}、w_{max} 分别为裂缝宽度限值和计算得到的最大裂缝宽度。

2. JTS 151—2011 规范

在 JTS 151—2011 规范中，也将裂缝宽度控制等级分为下列三级，分别用应力和裂缝宽度进行控制。

一级——严格要求不出现裂缝的构件，按荷载效应标准组合进行计算时，构件受拉边缘混凝土不应产生拉应力，即应满足：

$$\sigma_{ck} - \sigma_{pc} \leqslant 0 \tag{11-30}$$

这和 GB 50010—2010（2015 版）规范相同。

二级——一般要求不出现裂缝的构件，按荷载效应准永久组合进行计算时，构件受拉边缘混凝土不应产生拉应力，即应满足：

$$\sigma_{cq} - \sigma_{pc} \leqslant 0 \tag{11-31}$$

按荷载效应标准组合进行计算时允许产生拉应力，但拉应力应满足：

$$\sigma_k \leqslant \alpha_{ct} \gamma f_{tk} \tag{11-32}$$

式中：α_{ct} 为混凝土拉应力限制系数；γ 为受拉区混凝土塑性影响系数。

对于淡水环境的水上部位，预应力筋采用钢绞线，$\alpha_{ct}=0.3$，矩形截面受弯构件 $\gamma=1.55$，则 $\alpha_{ct}\gamma=0.465$。比较式（11-27）和式（11-32）知，JTS 151—2011 偏于严格，这可能是与水运结构多为承受水压的结构有关。在潮湿环境下，万一构件开裂预应力筋容易应力腐蚀。

三级——允许出现裂缝的构件，按荷载效应准永久组合进行裂缝宽度计算时，其最大裂缝宽度不应超过规定的限值。施工期有必要计算裂缝宽度时，裂缝宽度不宜超过规定的限值。

$$W_{max} \leqslant [W_{max}] \tag{11-33}$$

JTS 151—2011 规范对裂缝宽度限值的要求比 GB 50010—2010（2015 版）规范略严格一些。

需要指出的是，在 GB 50010—2010（2015 版）规范中，预应力混凝土构件允许三级裂缝控制，即允许某些预应力构件开裂。由于海港结构处于接触氯盐的海水环境下，一旦混凝土开裂预应力筋更容易锈蚀，因此，在 JTS 151—2011 规范中，预应力混凝土结构至少要二级裂缝控制，即预应力混凝土结构都是要求抗裂的。

在建筑工程和水运工程中，要使结构构件的裂缝控制达到一级和二级，必须对其施加预应力，即设计成预应力混凝土结构构件。钢筋混凝土结构构件在正常使用时允许带裂缝工作，属于三级控制。

11.1.3.2　钢筋混凝土受弯构件裂缝宽度验算

1. GB 50010—2010（2015 版）规范

在 GB 50010—2010（2015 版）规范，裂缝宽度计算公式采用下列半经验半理论的公式：

$$w_{max} = \alpha_{cr}\psi\frac{\sigma_s}{E_s}\left(1.9c_s + 0.08\frac{d_{eq}}{\rho_{te}}\right) \text{(mm)} \tag{11-34}$$

$$\psi = 1.1 - 0.65\frac{f_{tk}}{\rho_{te}\sigma_s} \tag{11-35}$$

$$d_{eq} = \frac{\sum n_i d_i^2}{\sum n_i \nu_i d_i} \tag{11-36}$$

$$\rho_{te} = \frac{A_s}{A_{te}} \tag{11-37}$$

式中：α_{cr} 为构件受力特征系数，受弯构件 $\alpha_{cr}=1.9$；ψ 为纵向受拉钢筋应变不均匀系数；σ_s 为按荷载准永久组合计算的纵向受拉钢筋的应力，N/mm²；c_s 为最外层纵向受拉钢筋外边缘至受拉区底边的距离，mm，$c_s<20$mm 时取 $c_s=20$mm，$c_s>65$mm 时取 $c_s=65$mm；d_{eq} 为纵向钢筋的等效直径，mm；ν_i 为第 i 种纵向受拉筋的相对黏结特性系数，光圆钢筋取 0.7，带肋钢筋取 1.0；ρ_{te} 为纵向受拉钢筋的有效配筋率，$\rho_{te}=A_s/A_{te}$，$\rho_{te}<0.01$ 时取 $\rho_{te}=0.01$；A_{te} 为有效受拉混凝土截面面积，mm²，受弯构件 $A_{te}=0.5bh+(b_f-b)h_f$。

2. JTS 151—2011 规范

在 JTS 151—2011 规范，裂缝宽度计算公式采用下列经验公式：

$$W_{max} = \alpha_1\alpha_2\alpha_3\frac{\sigma_s}{E_s}\left(\frac{c+d}{0.30+1.4\rho_{te}}\right) \text{(mm)} \tag{11-38}$$

式中：α_1 为构件受力特征的系数，受弯构件 $\alpha_1=1.0$；α_2 为考虑钢筋表面形状的系数，光圆钢筋 $\alpha_2=1.4$，带肋钢筋 $\alpha_2=1.0$；α_3 为考虑荷载效应准永久组合或重复荷载影响的系数，$\alpha_3=1.5$；c 为最外层纵向受拉钢筋外边缘至受拉区底边的距离，mm，当 $c>50$mm 时取 $c=50$mm；ρ_{te} 为纵向受拉钢筋的有效配筋率，$\rho_{te}=A_s/A_{te}$；A_{te} 为有效受拉混凝土截面面积，mm²，受弯构件 $A_{te}=2a_sb$；其余符号同式（11-34）。

对比两本规范的裂缝宽度计算公式，可见虽然它们采用的方法不同，一个采用半经验半理论公式，一个采用经验公式，但所考虑的影响因素是相同的，所不同的有下列几点：

（1）最外层纵向受拉钢筋外边缘至受拉区底边距离的最大值取值不同，GB 50010—2010（2015 版）规范为 65mm，JTS 151—2011 规范为 50mm。

（2）两本规范所规定的裂缝宽度限值 w_{lim} 略有差异。

（3）两本规范所定义的有效受拉混凝土截面面积 A_{te} 有很大不同。如对矩形受弯构件，JTS 151—2011 规范取 $A_{te}=2a_s b$，为受拉钢筋合力点到截面受拉边缘形成面积的 2 倍；GB 50010—2010（2015 版）规范取 $A_{te}=0.5bh$，为截面面积的一半，比 JTS 151—2011 规范定义的 A_{te} 大许多。

由于实际工程中出现的裂缝大部分与温度干缩及施工养护质量等非荷载因素有关，不是上述理论计算公式所能正确表达的，所以两本规范的裂缝计算公式孰优孰劣是无法加以论证的。

11.1.3.3　钢筋混凝土受弯构件挠度验算

1. GB 50010—2010（2015 版）规范

在 GB 50010—2010（2015 版）规范，钢筋混凝土受弯构件的最大挠度按荷载效应准永久组合，并考虑荷载长期作用的影响，按下列公式计算：

$$f=S\frac{M_q l_0^2}{B} \tag{11-39}$$

$$B=\frac{B_s}{\theta} \tag{11-40}$$

$$B_s=\frac{E_s A_s h_0^2}{1.15\psi+0.2+\dfrac{6\alpha_E \rho}{1+3.5\gamma_f'}} \tag{11-41}$$

式中：B 为考虑长期作用影响的构件抗弯刚度；B_s 为构件的短期抗弯刚度；M_q 为按荷载效应准永久组合计算的弯矩；θ 为考虑部分荷载长期作用对挠度增大影响系数，$\rho'=0$ 时 $\theta=2.0$，$\rho'=\rho$ 时 $\theta=1.6$，ρ' 为中间值时 θ 按线性内插取用，此处，$\rho'=\dfrac{A_s'}{bh_0}$，$\rho=\dfrac{A_s}{bh_0}$；γ_f' 为受压翼缘截面面积与腹板有效截面面积的比值，$\gamma_f'=\dfrac{(b_f'-b)h_f'}{bh_0}$；$\psi$ 为裂缝间纵向受拉钢筋应变不均匀系数；α_E 为钢筋弹性模量与混凝土弹性模量之比。

式（11-41）为半经验半理论公式，其计算结果与试验资料具有很好的符合性。

2. JTS 151—2011 规范

在 JTS 151—2011 规范，钢筋混凝土受弯构件的最大挠度仍按荷载效应准永久组合，并考虑荷载长期作用的影响，按下列公式计算

$$f=S\frac{M_q l_0^2}{B} \tag{11-42}$$

$$B_s=(0.025+0.28\alpha_E\rho)(1+0.55\gamma_f'+0.12\gamma_f)E_c bh_0^3 \tag{11-43}$$

$$B=\frac{B_s}{\theta} \tag{11-44}$$

其中，θ 取值和 GB 50010—2010（2015 版）规范相同。因此，两本规范挠度验算的

差别仅是短期刚度 B_s 的计算公式不同。

11.2 DL/T 5057—2009 与 JTS 151—2011 规范的对比

11.2.1 实用设计表达式

水工混凝土结构设计分为持久、短暂和偶然 3 种设计状况。持久状况是指结构在长期运行过程中出现的设计状况；短暂状况是指结构在施工、安装、检修期出现的设计状况或在运行期短暂出现的设计状况；偶然状况是结构在运行过程中出现的概率很小且持续时间极短的设计状况，如遭遇地震或校核洪水位。对 3 种状况都要进行承载能力极限状态计算，对持久状态尚应进行正常使用极限状态验算，对短暂状态可根据需要进行正常使用极限状态验算，对偶然状况可不进行正常使用极限状态验算。

11.2.1.1 承载能力极限状态设计表达式

对于承载能力极限状态，DL/T 5057—2009 规范采用的是以 5 个分项系数表达的实用设计表达式，如式（11-45）所示，这 5 个系数分别是结构重要性系数 γ_0、设计状况系数 ψ、结构系数 γ_d、荷载分项系数 γ_G 和 γ_Q、材料分项系数 γ_c 和 γ_s。

$$\gamma_0 \psi S \leqslant \frac{1}{\gamma_d} R(f_c, f_y, a_k \cdots) \tag{11-45}$$

对持久和短暂设计状况，荷载效应采用基本组合，其设计值表达式为

$$S = \gamma_G S_{Gk} + \gamma_{Q1} S_{Q1k} + \gamma_{Q2} S_{Q2k} \tag{11-46}$$

对于偶然设计状况，荷载效应采用偶然组合，其设计值表达式为

$$S = \gamma_G S_{Gk} + \gamma_{Q1} S_{Q1k} + \gamma_{Q2} S_{Q2k} + S_{Ak} \tag{11-47}$$

式中：S_{Gk} 为永久荷载标准值产生的荷载效应；S_{Q1k} 为一般可变荷载标准值产生的荷载效应；S_{Q2k} 为可控制的可变荷载标准值产生的荷载效应；S_{Ak} 为偶然荷载代表值产生的荷载效应，在偶然组合中每次只考虑一种偶然荷载。

比较式（11-1）～式（11-3）和式（11-45）～式（11-47）知，两本规范承载能力极限状态实用设计表达式的思路是一致的，只是在分项系数及取值方面有所不同，下面来比较两本规范各分项系数取值的异同。

1. 结构重要性系数 γ_0 取值相同

对于安全等级为一级、二级、三级的结构构件，其结构重要性系数 γ_0，JTS 151—2011 规范分别取为 1.1、1.0、0.9；DL/T 5057—2009 规范分别取不小于 1.1、1.0、0.9。这意味着 DL/T 5057—2009 规范和 GB 50010—2010（2015 版）规范一样，"1.1、1.0、0.9" 是其所要求的最小值。

2. 材料分项系数 γ_c 和 γ_s 取值基本相同

混凝土材料分项系数 γ_c，两本规范都取为 1.40。钢筋材料分项系数 γ_s，两本规范取值除 HRB500 不同外，其余相同。HRB500 钢筋，DL/T 5057—2009 规范 γ_s 取 1.19，抗拉和抗压强度设计值分别为 420N/mm² 和 400N/mm²；JTS 151—2011 规范相应 γ_s 取为 1.15，抗拉和抗压强度设计值分别取为 435N/mm² 和 400N/mm²。由于两本规范混凝土标准值取值相同，因此，除 HRB500 钢筋外，混凝土强度设计值和其他钢筋强度设计值

两本规范取值相同，和 GB 50010—2010（2015 版）规范也相同。

3. 荷载分项系数 γ_G 和 γ_Q 取值有所不同

JTS 151—2011 规范中，除土压力 γ_G 取 1.35 外，一般情况取 $\gamma_G=1.20$；γ_Q 一般均取 1.40，但船舶撞击力、水流力等变异性大的可变荷载 γ_Q 一般均取 1.50。DL/T 5057—2009 规范要求荷载分项系数按《水工建筑物荷载规范》（DL 5077—1997）取值，同时规定了各类荷载分项系数的最小值。其中，对于永久荷载，一般情况取 γ_G 不小于 1.05，当永久荷载对结构有利时取 $\gamma_G=0.95$；对于可变荷载，分为两类：一类为一般可变荷载 Q_1，其分项系数 γ_{Q1} 不小于 1.20；一类为可控制的可变荷载 Q_2，其分项系数 γ_{Q2} 不小于 1.10。可控制的可变荷载是指可以严格控制其不超出规定限值的荷载，如由制造厂家提供的吊车最大轮压值、按实际铭牌确定的设备重力等。

4. 分项系数个数不同

DL/T 5057—2009 规范除上述 γ_0、γ_c 和 γ_s、γ_G 和 γ_Q 外，还有设计状况系数 ψ 和结构系数 γ_d。

在 DL/T 5057—2009 规范，用设计状况系数 ψ 来反映持久状况和短暂状况可靠度要求不同，持久设计状况 $\psi=1.0$，短暂设计状况 $\psi=0.95$。而 JTS 151—2011 规范，是通过调整荷载分项系数来实现持久状况和短暂状况可靠度要求的不同，在短暂组合时荷载分项系数可按原规定减 0.10 取用。而 GB 50010—2010（2015 版）规范将持久状况与短暂状况都归于基本荷载组合，采用相同的荷载效应计算代表式。

在 DL/T 5057—2009 规范，结构系数 γ_d 其实是一个超载系数，用于考虑实际荷载大于荷载标准值的可能性。$\gamma_d=1.20$，可以理解为把 JTS 151—2011 和 GB 50010—2010（2015 版）规范的荷载分项系数（1.20 及 1.40）分为荷载分项系数（1.05 及 1.20）和结构系数（1.20）两个部分，这两个部分的乘积也就相当于 JTS 151—2011 和 GB 50010—2010（2015 版）规范的荷载分项系数。

5. 设计状况分类不同

在 DL/T 5057—2009 规范中，偶然状况是结构遭遇地震或校核洪水位的工况；在 JTS 151—2011 规范和 GB 50010—2010（2015 版）规范中，偶然状况是指遭遇非正常撞击、火灾、爆炸等，遭遇地震工况专门列为地震状况。

6. 荷载效应组合不同

JTS151—2011 和 GB 50010—2010（2015 版）规范采用可变荷载组合值，以使结构构件在两种或两种以上可变荷载参与的情况与仅有一种可变荷载参与的情况具有大致相同的可靠指标。如 JTS 151—2011 规范规定，在持久组合中除主导可变荷载外，其余可变荷载都进行折减，采用组合值 $\psi_{cj}Q_{jk}$；在短暂组合中，所有可变荷载都采用组合值 $\psi_{cj}Q_{jk}$。在水工结构设计中，习惯上不考虑可变荷载组合时的折减，《水工建筑物荷载设计规范》也未给出组合值系数 ψ_c，即对荷载组合中所有的可变荷载都取 $\psi_c=1.0$。所以在水工设计规范中，就不存在"荷载组合值"这一术语。

对于永久荷载起控制作用的工况，JTS 151—2011 规范规定，若荷载以结构自重、固定设备重、土重等为主时，这些荷载的分项系数 γ_G 应增大，应不小于 1.30；在 DL/T 5057—2009 规范则规定，对承受永久荷载为主的构件，结构系数 γ_d 可应按表中数值增加

0.05；在 GB 50010—2010（2015 版）规范，则采用不同的计算表达式来区别永久荷载起控制作用的工况与可变荷载效应起控制的工况。

11.2.1.2 正常使用极限状态设计表达式

在 DL/T 5057—2009 规范中，正常使用极限状态的设计表达式为

$$\gamma_0 S_k(G_k, Q_k, f_k, a_k) \leqslant C \tag{11-48}$$

式中：S_k 为正常使用极限状态荷载效应组合值；C 为结构或结构构件达到正常使用要求的规定限值。

S_k 只考虑标准组合，且不考虑荷载组合值，全部采用荷载标准值，即

$$S_k = S_{Gk} + S_{Qk} \tag{11-49}$$

在正常使用极限状态验算时，JTS 151—2011 规范、GB 50010—2010（2015 版）规范和 DL/T 5057—2009 规范实用设计表达式的异同点主要是：

（1）DL/T 5057—2009 规范列有结构重要性系数 γ_0，JTS 151—2011 规范和 GB 50010—2010（2015 版）规范不考虑 γ_0。

（2）3 本规范荷载分项系数和材料分项系数都取为 1.0。

（3）JTS 151—2011 规范和 GB 50010—2010（2015 版）规范考虑了荷载效应的标准组合、频遇组合和准永久组合，DL/T 5057—2009 规范只考虑标准组合。DL/T 5057—2009 规范只考虑标准组合的原因之一是，《水工建筑物荷载设计规范》未给出可变荷载组合值、频遇值和准永久值系数。

11.2.2 承载能力极限状态计算

仍以钢筋混凝土矩形截面受弯构件为例，来讨论 JTS 151—2011 规范和 DL/T 5057—2009 规范承载能力极限状态计算时构件承载力，即实用表达式右边项 R 计算的异同。

11.2.2.1 正截面受弯承载力计算

在计算构件正截面承载力时，两本规范的基本假定相同，即都采用下列 4 个假定：

（1）平截面假定。

（2）不考虑受拉区混凝土的工作。

（3）受压区混凝土的应力应变关系采用理想化的曲线（图 11-2）。

（4）钢筋应力取钢筋应变与弹性模量的乘积，但不超过强度设计值。

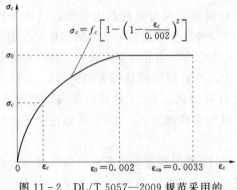

图 11-2　DL/T 5057—2009 规范采用的
混凝土 σ_c-ε_c 设计曲线

同时都将非线性分布的混凝土受压区应力图形，简化为等效的矩形应力图形来计算混凝土的合力。

在水工结构中采用高强混凝土的概率很小，为了简化计算代表式，DL/T 5057—2009 规范只列入强度等级不高于 C60 的混凝土，于是受压区混凝土的应力-应变关系就得以简化（图 11-2）。如此，等效矩形应力图形高度就固定为 $0.8x_0$，应力大小就固定为 f_c，也就省略了系数 α_1 和 β_1。

在 DL/T 5057—2009 规范中，受弯构件

正截面承载力计算的基本公式为

$$M \leqslant \frac{1}{\gamma_d} M_u = \frac{1}{\gamma_d} \left[f_c bx \left(h_0 - \frac{x}{2} \right) + f_y' A_s' (h_0 - a_s') \right] \quad (11-50)$$

$$f_c bx = f_y A_s - f_y' A_s' \quad (11-51)$$

为了保证构件适筋破坏以及受压钢筋应力达到抗压强度设计值，基本公式应满足下列三个适用条件：

$$x \leqslant \xi_b h_0 \quad (11-52)$$

$$x \geqslant 2a_s' \quad (11-53)$$

$$\rho \geqslant \rho_{\min} \quad (11-54)$$

比较式（11-17）～式（11-21）和式（11-50）～式（11-54）可见，对于受弯构件正截面受弯承载力计算，DL/T 5057—2009 和 JTS 151—2011 两本规范的计算公式几乎完全一样。不同之处仅是：

（1）DL/T 5057—2009 规范中有 $\gamma_d = 1.20$ 这个系数，JTS 151—2011 规范则没有。应注意，两本规范的弯矩设计值 M 在数值上是完全不同的，这是因为两者所取的荷载分项系数 γ_G、γ_Q 是不同的。DL/T 5057—2009 规范的 γ_G、γ_Q 乘以 γ_d 后和 JTS 151—2011 规范的 γ_G、γ_Q 相近。

（2）在 JTS 151—2011 规范中，存在一个矩形应力图形压应力等效系数 α_1（$\alpha_1 = 1.0 \sim 0.94$）。混凝土强度等级小于等于 C50 时，α_1 取 1.0；高于 C50 时，α_1 取值小于 1.0。在水工结构中，一般不会采用高强混凝土，所以 DL/T 5057—2009 规范不列入系数 α_1，以简化计算。

当混凝土强度等级小于等于 C50 时，两本规范受弯构件正截面承载力计算结果是十分相近的，这是因为：①两本规范混凝土和主要钢筋的强度设计值取值是相同的；②JTS 151—2011 规范中的 M 与 DL/T 5057—2009 规范 $\gamma_d M$ 是相近的，DL/T 5057—2009 规范 $\gamma_d M$ 中的 $\gamma_d = 1.20$ 与 $\gamma_Q = 1.20$、$\gamma_G = 1.05$ 的乘积等于 1.44 和 1.26，与 JTS 151—2011 规范中大多数荷载的 $\gamma_Q = 1.40$、$\gamma_G = 1.20$ 相近。

（3）验算 $\rho \geqslant \rho_{\min}$ 时，两本规范计算 ρ 所采用的截面面积是不同的。在 DL/T 5057—2009 规范 $\rho = \dfrac{A_s}{bh_0}$，JTS 151—2011 规范 $\rho = \dfrac{A_s}{bh + (b_f - b)h_f}$。

11.2.2.2 斜截面受剪承载力计算

在 DL/T 5057—2009 规范中，受弯构件斜截面承载力计算的基本公式为

对于一般受弯构件：

$$V \leqslant \frac{1}{\gamma_d} V_u = \frac{1}{\gamma_d} \left(0.7 f_t bh_0 + f_{yv} \frac{A_{sv}}{s} h_0 + f_y A_{sb} \sin\alpha \right) \quad (11-55)$$

对于集中荷载为主的矩形截面独立梁：

$$V \leqslant \frac{1}{\gamma_d} V_u = \frac{1}{\gamma_d} \left(0.5 f_t bh_0 + f_{yv} \frac{A_{sv}}{s} h_0 + f_y A_{sb} \sin\alpha \right) \quad (11-56)$$

对比式（11-24）、式（11-25）和式（11-55）、式（11-56），可见：

（1）DL/T 5057—2009 和 JTS 151—2011 两本规范的受剪承载力计算方法在原则上是一致的，受剪承载力都是由混凝土、箍筋和弯起钢筋 3 部分受剪承载力组成，也都考虑

了混凝土和箍筋受剪承载力的相互影响。

（2）对于一般受弯构件，弯起钢筋受剪承载力项的系数，JTS 151—2011 规范取为 0.8，即认为斜截面破坏时弯起钢筋达不到屈服；DL/T 5057—2009 规范取为 1.0，即认为斜截面破坏时弯起钢筋能达到屈服。

（3）对于混凝土受剪承载力，JTS 151—2011 规范考虑了因尺寸效应引起的承载力的降低，DL/T 5057—2009 规范仅对不配抗剪钢筋的实心板才考虑尺寸效应。

（4）对于集中荷载为主的情况，JTS 151—2011 规范对混凝土受剪承载力 V_c 项中考虑了剪跨比 λ 的影响，当 $\lambda = 1.5 \sim 3.0$ 时，$V_c = \dfrac{1.75}{\lambda + 1.5} \beta_h f_t b h_0 = (0.7 \sim 0.44) \beta_h f_t b h_0$。DL/T 5057—2009 规范则将 V_c 简化为 $0.5 f_t b h_0$。同时，DL/T 5057—2009 规范对式（11-56）限定为矩形截面的独立梁，考虑了 T 形截面翼缘对抗剪的有利作用；JTS 151—2011 规范对式（11-25）只限定为独立梁，而没有限定截面形状，没有考虑 T 形截面翼缘对抗剪的有利作用。

（5）两本规范最大的区别是，JTS 151—2011 规范引入了结构系数 γ_d，用于进一步增强受剪承载力计算的可靠性，所以在同样的荷载、尺寸和材料条件下，JTS 151—2011 规范要求的腹筋用量要大于 DL/T 5057—2009 规范。

由于斜截面承载力试验结果的离散性，不同规范对斜截面承载力计算有不同的处理，但差异总体不大。

11.2.2.3　正常使用极限状态设计表达式

DL/T 5057—2009 规范对抗裂、裂缝宽度和挠度验算都按荷载效应标准组合进行，这一方面是由于水工荷载的复杂性和多样性，《水工建筑物荷载设计规范》（DL 5077—1997）未能给出可变荷载准永久值和频遇值系数，也就不可能进行准永久组合、频遇组合的计算；另一方面是由于在水工结构中裂缝宽度计算公式的局限性，过分细分荷载效应组合也没有必要。

1. 裂缝控制等级

在 DL/T 5057—2009 规范中，也将裂缝宽度控制等级分为下列三级，分别用混凝土应力和裂缝宽度进行控制。

一级——严格要求不出现裂缝的构件，荷载效应标准组合下，构件受拉边缘混凝土不允许产生拉应力，即应满足：

$$\sigma_{ck} - \sigma_{pc} \leqslant 0 \tag{11-57}$$

这和 JTS 151—2011 规范相同。

二级——一般要求不出现裂缝的构件，荷载效应标准组合下，构件受拉边缘混凝土允许产生拉应力，但要求满足：

$$\sigma_{ck} - \sigma_{pc} \leqslant 0.7 \gamma_m f_{tk} \tag{11-58a}$$

式中：γ_m 为受弯构件截面抵抗矩系数，也就是受弯构件受拉区混凝土塑性影响系数。

对于淡水环境的水上部位，预应力筋采用钢绞线，$\alpha_{ct} = 0.3$。比较式（11-32）和式（11-58a）知，JTS 151—2011 规范偏于严格。

三级——允许出现裂缝的构件，预应力混凝土构件与钢筋混凝土构件的最大裂缝宽度可按荷载效应标准组合并考虑长期荷载影响计算。最大裂缝宽度满足：

$$w_{\max} \leqslant w_{\lim} \tag{11-59}$$

式中：σ_{ck} 为荷载效应标准组合下，构件抗裂验算边缘混凝土最大拉应力；σ_{pc} 为构件抗裂验算边缘混凝土有效预压应力；$w_{\lim}$、$w_{\max}$ 分别为裂缝宽度限值和计算得到的最大裂缝宽度。

JTS 151—2011 规范按荷载效应准永久组合计算裂缝宽度，DL/T 5057—2009 规范采用荷载效应标准组合计算裂缝宽度，DL/T 5057—2009 规范采用的荷载效应要大于 JTS 151—2011 规范。

另外，由于水工结构的尺寸较大，因此它可以要求部分钢筋混凝土结构是抗裂的，这时，对受弯构件要求满足：

$$\sigma_{ck} \leqslant 0.85\gamma_m f_{tk} \tag{11-58b}$$

水运和建筑工程中的构件尺寸较小，无法要求钢筋混凝土结构满足抗裂要求，若结构构件要求抗裂，则需施加预应力，做成预应力混凝土结构。

2. 钢筋混凝土受弯构件裂缝宽度验算

在 DL/T 5057—2009 规范中，裂缝宽度计算公式采用下列半经验半理论的公式：

$$w_{\max} = \alpha_{cr}\psi \frac{\sigma_{sk} - \sigma_0}{E_s} l_{cr} \quad (\text{mm}) \tag{11-60}$$

$$\psi = 1 - 1.1 \frac{f_{tk}}{\rho_{te}\sigma_{sk}} \tag{11-61}$$

$$l_{cr} = \left(2.2c + 0.09\frac{d}{\rho_{te}}\right)\nu, 20\text{mm} \leqslant c \leqslant 65\text{mm} \tag{11-62}$$

$$l_{cr} = \left(65 + 1.2c + 0.09\frac{d}{\rho_{te}}\right)\nu, 65\text{mm} < c \leqslant 150\text{mm} \tag{11-63}$$

式中：α_{cr} 为考虑构件受力特征的系数，受弯构件取 $\alpha_{cr} = 1.90$；ψ 为裂缝间纵向受拉钢筋应变不均匀系数，$\psi < 0.2$ 时取 $\psi = 0.2$，对直接承受重复荷载的构件取 $\psi = 1$；σ_{sk} 为按荷载标准组合计算的构件纵向受拉钢筋应力，N/mm^2；σ_0 为钢筋的初始应力，对于长期处于水下的结构允许采用 $\sigma_0 = 20.0\text{N/mm}^2$，对于干燥环境中的结构取 $\sigma_0 = 0$；l_{cr} 为平均裂缝间距，mm；c 为最外层纵向受拉钢筋外边缘至受拉区底边的距离，mm，$c < 20\text{mm}$ 时取 $c = 20\text{mm}$，$c > 150\text{mm}$ 取 $c = 150\text{mm}$；ρ_{te} 为纵向受拉钢筋的有效配筋率，$\rho_{te} = A_s/A_{te}$，$\rho_{te} < 0.03$ 时取 $\rho_{te} = 0.03$；A_{te} 为有效受拉混凝土截面面积，mm^2，受弯 $A_{te} = 2ab$；ν 为考虑钢筋表面形状的系数，带肋钢筋取 $\nu = 1.0$，光圆钢筋取 $\nu = 1.4$。

比较式（11-38）与式（11-60）～式（11-63）知，可见虽然它们采用的方法不同，一个采用经验公式，一个采用半经验半理论公式，但所考虑的影响因素是相同的，所不同的有下列几点：

（1）DL/T 5057—2009 规范针对水工结构特点，允许考虑长期处于水下的结构因混凝土湿胀而在钢筋中产生的初始应力 σ_0，σ_0 可取为 20N/mm^2。

（2）DL/T 5057—2009 规范针对水工中混凝土保护层 c 普遍较大的特点，对裂缝间距 l_{cr} 分成两个档次来计算，这是为了避免保护层较大时计算出的 $w_{\max}$ 过分偏大。

（3）两本规范所规定的裂缝宽度限值 $w_{\lim}$ 略有差异。

（4）两本规范计算裂缝宽度时采用的荷载效应组合不同，DL/T 5057—2009 规范采用按荷载效应标准组合，它是所有永久荷载与可变荷载的组合。JTS 151—2011 规范采用荷载效应准永久组合，它是所有永久荷载与可变荷载中的准永久部分的组合，参与的可变荷载要小于 DL/T 5057—2009 规范。

同样由于实际工程中出现的裂缝大部分与温度干缩及施工养护质量等非荷载因素有关，不是上述理论计算公式所能正确表达的，所以两本规范的裂缝计算公式孰优孰劣是无法加以论证的。

3. 钢筋混凝土受弯构件挠度验算

在 DL/T 5057—2009 规范，钢筋混凝土受弯构件的最大挠度仍应按荷载标准组合，并考虑荷载长期作用的影响进行计算，计算公式如下：

$$f=S\frac{M_k l_0^2}{B} \tag{11-64}$$

构件不开裂时：

$$B_s=0.85E_c I_0 \tag{11-65}$$

构件开裂时：

$$B_s=(0.025+0.28\alpha_E\rho)(1+0.55\gamma_f'+0.12\gamma_f)E_c bh_0^3 \tag{11-66}$$

同时，由于《水工建筑物荷载设计规范》（DL 5077—1997）未能给出可变荷载准永久值系数，也就得不到荷载效应准永久组合下的弯矩值 M_q。考虑到在一般情况下 $B=(0.59\sim0.81)B_s$，同时参考《公路钢筋混凝土及预应力混凝土桥涵设计规范》（JTG D62—2004）中取 $B=0.625B_s$ 的规定，取：

$$B=0.65B_s \tag{11-67}$$

在水工混凝土结构中，构件尺寸一般均较大，挠度验算常不是控制条件，适当加以简化是可行的。

比较式（11-64）～式（11-66）和式（11-42）～式（11-44）知，两本规范受弯构件挠度验算的异同点有：

（1）采用的荷载效应组合不同。DL/T 5057—2009 规范采用荷载效应标准组合，JTS 151—2011 规范采用荷载效应准永久组合，内力值要小于 DL/T 5057—2009 规范。

（2）在水工结构中，承受水压的轴心受拉和小偏心受拉钢筋混凝土构件是要求抗裂的，DL/T 5057—2009 规范给出了不开裂构件的短期刚度计算公式。但对于开裂构件，两本规范采用的短期刚度计算公式是相同的。

（3）长期刚度的计算方法不同。DL/T 5057—2009 规范简化取长期刚度 $B=0.65B_s$，而 JTS 151—2011 规范中长期刚度 $B_l=B_s/\theta$。

第 12 章　钢筋混凝土结构课程设计

12.1　肋形楼盖设计参考资料

12.1.1　概述

　　肋形结构是土木、水运和水电工程中应用非常广泛的一种平面结构形式。它常用于钢筋混凝土楼盖、屋盖，也用于地下室基础底板或建筑底部的满堂基础、挡土墙面板、桥梁和码头的上部结构、储水池的池顶与池底、隧洞进水口的工作平台等结构。

　　楼盖是房屋建筑的重要组成部分，大多采用钢筋混凝土结构。按施工方法可将楼盖分为：整体现浇楼盖、装配式楼盖及装配整体式楼盖。整体现浇楼盖整体性好，结构布置灵活。按梁板的布置方式，整体现浇楼盖又可分为：肋形楼盖、无梁楼盖、井式楼盖及密肋楼盖等。

　　肋形楼盖是整体现浇楼盖中使用最普遍的一种，由板、梁组成，二者整体浇筑。肋形楼盖的特点是用钢量较少，楼板上留洞方便，但支模较复杂。

12.1.2　结构布置

　　结构布置的要求如下。

　　（1）承重墙、柱网和梁格的布置首先要满足使用要求，如厂房设备布置、生产工艺要求等。

　　（2）在满足使用要求的基础上，梁格布置应尽量求得技术和经济上的合理。

　　1）由于板的面积较大，为节省材料，降低造价，在保证安全的前提下，尽量采用板厚较薄的楼板。

　　2）由于楼板较薄，因此应尽量避免重大的集中荷载直接作用在板上，一般大型设备应直接由梁来承受，在大孔洞边、非轻质隔墙下宜布置支承梁。

　　3）梁格布置力求规整，梁系尽可能连续贯通，板厚和梁的截面尺寸尽可能统一。

　　4）主梁可沿房屋横向布置，也可沿房屋纵向布置。当主梁沿房屋横向布置时，房屋横向刚度较大；同时主梁搁置在纵墙的窗间墙或柱上，可以提高窗顶过梁的梁底高度，增加窗的面积，有利于室内采光。当主梁沿房屋纵向布置时，虽然房屋横向刚度小，不利于室内采光，但可增加房屋使用空间的净高。

　　5）在砖混结构中，梁的支承点应避开门窗洞口。

　　6）梁板尽量布置为跨度相等的多跨连续梁板，有需要的情况下，在梁板的端部可适当外挑，以改善边跨梁板弯矩的不均匀性。

12.1.3　材料的选用和梁板截面尺寸初步选定

　　1. 材料选用

　　混凝土：C30 或 C25。

钢筋：梁内和板内纵向受力钢筋采用 HRB400 钢筋；构造钢筋一般采用 HPB300 钢筋，也可采用 HRB400 钢筋。

2. 板、梁的构造截面尺寸

板、梁的构造截面尺寸，主要与其结构类型和跨度大小有关，同时要考虑荷载大小和建筑模数的要求。荷载较大且跨数少时应取尺寸估算值的较大值，否则取较小值。

(1) 板：在一般建筑中，板的厚度为 $80\sim150\mathrm{mm}$。建筑基础底板厚度与地基条件、基础和上部结构型式、柱的间距等多方面因素有关，初步取值时可按建筑的层数估算（按每层 50mm 计）；底板厚度一般不小于 200mm，当有防水要求时不小于 250mm。按照刚度要求，板的经济跨度、板厚度取值范围分别见表 12-1 和表 12-2；板的常用厚度见表 12-3。板厚取值时，先按刚度要求由表 12-2 初步确定板厚，再按表 12-3 选择合适的厚度。

表 12-1　　　　　　　　　板 的 经 济 跨 度　　　　　　　　　单位：mm

类别	单跨简支板	多跨连续板	悬臂板	楼梯梯段板
单向板	1500~2700	2000~3000	1200~1500	3000~3300
双向板	3500~4500	4000~5000		

注　表中双向板的数值为板短跨计算长度。

表 12-2　　　　　　　　　板 厚 取 值 范 围

类　别	单跨简支板	多跨连续板	悬臂板	楼梯梯段板
单向板	$\left(\frac{1}{35}\sim\frac{1}{30}\right)l$	$\left(\frac{1}{40}\sim\frac{1}{35}\right)l$	$\left(\frac{1}{12}\sim\frac{1}{10}\right)l$	$\left(\frac{1}{25}\sim\frac{1}{20}\right)l$
双向板	$\left(\frac{1}{45}\sim\frac{1}{40}\right)l$	$\left(\frac{1}{50}\sim\frac{1}{45}\right)l$		

注　表中双向板的 l 为板短跨计算长度。

表 12-3　　　　　　　　　板 的 常 用 厚 度　　　　　　　　　单位：mm

板厚≤100	100＜板厚≤200	板厚＞200（基础板）
80、90、100	120、140、150、160、180、200	250、300、350、400、450、500、600、700、800、900、1000、1200、1500 等

(2) 梁：按照刚度要求，主梁及次梁的经济跨度、梁高取值范围分别见表 12-4 和表 12-5。梁高的常见尺寸见表 12-6。梁宽取梁高的 $1/3\sim1/2$，即 $b=(1/3\sim1/2)h$。与板一样，梁高取值时先按刚度要求由表 12-5 初步确定梁高，再按表 12-6 选择合适的梁高[1]。

表 12-4　　　　　　　　　梁 的 经 济 跨 度　　　　　　　　　单位：mm

类别	次梁	主梁	悬臂梁	井字梁
单跨	4000~5000	5000~8000	1500~2000	15000~20000
多跨连续梁	4000~6000	5000~9000		

---

[1] 表 12-3 和表 12-6 所列的板、梁常用尺寸，符合模数要求。

表 12-5 梁 高 取 值 范 围

类别	次梁	主梁	悬臂梁	井字梁
单跨	$\left(\frac{1}{12}\sim\frac{1}{8}\right)l$	$\left(\frac{1}{12}\sim\frac{1}{8}\right)l$	$\left(\frac{1}{6}\sim\frac{1}{5}\right)l$	$\left(\frac{1}{20}\sim\frac{1}{15}\right)l$
多跨连续梁	$\left(\frac{1}{18}\sim\frac{1}{12}\right)l$	$\left(\frac{1}{15}\sim\frac{1}{10}\right)l$		

表 12-6 梁 的 常 见 尺 寸 单位：mm

类别	梁高≤700	700<梁高≤1000	梁高>1000
梁高	300、350、400、450、500、550、600、650、700	800、900、1000	1200、1500、1600、2000
梁宽	120、150、200、250、300	200、250、300、350	350、400、450、500、550、600

注 主梁或框架梁宽不宜应小于 250mm。

12.1.4 单向板肋形楼盖设计要点

12.1.4.1 计算简图

1. 支座与跨数

在内框架结构中，房屋内部由梁、柱组成为框架承重体系，外部由砖墙承重，楼（屋）面荷载通过板传递给框架与砖墙共同承担，而水平荷载（如风载）被认为由外墙承受。这时，板是以边墙和次梁为铰支座的多跨连续板；次梁是以边墙和主梁为铰支座的多跨连续梁；主梁的中间支座是柱，当主梁线刚度与柱线刚度比大于5时可把主梁看作是以边墙和柱为铰支座的连续梁，否则应作为刚架进行计算。需要指出的是，在整体现浇楼盖中为考虑板的作用，按梁尺寸计算的梁的线刚度要乘以放大系数，中间梁放大系数取2.0，边梁取1.5。

由于钢筋混凝土与砖两种材料的弹性模量不同，两者的刚度、变形不协调，内框架结构的整体性与整体刚度都较差，抗震性能差，对有抗震设防要求的房屋不应采用。在我国，一些经济发达地方已不允许使用内框架结构。

在框架结构中，房屋内部和四周都为梁、柱结构，房屋墙体不承重，仅起围护作用。对于板与次梁，按弹性理论计算时边支座仍可简化为铰支座，但须加强边支座上部钢筋的构造要求，以抵抗实际存在的负弯矩；按塑性理论计算时，边支座的负弯矩可查表得到。对于主梁，工程上直接按框架梁设计，即将主梁与柱作为刚架来设计，除承受次梁传来的集中力和自重等垂直荷载外，还承受水平荷载。考虑到同学们尚未有框架结构的概念和课程设计学时的限制，课程设计时仍可将梁柱线刚度比大于5的主梁作为以铰为支座的连续梁计算，只承受垂直荷载。需要强调的是，这仅是满足教学训练的需要。

对于5跨和5跨以内的连续梁（板），计算跨数取实际跨数；对于5跨以上的连续梁（板），当跨度相差不超过10%，且各跨截面尺寸及荷载相同时，可近似按五跨等跨连续梁（板）计算。中间各跨内力，取与第3跨相同。

2. 计算跨度

（1）当按弹性方法计算内力设计值时，计算弯矩用的计算跨度 l_0 一般取支座中心线

间的距离 l_c；当支座宽度 b 较大时，按下列数值采用。

　　1）对于板，当 $b>0.1l_c$ 时，取 $l_0=1.1l_n$。

　　2）对于梁，当 $b>0.05l_c$ 时，取 $l_0=1.05l_n$。

其中：l_n 为净跨度；b 为支座宽度。

　　（2）当按塑性方法计算内力设计值时，计算弯矩用的计算跨度 l_0 按下列数值采用。

　　1）对于板，当两端与梁整体连接时，取 $l_0=l_n$；当两端搁支在墙上时，取 $l_0=l_n+h$，且 $l_0\leqslant l_c$；当一端与梁整体连接，另一端搁支在墙上时，取 $l_0=l_n+h/2$，且 $l_0\leqslant l_n+a/2$。其中：h 为板厚；a 为板在墙上的搁置宽度。

　　2）对于梁，当两端与梁或柱整体连接时，取 $l_0=l_n$；当两端搁支在墙上时，取 $l_0=1.05l_n$，且 $l_0\leqslant l_c$；当一端与梁或柱整体连接，另一端搁支在墙上时，取 $l_0=1.025l_n$，且 $l_0\leqslant l_n+a/2$。

　　（3）计算剪力时，计算跨度取为 l_n。

　　3. 荷载

　　板和梁上荷载一般有永久荷载和可变荷载两种，荷载设计时应考虑可变荷载的最不利布置。主梁以承受集中荷载为主，为简化计算，可将主梁自重也简化为集中荷载。

　　当按弹性方法计算内力时，将板与次梁的中间支座均简化为铰支座，没有考虑次梁对板、主梁对次梁的转动约束能力，其效果是把板、次梁的跨中正弯矩值算大了。设计中常用调整荷载的办法来近似考虑次梁（或主梁）抗扭刚度对连续板（或次梁）内力的有利影响，以调整后的折算荷载代替实际作用的荷载进行最不利组合及内力计算。折算荷载见表12-7。需要注意的是，主梁支座是根据其线刚度与柱线刚度比值来简化的（当梁柱线刚度比小于 5 时按刚架计算，否则可简化为以铰为支座的连续梁），因此主梁不采用折算荷载。

表 12-7　　　　　　　　　　　折　算　荷　载

构件类别	折算永久荷载	折算可变荷载
板	$g'=g+\dfrac{1}{2}q$	$q'=\dfrac{1}{2}q$
次梁	$g'=g+\dfrac{1}{4}q$	$q'=\dfrac{3}{4}q$

12.1.4.2　按弹性理论计算连续梁、板内力

　　对于承受均布荷载的等跨连续梁（板），以及承受固定的或移动的集中荷载的等跨连续梁，其内力可利用图表进行计算（计算方法见教材 9.2 节）。计算出永久荷载作用下的内力和各可变荷载最不利布置情况下的内力后，可绘出连续梁的内力包络图。对于承受均布荷载的等跨连续梁，也可利用教材附录 J 的表格直接绘出弯矩包络图；对于承受集中荷载的等跨连续梁，也可利用教材附录 H 的影响线系数表绘制。连续板一般不需绘制内力包络图。

　　整体浇筑的梁板，其支座的最危险截面在支座边缘，所以支座截面的配筋设计应按支座边缘处的内力进行。

12.1.4.3 考虑塑性变形内力重分布方法计算连续板、次梁内力

计算方法见教材 9.3 节。

12.1.4.4 连续梁板的截面设计

1. 楼板

按单筋矩形截面进行正截面受弯承载力计算。当单向连续板的周边与钢筋混凝土梁整体连接时，除边跨跨内和第一内支座外，各中间跨中和支座的弯矩值均可减少 20％，但按弹性方法设计时一般不考虑这种弯矩值的减小。

楼板一般能满足斜截面受剪承载力要求，不必进行斜截面受剪承载力计算。楼板一般按单位宽度计算荷载与配筋。

2. 次梁

多跨连续次梁，正截面受弯承载力计算时跨中截面按 T 形截面梁进行，支座截面按 $b \times h$ 的矩形截面梁进行。

通常次梁的剪力不大，配置一定数量的箍筋即可满足斜截面受剪承载力要求，故一般仅需进行箍筋计算。

3. 主梁

主梁的正截面受弯承载力计算同次梁。由于在主梁支座（柱）处，板、次梁和主梁的纵向钢筋重叠交错，故截面有效高度在支座处减小。当钢筋单层布置时 $h_0 = (h - 40 - c)$ mm，双层布置时 $h_0 = (h - 60 - c)$ mm，c 为板混凝土保护层厚度。

主梁承受集中荷载，剪力图呈矩形。如果在斜截面受剪承载力计算中，要利用弯起钢筋抵抗部分剪力，则弯起钢筋的排数一般较多，应考虑跨中有足够根数的钢筋可供弯起。若跨中钢筋可供弯起的根数不够，则应在支座设置专门抗剪的吊筋。

若按考虑塑性变形内力重分布方法计算内力时，板、梁跨中和支座截面须满足 $0.1 \leqslant \xi \leqslant 0.35$。

12.1.4.5 连续梁、板的构造要求

1. 楼板

板的支承长度应满足其受力筋在支座内的锚固要求，且一般不小于板厚，当板搁置在砖墙上时，不小于 120mm。

楼板中纵向受力钢筋一般采用 HRB400 钢筋，常用直径为 6mm、8mm、10mm，最小间距为 70mm，最大间距可取 200mm。

连续板的配筋形式有两种：弯起式和分离式。对于承受均布荷载的等跨连续板，钢筋布置（确定弯起点和切断点）可按构造要求处理。详见教材图 9-18（弯起式）或图 9-19（分离式）。

当采用弯起式配筋时，楼板的跨中受力筋可弯起 1/2（最多不超过 2/3）到支座上部以承担负弯矩，弯起角度一般为 30°，当板厚 $h > 120$mm 时可采用 45°。

按简支边设计的现浇混凝土板，当与混凝土梁整体浇筑或嵌固在墙体内时，应设置板面构造钢筋，并符合下列要求：

（1）钢筋直径不宜小于 8mm，间距不宜大于 200mm，且单位宽度内的配筋面积不宜小于跨中相应方向板底钢筋截面面积的 1/3。与混凝土梁整体浇筑单向板的非受力方向，钢筋截面面积尚不宜小于受力方向跨中板底钢筋截面面积的 $1/3$[❶] 。

（2）当板与混凝土梁整体浇筑时，钢筋从梁边伸入板内的长度不宜小于 $l_0/4$；当板嵌固在墙体内时，钢筋从墙边伸入板内的长度不宜小于 $l_0/7$，其中 l_0 为单向板短边的计算跨度[❷]。钢筋伸入墙和混凝土梁的长度应大于等于最小锚固长度 l_a，如教材图 9 - 20（b）所示。

（3）在楼板角部，宜沿两个方向正交放置附加钢筋，如教材图 9 - 20（a）所示。

除了以上板面构造钢筋外，楼板中的构造钢筋还有：分布钢筋和垂直于主梁的板面附加钢筋，具体规定如教材图 9 - 21 所示。

2. 次梁

多跨连续次梁的一般构造，如截面尺寸，受力钢筋直径、净距、根数与层数，箍筋、弯起钢筋、架立筋、钢筋的锚固等与单跨梁要求基本相同。梁中受力钢筋的弯起与切断，原则上应按弯矩包络图确定。对于跨度相差不超过 20%，承受均布荷载的次梁，当可变荷载与永久荷载之比不大于 3 时可按构造图 12 - 1 和图 12 - 2 进行布置。

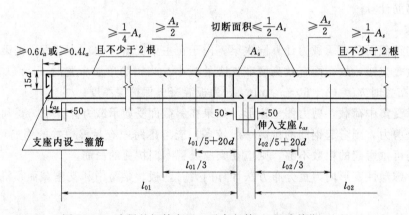

图 12 - 1　次梁的钢筋布置（无弯起筋）（尺寸单位：mm）

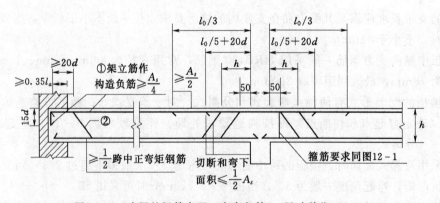

图 12 - 2　次梁的钢筋布置（有弯起筋）（尺寸单位：mm）

---

❶、❷　这些构造为 2015 年版《混凝土结构设计规范》（GB 50010—2010）的规定。

若支座上部受力钢筋面积为 A_s，则第一批切断钢筋面积不得大于 $A_s/2$，切断点至支座边缘距离不得小于 $l_n/5+20d$；第二批切断钢筋面积不得大于 $A_s/4$，切断点至支座边缘距离不得小于 $l_n/3$。其中：l_n 为净跨；d 为钢筋直径。

按图 12-2，中间支座负钢筋的弯起，第一排的上弯点距支座边缘距离为 50mm，第二排和第三排上弯点距支座边缘为 h 和 $2h$，h 为截面高度。由于第一排上弯点距支座边缘距离只有 50mm，因此该钢筋在支座的起弯侧只是为了抗剪弯起，不能抵抗负弯矩，即该钢筋面积不计入支座上部受力钢筋面积 A_s 中。

梁底部纵向受拉钢筋伸入支座的锚固长度 l_{as} 按教材第 4 章式（4-27）确定。图 12-1 左端支座为固结支座（梁与梁整浇），若直线锚固长度能满足最小锚固长度 l_a，可直锚；不然，钢筋直线伸入再弯折。其中，对于直线锚固段，计算中按简支考虑时要大于等于 $0.4l_a$，计算中按固定考虑时要大于等于 $0.6l_a$；弯折段长度取 $15d$。图 12-2 左端为梁伸入砖墙，非完全固结支座，其上部纵向受力伸入支座的锚固长度可小于固结支座，直线锚固段要大于等于 $0.35l_a$，弯折段长度仍取 $15d$。

3. 主梁

主梁纵向受力钢筋的弯起与切断，应根据弯矩包络图和剪力包络图来确定。通过绘制抵抗弯矩图来校核纵筋弯起位置是否合适，并确定支座顶面纵向受力钢筋的切断位置。

主梁简化为以铰为支座的连续梁时，忽略了柱对主梁弯曲转动的约束作用，梁柱线刚度比越大，这种约束作用越小。内支座因节点不平衡弯矩较小，约束作用较小可忽略。对于边支座，在内框架结构中外墙对主梁约束较小，仍可忽略；但在框架结构中，柱对边支座约束不可忽略，其支座负弯矩可采用如下方法来估算：

（1）先假定边跨主梁为两端固结梁，计算其支座在不利荷载布置下的固端弯矩 M_A。

（2）按梁柱线刚度比计算主梁边支座承担的弯矩 $M_{AB}=M_A-\dfrac{i}{i+2\times 1}M_A=\dfrac{2}{i+2}M_A$，其中 i 为梁柱线刚度比。注意计算梁线刚度时应考虑楼板的作用，即按梁尺寸计算的梁的线刚度还要乘以放大系数。

主梁和次梁边支座上部纵向钢筋还应满足下列构造要求：截面面积不应小于梁跨中下部纵向受力钢筋计算所需截面面积的 1/4，且不应小于 2 根；自支座边缘向跨内伸出长度不应小于 $l_0/5$，l_0 为梁计算长度。

主次梁交接处应设置附加横向钢筋，计算方法和构造规定见教材 9.4 节。主梁纵向锚固可参见教材 9.8.2 节图 9-44～图 9-46。

12.2　施　工　图　绘　制

土木、水运、水利水电工程各阶段设计成果都依靠相应的图纸来表达。图纸是设计者与施工者之间交流的语言，它应达到线条粗细分明、投影关系准确、尺寸标注齐全和说明清楚完整的要求，便于施工人员理解设计意图，按图施工。本节依据《港口与航道工程制图标准》（JTS/T 142-1—2019），给出与本章课程设计相关的制图要求。

12.2.1　施工图绘制的基本要求

1. 图纸幅面与边框

土运工程设计图纸有基本幅面和加长幅面两种，基本幅面有 A0、A1、A2、A3、A4 等 5 种，它们的图纸尺寸、图框至边界距离见表 12-8，表中 B、L、c、a 的含义如图 12-3 所示。

表 12-8　　　　　　　　　　　　　　基本幅面及图框尺寸

幅面代号	A0	A1	A2	A3	A4
$B \times L$	841×1189	594×841	420×594	297×420	210×297
c		10		5	
a			25		

图纸的短边尺寸不应加长，A0、A1、A2、A3 幅面长边尺寸可加长，但不可随意加长，加长后的尺寸有具体的规定。

2. 线型与线宽

图线按线型分有：实线、虚线和点画线等；按线宽分有：加粗线、粗线、中粗线、细线等。表 12-9 给出水运工程中水工建筑物制图常用的线型和线宽；表 12-10 给出了图框线和标题栏线的线宽要求，表中的 b 可取 2.0mm、1.40mm、1.0mm、0.70mm、0.50mm5 种。手工制图时，所绘线条若达不到规定的粗细要求，也应粗细分明。

表 12-9　　　　　　　　　　水运工程中水工建筑物制图常用的线型和线宽

线　型		线宽	用　途	
			结　构　图	配　筋　图
实线	粗	b	—	粗钢筋
	中粗	$0.7b$	主要可见轮廓线	细钢筋
	中	$0.5b$	尺寸标注、引出线、高程符号线、索引符号线、水位线、附属设施轮廓线、变更云线	结构轮廓线、断裂边界线、引出线、高程符号线、索引符号线、水位线、附属设施轮廓线、变更云线
	细	$0.25b$	填充线	填充线
虚线	中粗	$0.7b$	不可见轮廓线	—
	中	$0.5b$	不可见结构线	不可见结构线
点画线	细	$0.25b$	中心线、对称线、定位轴线	中心线、对称线、定位轴线
双点画线	细	$0.25b$	假想线、规划线	假想线
折断线	细	$0.7b$	断开界线	—
波浪线	细	$0.25b$	分层断裂线、断开界线、图纸连接符号	断开界线、分层断裂线

注　表中 b 为基本线宽，宜为 0.5mm。

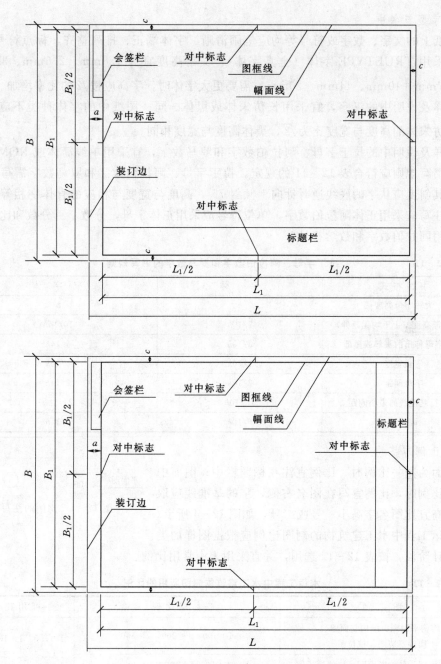

图 12-3 图框样式

表 12-10　　　　　　　　　　　图框线和标题栏线的宽度

幅面代号	图框线	标题栏外框线	标题栏分格线
A0、A1	b	$0.5b$	$0.25b$
A2、A3、A4	b	$0.7b$	$0.35b$

3. 字型与字号

图纸上的文字、数字或符号等均应笔画清晰、字体端正、排列整齐，标点符号清楚。文字宜采用 TRUETYPE 字体（全真字体），文字高度宜为 1.8mm、2.5mm、3.5mm、5mm、7mm、10mm、14mm、20mm。需要更大字体时，字高应按 $\sqrt{2}$ 的比率增加。

图样及说明中的汉字，宜采用长仿宋体或黑体。同一图纸中的字体种类不应超过 2 种。长仿宋体的高度与宽度比为 $\sqrt{2}$，黑体高度与宽度相同。

图样及说明中的拉丁字母、阿拉伯数字和罗马数字，宜采用单线简体或 ROMAN 字体，其书写规则应符合表 12-11 的规定。拉丁字母、阿拉伯数字和罗马数字需写成斜体字时，其斜度应从字的底线逆时针向上倾斜 75°，高度与宽度与相应的直体字相等。数量的数字注写应采用正体阿拉伯数字，单位符号应采用正体字母，分数、百分数和比例的注写应采用阿拉伯数字和数学符号。

表 12-11　　　　　　　拉丁字母、阿拉伯数字和罗马数字的书写规则

书 写 格 式	字 体	窄 字 体
大写字母高度	h	h
小写字母高度（上下均无延伸）	$7/10h$	$10/14h$
小写字母伸出的头部或尾部	$3/10h$	$4/14h$
笔画宽度	$1/10h$	$1/14h$
字母间距	$2/10h$	$2/14h$
上下行基准线的最小间距	$15/10h$	$21/14h$
词间距	$6/10h$	$6/14h$

4. 比例与符号

图面为同一比例时，比例宜注在标题栏中；图面中有多个比例时，比例宜写在图名右侧，字的基准线应取平，字高宜比图名字高小一号或二号，如图 12-4 所示。

平面图　$1:100$　　　⑥ $1:100$

图 12-4　比例的注写

水运工程中水工建筑物的制图比例应根据图样的类别和设计阶段，按表 12-12 选用，并宜采用表中常用比例。

表 12-12　　　　　　水运工程中水工建筑物制图所用的比例

图 别	常 用 比 例	可 用 比 例
结构平面图、结构立面图、构件安装图、桩位图	$1:100$　$1:200$　$1:500$	$1:1.5$　$1:1.5 \times 10^n$ $1:2.5$　$1:2.5 \times 10^n$
结构剖视图、结构断面图、构件模板图	$1:50$　$1:100$　$1:200$	
结构构造图	$1:50$　$1:100$　$1:200$	
基础开挖、回填、地基处理图	$1:50$　$1:100$　$1:200$	
附属设施结构图及安装图	$1:20$　$1:50$　$1:100$　$1:200$	$1:3$　$1:3 \times 10^n$ $1:4$　$1:4 \times 10^n$ $1:6$　$1:6 \times 10^n$
大样图	$1:2$　$1:5$　$1:10$　$1:20$　$1:50$	
构件配筋图	$1:10$　$1:20$　$1:50$　$1:100$　$1:200$	
配筋详图及大样图	$1:2$　$1:5$　$1:10$　$1:20$　$1:50$　$1:100$	

5. 定位轴线

结构平面图应绘出各主要建筑物的中心线或定位线，标注各建筑物之间、建筑物和原有建筑物关系的尺寸，以及建筑物控制点的大地坐标、主要设备与设施的布置尺寸。定位轴线应采用细点划线绘制，其编号应注写在轴线端部的圆内。圆用细实线绘制，直径 8～10mm，圆心应在定位轴线的延长线上或折线上，并排列整齐。

一般平面定位轴线的编号，宜标注在图样的下方和左侧。横向编号应用阿拉伯数字，从左至右顺序书写；竖向编号应用大写拉丁字母，从下至上或从码头的前沿向后顺序编写，如图 12-5 所示。复杂平面定位轴线的画法可查阅规范。

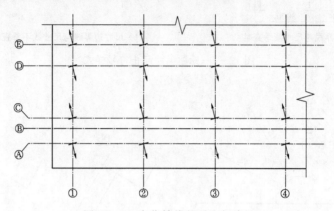

图 12-5 定位轴线的画法与编号

6. 尺寸标注

尺寸标注的详细程度可根据各设计阶段的不同和图样表达内容详略程度而定，标注的尺寸应正确、清晰、完整，满足设计和施工的要求。标高、桩号、总平面布置图以米为单位，其余均以毫米为单位。图样上不标注的计量单位应在图纸说明中表述清楚。

图样上的尺寸应包括尺寸边界线、尺寸线、尺寸起止符和尺寸数字，如图 12-6 所示。

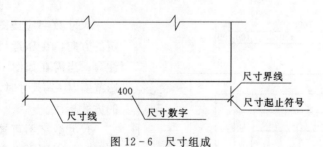

图 12-6 尺寸组成

尺寸界线采用细实线，并应从图形的轮廓线、轴线或中心线引出，也可利用轮廓线、轴线或中心线作为尺寸界线。尺寸界线与轮廓线之间宜留不小于 2mm 的间隙，并超出尺寸线 2～3mm。

尺寸线采用细实线，不得中断，并与所标注线段平行，且不得超过尺寸边界线；尺寸线应单独绘制，任何其他图线都不得作为尺寸线。

尺寸起止符号宜全图一致，宜采用 45°斜细实线，其倾斜方向应与尺寸线成顺时针 45°，高度为 3mm，如图 12-7（a）所示；当尺寸边界线与尺寸线不垂直时宜采用箭头表示，如图 12-7（b）所示。

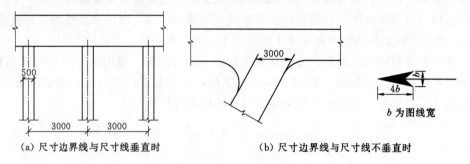

（a）尺寸边界线与尺寸线垂直时　　　（b）尺寸边界线与尺寸线不垂直时

图 12-7　标注尺寸起止符号样式

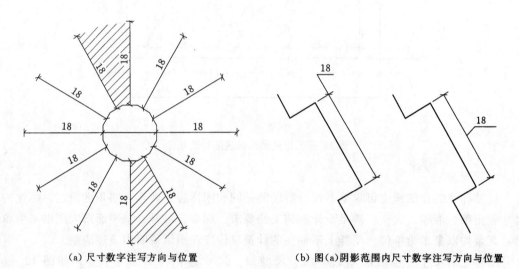

（a）尺寸数字注写方向与位置　　　（b）图（a）阴影范围内尺寸数字注写方向与位置

图 12-8　尺寸数字标注方向与位置

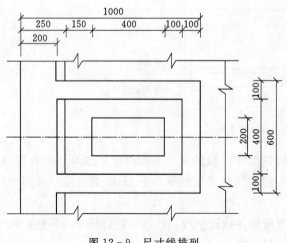

图 12-9　尺寸线排列

尺寸数字应按图 12-8（a）所规定的方向，在靠近尺寸线上方的中部注写；当需在如图 12-8（a）所示阴影范围内注写尺寸时，应按图12-8（b）的方式标注。

尺寸数字不可被任何图线或符号所通过，否则应将图线或符号断开。

尺寸线与轮廓线、相互平行尺寸线之间的距离宜为 7～10mm。尺寸线应排列整齐清晰，宜将小尺寸排内侧，大尺寸排在外侧。中间的尺寸界线可稍短，其长度应整齐一致，如图

12-9 所示。

尺寸界线间距离较小时，尺寸数字可标注在尺寸界线外侧，中间相邻尺寸数字可分别错开注写在尺寸线两侧，也可用引出线引出注写。尺寸界线过密时，尺寸起止符号可用小圆点表示，如图 12-10 所示。

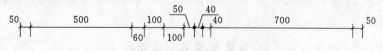

图 12-10 尺寸界线间距离较小时尺寸数字标注方式

7. 引出线

引出线采用细实线，宜采用水平方向的直线，或与水平方向成 30°、45°、60°或 90°的直线，或经上述角度再折为水平线。文字可以注写在水平线上方或端部之后，如图 12-11（a）和图 12-11（b）所示；详图编号的引线应与水平直径线相连，如图 12-11（c）所示。同时引出几个相同部分的引线应采用平行线或集中于一点的放射线，如图 12-12 所示。

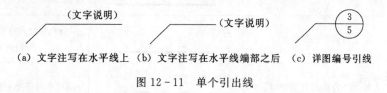

（a）文字注写在水平线上 （b）文字注写在水平线端部之后 （c）详图编号引线

图 12-11 单个引出线

多层构造或多层管道共用引出线时，应通过被引的各层，可用圆点示意对应的各层次。文字可以注写在水平线上方或端部之后，说明顺序应由上至下；如层次为横向排列，则应由上至下的说明应与由左至右的层次对应一致，如图 12-13 所示。

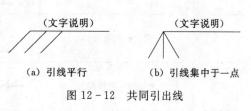

（a）引线平行 （b）引线集中于一点

图 12-12 共同引出线

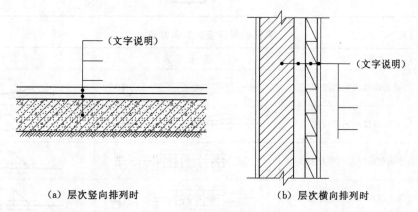

（a）层次竖向排列时 （b）层次横向排列时

图 12-13 多层共用引出线

12.2.2　钢筋图的绘制

12.2.2.1　钢筋图一般表示方法

1. 钢筋图例

钢筋图中结构轮廓用中实线表示，钢筋用粗实线表示，钢筋的截面用小黑圆点表示，钢筋接头和弯钩参照图例确定，表 12 - 13 和表 12 - 14 给出了普通钢筋、钢筋焊接接头的表示方法。

表 12 - 13　　　　　　　　　　　　普 通 钢 筋 表 示 方 法

序号	名　称	图　例	说　明
1	不带弯钩的钢筋		画粗实线
2	端部带弯钩的钢筋		圆钩
			直钩
3	钢筋断面	●	小圆黑点
4	投影重叠的无弯钩钢筋	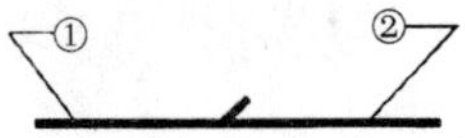	①、②指钢筋编号在短钢筋端部用45°短粗线表示，弯向短筋一侧
5	无弯钩的钢筋搭接	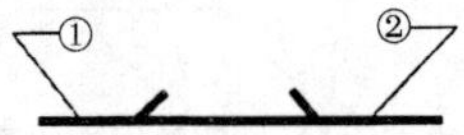	分别用弯向搭接一侧的45°短粗线表示
6	带半圆弯钩的钢筋搭接	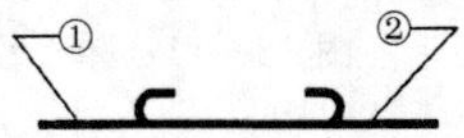	分别用弯向搭接一侧的半圆钩表示
7	带直钩钢筋搭接		分别在搭接处绘出直钩
8	带丝扣的钢筋端部		丝扣用45°短细线表示
9	套管接头（花兰螺丝）	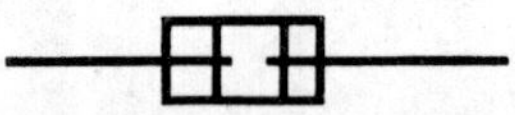	—

表 12 - 14　　　　　　　　　　　　钢 筋 的 焊 接 接 头 表 示 方 法

序号	名　称	接 头 型 式	标 注 方 法
1	单面焊接的钢筋接头	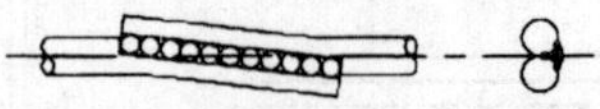	
2	双面焊接的钢筋接头		
3	用帮条单面焊接的钢筋接头	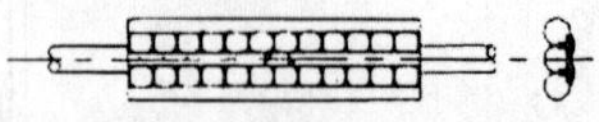	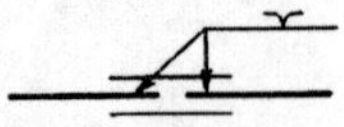
4	用帮条双面焊接的钢筋接头	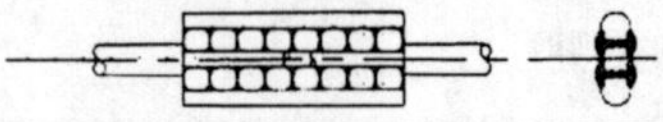	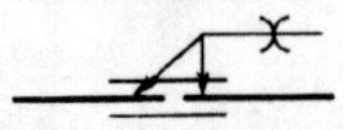

续表

序号	名 称	接 头 型 式	标 注 方 法
5	接触对焊（闪光焊、压力焊）的钢筋接头		
6	用角钢或扁钢做连接板焊接的钢筋接头		

2. 钢筋编号与标注

钢筋采用编号进行分类。相同型式、规格和长度的钢筋编号相同，编号用阿拉伯数字。引出线应指向所编号的钢筋，在引出线末端画一细实线圆，圆的直径宜为 8mm，在圆圈内填写钢筋编号。钢筋编号应按水平与垂直方向排列整齐；编号顺序应有规律可循，宜自下而上，自左至右，先主筋后分布筋。立面图中，指向钢筋的引出线应画 45°短线；断面图中，指向钢筋截面小黑圆点的引出线不画短线，如图 12-14 所示。图中，n 表示钢筋根数，Φ 表示钢筋种类代号，d 表示钢筋直径，@表示钢筋间距符号，s 表示钢筋间距。

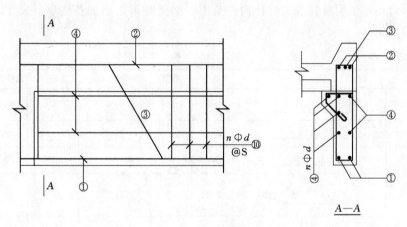

图 12-14 钢筋图

箍筋尺寸应为内皮尺寸，弯曲钢筋的弯起高度应为外皮尺寸，单根钢筋的长度应为钢筋中心线的长度，如图 12-15 所示。钢筋尺寸的标注形式如图 12-16 所示，小圆圈内填写钢筋编号，不易标注时应加以说明。钢筋布置有特殊要求时，应标明钢筋与构件的位置关系；钢筋对预埋长度有特殊要求时，应说明。

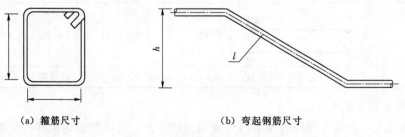

（a）箍筋尺寸   （b）弯起钢筋尺寸

图 12-15 箍筋和弯起钢筋尺寸

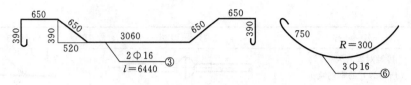

图 12 - 16　钢筋尺寸标注

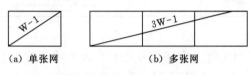

（a）单张网　　　　（b）多张网

图 12 - 17　钢筋焊接网编号

钢筋焊接网的编号，可标注在网的对角线上或直接标注在网上，如图 12 - 17 所示。钢筋焊接网的数量应与网的编号写在一起，其标注形式如图 12 - 17 （b）所示，如图中 3W - 1，3 表示网的数量，W 表示网的代号，1 表示网的编号。

3. 钢筋表与材料表

为确保施工方便和便于钢筋用量统计，钢筋图中应附有钢筋表。钢筋表宜包括编号、简图、规格、根数、单根长、总长、总质量等信息，并给出钢筋、混凝土、埋件等的合计数量。同时，还需说明材料表的统计构件范围，必要时可以增加备注项。表 12 - 15 为一张材料表的示例。

表 12 - 15   材 料 表

构件名称	编号	简 图	规格	根数	单根长/mm	总长/m	总质量/kg	备注
靠船构件	①	500 ⌐ 3000	Φ 20	10	3500	35.0	86.48	
	②	2870	Φ 20	6	2870	17.22	42.55	
	③	2430～1990	Φ 20	2×2	2430～1990	8.84	21.84	
	④	1550 160° 1410	Φ 20	10	2960	29.6	73.14	
	⑤	730 980	Φ 12	18	3750	64.24	57.16	
	⑥	$l=505+73n$ $n=0,1,\cdots,6$ 730	Φ 12	7×2	2620～3496	21.41	19.04	
	⑦	600 R40	Φ 22	2	1750	3.50	10.46	
合计		钢筋Φ 20：310.67kg，Φ 12：76.20kg，Φ 22：10.46kg，C40 混凝土：2.46m³						

4. 钢筋图剖面表示方法

在剖面图上，混凝土现浇与预制部分宜用实线分开。为清楚表达构件的配筋情况，钢筋剖面图可采用全剖（图 12 - 18）、半剖［图 12 - 19 （b）］、阶梯剖［图 12 - 19 （a）］、局部剖视（图 12-20）等方式表示。

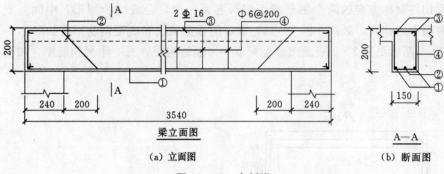

图 12-18 全剖视

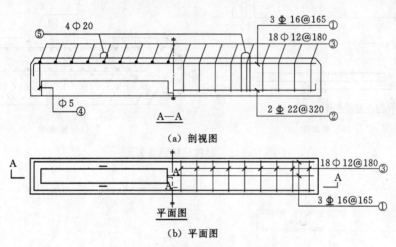

图 12-19 半剖视和阶梯剖视

5. 双层钢筋平面表示方法

平面图中配置双层钢筋的底层钢筋向上或向左弯折，如图 12-21（a）所示；顶层钢筋向下或向右弯折，如图 12-21（b）所示。配筋双层钢筋的墙体钢筋立面图中，远面钢筋向上或向左弯折，近面钢筋向下或向右弯折，如图 12-21（c）所示，并应标注远面的代号"YM"和近面的代号"JM"。

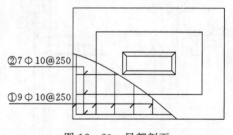

图 12-20 局部剖面

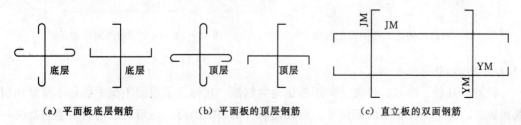

图 12-21 双层钢筋表示

6. 对称结构钢筋表示方法

对称构件对称方向的两个钢筋断面图可各画一半，合成一个图形，中间以点划线为界，同时画上对称符，如图 12-22（a）所示的板类顶层和底层钢筋图或如图 12-22（b）所示的 1-1 断面图和 2-2 断面图。也可以一半画结构图，另一半画钢筋图，如图 12-23 所示。

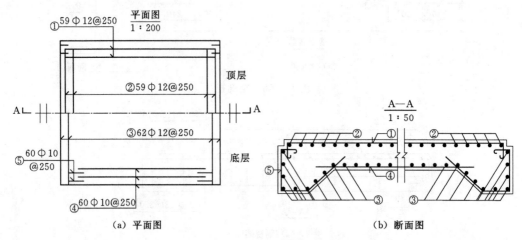

图 12-22　对称结构钢筋表示

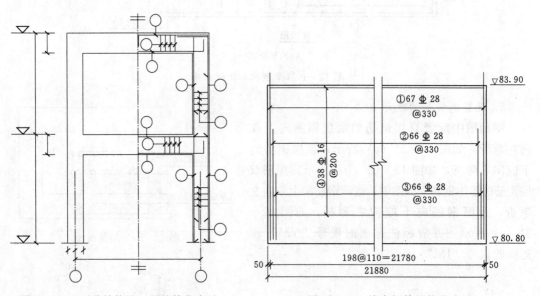

图 12-23　对称结构施工图的简化表示　　　　图 12-24　均布钢筋的简化表示

12.2.2.2　钢筋简化表示

种类、直径、形状、长度、间距都相同的钢筋，在标注了混凝土保护层最小厚度和钢筋根数后，可不标注钢筋间距尺寸，而仅注明"均布"即可；也可只绘出第一根与最末一根的全长，用标注的方法表明其根数、规格、间距，如图 12-24 所示。

种类、直径、形状和长度都相同、只是间距不同的钢筋，可只绘出第一根与最末一根的全长，中间用短粗线表示位置，并用标注的方法表明其根数、规格、间距，如图12-25所示。

配筋比较简单的构件，可按如图12-26（a）或图12-26（b）所示方法绘制。

当构件的若干断面形状、大小和钢筋布置相同，仅钢筋编号不同时，可采用图12-27简化方法表示，图中小方格中的数字为纵向钢筋编号。

在构件的断面图上，种类、直径、形状、长度和间距都相同的钢筋，可只给出同类钢筋的起始、末尾各3根，并用引出线引出标注，如图12-28所示。

当一组钢筋的种类、直径相同，而长度随构件尺寸的变化规律变化时，钢筋可只编一个号，但应在材料表中注明变化规律，如图12-29所示和表12-16。

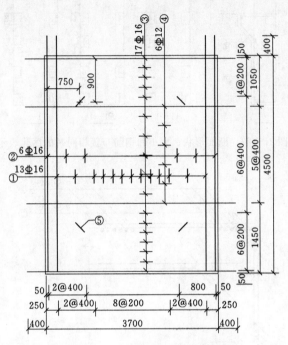

图 12-25　不均布钢筋的简化表示

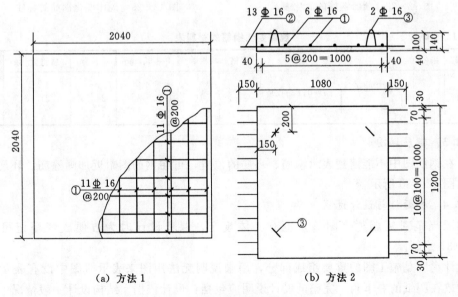

（a）方法 1　　　　　　　　　　（b）方法 2

图 12-26　简单配筋的简化表示

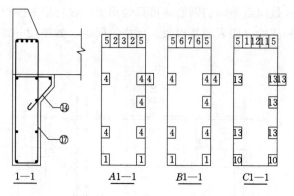

图 12-27　断面形状、大小和钢筋布置相同时的简化表示

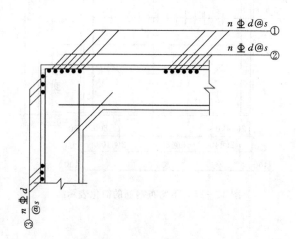

图 12-28　断面钢筋的简化表示

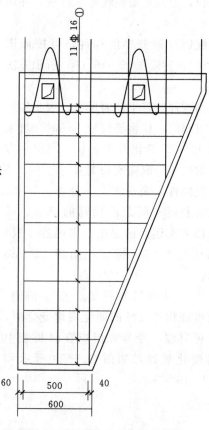

图 12-29　规律变化钢筋的标注

表 12-16　　　　　　　　　规律变化钢筋的材料表

构件名称	编号	简　　图	规格	根数	单根长/mm	总长/m	总质量/kg	备注
靠船构件	1	$S20+n\times\triangle$　$n=0,1,\cdots,9$　$\triangle=70$	$\Phi12$	10	1823~3083	24.53	21.78	—

12.2.2.3　钢筋详图

若在钢筋图中不能清楚表示箍筋、环筋的位置，可在钢筋图附近加画箍筋、环筋的详图，如图 12-30 所示。

12.2.2.4　标题栏与设计说明

制图规范对标题栏（图签）也有具体规定，课程设计时为方便成绩登记可参照图 12-31 绘制。

设计说明是施工图的重要组成部分，用来说明无法用图来表示或图中没有表示的内容，常放在图纸的右下角。完整的设计说明应包括：设计依据、结构设计一般情况、上部结构选型与基础选型概述、采用的主要结构材料和特殊材料、需要特别提醒施工注意的问题等。本章中的楼盖设计只是整体结构设计的一部分，可简单一些，可包括：

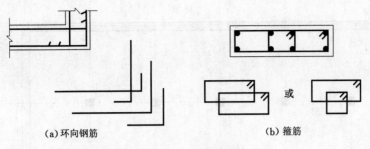

　　　　(a)环向钢筋　　　　　　　　　　　　　(b)箍筋

图 12 - 30　钢筋详图

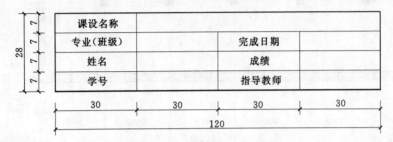

课设名称			
专业（班级）		完成日期	
姓名		成绩	
学号		指导教师	

图 12 - 31　标题栏样式（图签）

（1）本工程设计使用年限、结构安全级别、环境类别。

（2）采用的规范。

（3）荷载取值。

（4）混凝土强度等级、钢筋级别与符号。

（5）保护层厚度。

（6）需要特别提醒施工注意的问题，例如尺寸单位、钢筋接头的施工依据等。

12.3　钢筋混凝土单向板整浇肋形楼盖课程设计任务书

12.3.1　设计课题

　　本课程设计的任务是，设计如图 12 - 32 或图 12 - 33 所示的钢筋混凝土单向板整浇肋形楼盖。其中，如图 12 - 32 所示为内框架结构，图 12 - 33 为框架结构。

12.3.2　设计资料

（1）该建筑为多层厂房，无抗震设防要求。

（2）安全等级为二级，基本荷载组合。

（3）环境类别为淡水环境大气区（不受水气积聚）。

（4）楼面做法：20mm 厚水泥砂浆（重度为 20.0kN/m³）面层，钢筋混凝土现浇板，12mm 厚纸筋石灰（重度为 17.0kN/m³）粉底。

（5）楼面可变荷载标准值为 8.0kN/m²。

（6）材料：混凝土采用 C30；梁板纵向受力钢筋采用 HRB400 钢筋，其余采用 HPB300 钢筋。

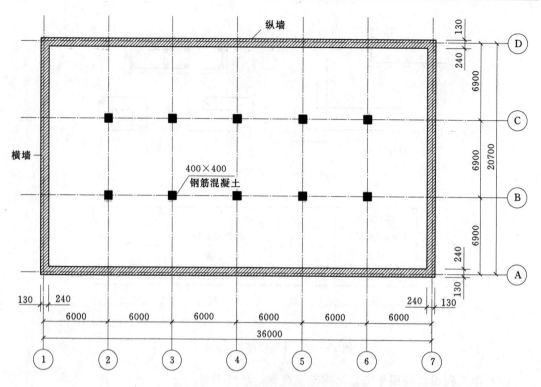

图 12 - 32　内框架结构楼盖平面布置图

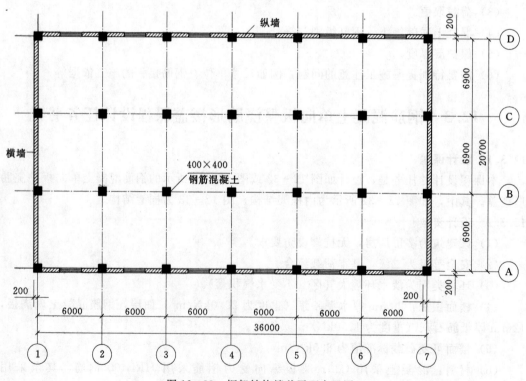

图 12 - 33　框架结构楼盖平面布置图

(7) 在内框架结构中，外墙厚度为 370mm，板在墙上的搁置长度为 120mm，次梁在墙上的搁置长度为 240mm，主梁在墙上的搁置长度为 370mm。在框架结构中，外墙厚度取 240mm。

(8) 钢筋混凝土柱截面尺寸为 400mm×400mm，柱高 5.50m。

12.3.3 设计内容

1. 确定结构布置方案

(1) 进行柱网布置。

(2) 进行主梁和次梁布置。

(3) 确定各构件的截面尺寸。

2. 板设计

(1) 计算简图确定。

(2) 内力计算。

(3) 正截面配筋计算。

3. 次梁设计

(1) 计算简图确定。

(2) 内力计算（弯矩和剪力计算）。

(3) 正截面配筋计算。

(4) 斜截面配筋计算。

4. 主梁设计

(1) 计算简图确定。

(2) 内力计算（弯矩和剪力计算、绘制内力包络图）。

(3) 正截面配筋计算。

(4) 斜截面配筋计算（绘制抵抗弯矩图）。

(5) 主梁与次梁交接处附加钢筋的计算。

(6) 裂缝宽度与挠度验算。

5. 绘制施工图

(1) 结构平面布置和楼板配筋图。

(2) 次梁配筋图。

(3) 主梁配筋图。

(4) 钢筋型式图。

(5) 设计说明。

12.3.4 设计要求

(1) 完成设计计算书一份，用钢笔书写整齐并装订成册。

(2) 绘制施工图一张，图幅为 2 号。用铅笔或墨线绘制，要求布置匀称、比例协调、线条分明、尺寸齐全，文字书写一律采用仿宋字，严格按制图标准作图。

(3) 绘图比例：结构平面布置和楼板配筋图为 1:50；次梁配筋图为 1:50，剖面图为 1:20；主梁配筋图为 1:50，剖面图为 1:25。

三等分集中荷载作用下 3 跨等跨连续梁的弯矩 M、剪力 V 和挠度 f 按下列公式计算：

$$M = KPl$$
$$V = K_1 P$$
$$f = K_2 \frac{Pl^3}{B}$$

式中：P 为集中荷载；l 为梁的弯矩计算跨度；B 为梁的截面抗弯刚度；K、K_1、K_2 由表 12-17 中相应栏内查得。

表 12-17　　　　　　　　　　　集中荷载作用下 3 跨连续梁的内力系数

系　数												
荷载简图	K				K_1						K_2	
	跨内最大弯矩		支座弯矩		横向剪力						跨中挠度	
	M_1	M_2	M_B	M_C	V_A	V_B^l	V_B^r	V_C^l	V_C^r	V_D	f_1	f_2
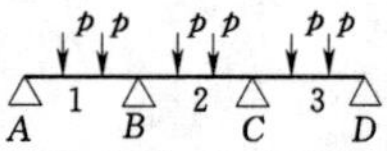	0.244	0.067	−0.267	−0.267	0.733	−1.267	1.000	−1.000	1.267	−0.733	1.883	0.216
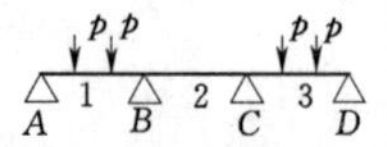	0.289	−0.133	−0.133	−0.133	0.866	−1.134	0.000	0.000	1.134	−0.866	2.716	−1.662
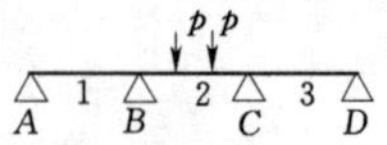	−0.044	0.200	−0.133	−0.133	−0.133	−0.133	1.000	−1.000	0.133	0.133	−0.833	1.833
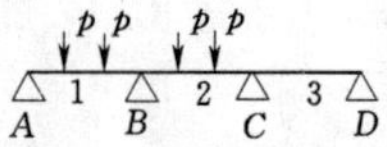	0.229	0.170	−0.311	−0.089	0.689	−1.311	1.222	−0.778	0.089	0.089	1.605	1.049

参 考 文 献

[1] JTS 151—2011 水运工程混凝土结构设计规范 [S]. 北京：人民交通出版社，2011.
[2] GB 50158—2010 港口工程结构可靠性设计统一标准 [S]. 北京：中国计划出版社，2010.
[3] JTS 144—1—2010 港口工程荷载规范 [S]. 北京：人民交通出版社，2010.
[4] JTS 167—2018 码头结构设计规范 [S]. 北京：人民交通出版社，2018.
[5] GB 50010—2010 混凝土结构设计规范（2015 年版）[S]. 北京：中国建筑工业出版社，2015.
[6] DL/T 5057—2009 水工混凝土结构设计规范 [S]. 北京：中国电力出版社，2009.
[7] 汪基伟，冷飞.港工钢筋混凝土结构学 [M].北京：中国水利水电出版社，2021.
[8] 汪基伟，夏友明.水工钢筋混凝土结构学习指导 [M].北京：中国水利水电出版社，2018.